# 4차 표준



Σ 시그마프레스

# 4차 산업에서 재료와 표준

발행일 | 2023년 4월 25일 1쇄 발행

지은이 | 이희수 외
발행인 | 강학경
발행처 | (주)시그마프레스
디자인 | 이상화, 우주연, 김은경
편 집 | 김은실, 이호선, 윤원진
마케팅 | 문정현, 송치헌, 김미래, 김성옥, 최성복

등록번호 | 제10－2642호
주소 | 서울시 영등포구 양평로 22길 21 선유도코오롱디지털타워 A401~402호
전자우편 | sigma@spress.co.kr
홈페이지 | http://www.sigmapress.co.kr
전화 | (02)323－4845, (02)2062－5184~8
팩스 | (02)323－4197

ISBN | 979-11-6226-417-1

# 머리말

2016년 1월에 스위스에서 개최된 세계경제포럼에서 4차 산업혁명 개념이 처음으로 소개되었습니다. 4차 산업혁명은 인공지능, 빅데이터, 사물인터넷 등 첨단 정보통신기술을 제조업에 접목해 기계나 부품이 스스로 작동해서 생산을 제어하는 산업 전반에 걸친 거대한 혁신입니다. 인공지능, 사물인터넷, 로봇 등의 첨단 · 미래산업을 구현하기 위해서는 첨단소재가 필수적이라 할 수 있습니다.

2019년 일본의 대한국 수출규제는 국가적으로 소재 · 부품 · 장비(소부장)의 중요성을 재인식하는 계기가 되었고, 소재부품특별법을 소부장 중심의 경쟁력 강화 특별조치법으로 전면 개편하였습니다. 최근 핵심소재 국산화 및 수입처 다변화와 더 나아가 해외시장 진출에 대한 요구가 증대하면서 어느 때보다 글로벌 표준에 기반한 재료신뢰성 확보의 중요성이 높아지고 있으며, 이를 위한 재료의 신뢰성 · 표준 · 인증에 대한 이해가 요구됩니다.

이 책에서는 이러한 점들을 고려하여 4차 산업시대에서 새롭게 요구되는 재료개발 패러다임에 발맞춰, 빅데이터, 머신러닝 등을 활용한 첨단소재 개발 및 표준화 전략에 대한 비전을 제시하였습니다.

전반부 내용으로는 4차 산업혁명과 스마트제조기술, 빅데이터와 재료개발혁신, 재료의 기초 · 응용 및 재료제조공정, 표준의 기초 · 응용, 글로벌 표준개발 · 제정, 소재 · 부품 신뢰성으로 구성되어 있고, 이어서 4차 산업의 주요기술인 반도체, 센서, 수소기술, 3D프린팅 기술 등과 함께 이와 관련된 표준에 대한 내용을 각 분야별 첨단소재 전문가들과 공동제작하였으며, 후반부에는 4차 산업혁명 시대 디지털전환 및 탄소중립, 재료개발혁신 및 재료기술 개발동향과 함께 첨단소재 글로벌 표준화전략으로 구성되어 있습니다.

이 책을 통해 재료공학자를 포함하여 재료관련 전문가분들이 반도체, 센서, 수소기술 등 자신의 전문분야에 표준을 깊이 이해하고 표준을 개발 · 적용 · 활용할 수 있는 첨단재료 및 글로벌 표준전문가로 활동하시는 데 작게나마 도움을 드리고자 하였습니다.

끝으로 집필에 참여해주신 학 · 연 · 산 첨단재료 및 표준전문가분들과 원고정리에 도움을 준 부산대학교 재료공학부 하이브리드소재신뢰성 연구원들과 ㈜시그마프레스 출판사 관계자분들께 깊이 감사드립니다.

2023년 3월 부산에서

이희수 드림

# 차례

## 제1장 4차 산업혁명과 스마트제조 기술



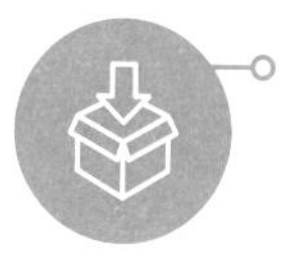

## 제2장 빅데이터와 재료개발혁신

chapter 1

# 4차 산업혁명과 스마트제조 기술

# 1.1 4차 산업혁명

## 1.1.1 우리는 어느 시대에 살고 있는가?

### 가 인류 역사와 산업혁명

우리는 인공지능, 사물인터넷, 빅데이터 등과 같은 지식정보기술을 통해 인간, 사물, 공간이 연결되는 '초연결 사회Hyper-connected society'를 맞이하고 있으며, 실제 세계(오프라인)와 가상 세계(온라인)의 경계가 무너지면서 기존 산업구조는 물론 사회, 경제 시스템 전반에 걸친 대변혁이 발생하는 '제4차 산업혁명The 4th Industrial-Revolution' 시대에 살고 있다. 그림 1.1과 같이 최초의 인류는 약 390만 년 전부터 시작되었으며 구석기, 신석기, 청동기, 철기 시대를 지나 14세기 문학, 미술, 건축 등 다양한 분야의 대변혁을 이끈 '르네상스Renaissance' 시대가 도래하였다. 르네상스 시대 이후 17세기에 갈릴레이, 케플러, 뉴턴 등이 주도한 '과학혁명Scientific Revolution'은 근대 과학의 기틀을 마련하였으며, 18세기 영국을 비롯한 유럽 국가들은 지속적인 기술혁신을 통해 기존 농경사회에서 산업사회로 변화하게 되는 '산업혁명Industrial Revolution' 시대를 맞이하였다.

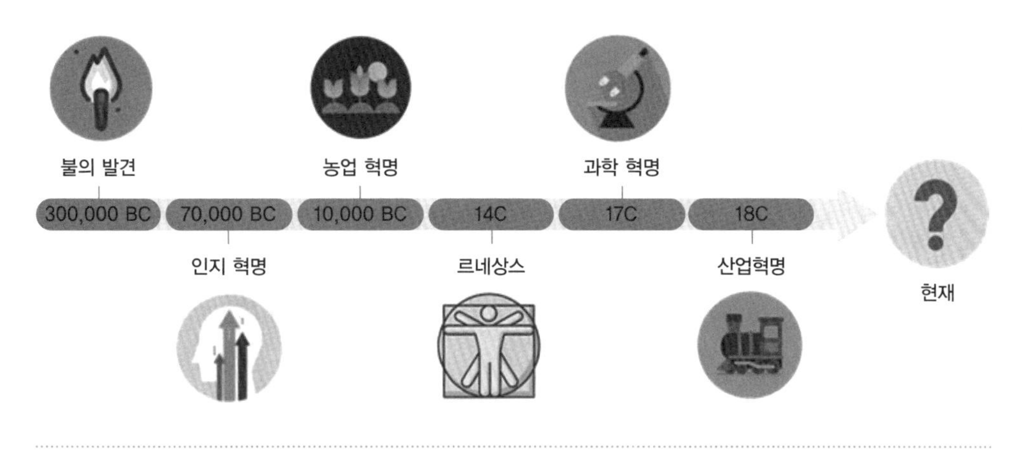


그림 1.1 인류의 역사와 산업혁명

그림 1.2 아널드 J. 토인비(좌)와 그의 저서인 18세기 영국 산업혁명 강의(우)

출처 : Goodreads

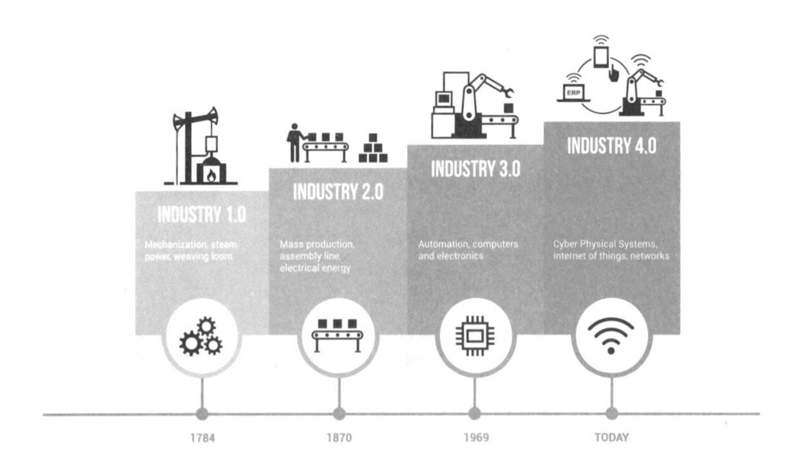


그림 1.3 산업혁명의 단계 및 특징

출처 : shutterstock.com

## 나 산업혁명이란?

산업혁명은 18세기 영국에서 시작된 기술혁신과 이에 수반하여 발생한 사회 · 경제 구조의 변혁을 말하며, 19세기 영국의 역사학자 아널드 J. 토인비Arnold Joseph Toynbee가 저술한 『18세기 영국 산업혁명 강의』에 의해서 처음으로 구체화되고 개념화되었다. 초기에는 '생산성 증대와 자본의 체제를 성립시킨 산업에서의 변혁'을 의미하였지만, 현재는 '새로운 기술적 혁신과 이로 인해 사회 · 경제적으로 큰 변화가 나타난 시기'로 정의되고 있다. 산업혁명 과정에서 발생하는 새로운 기술 혁신은 한 시점 또는 한 순간에 나타나는 격변 현상이 아닌, 점진적이고 연속적인 기술 혁신의 과정으로 정의된다. 즉, 산업혁명은 정적인 시점이 아닌 동적인 시기를 의미한다.

## 다 산업혁명의 단계 및 변화

1차 산업혁명은 18세기 중반부터 19세기 초반까지 영국에서 시작되었으며, 기술의 혁신과 새로운 제조 공정으로의 전환 그리고 이로 인해 일어난 사회, 경제 등의 큰 변화를 의미한다. 18세기 이전까지는 인간이나 동물의 노동력을 이용한 농업 중심의 농경사회였으나, 1765년 제임스 와트James Watt에 의해 그림 1.4와 같은 증기기관이 발명되면서 공업사

그림 1.4 제임스 와트의 개량 증기기관

출처 : Wikipedia

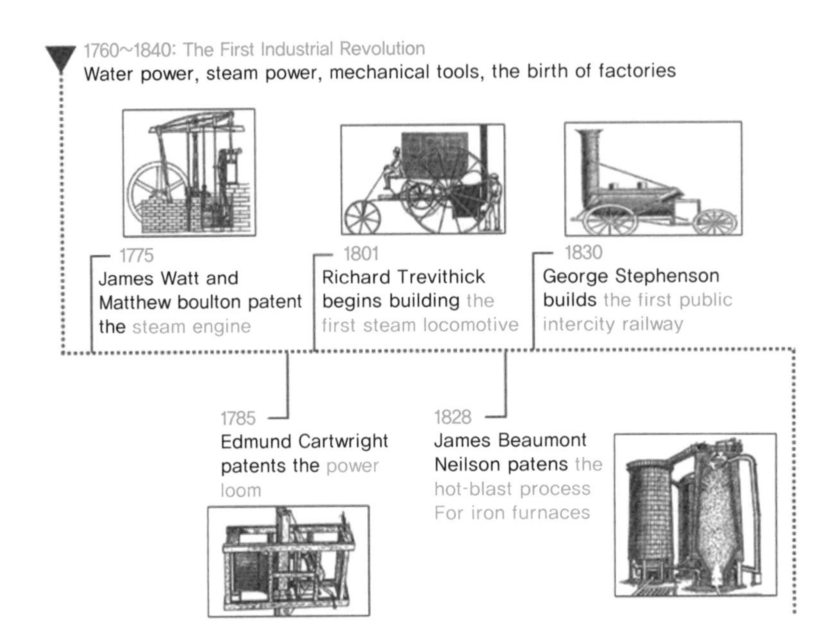


그림 1.5 1차 산업혁명의 주요 사건

출처 : ToniB, "Industry 4.0: the result of centuries of manufacturing innovation", SIEMENS, 2016년 7월 13일

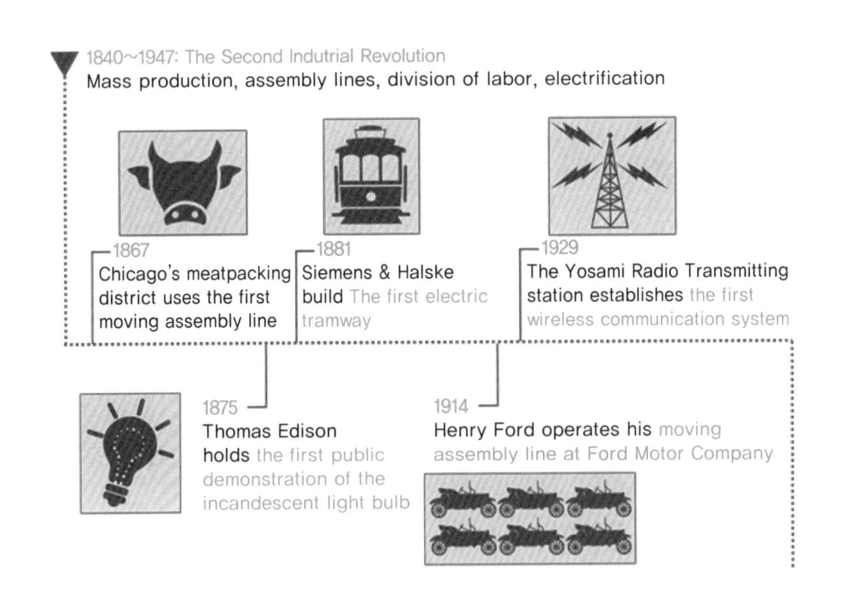


그림 1.6 2차 산업혁명의 주요 사건

출처 : ToniB, "Industry 4.0: the result of centuries of manufacturing innovation", SIEMENS, 2016년 7월 13일

회로의 변화가 가속화되었다. 증기기관의 발명을 시작으로, 발명가 조지 스티븐슨George Stephenson이 발명한 증기기관차와 함께 철도, 항만, 다리, 운하 등의 발전은 국가 내의 연결성을 촉진하였다.

2차 산업혁명은 제1차 세계대전 직전인 19세기 후반부터 20세기 초반에 걸쳐 일어났으며, 전기와 석유를 활용한 대량생산 및 노동 분업의 시대이다. 컨베이어 벨트를 이용한 대량생산 체제가 등장하였으며, 1914년 헨리 포드Henry Ford는 자동차 생산라인에 컨베이어 벨트를 도입하여 연속적인 조립라인을 구축하고 모델 T를 대량생산하기 시작하였다. 기존 경공업 중심 산업이 전기와 석유를 동력으로 사용하는 철강, 화학 등의 중공업 중심으로 변화되었으며, 아울러 그레이엄 벨Alexander Graham Bell, 토머스 에디슨Thomas Alva Edison, 니콜라 테슬라Nikola Tesla와 같은 발명가들에 의해 전화기, 전신 등이 발명되면서 텔레커뮤니케이션 산업이 등장하게 되었다.

3차 산업혁명은 20세기 후반부터 시작된 정보통신기술 혁명으로, 반도체, 컴퓨터 등의 발명과 인터넷의 출현을 통해 정보화 · 자동화 시스템이 등장하면서 제조업은 물론 일상생활의 디지털화를 촉발하게 되었다. 인터넷과 스마트 혁명은 마이크로소프트, 애플, 구글 등 미국 주도의 글로벌 IT 기업이 급부상하게 되는 계기를 만들었다. 즉, 3차 산업혁

그림 1.7 마이크로 소프트의 창립자 빌 게이츠

출처 : Wikipedia

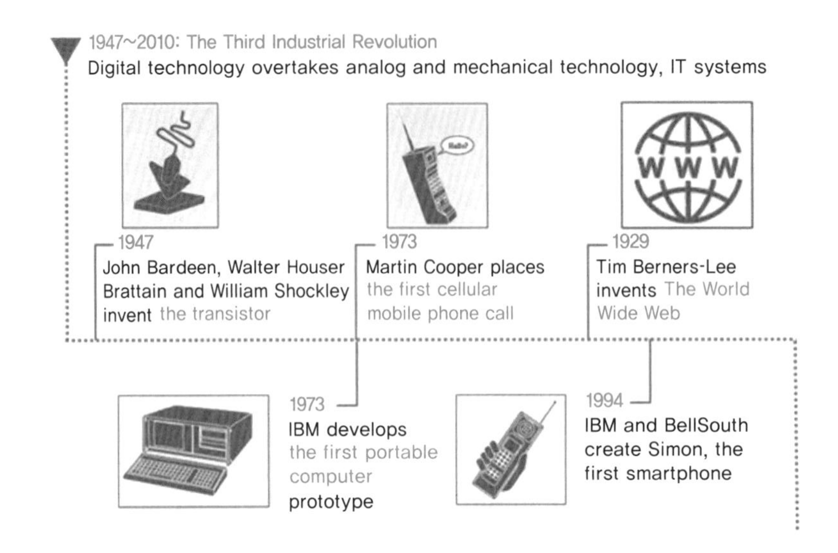


그림 1.8 3차 산업혁명의 주요 사건

출처 : ToniB, "Industry 4.0: the result of centuries of manufacturing innovation", SIEMENS, 2016년 7월 13일

명은 반도체, 메인프레임 컴퓨팅[1], PCPersonal Computer, 인터넷, 정보통신 기술Information & Communication Technology, ICT을 기반으로 막대한 데이터를 수집하고 이용하는 정보통신시대의 도래를 의미한다.

## 1.1.2 4차 산업혁명의 특징

### 가 4차 산업혁명 개요

'4차 산업혁명'의 개념은 2010년 독일 'High Tech Strategy 2020'의 10대 프로젝트 중 'Industry 4.0'을 통해 최초로 등장하였으며, 제조업과 정보통신이 융합되는 단계를 의미한다. 2016년 1월 스위스에서 열린 다보스 포럼에서 '4차 산업혁명'이 언급되면서 전 세계적 관심이 집중되었으며, 세계경제포럼World Economic Forum, WEF의 회장이자 독일의 경제학자인 클라우스 슈밥Klaus Schwab 교수는 4차 산업혁명을 "3차 산업혁명에 기반하여 물리적Physical, 디지털적Digital, 생물학적Biological 공간의 경계가 무너지는 융합 기술 혁명"이라고 언급하였다.

1 대용량의 연산을 실시간으로 처리하는 대용량 메모리와 프로세서를 갖춘 고성능 컴퓨팅 기술

그림 1.9 2016년 세계경제포럼 (WEF)

출처 : Alejandro Reyes, Cesar Bacani, Daniel Horch, Dianna Rienstra and Jonathan Walter, World Economic Forum Annual Meeting 2016: Mastering the Fourth Industrial Revolution, World Economic Forum, 2016

우리나라의 대통령 직속 '4차산업혁명위원회'는 4차 산업혁명을 "인공지능Artificial intelligence, AI, 빅데이터Big Data 등 디지털 기술로 촉발되는 초연결 기반의 지능화 혁명으로, 사물인터넷Internet of Things, IoT, 사이버 물리 시스템cyber physical system, CPS 등을 통해 사람, 사물, 공간을 초연결, 초지능화하여 산업구조 및 사회시스템을 혁신시키는 것"이라고 발표하

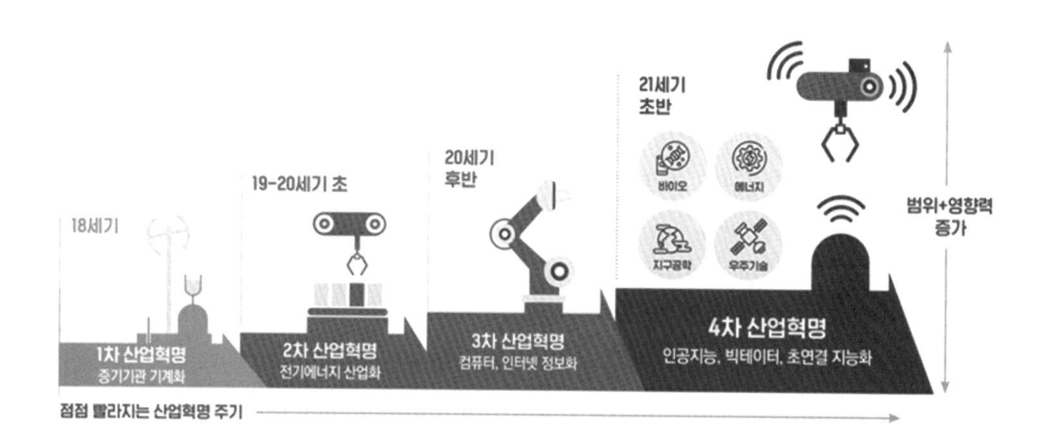


그림 1.10 산업혁명 전개 과정 및 대표적 기술 비교

출처 : 4차산업혁명위원회, https://www.4th-ir.go.kr/4thir/role

였다. 아울러, "모든 것이 네트워크에 연결되어 데이터가 폭발적으로 증가하고, 인공지능이 이를 스스로 학습하여 육체노동뿐만 아니라 지적 판단기능도 수행 가능할 것이며, 전 산업의 디지털화Digital Transformation, 산업 간 경계의 붕괴 가속화와 함께, 지능형 자동화로 전 산업의 생산성이 제고되어 생산가능인구 감소 문제를 해결하고 경제 성장의 새로운 기반을 제공할 것"이라고 예측하였다.

### 나 초연결·초융합·초지능

세계 경제 포럼 회장인 클라우스 슈밥 교수는 "4차 산업혁명이 속도velocity, 범위와 깊이breath & depth, 시스템적 충격system impact 측면에서 이전의 산업혁명과는 확연히 구분되며, 근본적으로 그 궤를 달리한다."라고 언급하였으며, 이를 주도할 기술로는 인공지능과 로봇공학, 사물인터넷, 자율주행차, 3D 프린팅, 나노기술, 생명공학, 재료공학, 에너지 저장기술, 유비쿼터스 컴퓨팅 등을 소개하였다. 우리나라의 경우, 4차 산업혁명의 주요 특징을 사물인터넷을 통해 인간, 사물, 공간이 연결되는 '초연결Hyper-connectivity', 인공지능과 빅데이터의 결합 및 연계를 통한 기술과 산업 구조의 '초지능Hyper-intelligence', 초연결과 초지능 기반의 이종기술 및 산업 간의 결합을 통해 새로운 기술 및 산업이 출현하게 되는 '초융합Hyper-convergence'으로 설명하였다.

### 다 4차 산업혁명의 양면성

4차 산업혁명은 사회 · 경제 구조에 커다란 영향을 가져오게 되며, 긍정적 측면으로는 모든 것이 연결되고 보다 지능적인 사회로 발전하는 것이다. 즉, 사물인터넷과 인공지능을 기반으로 사물, 가상, 현실이 네트워크로 통합되고, 서로 소통하며, 지능적으로 제어되는 새로운 기술 문명이 도래하는 것을 의미한다. 따라서 4차 산업혁명은 경제 성장을 가속화하여 저성장, 저소비 등 세계가 직면한 문제를 완화할 수 있을 것이라고 전망하고 있으며, 자율주행차, 로봇공학, 스마트 시티 등 광범위한 분야에 신산업을 창출할 수 있을 것으로 예측하고 있다.

하지만 자동화, 산업구조 개편 등으로 인한 일자리 쇼크에 대한 우려도 있다. 세계경제포럼의 '일자리의 미래The Future of Jobs' 보고서에 따르면, 향후 5년간 4차 산업혁명으로 인해 일자리 710만 개가 사라지고, 210만 개 일자리가 신규 창출될 것으로 전망하고 있다. 사무 · 행정 직종이 467만 개로 가장 많이 감소하고, 제조 · 생산, 건설 · 채굴, 디자인 · 미디어 업

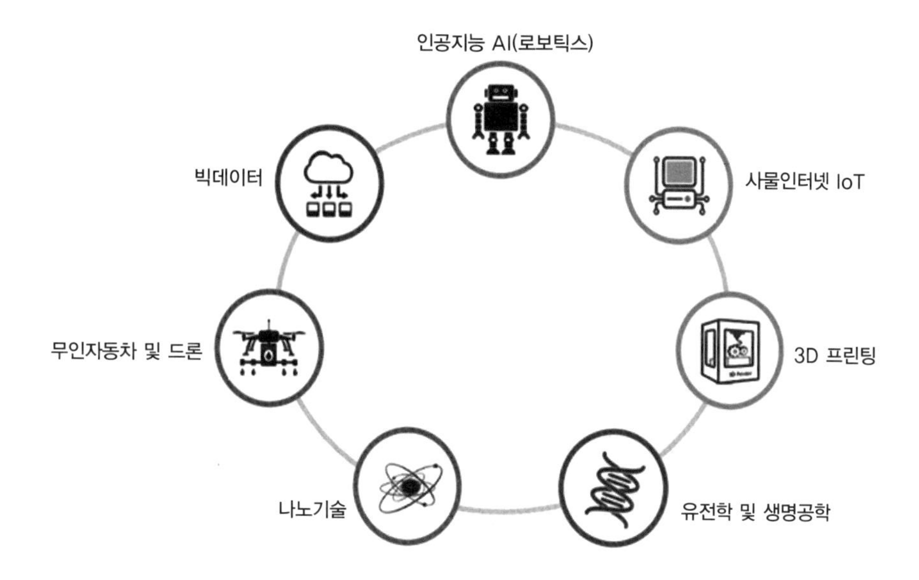


그림 1.11 4차 산업혁명의 주요 기술

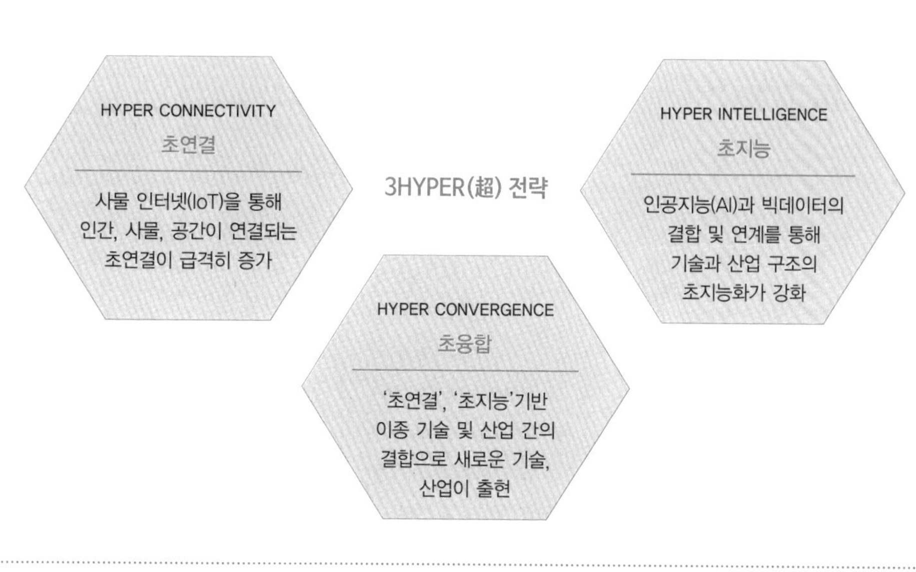


그림 1.12 3Hyper(超) 전략

종도 감소할 것이라고 예측하고 있다. 스위스 글로벌 금융 그룹인 UBSUnion Bank of Switzerland의 보고서에 따르면, 일자리가 1개 창출될 때마다 남성의 경우 3개, 여성의 경우 5개의 일자리가 사라질 것으로 전망하고 있다. 그림 1.14와 같이 세계경제포럼에서 발표한 'Global

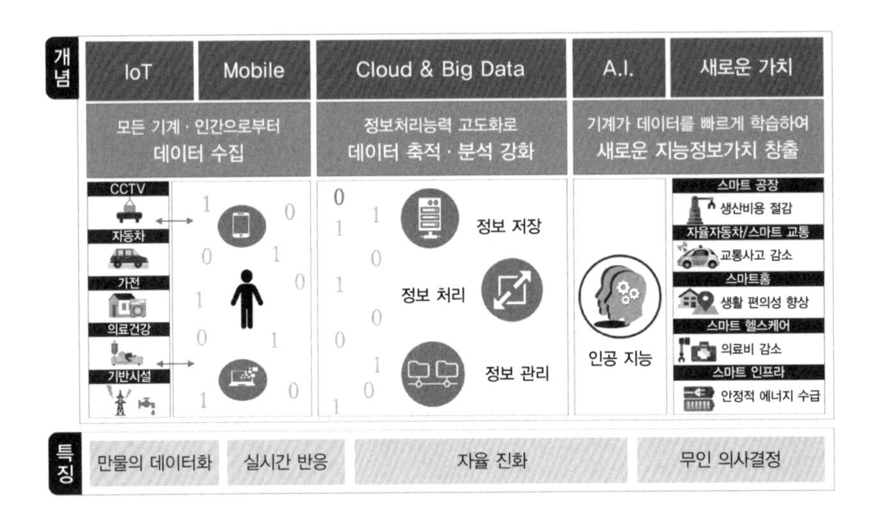


그림 1.13 4차 산업혁명과 지능정보기술

출처 : 제4차 산업혁명에 대응한 지능정보사회 중장기 종합대책, 미래창조과학부, 2016년

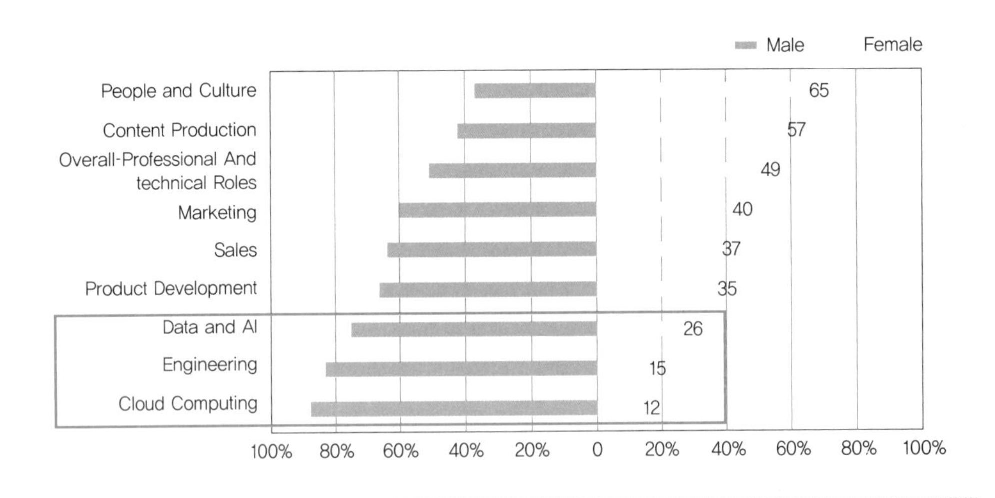


그림 1.14 분야별 남성 및 여성 근로자 비율

출처 : Global Gender Gap Report 2020, World Economic Forum, 2020년

Gender Gap 2020' 보고서의 분야별 남성 및 여성의 비율에 따르면 클라우드 컴퓨팅, 공학, 데이터와 인공지능의 유망 직업군에서 여성이 차지하는 비중은 각각 12%, 15%, 26%로 낮은 비율을 보이고 있다. 이에 대해 세계경제포럼은 STEMScience, Technology, Engineering, Math, 즉 과학, 기술, 공학, 수학 분야에 여성 진출이 적기 때문이라고 분석하였다. 이 밖에도 기술 가속화에 따른 인간정체성 문제, 양극화 문제, 윤리 문제 등 새로운 사회문제들이 등장할 것이라는 우려도 제기되고 있다.

## 라 O2O 서비스

4차 산업혁명이 주도하는 가장 큰 변화 중 하나는 O2OOffline to Online 서비스로 오프라인과 온라인의 결합을 기반으로 하는 비즈니스 모델이다. O2O 서비스는 사물인터넷, 인공지능 등으로 인해 오프라인과 온라인의 경계가 허물어지면서 핵심 비즈니스 수단으로 부상하고 있다. 인공지능의 자동 제어를 통해 각 산업이 유기적으로 연결되며, 사물인터넷 등으로 수집된 오프라인의 데이터를 온라인의 클라우드에 저장하여 빅데이터화하고, 인공지능으로 이 빅데이터를 분석하여 고객 맞춤형 서비스를 제공할 수 있다.

O2O 융합의 대표적인 사례로 에어비앤비Airbnb가 있으며, 그림 1.17과 같이 에어비앤비 상에서 공급자는 오프라인의 숙소에 대한 정보를 온라인에 등록하고, 이용자, 즉 여행자는

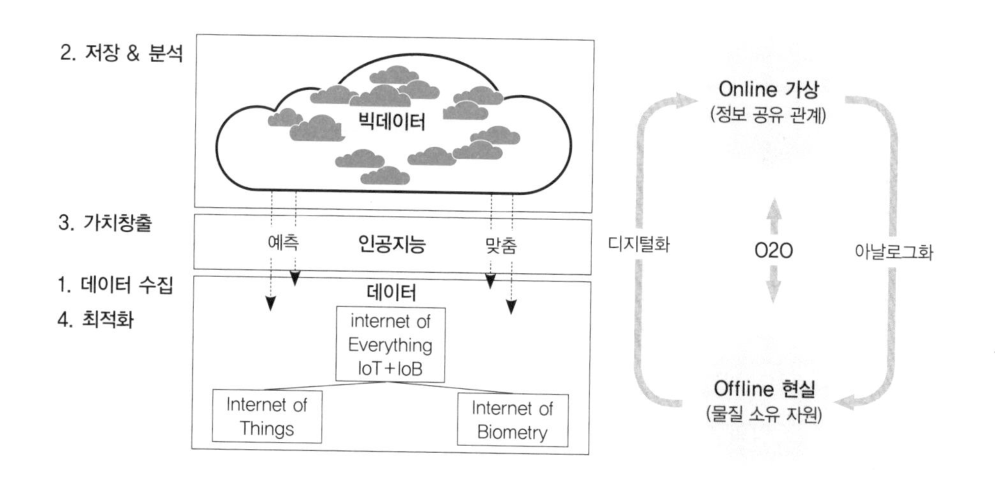


그림 1.15 O2O 서비스 평행모델

출처 : 창조경제연구회, KCEN Issue No.7, 2016년

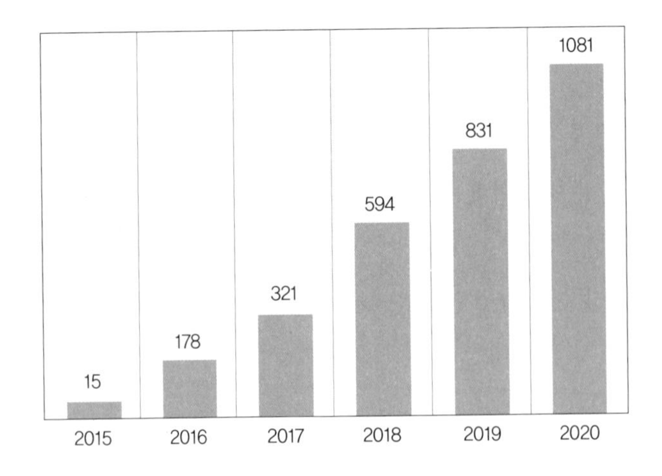


그림 1.16 국내 O2O 시장규모 전망 (단위: 조원)

출처 : 통계청, '소매판매 및 온라인 쇼핑동향', '서비스 산업 주요 통계', 2015년
KT경제경영연구소, '2015 ICT 10대 주목 이슈', 2015년

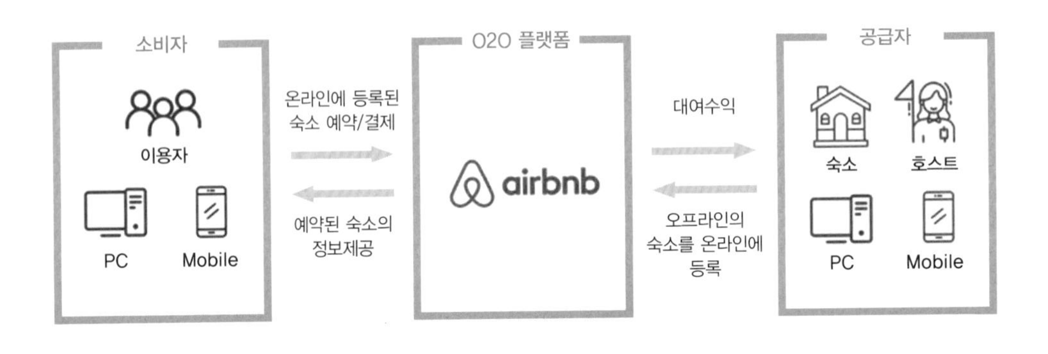


그림 1.17 O2O를 활용한 에어비앤비의 비즈니스 모델

온라인상에서 숙소를 선택한 후 예약 및 결제를 진행하게 된다. 에어비앤비 플랫폼은 이용자에게 예약된 숙소의 정보를 효율적으로 제공하고 공급자에게는 대여 수익을 제공한다. 이러한 O2O 서비스는 유통 및 서비스업 등 다양한 산업 분야 중 제조업에도 활발히 적용되고 있다. 예시로, 독일의 4차 산업혁명 대응 전략인 'Industry 4.0'은 공장 내 · 외의 사물, 서비스 등을 네트워크로 연결하여, 전체 생산 공정을 관리함으로써 국가 경쟁력을 향상시키고 있다. 미국 GE의 경우, 산업 인터넷 플랫폼인 '프레딕스Predix'를 통해 항공기 엔진이나 열차를 인터넷과 연결하여, 고장 예측을 통한 사고 예방과 함께 운행 시간을 증가시키고 있다.

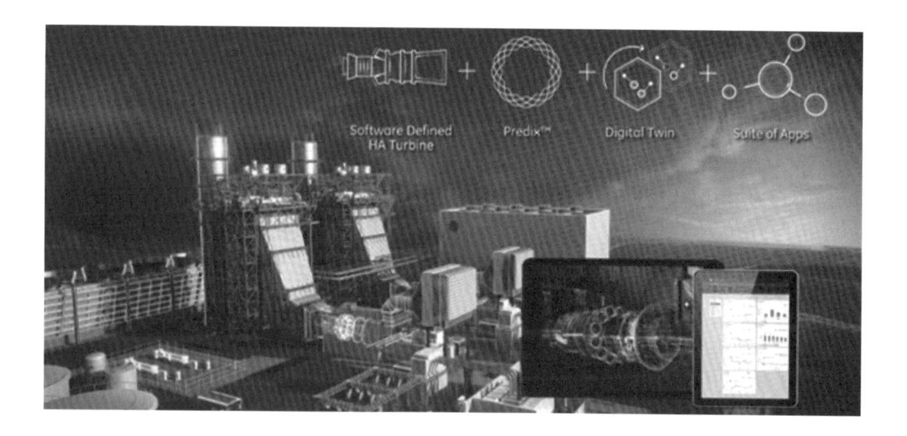


그림 1.18 General Electric(GE)사의 Predix 모식도

출처 : © GE

# 1.2 4차 산업에서 주요 핵심 기술

## 1.2.1 4차 산업과 첨단기술

### 가 4차 산업혁명을 이끌 주요 기술

2016년 세계경제포럼에 보고된 'The Fourth Industrial Revolution'에 따르면 4차 산업혁명의 주요 기술을 그림 1.19와 같이 크게 물리적, 디지털적, 생물학적 세계Physical, Digital, Biological world로 분류하고 있으며, 클라우스 슈밥 교수는 4차 산업혁명을 주도할 기술로 인공지능과 로봇공학, 사물인터넷, 자율주행차, 3D 프린팅, 나노기술, 생명공학, 재료공학, 에너지 저장기술, 유비쿼터스 컴퓨팅 등을 소개하였다. 4차 산업혁명의 핵심 기술 중 하나인 스마트 팩토리는 모든 제조 과정이 네트워크로 연결되어 실시간 관리 및 제어가 가능한 기술로 인공지능, 빅데이터, 사물인터넷, 센서, 로봇, 나노기술 및 첨단재료, 미래자원 등 4차 산업혁명의 주요 기술들이 융합되어 구현된다. 또한 4차 산업혁명에서의 에너지 정책은 표 1.1과 같이 고효율, 높은 안정성, 고도의 지능성 및 친환경성 중심으로 수립되어 진행되고 있으며, 이를 위해 청정에너지, 3D 프린팅 등 친환경 기술이 요구되고 있다.

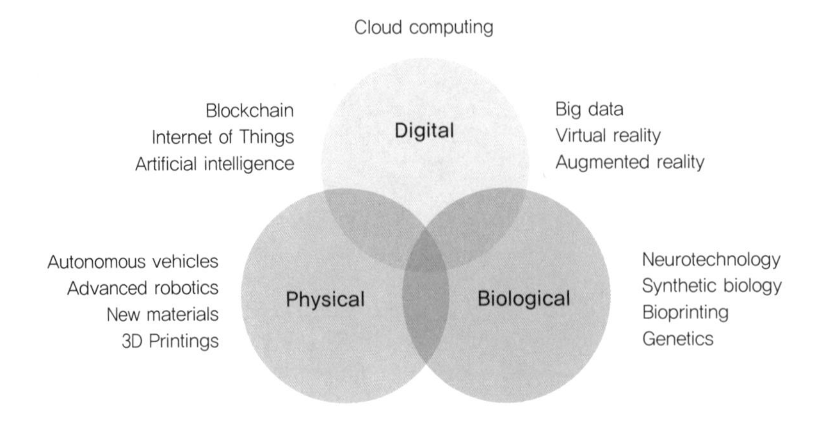


그림 1.19 The Digital-Physical-Biological World

그림 1.20 스마트 팩토리 구현을 위한 주요 기술

출처 : Roland Berger, "THINK ACT INDUSTRY 4.0: The new industrial revolution How Europe will succeed", 2014년 3월

**표 1.1** 주요국의 친환경 제조업 육성 정책

| 정책 | 배경 | 내용 | 주요분야 |
|---|---|---|---|
| 미국(첨단 제조 파트너쉽) | • 제조업의 경쟁력 향상, 일자리 창출을 위한 첨단 제조업 육성 | • 지역별/기술별 특성화된 연구소 설립<br>• 산학연 파트너쉽 구축 | • 3D 프린팅<br>• 디지털 제조 및 디자인<br>• 경량화 금속 제조<br>• 첨단 합성 제조<br>• 하이브리드 전기 소자<br>• 청정 에너지 등 |
| 독일(인더스트리 4.0) | • 4대 도전과제 대응(글로벌 경쟁, 부족한 자원, 인구변화, 도시화) | • IoT/CPS 구현<br>• 다품종 대량생산<br>• 비용절감, 생산성 향상 | • 스마트메모리<br>• 표준화 모듈 플랫폼<br>• 디지털 시뮬레이션<br>• 가상 제품개발 등 |
| 독일(플랫폼 인더스트리 4.0) | • 인더스트리 4.0의 문제점 개선, 재출범 | • 표준화/보안정책 부재<br>• 중소기업 유도<br>• 5개 핵심분야에 집중 | • 제조공정 디지털화<br>• 표준화<br>• 데이터 보안<br>• 제도정비 및 인력양성 |
| 한국(제조업혁신 3.0전략) | • 제조업 패러다임 변화<br>• 선진국의 제조업 육성책에 대응 | • IT/SW 융합형 제조업 창출<br>• 주력 산업핵심 역량강화<br>• 제조혁신 기반 고도화 | • 스마트 공장<br>• 융합 성장동력 확산<br>• 소재/부품산업 강화<br>• 동북아 R&D 허브 구축 |

출처 : 대한무역진흥공사(2016) 장필성 외 / 재구성

## 1.2.2 주요 핵심 기술

### 가 범용기술

산업혁명을 이끌었던 주요 핵심 기술들은 특정 시점에만 적용되고 사라지는 기술이 아닌, 계속해서 영향력을 나타내는 범용기술General Purpose Technology, GPT의 특성을 갖고 있다. 범용기술은 일부 특정 분야에 국한되지 않고 다양한 분야의 기술혁신에 영향을 미쳐 기존 생산패턴을 변화시키는 것이다. 이러한 새로운 기술 패러다임에 의한 상호 보완적 발명과 함께 기술혁신이 오랜 시간에 걸쳐 연쇄적으로 나타나는 특성을 보인다.

그림 1.21 산업혁명별 주요 범용 기술

출처 : 유수정, "4차 산업혁명과 인공지능", 한국멀티미디어학회지, 제21권, 제24호(2017년)

## 나 4차 산업혁명의 범용기술

2016년 1월 세계경제포럼에서 발표된 자료에 따르면 전문가의 68.4%가 4차 산업혁명을 이끌 범용기술로 인공지능, 사물인터넷, 클라우드, 빅데이터, 모바일 기술, 즉 AICBMAI, IoT, Cloud, Big Data, Mobile 기술을 선정하였다. 우리나라는 네트워크(IoT, 5G), 데이터(Cloud, Big Data), 인공지능(기계학습, 알고리즘) 등과 같은 지능정보기술에 대하여 "범용기술의 특성을 보유하여 사회 전반의 혁신을 유발하고, 사회 경제적 파급력을 갖는 기술"로 정의하고 있다. 아울러, 이와 같은 지능정보 기술은 다양한 분야의 기반 기술과 융합되어 범용적으로 영향

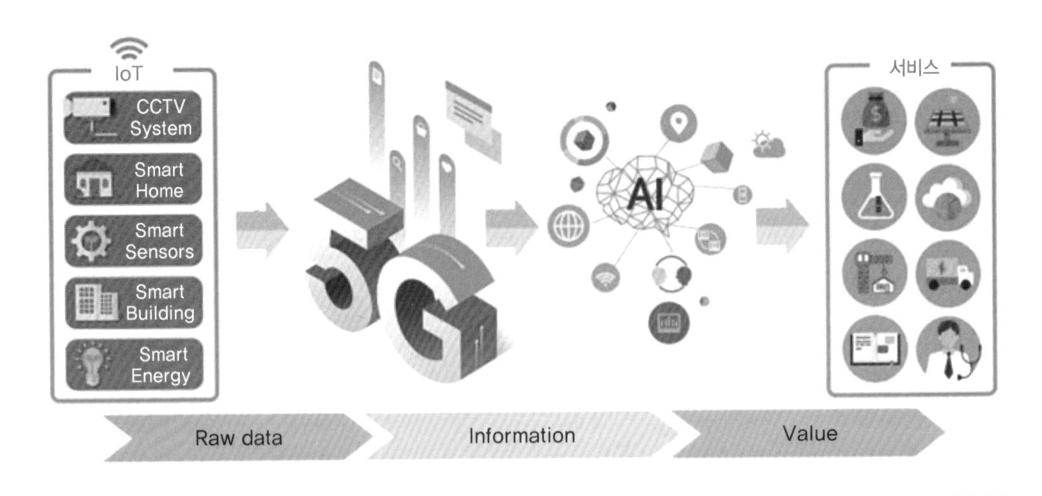


그림 1.22 데이터, 네트워크, 인공지능을 통한 가치창출 모식도

출처 : KEPRI NEWS 5월호 Vol. 290, 한국전력공사, 2020년 5월

을 미치는 핵심원인이라고 설명하였다.

### 다 4차 산업혁명을 위한 기반기술

2018년 우리나라 과학기술정보통신부는 그림 1.23과 같이 4차 산업 시대를 선도할 13개의 혁신 성장 분야를 선정하였으며, 4차 산업혁명의 범용기술과 활용기술들을 구현하기 위한

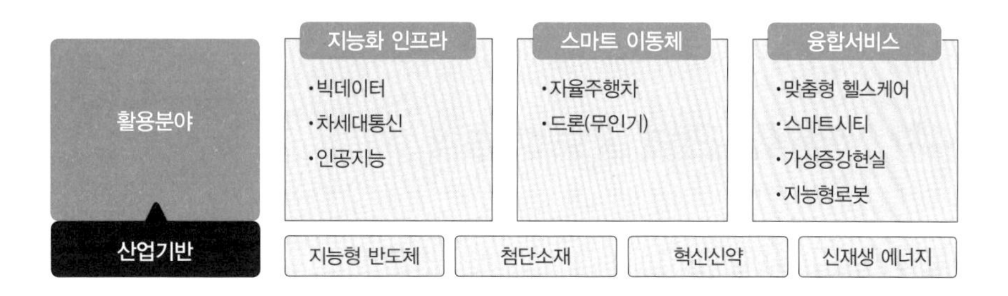


그림 1.23 13대 혁신성장동력

출처 : "혁신성장동력 추진현황 및 계획", 과학기술정보통신부, 2018년 6월 29일

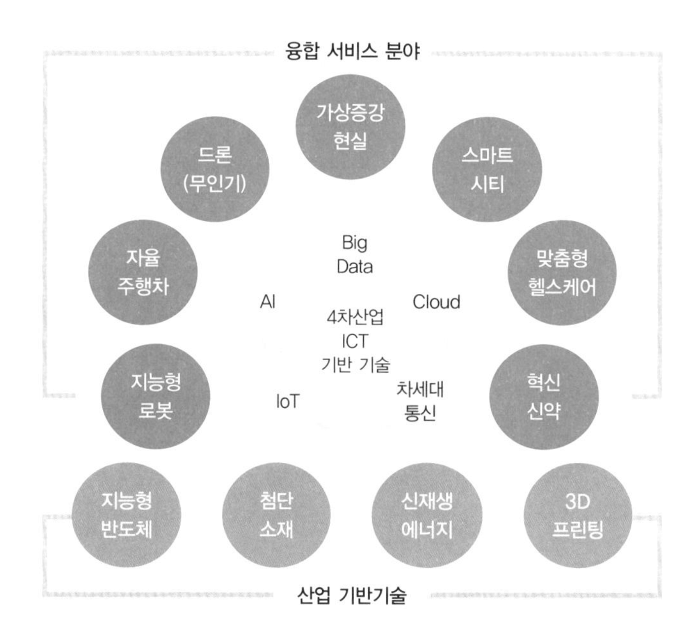


그림 1.24 4차 산업혁명 관련 기술 관계도

출처 : "4차 산업혁명 관련 기술 관계도", 그림, 특허청

산업기반기술로 지능형 반도체, 첨단 소재, 혁신 신약, 신재생 에너지를 선정하였다. 또한 특허청은 그림 1.24와 같이 인공지능, 빅데이터, 클라우드, 사물인터넷, 지능형로봇, 자율주행차, 3D프린팅과 같은 4차 산업혁명 관련 7대 기술 분야에 대해 새로운 특허 분류 체계를 신설하였다. 이후 4차 산업혁명 선도 및 활성화를 위해 범용기술(AICBM 기술), 활용기술(지능형로봇, 자율주행차, 스마트 시티 등)과 함께 지능형 반도체, 첨단소재, 신재생에너지, 3D프린팅과 같은 산업 기반기술을 포함한 16대 기술 분야로 확대하였다.

## 1.3 4차 산업혁명 관련 글로벌 동향

### 1.3.1 북미

#### 가 미국

미국은 2011년 제조업 경쟁력 강화를 위하여, 민 · 관 · 학이 모두 참여하는 '첨단 제조 파트너십Advanced Manufacturing Partnership, AMP'을 발표하였다. 이를 바탕으로 2012년 첨단 제조의 정의와 함께 5가지 추진 목표가 담긴 '국가 첨단 제조방식 전략계획'을 수립하였다.

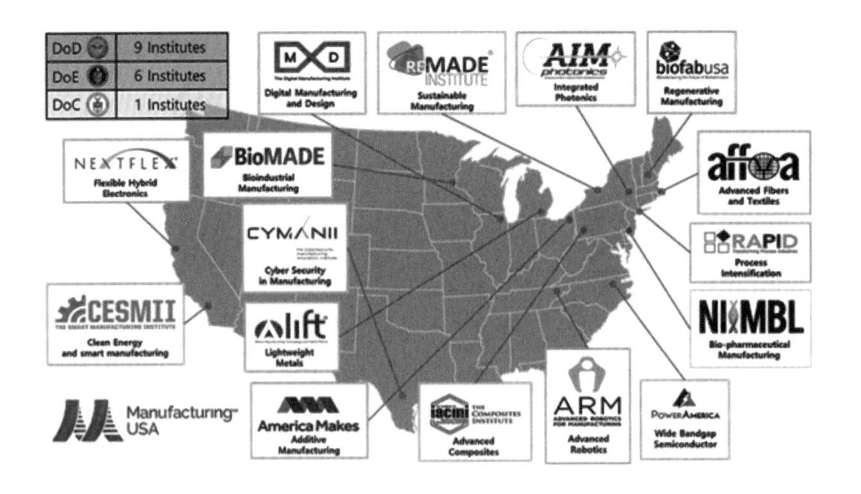


그림 1.25 제조혁신연구소(IMI)의 설립 현황

출처 : Manufacturing USA

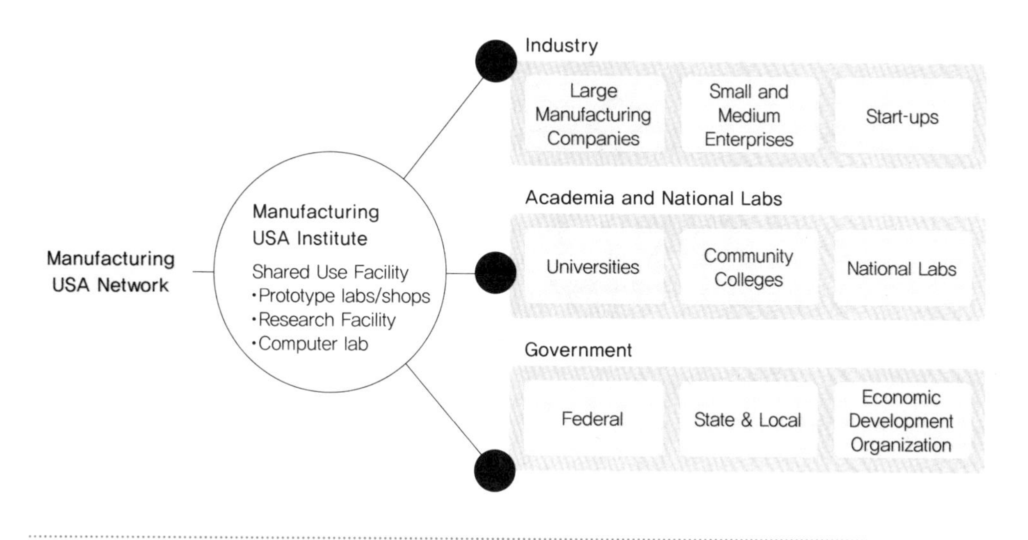


그림 1.26 Manufacturing USA Institute 생태계 모델

출처 : Frank W. Gayle, "Manufacturing USA Program Update NIST Visiting Committee On Advanced Technology", NIST, 2016년 6월 6일

AMP를 기반으로 하여 2013년 1월 '국가제조업혁신 네트워크National Network for Manufacturing Innovation, NNMI'를 발표하였으며, 민 · 관 · 학 협력을 통해 첨단 제조기술을 연구하고, 개발된 기술을 상용화하는 것을 목표로 설정하였다. NNMI의 추진을 위해 그림 1.25와 같이 미국 각지에 '제조혁신연구소Institute for Manufacturing Innovation, IMI'를 설립하였으며, 적층가공, 첨단소재, 로봇 등 하이테크 중심의 산 · 학 · 연 · 관 협력을 통하여 지역협력 거점을 마련하고, 동시에 장기적인 혁신을 추진하고 있다.

2016년 9월부터 NNMI는 'Manufacturing USA' 프로그램으로 개편되어 운영되고 있으며, 민 · 관 · 학 네트워크를 기반으로 제조업의 경쟁력 향상과 함께 혁신기술의 표준화 등을 추진하고 있다. Manufacutring USA는 현재 IMI의 주관 하에 운영되고 있으며, 제조혁신을 위한 기반 강화, 산 · 학 · 연의 역량 강화, 교육 및 훈련 등을 담당하는 고용 연구소 역할과 함께 민관 파트너십을 통해 혁신생태계를 구축하고 있다.

미국은 민간 IT 기술을 기반으로, 클라우드 서비스와 인공지능 플랫폼을 통해 데이터를 수집, 저장, 분석하여 생산의 전 공정을 관리하기 위한 산업 플랫폼 추진과 함께 글로벌 표준화를 실현하고 있다. 이를 위해 미국 GE, IBM, Intel 등 민간기업이 주도하여 사물인터넷 표준화를 목표로 '산업인터넷 컨소시엄Industrial Internet Consortium, IIC'을 운영하고 있다.

그림 1.27 IIC의 창립 및 기부 회원

## 1.3.2 유럽

### 가 독일

독일은 자원의 효율성을 향상하고 제조업 비중과 생산인구 감소에 대응하기 위해 2010년 'High Tech Strategy 2020'의 10대 프로젝트 중 하나인 'Industry 4.0'을 추진하였다. Industry 4.0은 제조업에 사물인터넷, 사이버 물리시스템, 센서 등과 같은 정보통신기술을 접목하여,

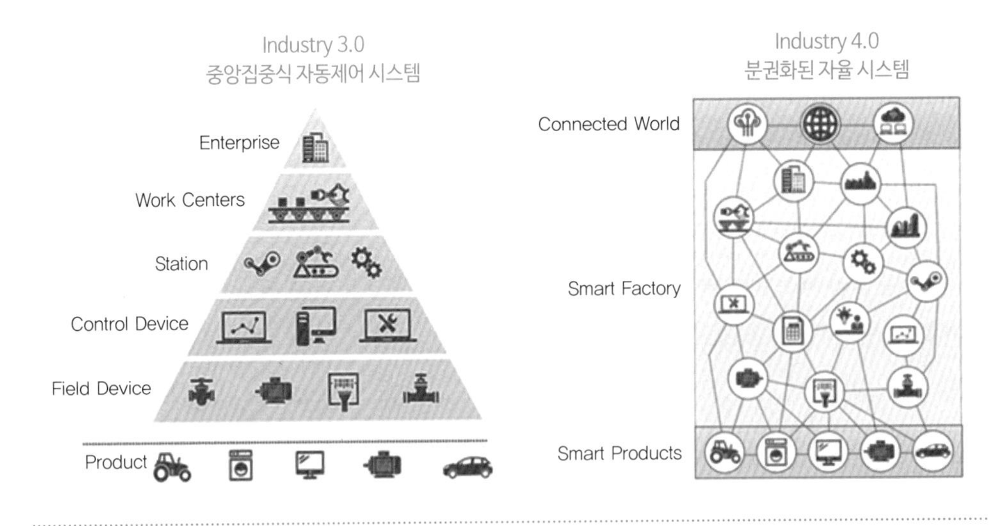


그림 1.28 Industry 3.0과 Industry 4.0의 차이

출처 : Fauadi, M. H. F. M., Damanhuri, A. A. M., Hambali, R. H., Mohamed, A. Z., Noor, N. I. A., "Recent Applications of Internet of Things (IoT) in Manufacturing Sector-A Review", International Journal of Scientific & Technology Research, 9(09), 334-339

제조업과 관련된 모든 생산 공정, 유통, 서비스 등을 통합적으로 관리할 수 있는 스마트 팩토리Smart factory의 구현을 통한 제조업 경쟁력 강화를 목표로 하였다. 이후 Industry 4.0 진행에 있어서 표준화 지연, 중소기업 참여 부족, 전문인력 부족 등의 문제점이 제기되었다. 이를 해결하기 위하여 2015년 독일 연방 경제 에너지부BMWi[2]와 교육 연구부BMBF[3]는 'Platform Industry 4.0'을 설립하여 Industry 4.0의 문제점을 보완하고 표준화, 보안, 업무 및 교육, 연구 프로젝트 등에 대해 적극적으로 정책을 지원하고 있다. 아울러, Industry 4.0은 중소기업을 위한 'Mittelstand 4.0' 및 일자리 전략인 'Arbeiten 4.0'과 연계되어 추진되고 있다.

그림 1.29 Industry 4.0 구현을 위한 Platform Industry 4.0의 2030 비전

출처 : © Plattform Industrie 4.0

## 나 프랑스

프랑스는 디지털 산업전환과 글로벌 경쟁력 제고를 목적으로 '신 산업정책'(2013년 9월)과 '미래산업 로드맵'(2015년 4월)을 발표하였다. 이후 디지털 신기술에 의한 생산·제조 시스템의 전반적인 변화를 꾀하기 위하여 2018년 '디지털 국가 산업위원회Digital CNI'가 출범되었으며, 아울러, 표 1.2와 같이 기업·산업의 디지털 전환 지원, 디지털 인프라 확충 등과 같은 4대

2 Federal Ministry for Economic Affairs and Energy

3 Bundesministerium für Bildung und Forschung

주요 전략이 담긴, '디지털 산업전환 정책'을 발표하여 중소기업의 디지털 전환을 지원하고, 우주 · 항공, 화학소재, 신에너지, 헬스 등 16개 산업에 대한 디지털 플랫폼 구축을 위한 투자를 진행하고 있다.

**표 1.2** 디지털 산업전환 전략 구조와 주요 과제

| 구분 | 주요과제 |
|---|---|
| ① 기업 · 산업의 디지털 전환 지원 | • 프랑스 중소 제조기업 전반의 디지털 산업 전환 인식 제고<br>• '22년까지 1만개 이상 중소기업에 대한 지원<br>• 중소기업로봇화(자동화) 및 디지털 전환 투자 신규지원<br>• 산업별 디지털 플랫폼 구축<br>• 기업의 디지털 산업 전환에 3억 유로 투자 |
| ② 디지털 인프라 확충 | • 소프트웨어 라이센스(특허) 소득에 대한 법인세율 할인<br>• 슈퍼컴퓨터 R&D 프로젝트에 대한 4,400만 유로 지원 |
| ③ 지역산업 발전 지원 | • 산업 발전 지원 대상 100개 지역 선정<br>• 선정 지역을 위한 지원 패키지 마련<br>• 지역 산업 발전 역할을 담당 테스크포스(TF) 구성 |
| ④ 영세 · 중소기업 디지털 전환 지원 | • 레지옹(Région)과 50개 디지털 전환 이해 당사자들이 참여, 디지털 전환 여건이 열악한 영세 · 중소기업 디지털화 지원을 위한 이니셔티브 'France Num' 출범<br>• 영세 · 중소기업 디지털 전환용 10억 유로 상당의 신규 대출 자금 확보 |

출처 : "KIAT 산업기술정책 브리프: 프랑스의 디지털 산업전환 전략과 혁신정책", 한국산업기술진흥원, 2018년 10월

## 다 영국

영국은 2016년에 생산성 및 구매력 증대를 위하여 국가 장기 산업전략의 일환으로, '산업전략 챌린지 펀드'를 조성하였다. 표 1.3과 같이 인공지능 및 데이터 경제, 청정 성장, 이동 수단, 고령화 사회의 4대 도전과제에 대하여 4년간 약 47억 파운드, 한화로 약 7조 4천억을 투자하였다. 2019년 영국 산업연구기관인 'Innovate UK'와 '연구혁신기구'는 산업전략 챌린지 펀드를 통해 스마트 제조, 데이터 의료진단기술 등에 대한 투자계획을 발표하였다.

표 1.3 영국 산업전략의 4대 도전과제

| 도전과제 | 목표 | 미션 |
|---|---|---|
| AI 및 데이터 경제<br>(AI & Data) | • 인공지능 및 데이터 혁명 선도국 입지 확보 | • 데이터 및 AI를 활용해 2030년까지 만성질환 예방, 조기 진단 및 치료 혁신 |
| 청정 성장<br>(Clean Growth) | • 청정성장의 트렌드 속에서 영국 산업의 이익 극대화 | • '30년까지 신축 건물 에너지 소비 절반 이상 감축<br>• '40년까지 세계 최초 탄소제로 산업 클러스터 구축 및 '30년까지 최소 1개 저탄소 클러스터 구축 |
| 이동수단의 미래<br>(Future of Mobility) | • 미래 이동수단 분야에서 세계 선도국 입지 확보 | • '40년까지 배기가스 제로 자동차 설계 및 제조 선도 |
| 고령화 사회<br>(Ageing Society) | • 고령화 사회 요구 충족을 위해 혁신 역량 활용 | • '35년까지 빈부 격차를 줄이며 최소 5년의 추가 건강을 보장 |

출처 : "영국, 산업전략기금 투자계획 발표", S&T GPS, 2019년 7월 25일, 과학기술정보통신부

## 1.3.3 아시아

### 가 일본

일본은 2013년에 경제부흥을 위하여 '일본재흥전략'을 수립하였다. 이 전략의 3가지 액션 플랜 중 산업 재흥 플랜은 첨단설비 투자촉진, 과학기술 혁신추진 등의 핵심과제를 통해 제조업의 경쟁력 향상을 목표로 하였다. 이후 '일본재흥전략'은 2015년에 개정되었으며, 그림 1.30과 같이 인공지능, 사물인터넷, 로봇 중심의 4차 산업혁명에 대비하여 산업 및 취업 구조의 개혁과 인공지능 등을 활용한 사회문제의 예방과 해결을 목표로 전개되었다.

2016년 일본 정부는 제5기 과학기술 기본계획에서 인공지능, 사물인터넷 등을 기반으로 하는 '초(超) 스마트 사회'의 구현을 목표로 'Society 5.0'을 발표하였으며, 이와 관련한 대표적인 기술로 자율 주행차, 핀테크FinTech, 스마트 팜Smart farm 등을 제시하였다. 또한 2017년 일본 정부는 일본 산업이 지향하는 새로운 컨셉인 'Connected Industries'를 발표하였다. 인공지능, 사물인터넷 등을 이용한 다양한 연계를 통하여 새로운 부가가치를 창출하는 산업사회 구현을 목표로, 그림 1.32와 같이 자율주행 · 모빌리티 서비스, 제조 · 로봇, 바이오 · 소재, 플랜트 · 인프라 보안, 스마트 라이프의 5대 중점 분야를 구성하여 추진하고 있다.

| | | 기술 | | 관련 데이터 | | 다양한 제품 · 서비스 |
|---|---|---|---|---|---|---|
| 공통기반기술 (AI, IoT, 로봇) | × | 금융기술 | × | 매매 · 물류 데이터<br>금융시장 데이터 | = | 거래 · 결제 데이터를 통한 여신,<br>로봇조언자 (자산운용) 등 |
| | × | 의약품 개발기술 | × | 건강 의료 데이터 | = | 맞춤 의약품,<br>맞춤 건강 · 미용 서비스 등 |
| | × | 생물정보학<br>게놈편집 | × | 시장 데이터 | = | 신약개발, 신종작물, 첨단재료제품,<br>바이오에너지 등 |
| | × | 에너지 부하<br>기기 제어기술 | × | 고객 데이터 | = | 에너지 수요관리, 돌봄 서비스 등 |
| | × | 생산관리 기술 | × | 사고 · 사례<br>발굴 데이터 | = | 이상징후 조기 감지 등으로 안전성,<br>생산성 향상, 보험 · 신용평가 고도화 |

그림 1.30 공통기반기술과 데이터의 결합을 통한 제품 · 서비스 산출

출처 : 최해옥, 최병삼, 김석관, "제4차 산업혁명 동향 ①: 일본의 제4차 산업혁명 대응정책과 시사점", 과학기술정책연구원, 2017년 5월 23일

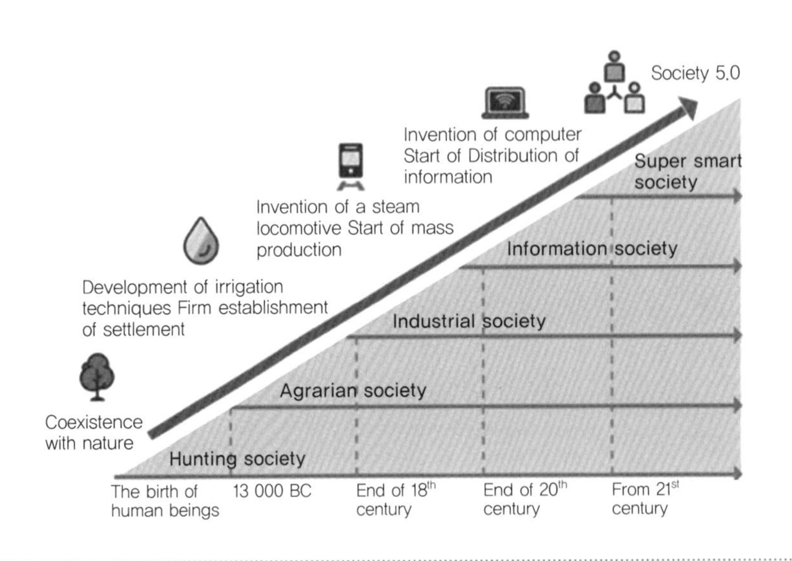


그림 1.31 Society 5.0과 4차 산업혁명의 관계

출처 : 최해옥, 최병삼, 김석관, "제4차 산업혁명 동향 ①: 일본의 제4차 산업혁명 대응정책과 시사점", 과학기술정책연구원, 2017년 5월 23일

**자율주행 이동서비스**
- 데이터 협력의 방안을 조속히 정리
- AI 개발 및 인재 육성 강화
- 물류 등 포함한 모빌리티 서비스 및 전기 차량화 등을 포함한 미래상 구축

**제조 로보틱스**
- 데이터 방식 등 국제표준화
- 사이버 보안 인재육성 등
- 중소기업 IoT 지원 등 기반 정리

**바이오 소재**
- 협력 분야의 데이터 연계
- 실용화를 향상 AI 플랫폼 구축
- 사회적 수용성 확보

**플랜트 인프라 보안**
- IoT를 활용한 자주보안기술 향상
- 기업간 데이터 협업을 위한 지침 정비
- 새로운 규제 개혁 혁신

**스마트 라이프**
- 새로운 니즈 발굴, 서비스 구체화
- 기업간 제휴에 의한 데이터 연계
- 개인 데이터에 의한 규칙정비

그림 1.32 일본 Connected Industries의 5대 중점 분야

출처 : 경제산업성 자료를 기반으로 KOTRA 도쿄무역관 작성

## 나 중국

중국은 노동 집약적인 제조업에서 정보기술을 활용하는 부가가치가 높은 제조업으로 나아가기 위하여 2015년에 '중국제조 2025 로드맵'을 발표하였다. 중국제조 2025의 기본 방침

중국 제조 2025 목표

| 1단계(2016~2025) | 2단계(2026~2035) | 3단계(2036~2049) |
|---|---|---|
| 핵심 소재 · 부품 70% 자급자족 | 제조 강국 일본 · 독일 추월 | 미국 꺾고 제조 최강국 달성 |
| **10대 중점 산업** | | **7대 신흥 전략 산업** |
| 차세대 정보기술 산업 | 항공 우주 장비 | 신흥 정보 산업, 첨단 장비 제조 |
| 고급 디지털 선반 및 기계 로봇 | 농기계 및 장비 | 신에너지 |
| 에너지 절약 및 신에너지 자동차 | 해양 공정 장비 및 고기술 선박 | 신에너지 자동차 |
| 신소재 | 선진 궤도 교통 장비 | 신소재 |
| 생물 의약 및 고성능 의료기계 | 전력 장비 | 바이오 |
| | | 에너지 절약 및 환경 보호 |

그림 1.33 중국 제조 2025 개요

출처 : 박민주, "中은 첨단산업 패권 쥐려 막대한 지원 쏟아", 서울경제, 2016년 6월 13일

그림 1.34 중국 인터넷 플러스 개요

은 혁신 구동, 품질 우선, 친환경 성장, 구조 최적화, 인재육성을 핵심으로 하며, 과학 및 산업의 새로운 트렌드를 파악하는 동시에 중점적인 성과를 달성하고 국제 합작을 강화하는 것을 기본 원칙으로 하고 있다. 이를 위해 그림 1.33과 같이 2049년까지 3단계 전략을 수립하였으며 정보기술, 에너지, 신소재 등 10대 중점산업과 이를 기반으로 하는 7대 신흥 전략산업을 지정하였다. 아울러 제조업, 금융, 에너지, 교육 등 다양한 분야에 지능정보기술이 융합되는 '인터넷 플러스' 전략을 발표하여 AICBM 기술의 발전과 더불어 장기적으로 중국 제조 2025와 함께 제조업 발전 및 글로벌 시장개척을 추진하여 4차 산업혁명에 대응하고 있다.

### 다 한국

우리나라는 2014년부터 제조업과 IT기술의 융합을 통한 생산 현장, 제품, 지역 생태계의 혁신을 목표로 '제조업 혁신 3.0 전략'을 수립하여 2020년까지 1만 개 공장의 스마트화를 목표로 추진하였다. 이후 '스마트 제조혁신 비전 2025'를 통해 2025년까지 3만 개 공장의 스마트화를 목표로, 스마트 공장 보급 · 확산과 함께 이에 필요한 스마트 제조기술 및 공장설비 개발 등 스마트 공장 관련 정책을 추진하고 있다. 이후 2016년 정부는 그림 1.36과 같이 지능정보사회에서 새로운 가치를 창출하고, 경쟁력을 확보하기 위하여 '기술→산업→사회'로 연결되는 중장기 정책 방향과 함께 2030년까지의 추진과제를 담은 '4차 산업혁명에 대응

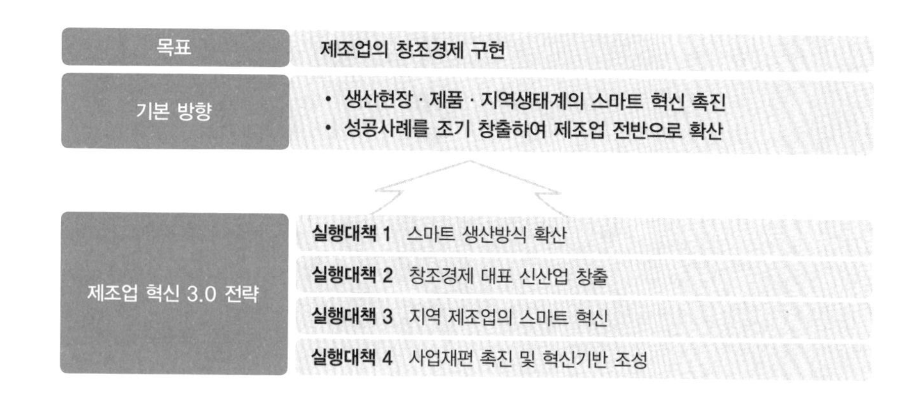


그림 1.35 제조업 혁신 3.0 추진 방향

출처 :「제조업 혁신 3.0 전략」 실행대책: 창조경제 구현을 위한 제조업의 스마트 혁신 추진방향, 관계부처합동, 2015년 3월 19일

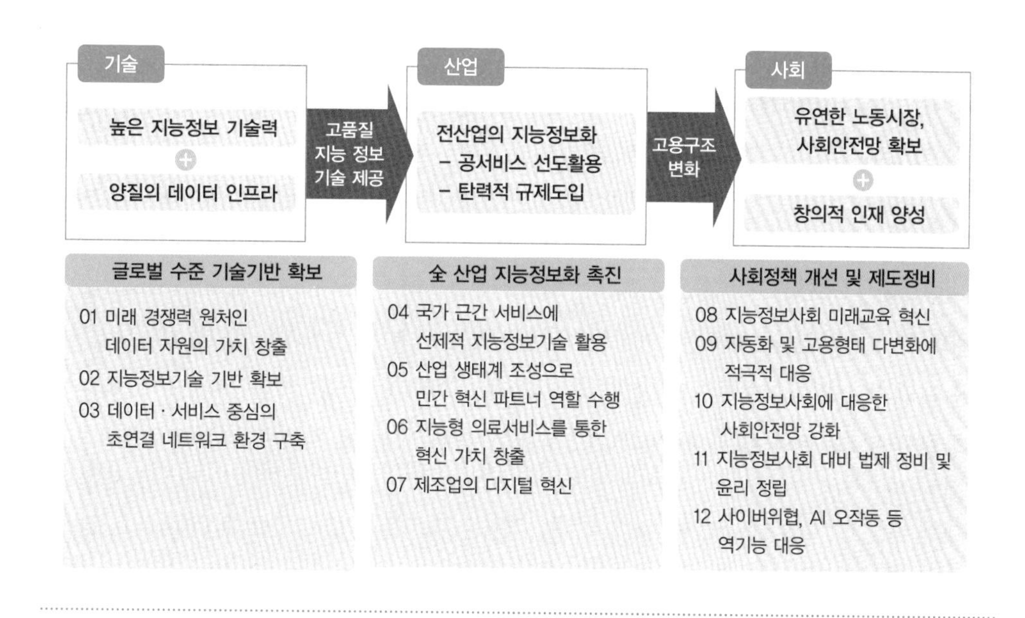


그림 1.36 4차 산업혁명에 대응한 지능정보사회 중장기 종합대책 개요

출처 : "제4차 산업혁명에 대응한 지능정보사회 중장기 종합대책", 미래창조과학부, 2016년 12월 27일

한 지능정보사회 중장기 종합대책'을 발표하였다.

또한, 4차 산업혁명에 따른 변화에 보다 적극적으로 대응하기 위하여 신산업 · 신서비스 육성 및 사회변화 대응에 필요한 주요 정책을 심의하고 조정하는 대통령 직속 '4차산업혁명

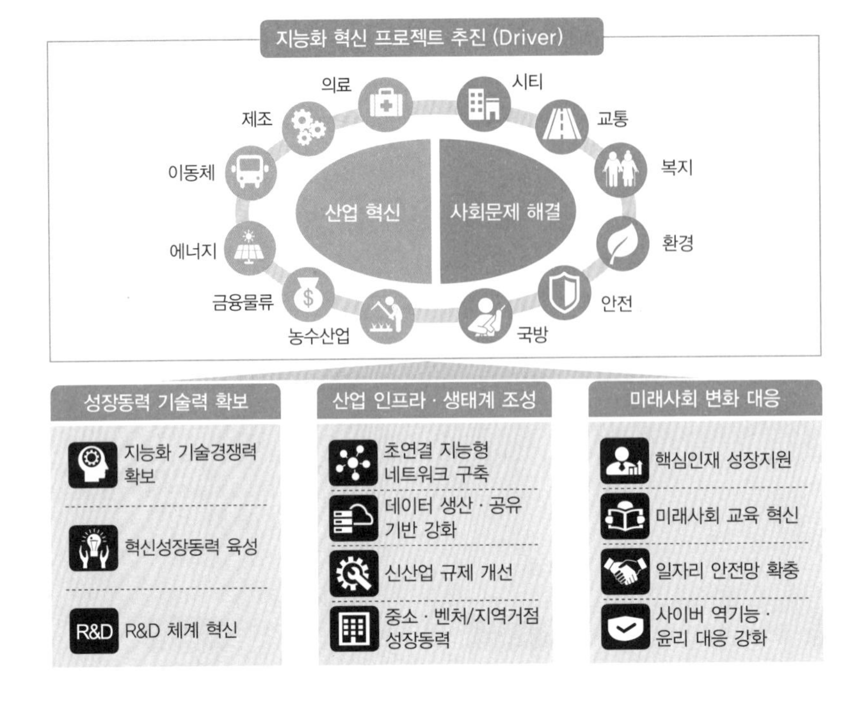


그림 1.37 4차 산업혁명 대응계획 개요

출처 : "4차 산업혁명 대응계획: I-KOREA 4.0", 대통령직속 4차산업혁명위원회, 2017년 11월

위원회'를 설립하였다. 2017년 4차산업혁명위원회는 21개 정부 부처와 함께 '4차 산업혁명 대응 계획'을 도입하였으며, 그림 1.37과 같이 제조, 에너지, 금융, 안전, 복지 등 12개의 지능화 혁신 프로젝트와 이에 대한 3대 기반과제를 통해 신산업을 창출하고, 미래사회의 변화에 대응하고 있다.

## 1.4 스마트 팩토리란?

### 1.4.1 스마트 팩토리

#### 가 산업혁명과 제조업

신기술 및 기술혁신에 의해 발생한 산업혁명은 기계화, 대량생산, 자동화 시스템 등을 통해

**표 1.4** 산업혁명에 따른 제조 방식 변화

| 구분 | 1st 증기기관 | 2nd 전기동력 대량생산 | 3rd 디지털 혁명 | 4th 스마트 팩토리 |
|---|---|---|---|---|
| | 1차 산업혁명 | 2차 산업혁명 | 3차 산업혁명 | 4차 산업혁명 |
| 시기 | 18세기 후반 | 20세기 초반 | 1970년대 이후 | 2020년 이후 |
| 혁신부문 | 증기의 동력화 | 전력, 노동 분업 | 전자기기, ICT 혁명 | ICT와 제조업 융화 |
| 커뮤니케이션 방식 | 책, 신문 등 | 전화기, TV 등 | 인터넷, SNS 등 | IoT, IoS |
| 생산방식 | 생산기계화 | 대량생산 | 부분자동화 | 시뮬레이션을 통한 자동생산 |
| 생산통제 | 사람 | 사람 | 사람 | 기계 |

당시 제조업의 생산체제에 큰 변화를 가져왔다. 표 1.4와 같이 1차 산업혁명의 경우, 증기기관으로 인해 기계를 이용한 생산이 가능해졌고, 2차 산업혁명은 전기에너지를 이용한 대량생산과 전화기, TV 등을 통한 의사전달을 가능하게 하였으며, 3차 산업혁명에서는 컴퓨터와 인터넷을 통한 부분 자동화와 함께 의사소통이 활발히 이루어졌다.

4차 산업혁명의 개념은 독일의 제조업 경쟁력 강화를 위한 'Industry 4.0'에서 최초로 등장하였다. 인공지능, 빅데이터와 함께 시뮬레이션을 통한 자동생산이 가능해지면서 기존 3차례의 산업혁명에서 생산의 통제는 항상 인간을 통해 이루어졌지만, 4차 산업에서는 사람이 아닌 기계 스스로 제어하는 스마트 팩토리가 구현되고 있다. 제조업에 ICT 기술을 융합하여 생산성과 효율성을 극대화할 수 있는 스마트 팩토리는 4차 산업혁명의 핵심이라 할 수 있다.

### 나 스마트 팩토리란?

스마트 팩토리 관련 글로벌 시장은 그림 1.38과 같이 매년 약 9%씩 성장하여, 2022년 약 2천억 달러 규모까지 성장할 것으로 전망되었다. 특히, 아시아-태평양 지역은 전 세계에서 가장 큰 시장을 가지고 있으며, 2022년 약 1천억 달러 규모까지 성장할 것으로 예측되었다.

스마트 팩토리란 제품의 설계부터 유통에 이르는 전 제조 과정 또는 일부 과정에 사물인터넷, 인공지능, 빅데이터와 같은 정보통신기술을 적용하여, 기업의 생산성, 제품의 품질 등을 높이는 지능형 공장을 의미한다. 제조 기술에 정보통신기술이 융합되면서 제조 공정이 통합되고, 이를 통해 생산성 향상, 에너지 절약, 수익성 증대를 목표로 하는 공장으로, 스마트 팩토리는 공장이 단순히 자동화되는 것이 아닌 전 제조 공정이 유기적으로 통합되는 것

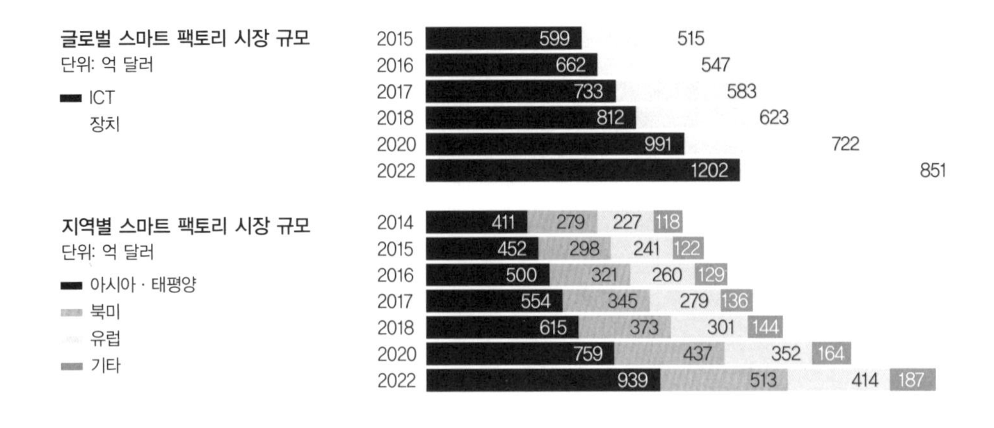


그림 1.38 글로벌 스마트 팩토리 시장 규모 및 지역별 시장 규모

출처 : "2020 4차산업혁명 시대의 제조혁신, 스마트제조·스마트 공장의 시장·기술·표준화 분석과 대응전략", IBS Global, 2020년 3월 23일.

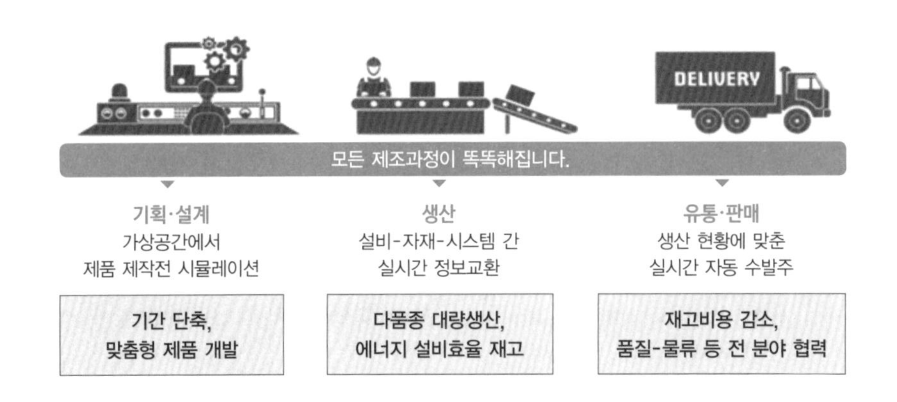


그림 1.39 스마트 팩토리 개념도

출처 : 스마트제조혁신추진단 스마트 공장 사업관리시스템

을 의미한다.

## 다 스마트 팩토리와 공장 자동화

공장 자동화란 컴퓨터, 로봇 등을 이용해 공장 전체의 무인화와 자동화를 만드는 시스템으로, 그림 1.40과 같이 단위공정 별로만 무인화와 최적화가 이루어져 있어, 전체 공정이 분리되고 공정 간 피드백이 어려운 문제점이 있다. 스마트 팩토리는 공장 자동화 기반 시설에 사

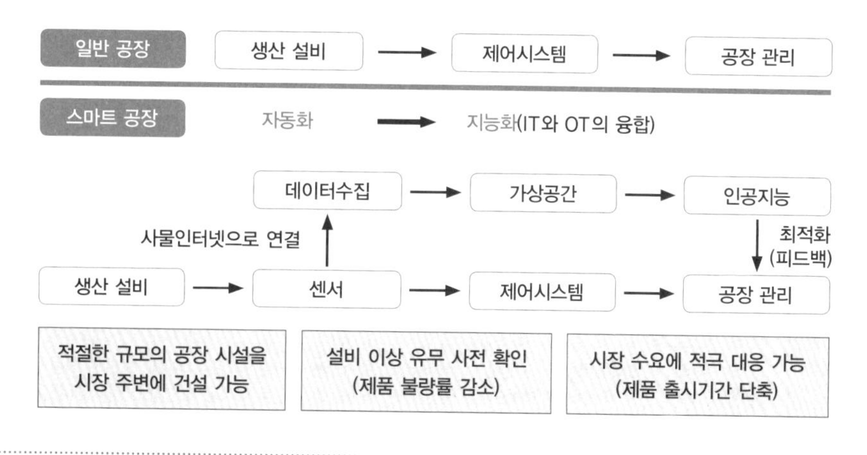


그림 1.40 스마트 팩토리의 개념적 진화 방향

출처 : 중소기업전략기술 로드맵

물인터넷과 인공지능을 부가하여 전 · 후 공정간 데이터 연계를 통한 전체 공정의 최적화 및 지능화, 즉 피드백이 가능하다. 또한 스마트 팩토리는 기존 공장에 비해 지능성, 능동성, 연계성, 민첩성, 신뢰성의 5가지 요소에서 차별점을 보이고 있으며, 이를 통해 고객 맞춤형 유연생산이 가능하다는 장점이 있다.

### 라 스마트 팩토리 구현을 통한 제조 혁신

스마트 팩토리 구현을 위한 주요 기술로는 사물인터넷, 빅데이터, 센서, 나노기술 및 첨단소재 등과 같이 4차 산업혁명의 핵심 기술들이 요구되며, 표 1.5와 같이 기존 일반적인 제조 과정인 수요 예측, 설계, 공장 설비, 제조, 유통 등에 융합되어 적용된다. 제품 수요 예측의 경우, 상품, 판매, 마케팅 수요 등 사람이 직접 수행하던 시장 조사에 빅데이터를 활용하여 실시간으로 시장을 예측할 수 있으며, 시제품 제작 시 많은 시간과 돈이 투자되었던 데 비해 3D 프린팅 및 홀로그램을 이용하여 가상 시제품을 제작하여 시제품 제작 기간을 혁신적으로 줄일 수 있다. 공장 설비와 제조 측면에서도 사물인터넷, 스마트센서를 이용하여 다품종 소량생산이 가능하며, CPS와 에너지 절감을 통해 자동화된 생산 관리가 가능하다. 또한 클라우드 서비스를 통해서 수요를 예측하여 재고를 최소화할 수 있다.

표 1.5 8대 기술 적용 제조업 미래상

| 제조업 주기 | 현재(AS-IS) | | 미래(TO-BE) |
|---|---|---|---|
| 제품수요예측<br>↓ | **시장 조사**<br>상품, 판매, 마케팅 수요 등<br>과인력 수요 및 시간 소요 | →<br>빅데이터 | **실시간 시장 예측**<br>실시간 정보수집,<br>분석 1주일 이내로 단축 |
| 제품 설계<br>↓ | **시제품 제작**<br>Mock-up으로 시작되는<br>시제품 1~2개월, 수천만원 | →<br>3D 프린팅, 홀로그램 | **가상 시제품**<br>가상 시뮬레이션으로 제작<br>1주일 이내, 수백만 원 |
| 공장 설비<br>↓ | **대형 · 자동화설비**<br>단일품종 대량생산 막대한 설비투자 | →<br>사물인터넷, 스마트센서 | **소형 · 맞춤형 설비**<br>다품종 소량생산 및 저렴한 설비투자 |
| 제조<br>↓ | **자동화 생산관리**<br>원료 · 제품 · 품질 공정자동화<br>사람이 관리 | →<br>스마트 통합공정(CPS),<br>에너지 절감 | **실시간 생산관리**<br>공정 간 생산장비가 통제<br>자원분배의 최적화 |
| 유통 | **수동적 유통관리**<br>주문 → 생산(재고) → 배송<br>적재형 재고관리 | →<br>클라우드 | **능동형 유통관리**<br>수요 예측에 의한 실시간 배송<br>창고 없는 물류 관리 |

출처 : "제조업혁신을 촉진하는 스마트 제조기술 개발 추진: 산업부-미래부 공동, 스마트제조 R&D 중장기 로드맵 추진위 발족, 미래창조과학부, 산업통상자원부, 2015년 4월 30일

## 1.4.2 스마트 팩토리 구현을 위한 주요 기술

### 가 사물인터넷

사물인터넷Internet of Things, IoT은 스마트 팩토리 구현을 위한 핵심 기술 중 하나로, 사물에 센서와 통신 기능을 내장하여 인터넷에 연결하는 기술이다. 사물인터넷은 공장 내 모든 설비와 기계에서 발생하는 정보를 실시간으로 수집 및 분석하기 때문에 실시간 원격 모니터링, 예측 유지관리, 공정 최적화 등의 역할을 수행할 수 있다.

### 나 빅데이터 기술

빅데이터 기술Big Data Technology은 처리하기 어려운 방대한 양의 정보를 관리하고, 이러한 데이터로부터 가치를 창출하고 결과를 분석하는 기술이다. 공장 내에서는 수많은 데이터가 발생하고 있으며, 이러한 데이터를 기반으로 빅데이터 기술을 이용하여 생산성 향상 및 품질 개선 등 고객을 위한 맞춤형 생산시스템을 구축할 수 있다.

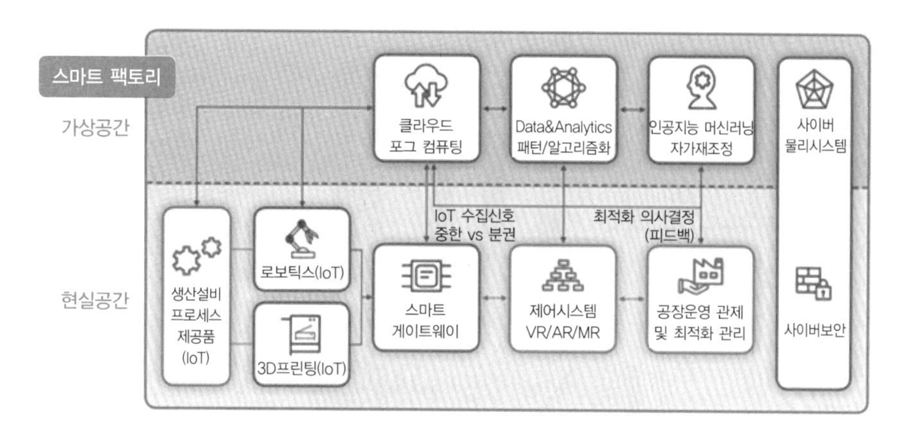


그림 1.41 스마트 팩토리 구현을 위한 주요 기술

출처 : 삼성 KPMG 경제연구원, Samjung INSIGHT, 삼정 KPMG 경제연구원, 2018년

## 다 사물인터넷과 빅데이터 기술의 관계

일반적으로 사물인터넷 기술이 성장할수록 빅데이터 기술의 수요는 점차 증가하게 되며, 이는 사물인터넷에 의해 실시간으로 수집된 방대한 양의 정보를 빅데이터 기술을 통해 실시간으로 저장 · 분석하여 처리하고 관리할 수 있기 때문이다. 스마트 팩토리의 경우, 수집된 데이터를 바탕으로 전체 공정을 분석하여, 진행 현황 및 문제점을 신속하게 파악하고 해결할 수 있다. 이에 따라 생산 효율의 향상과 함께 수요를 예측하고 새로운 비즈니스 모델을 개발

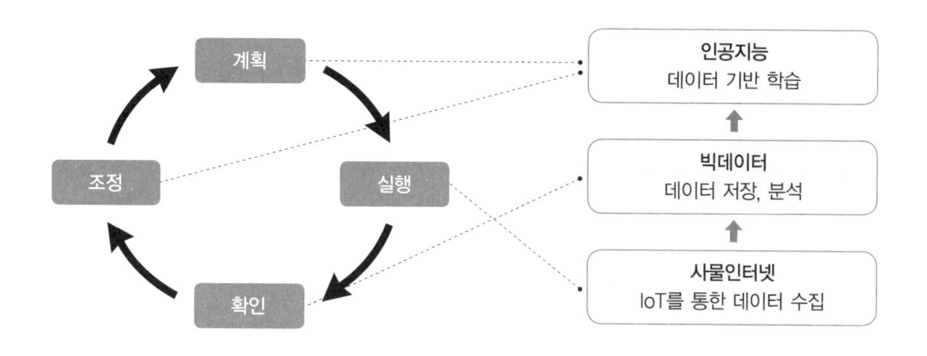


그림 1.42 IoT, Big Data, AI의 관계

출처 : arviem

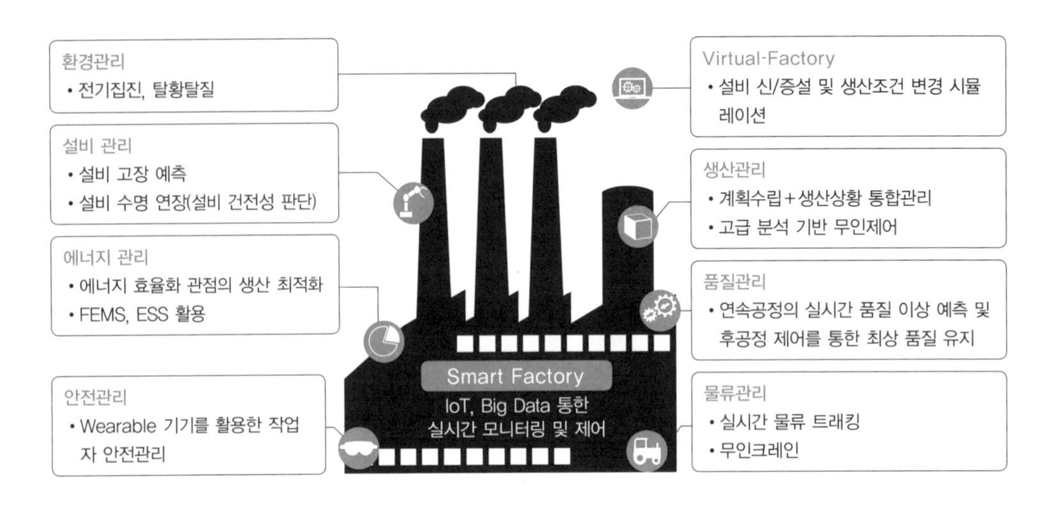


그림 1.43 IoT, Big Data를 이용한 스마트 팩토리 개념도

출처 : 조혜지, 김용균, "스마트 팩토리 기술 및 산업 동향", 정보통신기술진흥센터, 2018년 6월 6일

하는 데 필요한 정보를 제공할 수 있다. 따라서 IoT와 빅데이터는 상호 의존적이며 분리할 수 없는 매우 밀접한 관계이다.

### 라 사이버 물리 시스템(CPS)

사이버 물리 시스템은 실제 오프라인에서 진행되는 다양하고 복잡한 업무, 공정, 정보 등을 네트워크로 온라인화하여 처리하고 관리하는 시스템이다. 스마트 팩토리에서 CPS는 ERP, SCM, CRM[4]등과 같은 기업의 정보시스템과 실제 공장의 기계 및 설비를 네트워크로 통합하여 제어하는 역할을 한다. 아울러, CPS는 그림 1.44와 같이 실제 제품, 공정, 설비, 공장 등을 온라인에 가상화하여 디지털 모델을 구축한 후 시뮬레이션을 통해 최적의 생산 및 공정 설계를 보다 빠르고 효율적으로 진행할 수 있으며, 온라인에 구축된 디지털 모델을 다시 실제 생산라인에 적용하여 운영할 수 있다.

4 ERPEnterprise Resource Planning: 전사적 자원관리, SCMSupply Chain Management: 공급망관리, CRMCustomer Relationship Management: 고객관계관리

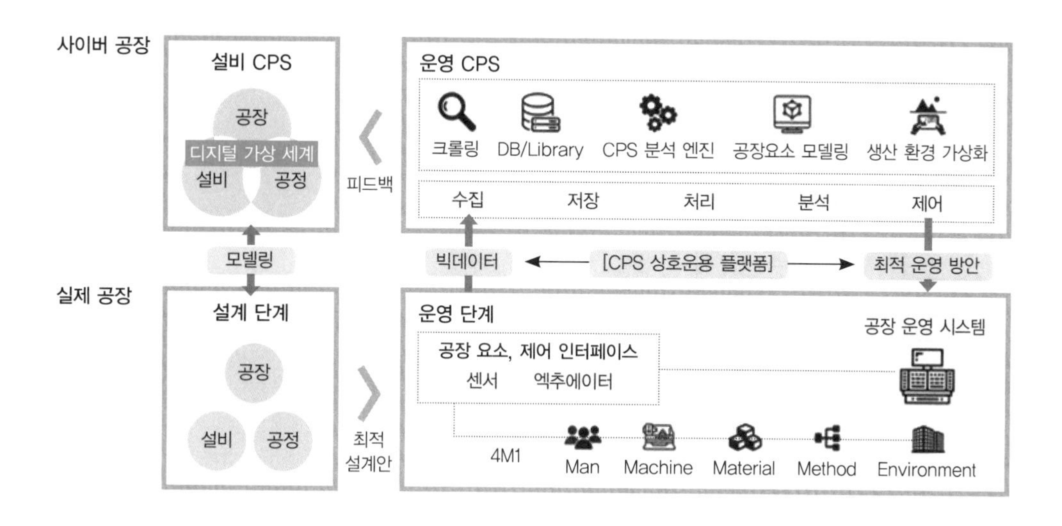


그림 1.44 CPS와 스마트 팩토리 설계 및 운영 개념

출처 : 한국산업기술진흥협회

## 1.4.3 스마트 팩토리 5단계

우리나라 산업통상자원부는 스마트 공장의 정보통신기술ICT 활용 정도 및 역량 등에 따라 공장 내에 구축된 시스템의 스마트화 수준을 표 1.6과 같이 'ICT 미적용', '기초(이력, 추적 관

**표 1.6** 스마트 팩토리 5단계

| 구분 | 현장자동화 | 공장운영 | 기업자원관리 | 제품개발 | 공급사슬관리 |
|---|---|---|---|---|---|
| 고도 | IoT/IoS 기반의 CPS화 | | | | 인터넷 공간상의 비즈니스 CPS 네트워크 협업 |
| | IoT/IoS화 | IoT/IoS(모듈)화 빅데이터 기반의 진단 및 운영 | | | |
| 중간 2 | 설비제어 자동화 | 실시간 공장제어 | 공장운영 통합 | 시뮬레이션과 일괄 프로세스 자동화 | 다품종 개발 협업 |
| 중간 1 | 설비데이터 자동 집계 | 실시간 의사결정 | 기능 간 통합 | 기술 정보 생성 자동화와 협업 | 다품종 생산 협업 |
| 기초 | 실적집계 자동화 | 공정물류 관리 (POP) | 관리 기능 중심 기능 개별 운용 | 서버를 통한 기술/납기 관리 | 단일 모기업 의존 |
| ICT 미적용 | 수작업 | 수작업 | 수작업 | 수작업 | 전화와 이메일 협업 |

출처 : 스마트제조혁신추진단, 스마트 공장 사업관리시스템

리)', '중간 1(광범위한 생산 정보를 실시간으로 집계해 점검)', '중간 2(IT, 소프트웨어 기반으로 실시간 자율 제어)', '고도(사물인터넷, CPS 기반 맞춤형 유연 생산)'의 5단계로 구분하고 있다.

# 1.5 스마트 팩토리의 구현

## 1.5.1 스마트 팩토리 관련 해외 기업

### 가 등대 공장

글로벌 컨설팅 그룹인 '맥킨지&컴퍼니'와 '세계경제포럼'은 첨단 정보기술을 활용하여 세계 제조업의 변화를 이끌고 있는 등대 공장을 선정하고 있다. 등대 공장Lighthouse Factory이란 사물인터넷, 인공지능, 빅데이터 등 4차 산업혁명의 핵심기술을 적극 도입하여 세계 제조업의 혁신적인 미래를 이끌고 있는 공장을 말하며, 2021년 6월 기준 전 세계 69개 공장이 등대 공장으로 선정되었다.

그림 1.45 등대 공장 현황(2021년 6월 기준)

출처 : "Global Lighthouse Network: Reimaging Operations for Growth", World Economic Forum, 2021년 3월

### 나 독일 지멘스

독일 지멘스Siemens의 암베르크Amberg 공장은 세계적인 경영 대학원 중 하나인 프랑스 인시아드Insead가 뽑은 유럽 최고의 공장에 선정되었으며, 현재 전 세계적으로 가장 높은 수준의

스마트 팩토리 중 하나로 손꼽히고 있다. 암베르크 공장은 1만여 가지 원재료를 사용하여 약 950가지의 제품을 생산할 수 있으며, 1개의 라인에서 100가지 이상의 제품을 동시에 생산할 수 있다. 또한 암베르크 공장은 실제 사물이나 시스템, 환경 등을 가상 디지털 공간에 동일하게 구현하는 디지털 트윈 기술을 기반으로 제품의 99.7%를 24시간 내에 출하하여 약

그림 1.46 지멘스의 EWAElectronics Works Amberg 전경

출처 : Siemens

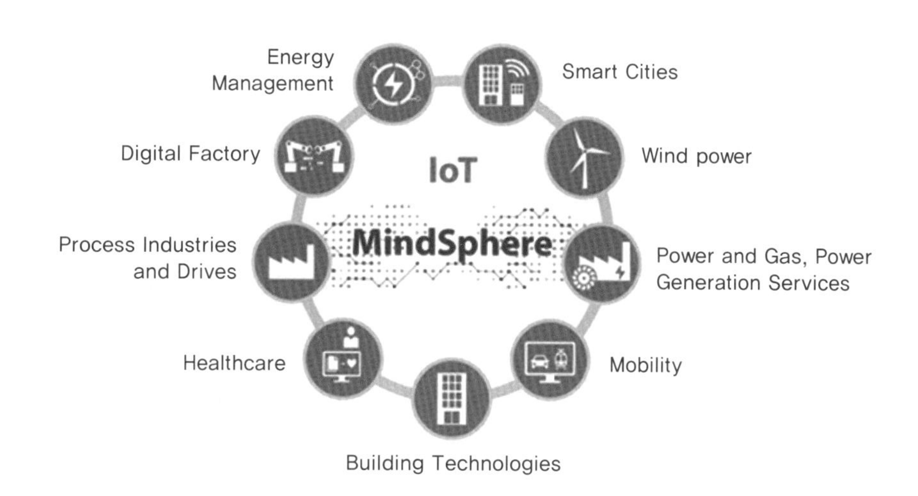


그림 1.47 지멘스의 마인드스피어 활용 분야

출처 : Siemens

30%의 에너지 소비량 감소와 함께 생산시간을 약 50% 감축하였다.

독일 지멘스는 자사의 스마트 팩토리 플랫폼인 마인드스피어MindSphere를 운영하고 있으며 고객, 즉 고객 기업에 공급한 산업기기들이 만들어내는 데이터를 분석하여, 실시간으로 운영 · 관리하고 있다. 아울러, 실제 운용되는 데이터와 가상 세계의 시뮬레이션을 결합하고 설계, 생산, 품질관리 등 전체 공정에서 발생하는 방대한 데이터를 유기적으로 연결하여 공정을 최적화하고 있다.

### 다 독일 BMW

BMW의 물류 공급망은 글로벌 네트워크 및 물류 업체와의 긴밀한 협력으로 구축되어 주기적으로 제품의 위치, 배달 예상 시간과 함께 자재 및 물류 전문가 등의 정보를 업데이트하여 스마트 물류 시스템을 구축하고 있다. 또한, 그림 1.48과 같이 공장 내에 운영되는 튜거tugger열차는 레이저 신호에 의해 주행하고 실시간으로 경로를 조정하여 특정 경로를 따라 이동이 가능하며, 그림 1.49와 같이 스캐너 및 디스플레이 등이 장착된 스마트 장갑은 부착된 스캐너를 통해 전자 레이블을 읽고 해당 자재에 대한 정보를 디스플레이에 표시하여 실시간으로 물류 정보를 파악할 수 있다.

그림 1.48 셀프-네비게이션 자율 튜거 열차

출처 : BMW Group

그림 1.49 통합 스캐너 및 디스플레이, 스마트 시계가 장착된 장갑

출처 : BMW

### 라 미국 제너럴 일렉트릭(GE)

GE의 생각하는 공장Brilliant Factories은 공장시설과 컴퓨터가 사물인터넷을 통해 실시간으로 연결되어 정보를 공유하고 스스로 의사결정을 하여 실시간 품질 유지와 돌발적인 가동 중지를 예방할 수 있다. 생각하는 공장이 적용된 대표적인 사례인 인도의 멀티 모달Multi-modal 공장은 하나의 생산 설비가 자동으로 전환되어 발전, 오일, 가스, 운송의 4가지 사업 분야 제품을 하나의 공장에서 생산 가능하다.

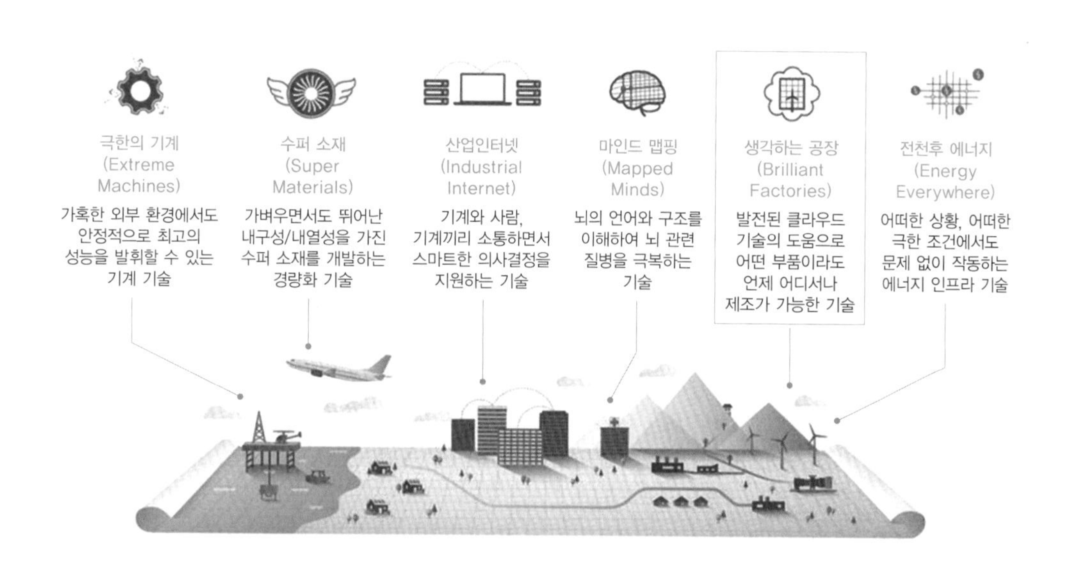


그림 1.50 Next List의 미래를 밝힐 6가지 핵심 기술

그림 1.51 인도 멀티 모달 공장

출처 : GE

GE는 자사의 산업인터넷 플랫폼인 프레딕스Predix를 운영하고 있다. GE가 판매하고 있는 항공기 엔진이나 철도, 선박 등의 제품에 센서를 부착하고, 발생하는 데이터, 즉 생성되는 데이터를 분석하여 사전 고장 예측과 함께 시간, 비용 등 운영 최적화를 지원하고 있다. 한 예로, GE 항공은 프레딕스를 통해 엔진 상태, 운항 스케줄 등을 분석하여 장애검출 정확도를 향상시키고, 결항을 최소화하고 있다. GE 파워는 프레딕스 기반으로 발전소 플랜트용 소프트웨어를 개발하여 예상하지 못한 가동 중지 및 유지보수 비용을 크게 감소시켰다.

그림 1.52 프레딕스를 통한 발전소 및 송배전 네트워크 최적화 개념도

출처 : GE

### 1.5.2 스마트 팩토리 관련 국내 기업

#### 가 포스코

포스코POSCO는 2019년에 국내 최초로 등대 공장에 선정되었으며, 세계 최초로 연속 제조공정용 스마트 팩토리 플랫폼인 '포스프레임PosFrame'을 개발하였다. 포스프레임은 스마트 제철소 구축에 기반이 되는 플랫폼으로, 여러 공정에서 발생하는 데이터들을 유기적으로 수

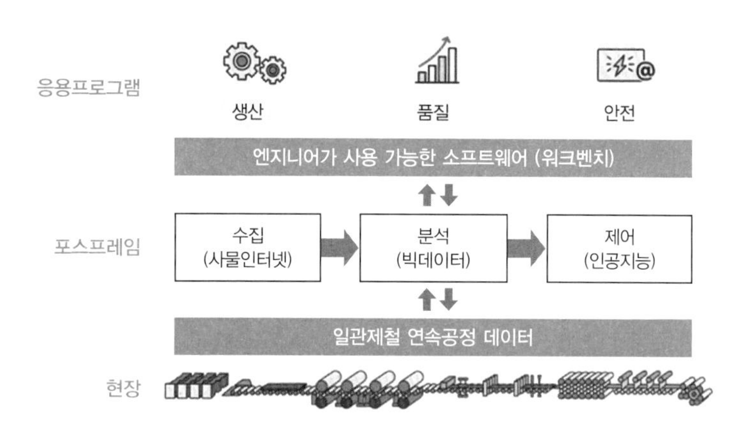


그림 1.53 포스코 스마트 팩토리 플랫폼 '포스프레임'

출처 : POSCO

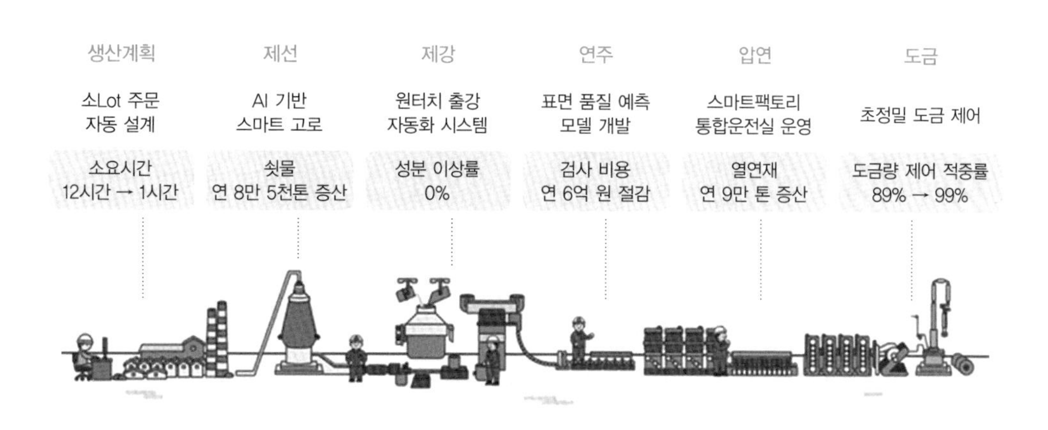


그림 1.54 포스코의 스마트 제철소 구현을 위한 스마트 과제

출처 : POSCO

집 · 분석하여, 최적화된 공정을 유지할 수 있도록 도와준다. 2021년 7월 기준, 20여 개의 포항, 광양 공장에 포스 프레임이 적용되어 운영 중에 있으며, 전 공장의 스마트 제철소화를 목표로 추진 중이다. 또한, 포스코는 사물인터넷, 빅데이터, 인공지능 등을 기반으로 하는 스마트 제철소 구축을 위하여 제품 생산계획과 함께 제선, 연주, 압연, 도금 등 전 생산 공정의 인공지능화를 목표로 '스마트 과제'를 추진하고 있다.

### 나 삼성

삼성Samsung은 영국의 제조업 전문지 'Manufacturing Global'에서 선정한 2020년 글로벌 10대 디지털 팩토리 부분에서 4위를 기록하였으며, 아시아 기업 중에 유일하게 포함되었다. 삼성은 2018년 미국 이동통신사 AT&T와 함께 텍사스 오스틴의 반도체 파운드리 공장에 스마트 팩토리 테스트 베드를 구축하였으며, 2019년에 가동된 수원 사업장의 경우 5G 네트워크를 기반으로 사물인터넷, 클라우드 컴퓨팅 등을 활용한 스마트 팩토리가 구축 · 운영되고 있다. 삼성SDS는 인공지능 기반 스마트 팩토리 솔루션인 '넥스플랜트Nexplant'를 개발하여, 사물인터넷으로 수집된 빅데이터를 인공지능으로 분석하여 실시간으로 이상 징후를 감지할 수 있다. 이를 이용해서 고장 및 장애 시점을 예측하여, 생산 공정을 최적화할 수 있으며, 설비, 공정, 검사, 자재물류의 '제조 4대 영역 지능화'를 구현하고 있다.

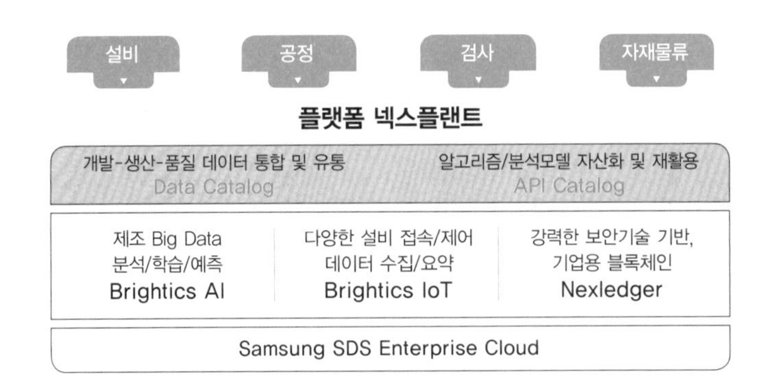


그림 1.55 삼성SDS의 스마트 팩토리 플랫폼 '넥스플랜트'

출처 : 삼성SDS

## 다 LS일렉트릭

LS일렉트릭LS Electric은 2011년부터 4년간 약 200억 원 이상을 투자하여 청주 스마트 공장을 구축하였으며, 2021년 9월 등대 공장에 선정되었다. 청주 스마트 공장은 평균 자동화율이

그림 1.56 LS일렉트릭 스마트 공장의 자동이동로봇

출처 : LS일렉트릭

| 스마트 공장 구축 단계 | 도입준비 | 구축 | 운영 유지보수 | 고도화 |
|---|---|---|---|---|
| 수요기업 | • 스마트 공장 정보 탐색<br>• 정부지원제도 탐색<br>• 자체수준 진단<br>• 현장진단 멘토링 요청<br>• 공급기업 정보 탐색 | • 구축 업체 선정<br>• 정부지원사업 연계<br>• 스마트 공장 구축 | • 유지보수 요청<br>• 추가 개발 요청 | • 스마트 공장 업그레이드 |
| TECH SQUARE | • 스마트 공장 정보 제공<br>• 정부지원금 계산기<br>• 자체수준 진단 서비스<br>• 분야별 무료 멘토링 제공<br>• 다양한 참여자 Pool 운영 | • 최적 공급 기업 추천<br>• 구축 로드맵 제시<br>• 구축 진행 모니터링 | • 통합 유지보수 관리 서비스 | • 고도화 단계별 컨설팅 지원 |
| 공급기업 | • 업종별 수요 기업 탐색<br>• 고도화 단계별 수요기업 탐색 | • 스마트 공장 사업 제안<br>• 스마트 공장 구축 참여 | • 유지보수 서비스 제공 | • 스마트 공장 고도화 구축 참여 |

그림 1.57 LS일렉트릭의 테크스퀘어 개요

출처 : LS일렉트릭

약 85%에 도달할 정도로 높은 수준의 스마트 팩토리를 보유하고 있다. LS일렉트릭의 스마트 팩토리는 조립, 용접, 포장 등 대부분의 생산 공정은 로봇과 기계가 담당하고 있으며, 주문 및 자재 발주 또한 수요 예측 시스템을 통해 자동으로 관리되고 있다. LS일렉트릭은 스마트 팩토리 생태계 플랫폼인 '테크 스퀘어Tech Square'를 개발하였으며, 중소기업을 대상으로 스마트 팩토리 구축을 지원하고 있다. 테크 스퀘어는 고객사에게 수요-공급 기업매칭, 생애주기 멘토링, 프로젝트 관리, 유지보수 서비스 등을 제공하고 있다.

## 1.6 4차 산업혁명과 첨단소재

### 1.6.1 4차 산업에서 첨단소재

#### 가 범용기술과 첨단소재

4차 산업의 범용기술인 AICBM 기술은 사회 전반의 혁신을 유발하고, 사회 · 경제적 파급력을 갖고 있다. 특히 4차 산업혁명의 범용 기술을 구현하기 위해서는 외부 정보를 신속 · 정확하게 인식하는 센서 기술이 매우 중요하며, 첨단 소재 기술이 뒷받침되어야 한다. 따라서 그림 1.58과 같이 초소형 센서, 지능형 반도체, 에너지 소재 등 첨단 소재 · 부품을 통해 지능 정보 기술을 구현하고, 이를 다양한 산업에 접목하여 스마트 시티, 스마트 팩토리, 자율주행차 등 초지능 · 초연결 사회를 실현할 수 있다.

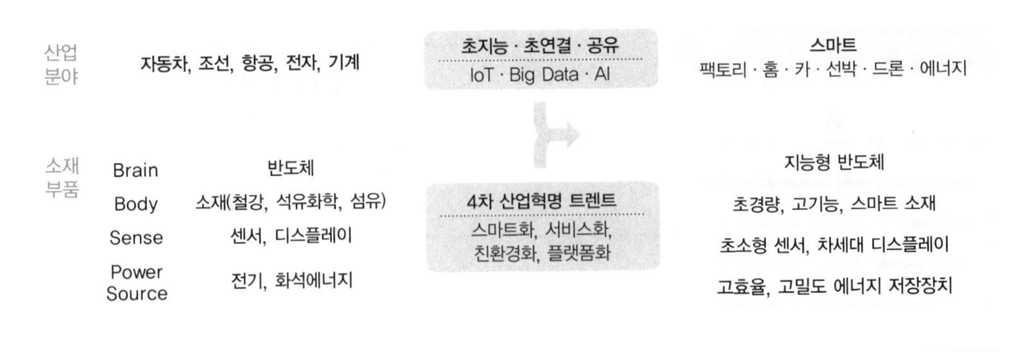


그림 1.58 4차 산업혁명을 뒷받침하는 소재 · 부품 개념도

출처 : "제4차 소재·부품발전 기본계획", 산업통상자원부, 2016년 12월 27일

### 나 글로벌 에너지 산업과 첨단소재

4차 산업혁명 시대, 대표적인 글로벌 에너지와 관련하여 수소 경제 사회를 꼽을 수 있다. 이는 '화석 원료' 대신 탄소 중립을 실현할 수 있는 '수소'가 주 에너지로 사용되는 산업구조를 의미한다. 4차 산업혁명 시대는 다양한 산업 및 기술이 연결·융합되기 때문에 안정적인 에너지 인프라 구축이 필수적이다. 4차 산업의 가속화를 위하여 수소 기술은 필수 인프라로, 그 중요성이 더욱 강조되고 있다. 수소 기술 관련 첨단 소재로는 그림 1.61과 같은 수소 생산용 전극, 수소 저장 용기, 운송용 파이프 등이 있다. 따라서 고기능 페로브스카이트 소재, 고온 및 고압에 견딜 수 있는 탄소 섬유, 경량 소재 등의 첨단 소재 개발이 필수적이다. 또한 청정에너지 수요 증가에 따라 압전재료, 열전재료 등을 이용한 에너지 하베스팅 기술, 미세먼지 저감을 위한 촉매 재료 등 친환경 소재가 주목받고 있다. 제조업 분야에서도 3D 프린팅 기술 등을 통한 제조공정 단축과 함께 에너지를 절감하고, 소재의 다양화 및 복합화를 기반으로 한 하이브리드 소재 개발 등이 진행되고 있다.

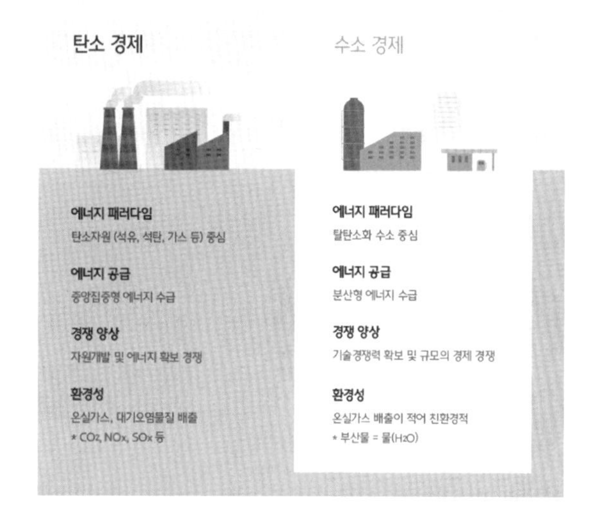


그림 1.59 탄소 경제에서 수소 경제로의 에너지 패러다임 변화

출처 : 현대자동차그룹

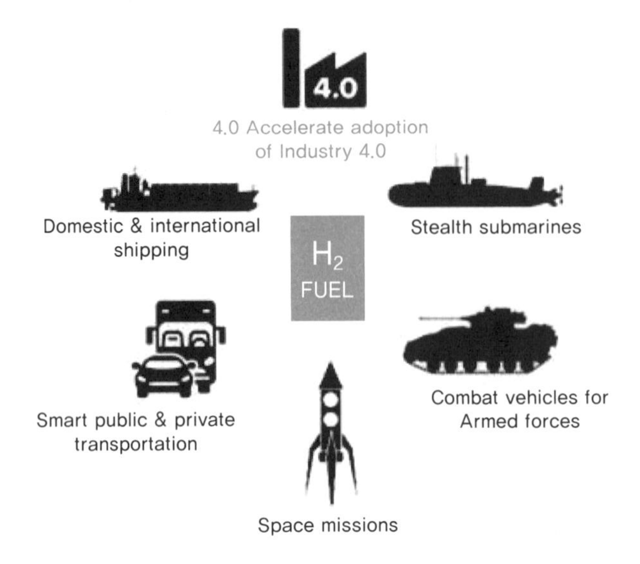


그림 1.60 수소 경제 인프라

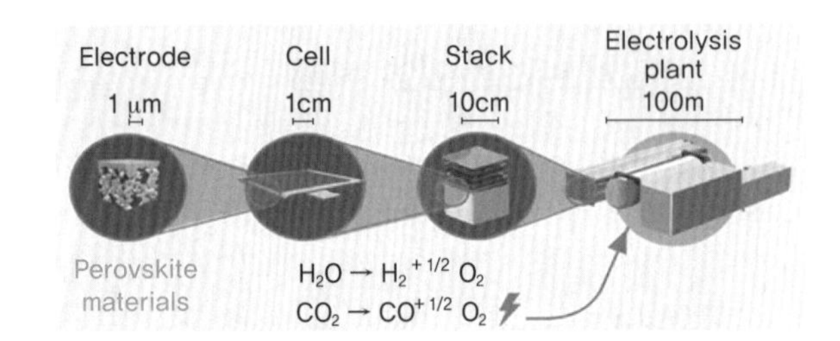


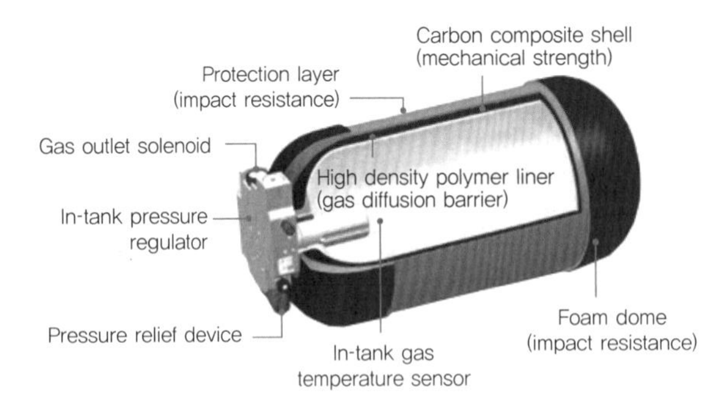

그림 1.61 수소생산 관련 첨단소재: 수전해 셀(위), 수소 저장 용기(좌), 수소 운송용 파이프라인(우)

그림 1.62 3D 프린터를 통해 성형 · 제조되는 기계 부품

출처 : shutterstock.com

### 1.6.2 4차 산업혁명의 기반이 되는 주요 첨단소재

4차 산업혁명에서 첨단소재는 지능정보기술, 에너지 · 환경, 안전 분야 등 4차 산업혁명의 핵심 영역을 뒷받침하며, 그림 1.63와 같이 초연결 사회, 스마트 제조 혁신, 기후변화 및 에너지 문제 등 미래 환경변화에 대응하기 위한 핵심 기반기술이라 할 수 있다. 4차 산업혁명의 기반이 되는 주요 첨단소재로는 그림 1.64와 같이 범용기술을 구현하기 위한 반도체와 스마트 센서 관련 소재가 있으며, 수소 경제 사회를 위한 수소 기술 관련 소재 그리고 청정 에너지 및 친환경 소재 등을 꼽을 수 있다.

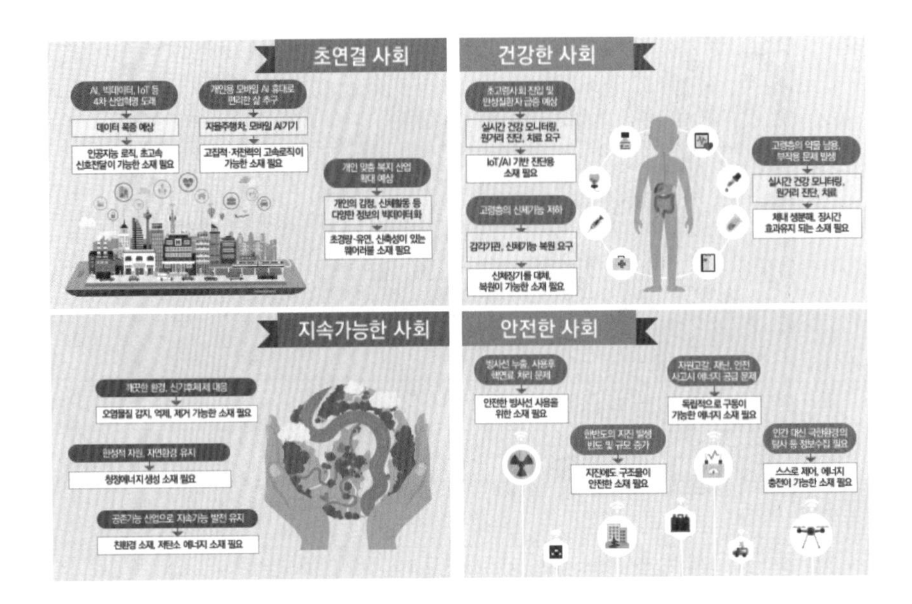


그림 1.63 미래 메가 트랜드에 대응할 원천소재 기술

출처 : "4차 산업혁명의 원동력인 미래소재 원천기술 확보전략", 과학기술정보통신부, 2018년 4월 25일

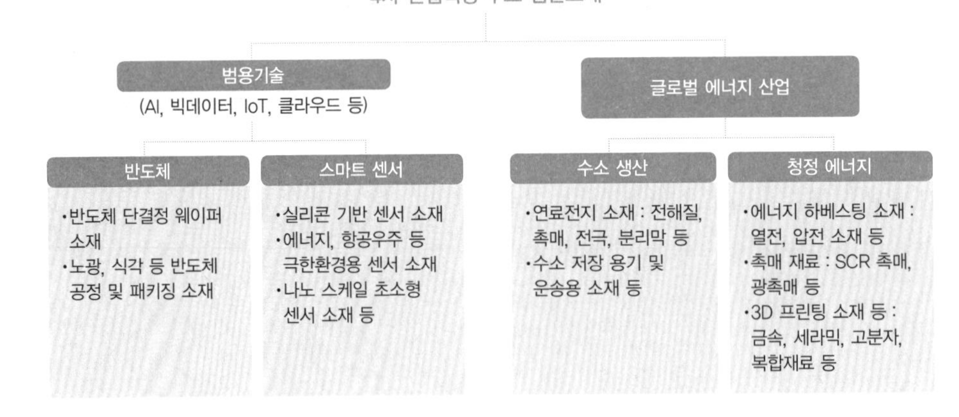


그림 1.64 4차 산업혁명 관련 주요 첨단소재

출처 : 제2차 산업융합발전 기본계획, 산업통산자원부, 2019
"POSRI 이슈리포트: Trillion 센서 시대, 스마트 센서 시장의 3대 트렌드는?", 포스코 경영연구원, 2018년 1월 11일
하영욱, 김태완, "Insight Report: 지능형 반도체의 주요 응용분야 시나리오와 핵심가치", 한국전자통신연구원, 2019년 6월 15일
이미혜, "Issue Report: 반도체 장비·소재산업 동향", 한국수출입은행 해외경제연구소, 2019년 5월

chapter 2

# 빅데이터와 재료개발혁신

# 2.1 재료공학의 인프라_데이터 사이언스 & 빅데이터

## 2.1.1 데이터 사이언스

### 가 데이터 사이언스의 정의

'데이터 사이언스data science'는 21세기가 시작될 때 사용된 용어로, 미국 퍼듀대학교의 컴퓨터 과학 및 통계학 교수인 윌리엄 클리브랜드William S. Cleveland는 2001년에 International Statistical Review에서 데이터 사이언스를 통계학 분야의 기술적 영역을 확장시키는 실행계획이라는 다소 광범위한 정의를 내렸다.

보다 상세한 정의로 일본의 저명한 통계학자 하야시 치키오Hayashi Chikio는 데이터 사이언스란 통계학, 자료분석 그리고 관련된 방법을 통합할 뿐만 아니라 그 결과를 만들어내는 종합적인 개념이라고 하였으며, 자료설계, 자료수집, 자료분석의 3가지 측면을 포함하고 있다고 하였다. 마케팅 컨텐츠 분야의 리더인 아반티카 몬나파Avantika Monnappa도 데이터 사이언스는 빅데이터big data인 정형structured과 비정형unstructured 자료를 다루면서 자료정제data cleaning와 분석analysis과 관련된 모든 것으로 이루어진 분야로 정의하였고, 아울러 데이터 사

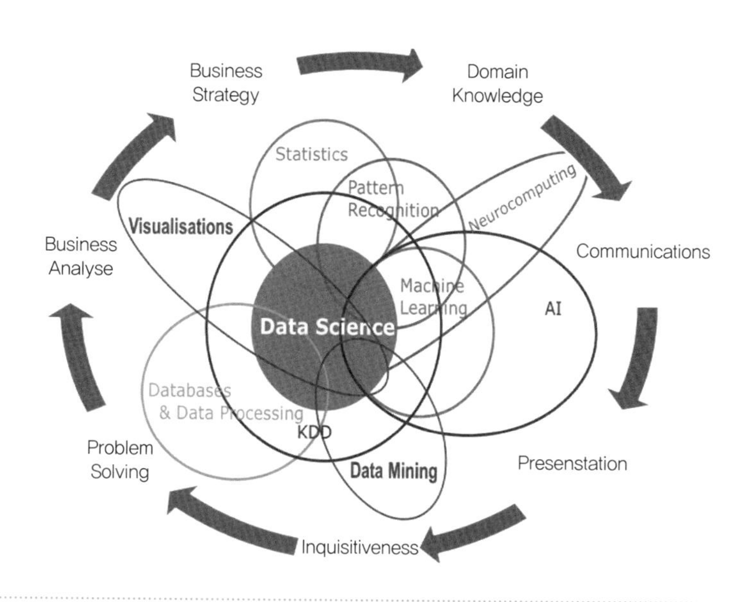


그림 2.1 데이터 사이언스의 영역

출처 : Brandan Tierney, "Data Science Is Multidisciplinary", Oralytics, 2012sus 6월 13일

이언스를 통계학, 수학, 프로그래밍, 문제해결, 독창적인 방식의 데이터 수집, 데어터 정리, 준비 및 정렬 활동의 조합이라 하였다.

황석형 외 2인(2020)은 데이터 사이언스를 데이터로부터 의미 있는 인사이트insight(식견, 통찰, 혜안, 지식, 판단 견해 등)를 이끌어 내기 위한 학문 분야라 하였으며, 인공지능이나 머신러닝 등과 같은 데이터 사이언스 분야의 첨단 기술은 4차 산업혁명 시대의 경쟁력이 있는 기업들이 갖추어야할 핵심적이면서 필수적인 정보기술이라 하였다.

그림 2.1은 데이터 사이언스가 빅데이터, 데이터 마이닝data mining, 인공지능artificial intelligence, 통계학statistics, 시각화visualization, 머신러닝machine learning 등이 결합된 종합적인 관점일 뿐만 아니라 서로 유기적으로 작동한다는 점을 보여주고 있으며, 특히 이런 관점에서 실무적으로 비즈니스 문제를 해결하기 위한 기본 방편으로 활용하고 있다.

## 나 데이터 사이언티스트

오늘날 빅데이터 시대의 중심이 될 데이터 사이언스를 전문적으로 실행할 전문가, 즉 데이터 사이언티스트data scientist가 필요하여 조직적 교육과 육성이 요구되고 있다.

V3(volume: 양, variety: 다양성, velocity: 속도)의 특징을 갖춘 빅데이터는 그림 2.2에서와 같이 화상, 음성, 문자 등 다양한 형태의 자료가 스마트폰, 인터넷 등 여러 소스를 통해 얻어진다. 데이터 사이언티스트는 다양한 소스에서 얻어진 빅데이터를 분석도구를 활용하여 처리하고 그 결과를 문제 해결을 위한 피드백으로 제공할 수 있다.

하버드 경영대학원 객원 교수인 토머스 H. 데이본포트Thomas H. Davenport와 그레이록 파트너스의 데이터 사이언티스트인 패틸D.J. Patil은 2012년 Havard Business Review에서 21세기

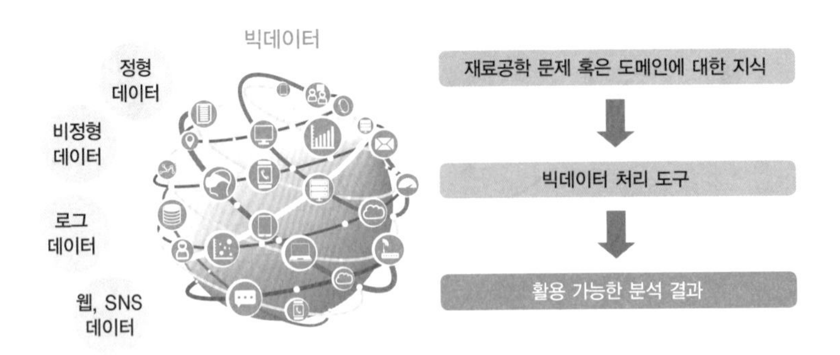


그림 2.2 빅데이터 : 대용량 자료 처리를 통한 분석결과 도출

Programming Skills
- Python/Hadoop/MapReduce
- SQL : 데이터베이스(dB) 쿼리
- Text data : Xpdf

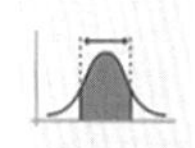

Statistics
- Multivariate Statistics
- EDA

Machine Learning
- Algorithm 중심 통계학
- Supervised/Unsupervised Learning
- Deep Learning

Mathematics & Matrix Algebra
- 대용량 자료의 표현(행렬)과 연산
- 미분 적분학

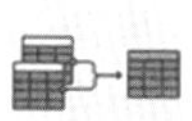

Data Wrangling/Data processing
- Outliers/Missing values
- Inconsistent string formatting
- Cleaning & filtering

Data Visualization & Communication
- ggplot2/Lattice
- Biplot/Correspondence Analysis

Software Engineering
- Handling a lot of data
- Data-driven products
- SAS/R

Data Intuition
- Data-driven problem-solver

그림 2.3 데이터 사이언티스트가 갖추어야 할 8가지 기술

출처 : Benjamin Obi Tayo, "Data Science Minimum: 10 Essential Skills You Need to Know to Start Doing Data Science", kdnuggets, 2020년 10월 1일

가장 매력적인 직업으로 데이터 사이언티스트를 꼽았다. 그 이유는 데이터 사이언티스트는 빅데이터 세계에서 새로운 것을 발견하기 위한 전문 지식과 풍부한 지적 호기심을 갖고 있는 고급 전문가를 말하기 때문이다.

최근 서울대학교, 한양대학교 등 국내 대학에서 데이터 사이언티스트 육성의 필요성을 인식하여 학과 또는 전공에 데이터 사이언스라는 이름을 사용한 곳이 점차 증가하고 있다. 그림 2.3은 데이터 사이언티스트가 전문적이고 체계적인 교육과정을 통해 갖추어야 할 8가지 기술skill을 요약하고 있다.

먼저 프로그래밍 스킬에서는 대용량 자료를 잘 다루기 위한 데이터베이스 개념과 이를 관리하는 관리시스템으로 SQLStructured Query Language[1]에 대한 지식이 요구된다. 더불어 빅데이터의 비정형 자료인 텍스트 자료를 크롤링crawling[2]하고 하둡Hadoop[3]의 맵리듀스

1 관계형 데이터베이스 관리 시스템의 데이터를 관리하기 위해 설계된 특수 목적의 프로그래밍 언어이다.

2 소프트웨어 등이 웹을 돌아다니며 필요한 정보를 찾아 수집해 오는 작업이다.

3 아파치 하둡은 대량의 자료를 처리할 수 있는 큰 컴퓨터 클러스터에서 동작하는 분산 응용 프로그램을 지원하는 프리웨어 자바 소프트웨어 프레임워크이다.

MapReduce[4]와 같이 이를 정형 자료로 변환해 주는 텍스트 분해 또는 파싱parsing[5]에 대한 개념이 필요하다.

통계학에서는 기본적으로 많은 수의 측정 변수와 큰 규모의 개체에 의한 자료에 대한 차원축소 개념의 다변량 통계학multivariate statistics 지식이 기본적으로 요구된다. 최소한 주성분 분석principal component analysis, 군집 분석cluster analysis, 판별과 분류 분석discriminant and classification analysis은 꼭 알아야 하는 분석 기법이다. 특히 판별과 분류 분석의 개념은 머신러닝machine learning, 즉 학습과 더불어 텍스트 자료에 매우 많이 활용된다.

머신러닝은 최근 텍스트 마이닝text mining[6]의 문서분류documant classification를 위해 지지 벡터 기계support vector machine 모형 또는 앙상블ensemble 모형으로 배깅bagging, 부스팅boosting 그리고 랜덤 포레스트random forest를 많이 활용하고 있으며, 아울러 신경망neural network 모형에 대한 지식도 갖추는 것이 중요하다.

수학 및 행렬 대수학mathematics&matrix algebra에서는 대용량의 자료를 나타내고 이를 통한 다변량적 알고리즘을 구축하기 위해 행렬과 수학적 연산에 대한 이해가 필수적이다. 예를 들어, 행렬에 의한 수치 미분을 이용하여 차원축소와 모형에서 미지의 모수를 구하기 위한 적합문제optimal problem를 해결할 수 있다.

데이터 랭글링data wrangling/data pre-processing은 원자료를 보다 쉽게 접근하고 분석할 수 있도록 데이터를 정리하고 통합하는 과정으로, 자료에서 발생하는 이상치outlier나 잘못된 자료를 정제하고 필터링한다. 이 과정에서 선택한 모형이나 기법에서 요구하는 조건과 가정에 위배되는 경우 잘못된 자료를 삭제하기도 하지만 이를 대체imputation하는 방법도 익혀두는 것이 중요하다.

데이터 시각화 및 의사소통data visualization&communication에서는 최근 대용량 자료에 대한 결과 해석에서 양적인 나열보다는 보기 쉽고 이해 가능한 시각화 기법을 많이 활용한다. 행렬도biplot는 개체의 군집화와 변수의 상관관계에 의한 군집화와 더불어 이들 상호 연관성을 보여준다. 대응분석correspondence analysis은 범주형자료categorical data의 행과 열 범주의 연관

4 구글에서 대용량 데이터 처리를 분산 병렬 컴퓨팅에서 처리하기 위한 목적으로 제작하여 2004년 발표한 소프트웨어 프레임워크이다.

5 언어학에서 구문 분석 또는 '파싱'은 문장을 그것을 이루고 있는 구성 성분으로 분해하고 그들 사이의 위계 관계를 분석하여 문장의 구조를 결정하는 것을 말한다.

6 자연어로 구성된 비정형 텍스트 데이터에서 패턴 또는 관계를 추출하여 가치와 의미 있는 정보를 찾아내는 마이닝 기법이다.

성을 보여주며 최근에는 텍스트 마이닝에서 문서와 용어 간의 대응관계를 보여주는 데 매우 유용한 도구로 활용된다.

소프트웨어 공학software engineering에서는 대용량의 자료를 활용하여 분석하는 패키지 개념의 SAS[7]나 R[8]에 대한 지식이 요구된다. 이에 대한 지식은 SAS/Enterprise Miner 또는 R의 자연어 처리인 텍스트 마이닝 사례를 통해 익힐 수 있다.

데이터 직관data intuition에서는 데이터 사이언티스트로서 아무리 복잡한 데이터가 있더라도 이를 가지고 문제를 해결하는 능력을 요구한다. 즉 대용량 자료로부터 경향성을 파악하여 문제에 대한 해결 피드백을 제공해야 할 필요가 있다.

황석형 외 2인(2020)은 지금까지 언급한 내용을 통합적으로 기술하고 있는데, 그들은 데이터 사이언티스트를 데이터 사이언스 전문가로 부르고 있다. 데이터 사이언티스트를 다양한 분야의 전문지식, 프로그래밍 스킬 및 소프트웨어 개발 능력, 수학 및 통계 관련 지식들을 기반으로 데이터(숫자값, 텍스트, 이미지, 동영상, 오디오 등)에 대하여 머신러닝 알고리즘을 적용하고, 인공지능 시스템을 구축하여 다양한 비즈니스 분야에서 유의미한 가치를 창출할 수 있는, 4차 산업혁명 시대의 정보기술 분야 핵심 인재라고 하였다.

### 다 데이터 사이언티스트의 자질과 환경

그림 2.4는 앞서 언급한 데이터 사이언티스트로서 갖추어야 할 8가지 기술을 빅데이터를 다루기 위한 크게 두 분야인 하드웨어와 소프트웨어 분야로 구분하고 있으며, 결국은 분석 결과에 대한 최적의 활용과 전달을 위한 경영학 전공과 인문학 전공에 대한 지식도 요구된다는 점을 보여주고 있다. 이를 통해 데이터 사이언티스트는 빅데이터의 분석을 넘어 그 결과를 모든 영역과 유기적으로 연결하여 종합적으로 판단하는 능력도 갖추어야 함을 강조한다.

고려대 통계학과 교수인 허명회(2015)는 데이터 사이언티스트가 새로운 사회적 트렌드와 과학기술에 대한 흥미, 자기학습 능력, 인문학적 소양, 사회적 친화력, 수리적 사고와 계산 능력 등이 요구된다고 하였다.

그러나 데이터 사이언티스트를 위한 우리나라의 현실은 단기적 성과주의로 내몰리고 있으며 자료 분석의 용역꾼으로 여겨지고 있다. 이를 극복하기 위해서는 다양한 전공의 인적

7 통계 분석 프로그램이다.

8 통계 및 데이터 분석과 시각화를 위해 개발된 프로그래밍 언어이다.

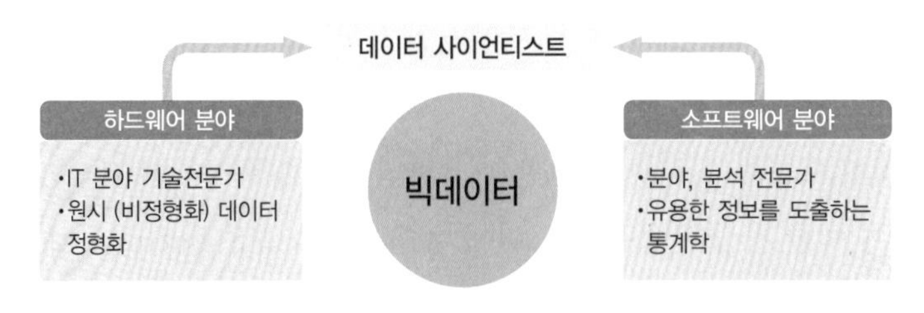


그림 2.4 데이터 사이언티스트의 역할

워크숍을 통해 서로를 이해하는 소통 공간이 필요하며, 빅데이터를 분석 목적에 상관없이 자유롭게 제공 받을 수 있는 법적 제도적 규제가 완화되어야 한다.

최용석(2018, 2020)에 따르면 행안부의 '개인정보보호법', 과기정통부 · 법무부의 '통신비밀보호법', 금융위의 '신용정보의 이용 및 보호법', 과기정통부 · 방통위의 '정보통신망 이용 촉진 및 정보보호법' 등 개인 정보 규제는 여러 부처와 법률이 복잡하게 얽혀 있다. 이러한 문제는 제조업과 정보통신의 융합 시대인 4차 산업혁명 시대에서도 동일하게 발생되고 있어, 빅데이터 활용 후진국(세계 56위, 2018년 기준)을 벗어나 빅데이터 활용 선진국으로 나아가기 위해서는 데이터 사이언티스트를 양성할 환경을 먼저 갖추는 것이 시급해 보인다.

## 2.1.2 빅데이터

### 가 빅데이터의 정의

데이터 사이언스 분야에서 다루는 빅데이터에 대한 정의로 강창완 외 2인(2018)과 김동철(2019)은 비정형(SNS, 영화 댓글, 기사, 보고서 등)과 정형(설문조사, 실험 등) 데이터로 구성되는 용량이 큰 데이터를 말하기도 하나, 분석을 통해 정보를 도출하는 과정을 빅데이터라고도 하였다. 즉 그림 2.5의 클라우드 환경을 기반으로 누구나 만들어내는 데이터, 그림 2.2의 대용량 데이터를 처리하여 분석결과를 얻는 것, 그림 2.6의 다양한 소스와 형태의 데이터를 수집, 분석, 저장하는 일련의 과정을 통합하여 빅데이터라 부른다.

그림 2.6에 따르면 비정형 자료인 텍스트 자료를 크롤링crawling하고 이를 정형 데이터로 변환해 주는 하둡의 맵리듀스와 R의 X-pdf와 같은 텍스트 분해 또는 파싱을 거친다고 하였

그림 2.5 클라우드 환경 기반의 데이터

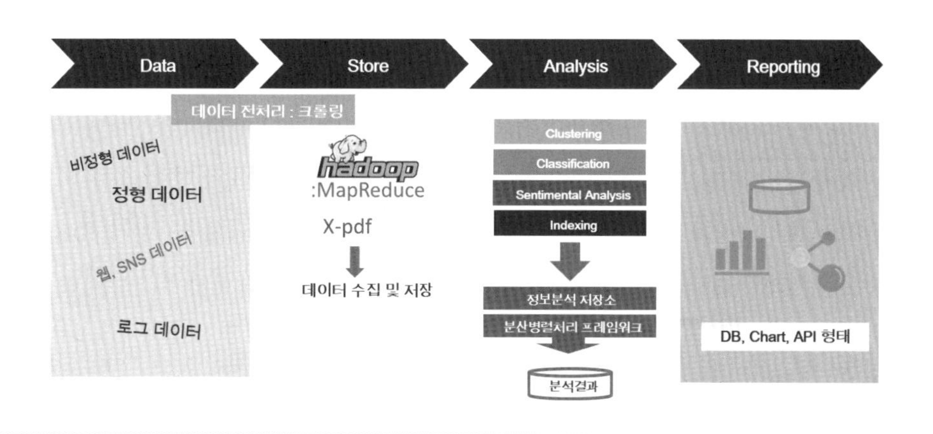


그림 2.6 다양한 소스와 형태의 데이터

다. 이를 통하여 군집화clustering와 분류화classification 등을 실행하고 그 결과를 데이터베이스화data base, DB, 도표화chart, 응용 프로그래밍 인터페이스application program interface, API 형태로 다른 종류의 서비스를 위해 제공된다.

추가적으로 그림 2.7은 지금까지 살펴본 다양한 소스로부터 얻어지는 빅데이터를 활용하여 해결단서insight, 중장기 비전 및 전력foresight, 정책결정 및 실천방안action 등의 가치 창출

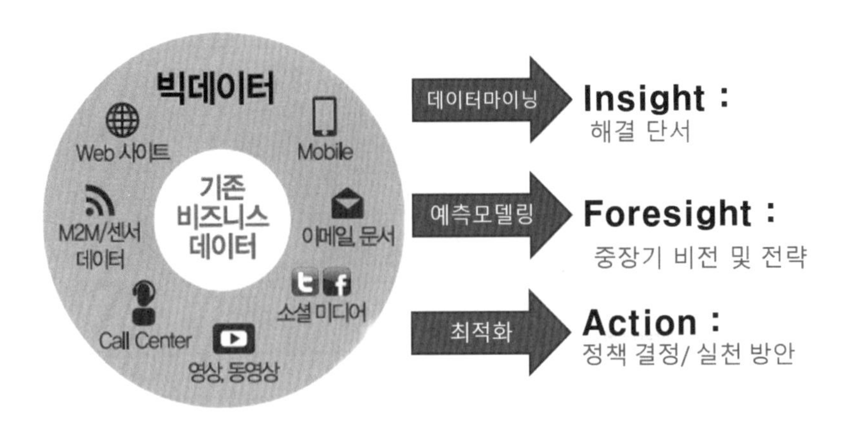


그림 2.7 다양한 소스의 빅데이터로부터 가치 창출 과정

을 위해서 데이터 마이닝, 예측 모델링, 최적화가 요구됨을 보여주고 있다.

#### 나 빅데이터의 출현 배경

강창완 외 2인(2019)에 따르면 빅데이터 출현은 IT 기술의 급속도 발전으로 인한 데이터 저장 기술의 발달과 메모리 반도체의 가격 하락으로 가능해졌다고 한다. 앞서 빅데이터 정의에서 비정형과 정형 형태의 빅데이터는 향후 기업과 공공기관 등에서 각종 정책수립 및 대안 마련을 위해 그 수요가 급증할 것으로 내다보았다. 2011년 경제협력개발기구OECD 국가들은 빅데이터 분야를 성장 원동력으로 내다보았고 2012년 국내의 빅데이터에 대한 인식이 급부상하였으며, 2013년에는 기획재정부가 기후변화에 따른 한국형 재난피해 및 기상 수치 예보 모델 개발에서 빅데이터 분석의 중요성을 강조하였다.

### 2.1.3 빅데이터 분석사례

#### 가 삼성전자와 애플 기사의 분석

최요셉과 최용석(2014)은 2012년 1월에서 12월까지 발행된 한국경제신문 기사를 이용하여 삼성전자와 애플 두 기업의 분기별 동향과 이슈를 파악하였다. 그림 2.8과 같이 하둡의 맵리듀스를 활용하여 비정형자료인 한국경제신문의 기사를 대상으로 기사의 단어 세분화를 통해 정형화하였다.

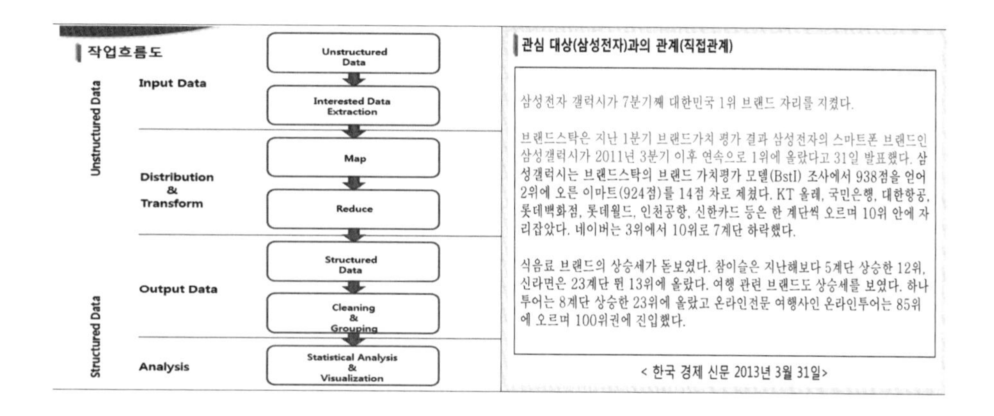


관심 대상(삼성전자)과의 관계(직접관계)

삼성전자 갤럭시가 7분기째 대한민국 1위 브랜드 자리를 지켰다.

브랜드스탁은 지난 1분기 브랜드가치 평가 결과 삼성전자의 스마트폰 브랜드인 삼성갤럭시가 2011년 3분기 이후 연속으로 1위에 올랐다고 31일 발표했다. 삼성갤럭시는 브랜드스탁의 브랜드 가치평가 모델(BstI) 조사에서 938점을 얻어 2위에 오른 이마트(924점)를 14점 차로 제쳤다. KT 올레, 국민은행, 대한항공, 롯데백화점, 롯데월드, 인천공항, 신한카드 등은 한 계단씩 오르며 10위 안에 자리잡았다. 네이버는 3위에서 10위로 7계단 하락했다.

식음료 브랜드의 상승세가 돋보였다. 참이슬은 지난해보다 5계단 상승한 12위, 신라면은 23계단 뛴 13위에 올랐다. 여행 관련 브랜드도 상승세를 보였다. 하나투어는 8계단 상승한 23위에 올랐고 온라인전문 여행사인 온라인투어는 85위에 오르며 100위권에 진입했다.

< 한국 경제 신문 2013년 3월 31일>

그림 2.8 한국경제신문의 기사에 대한 정형화

출처 : 최용석, 2020, Data Scientist 로 살아가는 Big Data 시대의 산책, 고운서당 강연 자료

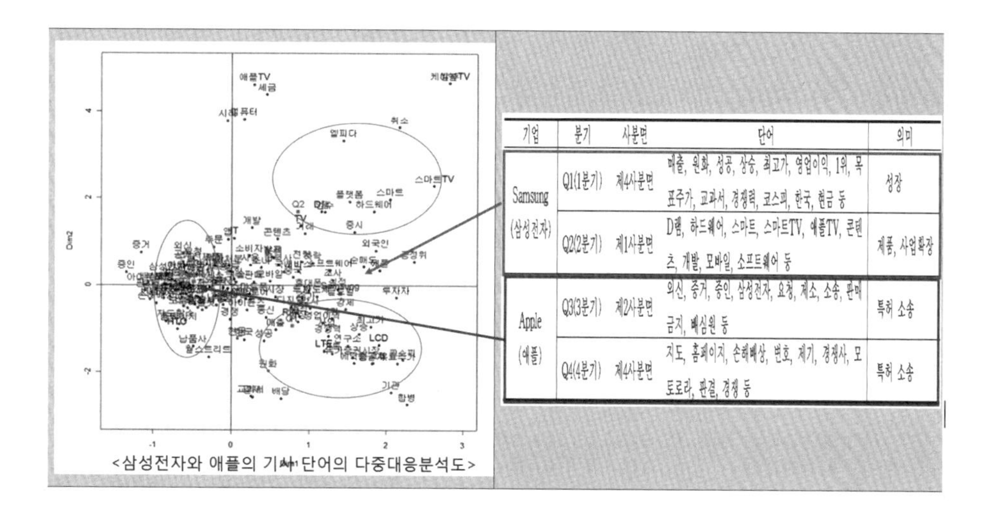


| 기업 | 분기 | 사분면 | 단어 | 의미 |
|---|---|---|---|---|
| Samsung (삼성전자) | Q1(1분기) | 제4사분면 | 매출, 원화, 성공, 상승, 최고가, 영업이익, 1위, 목표주가, 교과서, 경쟁력, 코스피, 한국, 현금 등 | 성장 |
| | Q2(2분기) | 제1사분면 | D램, 하드웨어, 스마트, 스마트TV, 애플TV, 콘텐츠, 개발, 모바일, 소프트웨어 등 | 제품, 사업확장 |
| Apple (애플) | Q3(3분기) | 제2사분면 | 외신, 증거, 증인, 삼성전자, 요청, 제소, 소송, 판매금지, 배심원 등 | 특허 소송 |
| | Q4(4분기) | 제4사분면 | 지도, 홈페이지, 손해배상, 변호, 제기, 경쟁사, 모토로라, 판결, 경쟁 등 | 특허 소송 |

그림 2.9 대응분석을 활용한 기업과 단어의 분기별 대응관계

그림 2.9는 그림 2.8을 통해 정형화된 범주형 자료categorical data로, 이에 대한 시각화 기법인 대응분석correspondence analysis을 적용한 결과와 사분면에 따른 기업과 신문 기사의 용어(단어)의 대응관계를 보여주고 있다.

그 결과 애플은 특허 관련 소송(증거, 증인, 제소, 금지, 배심원, 판결, 변호 등)에 주력하였으며, 삼성전자는 사업과 제품 확장 그리고 성장(매출, 영업이익, 경쟁력, 개발, D램 등)에 주력했음을

보여준다. 이를 통하여 2013년 상반기 삼성전자의 지속적인 성장과 사업 확장을 통한 상승세를 전망하였고, 반면에 애플은 계속되는 특허 관련 소송으로 슬로건인 혁신적 이미지에 타격을 입어 성장이 주춤할 것으로 예상하였으며, 실제 2013년에 이 예측은 두 기업의 사업 전망을 잘 대변하였다.

### 나 정부출연기관 문서의 군집 및 분류

정호영 외 2인(2019), 정민지 외 2인(2019), 이수진 외 2인(2020)은 2016년도 경제와 인문사회 연구소 소속 정부출연기관 10개(과학기술정책연구원, 대외경제정책연구원, 산업연구원, 육아정책연구원, 정보통신정책연구원, 통일연구원, 한국개발연구원, 한국교육개발원, 한국교육과정평가원, 한국교통연구원)에 대한 343개 PDF 파일 형태의 문서를 군집화 및 분류화를 시도하였다.

편의상 [1단계] 크롤링과 스크래핑 형태소 분석을 통하여 문서의 비정형 자료의 정제화(문자부호, 특수문자, 불용어 제거), [2단계] 문서-용어 빈도행렬document-term frequency matrix 생성, [3단계] 문서-용어 가중행렬document-term weighted matrix 생성, [4단계] 문서-핵심어 가중행렬document-keyword weighted matrix 생성에 대한 내용은 생략한다.

그림 2.10의 [5단계] 최종 용어 26,352개에 대한 간행물과 기관별 유사성 거리 행렬을 이용하여 그림 2.11은 기관 군집화를 시각적으로 보여주는 계층적hierarchical 군집분석Ward법에 의한 덴드로그램과 계량형metric 다차원척도법multidimensinal scalig, MDS을 제공하고 있다.

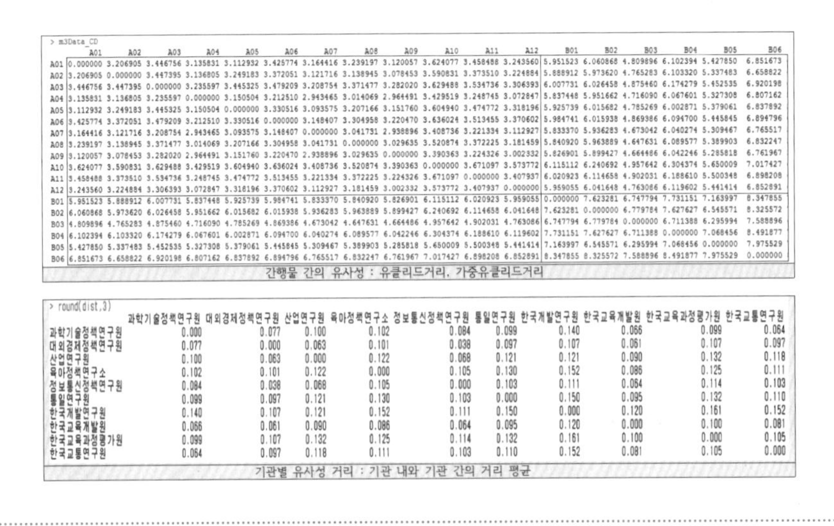

> m3Data_CD

| | A01 | A02 | A03 | A04 | A05 | A06 | A07 | A08 | A09 |
|---|---|---|---|---|---|---|---|---|---|
| A01 | 0.000000 | 3.206905 | 3.446756 | 3.135831 | 3.112932 | 3.425774 | 3.164416 | 3.239197 | 3.120057 |
| A02 | 3.206905 | 0.000000 | 3.447395 | 3.136805 | 3.249183 | 3.372051 | 3.121716 | 3.138945 | 3.078453 |
| A03 | 3.446756 | 3.447395 | 0.000000 | 3.235597 | 3.445325 | 3.479209 | 3.208754 | 3.371477 | 3.282020 |
| A04 | 3.135831 | 3.136805 | 3.235597 | 0.000000 | 3.150504 | 3.212510 | 2.943465 | 3.014069 | 2.964491 |
| A05 | 3.112932 | 3.249183 | 3.445325 | 3.150504 | 0.000000 | 3.330516 | 3.093575 | 3.207166 | 3.151760 |
| A06 | 3.425774 | 3.372051 | 3.479209 | 3.212510 | 3.330516 | 0.000000 | 3.148407 | 3.304958 | 3.220470 |
| A07 | 3.164416 | 3.121716 | 3.208754 | 2.943465 | 3.093575 | 3.148407 | 0.000000 | 3.041731 | 2.938896 |
| A08 | 3.239197 | 3.138945 | 3.371477 | 3.014069 | 3.207166 | 3.304958 | 3.041731 | 0.000000 | 3.029635 |
| A09 | 3.120057 | 3.078453 | 3.282020 | 2.964491 | 3.151760 | 3.220470 | 2.938896 | 3.029635 | 0.000000 |
| A10 | 3.624077 | 3.590831 | 3.629488 | 3.429519 | 3.604940 | 3.636024 | 3.408736 | 3.520874 | 3.390363 |
| A11 | 3.458488 | 3.373510 | 3.534736 | 3.248745 | 3.474772 | 3.513455 | 3.221334 | 3.372225 | 3.224326 |
| A12 | 3.243560 | 3.224884 | 3.306393 | 3.072847 | 3.318196 | 3.370602 | 3.112927 | 3.181459 | 3.002332 |
| B01 | 5.951523 | 5.888912 | 6.007731 | 5.837448 | 5.925739 | 5.984741 | 5.833370 | 5.840920 | 5.826901 |
| B02 | 6.060868 | 5.973620 | 6.026458 | 5.951662 | 6.015682 | 6.015938 | 5.936283 | 5.963889 | 5.899427 |
| B03 | 4.809896 | 4.765283 | 4.875460 | 4.716090 | 4.785269 | 4.869386 | 4.673042 | 4.647631 | 4.664486 |
| B04 | 6.102394 | 6.103320 | 6.174279 | 6.067601 | 6.002871 | 6.094700 | 6.040274 | 6.089577 | 6.042246 |
| B05 | 5.427850 | 5.337483 | 5.452535 | 5.327308 | 5.379061 | 5.445845 | 5.309467 | 5.389903 | 5.285818 |
| B06 | 6.851673 | 6.658822 | 6.920198 | 6.807162 | 6.837892 | 6.894796 | 6.765517 | 6.832247 | 6.761967 |

| | A10 | A11 | A12 | B01 | B02 | B03 | B04 | B05 | B06 |
|---|---|---|---|---|---|---|---|---|---|
| A01 | 3.624077 | 3.458488 | 3.243560 | 5.951523 | 6.060868 | 4.809896 | 6.102394 | 5.427850 | 6.851673 |
| A02 | 3.590831 | 3.373510 | 3.224884 | 5.888912 | 5.973620 | 4.765283 | 6.103320 | 5.337483 | 6.658822 |
| A03 | 3.629488 | 3.534736 | 3.306393 | 6.007731 | 6.026458 | 4.875460 | 6.174279 | 5.452535 | 6.920198 |
| A04 | 3.429519 | 3.248745 | 3.072847 | 5.837448 | 5.951662 | 4.716090 | 6.067601 | 5.327308 | 6.807162 |
| A05 | 3.604940 | 3.474772 | 3.318196 | 5.925739 | 6.015682 | 4.785269 | 6.002871 | 5.379061 | 6.837892 |
| A06 | 3.636024 | 3.513455 | 3.370602 | 5.984741 | 6.015938 | 4.869986 | 6.094700 | 5.445845 | 6.894796 |
| A07 | 3.408736 | 3.221334 | 3.112927 | 5.833370 | 5.936283 | 4.673042 | 6.040274 | 5.309467 | 6.765517 |
| A08 | 3.520874 | 3.372225 | 3.181459 | 5.840920 | 5.963889 | 4.647631 | 6.089577 | 5.389903 | 6.832247 |
| A09 | 3.390363 | 3.224326 | 3.002332 | 5.826901 | 5.899427 | 4.664486 | 6.042246 | 5.285818 | 6.761967 |
| A10 | 0.000000 | 3.671097 | 3.573772 | 6.115112 | 6.240692 | 4.957642 | 6.304374 | 5.650009 | 7.017427 |
| A11 | 3.671097 | 0.000000 | 3.407937 | 6.020923 | 6.114658 | 4.902031 | 6.188610 | 5.500348 | 6.898208 |
| A12 | 3.573772 | 3.407937 | 0.000000 | 5.959055 | 6.041648 | 4.763086 | 6.119602 | 5.441414 | 6.852891 |
| B01 | 6.115112 | 6.020923 | 5.959055 | 0.000000 | 7.623281 | 6.747794 | 7.731151 | 7.163997 | 8.347855 |
| B02 | 6.240692 | 6.114658 | 6.041648 | 7.623281 | 0.000000 | 6.779784 | 7.627627 | 6.545571 | 8.325572 |
| B03 | 4.957642 | 4.902031 | 4.763086 | 6.747794 | 6.779784 | 0.000000 | 6.711388 | 6.295994 | 7.588896 |
| B04 | 6.304374 | 6.188610 | 6.119602 | 7.731151 | 7.627627 | 6.711388 | 0.000000 | 7.068456 | 8.491877 |
| B05 | 5.650009 | 5.500348 | 5.441414 | 7.163997 | 6.545571 | 6.295994 | 7.068456 | 0.000000 | 7.975529 |
| B06 | 7.017427 | 6.898208 | 6.852891 | 8.347855 | 8.325572 | 7.588896 | 8.491877 | 7.975529 | 0.000000 |

간행물 간의 유사성 : 유클리드거리, 가중유클리드거리

> round(dist,3)

| | 과학기술정책연구원 | 대외경제정책연구원 | 산업연구원 | 육아정책연구소 | 정보통신정책연구원 | 통일연구원 | 한국개발연구원 | 한국교육개발원 | 한국교육과정평가원 | 한국교통연구원 |
|---|---|---|---|---|---|---|---|---|---|---|
| 과학기술정책연구원 | 0.000 | 0.077 | 0.100 | 0.102 | 0.084 | 0.099 | 0.140 | 0.066 | 0.099 | 0.064 |
| 대외경제정책연구원 | 0.077 | 0.000 | 0.063 | 0.101 | 0.038 | 0.097 | 0.107 | 0.061 | 0.107 | 0.097 |
| 산업연구원 | 0.100 | 0.063 | 0.000 | 0.122 | 0.068 | 0.121 | 0.121 | 0.090 | 0.132 | 0.118 |
| 육아정책연구소 | 0.102 | 0.101 | 0.122 | 0.000 | 0.105 | 0.130 | 0.152 | 0.086 | 0.125 | 0.111 |
| 정보통신정책연구원 | 0.084 | 0.038 | 0.068 | 0.105 | 0.000 | 0.103 | 0.111 | 0.064 | 0.114 | 0.103 |
| 통일연구원 | 0.099 | 0.097 | 0.121 | 0.130 | 0.103 | 0.000 | 0.150 | 0.095 | 0.132 | 0.110 |
| 한국개발연구원 | 0.140 | 0.107 | 0.121 | 0.152 | 0.111 | 0.150 | 0.000 | 0.120 | 0.161 | 0.152 |
| 한국교육개발원 | 0.066 | 0.061 | 0.090 | 0.086 | 0.064 | 0.095 | 0.120 | 0.000 | 0.100 | 0.081 |
| 한국교육과정평가원 | 0.099 | 0.107 | 0.132 | 0.125 | 0.114 | 0.132 | 0.161 | 0.100 | 0.000 | 0.105 |
| 한국교통연구원 | 0.064 | 0.097 | 0.118 | 0.111 | 0.103 | 0.110 | 0.152 | 0.081 | 0.105 | 0.000 |

기관별 유사성 거리 : 기관 내와 기관 간의 거리 평균

그림 2.10 최종 용어 26,352개에 대한 간행물과 기관별 유사성 거리 행렬

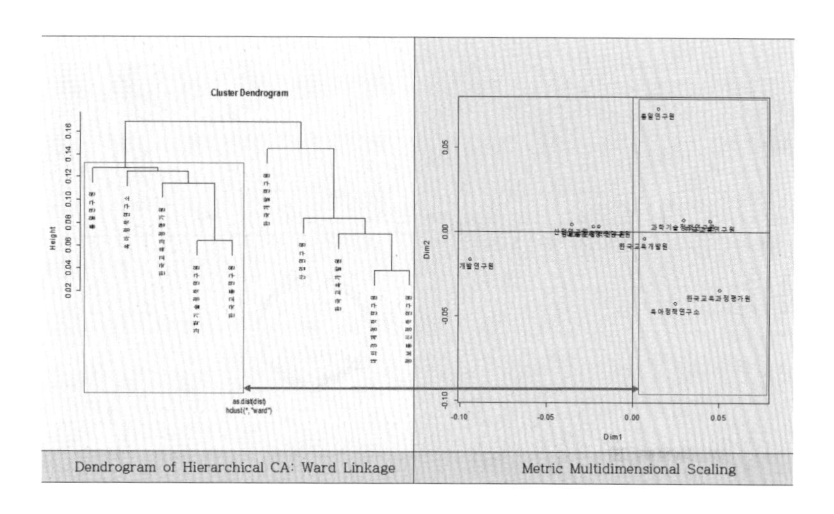


그림 2.11 군집분석(Ward법)과 계량형 MDS를 활용한 기관 군집화

덴드로그램의 왼쪽 기관과 MDS의 수평축인 1차원(Dim=1) 오른편의 기관이 서로 같은 군집화를 보여주고 있으며 서로 비슷한 경향의 기관임을 보여준다. 나머지 기관들의 군집화도 동일하게 해석할 수 있으며, 이들 기법에 대한 자세한 해석과 설명은 최용석(2014, 2021)을 참고하기 바란다.

## 2.2 데이터 신뢰성_정밀·정확한 데이터 생성

### 2.2.1. 재료 빅데이터를 구현하기 위한 요소

근래에 들어 과학분야에 빅데이터를 적용하기 위한 많은 노력이 이루어지고 있으며, 선진국을 중심으로 여러 가지 프로그램이나 서비스가 제공되고 있다. 재료과학에서도 빅데이터 적용을 위해 재료과학 전문가와 빅데이터 전문가들의 연구가 활발히 진행되고 있다.

재료과학 전문가는 머신러닝 학습이 가능할 만큼의 충분한 데이터를 실험, 시뮬레이션 등을 통하여 생성하고, 빅데이터 전문가는 수집된 데이터의 전처리 및 분석 과정을 통해 머신러닝 기법에 적합한 인풋 데이터 셋input data set[9]을 구성한 후, 머신러닝 학습으로부터 추론 및 결과를 도출한다. 그림 2.12는 최근에 보고된 논문으로, 재료과학에서 빅데이터 생성

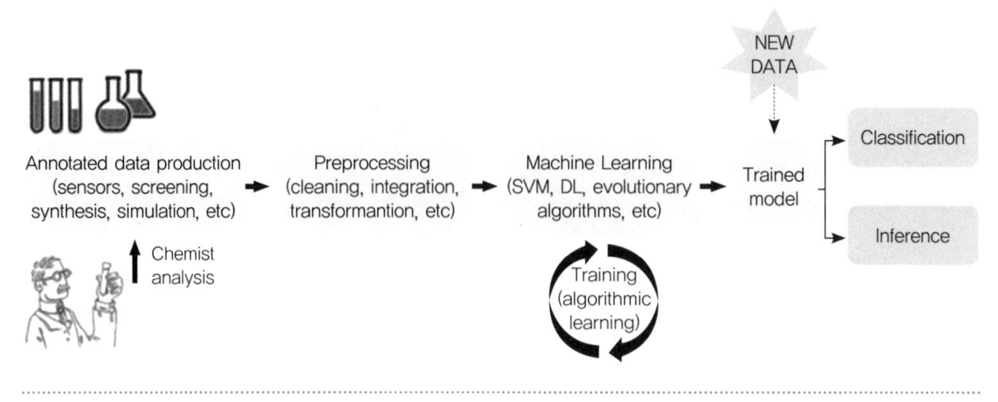


그림 2.12 재료과학에서 빅데이터 생성과 처리에 이르는 머신러닝 절차

출처 : Rodrigues, J.F., Florea, L., de Oliveira, M.C.F. et al. "Big data and machine learning for materials science", Discov Mater 1, 12 (2021).

과 처리에 이르는 머신러닝 절차를 나타낸 것이다.

재료과학은 기존의 경험 위주의 과학에서 모델 기반 이론 과학과 계산 과학 시뮬레이션을 거쳐, 현재에는 빅데이터 기반 과학으로 발전하고 있다. 재료과학에 빅데이터를 적용하기 위해서는 그림 2.13과 같이 데이터의 양volume, 속도velocity, 진실성veracity, 가치value, 다양성variety이 요구된다. 자세히 살펴보면, 빅데이터 기술을 활용할 수 있을 충분한 데이터의 양과 실시간으로 생성되는 데이터 생성 속도와 함께 데이터의 진실성, 즉 신뢰성이 요구

그림 2.13 재료과학의 네 가지 패러다임과 빅데이터를 위한 SV 모델

출처 : Tripathi, M. K., Kumar, R., & Tripathi, R., "Big-data driven approaches in materials science: A survey", Materials Today: Proceedings, 26, 1245-1249.

9 머신러닝 학습을 위해 주어지는 입력 데이터 셋으로 training data 혹은 training set이라고도 불린다.

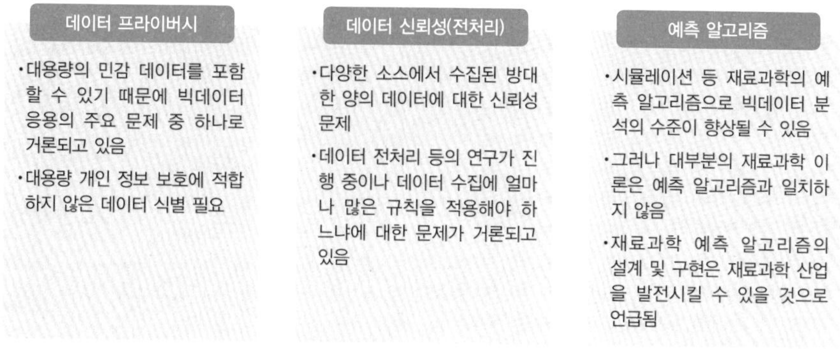

| 데이터 프라이버시 | 데이터 신뢰성(전처리) | 예측 알고리즘 |
| --- | --- | --- |
| •대용량의 민감 데이터를 포함할 수 있기 때문에 빅데이터 응용의 주요 문제 중 하나로 거론되고 있음<br>•대용량 개인 정보 보호에 적합하지 않은 데이터 식별 필요 | •다양한 소스에서 수집된 방대한 양의 데이터에 대한 신뢰성 문제<br>•데이터 전처리 등의 연구가 진행 중이나 데이터 수집에 얼마나 많은 규칙을 적용해야 하느냐에 대한 문제가 거론되고 있음 | •시뮬레이션 등 재료과학의 예측 알고리즘으로 빅데이터 분석의 수준이 향상될 수 있음<br>•그러나 대부분의 재료과학 이론은 예측 알고리즘과 일치하지 않음<br>•재료과학 예측 알고리즘의 설계 및 구현은 재료과학 산업을 발전시킬 수 있을 것으로 언급됨 |

그림 2.14 재료과학에 빅데이터 적용을 위한 필수요소

출처 : Tripathi, M. K., Kumar, R., & Tripathi, R., "Big-data driven approaches in materials science: A survey", Materials Today: Proceedings, 26, 1245-1249.

된다.

재료과학에 빅데이터를 적용하는 시도가 활발히 전개되고 있으며, 이를 위하여 데이터 프라이버시, 데이터 신뢰성, 예측 알고리즘이라는 요소들이 필수적으로 고려되어야 한다. 데이터 신뢰성과 관련하여, 현재 다양하고 방대한 양의 데이터들에 대한 신뢰성 문제가 지속적으로 발생하고 있다. 재료과학의 관점에서 중요한 것은 초기에 생성되는 데이터의 진실성과 신뢰성으로, 정밀 · 정확한 데이터 생성이 필수적이다.

## 2.2.2 데이터의 신뢰성

### 가 정밀·정확·신속한 데이터

데이터의 신뢰성을 이해하기 위하여 정밀도와 정확도에 대해 알아보면, 정밀도precision란 동일한 조건에서 여러 번 반복 측정을 하는 경우, 그 측정한 값들이 서로 얼마나 비슷한지에 대한 척도로서 측정의 재현성reproducibility을 나타낸다. 정확도accuracy란 측정한 값이 참값과 얼마나 일치하는지에 관한 척도로, 그림 2.15와 같이 측정된 값들이 정확도가 높으나 정밀도가 낮은 경우가 있고, 반대로 정밀도는 높지만 정확도가 낮은 경우가 있다. 그림 2.16은 정확도와 정밀도를 확률 밀도 함수로 표현한 것으로, 그림에서 기준값과 결과값의 차이는 정확도를 의미하며, 그래프의 분산은 정밀도를 나타낸다.

급변하는 4차 산업 환경에서는 정밀도와 정확도뿐만 아니라 데이터 생산 및 처리의 신속

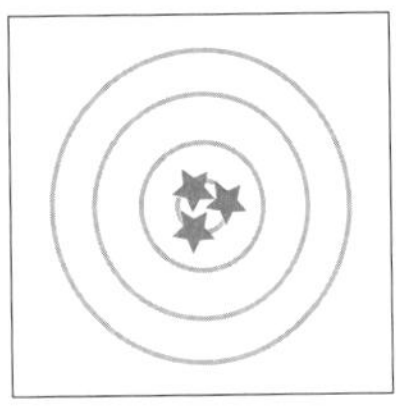
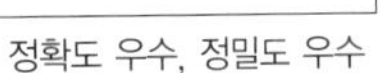

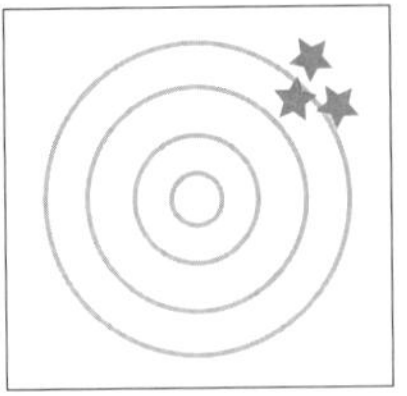

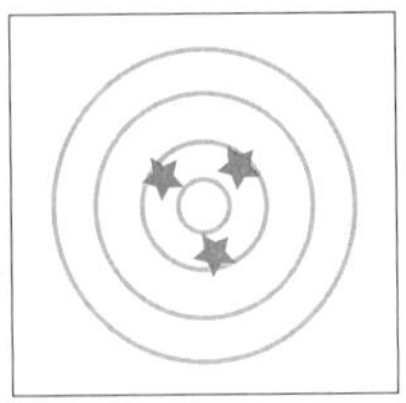

그림 2.15 정확도와 정밀도의 개념

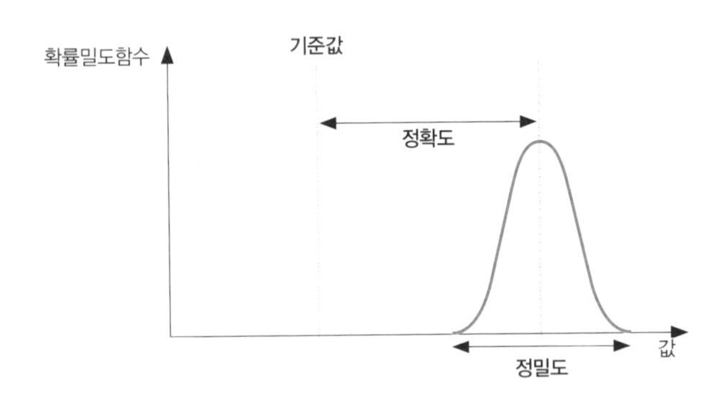


그림 2.16 확률밀도함수로 표현되는 정확도와 정밀도

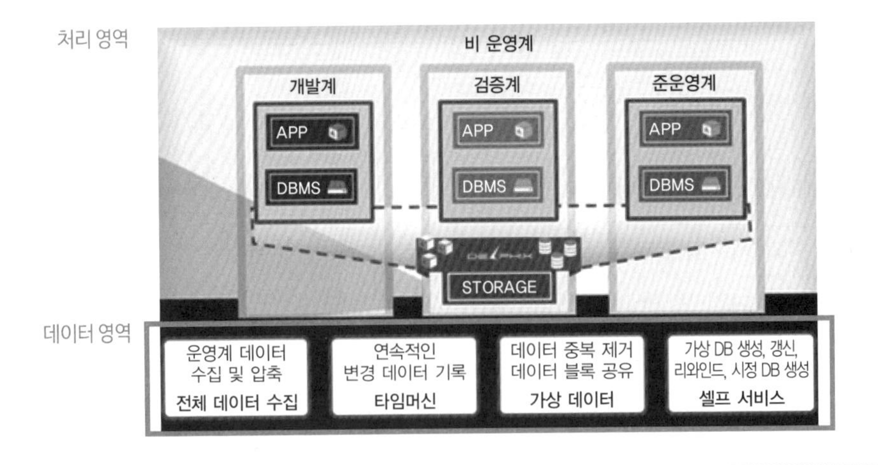


그림 2.17 신속한 DB 생성 및 데이터 갱신

출처 : BizHospital

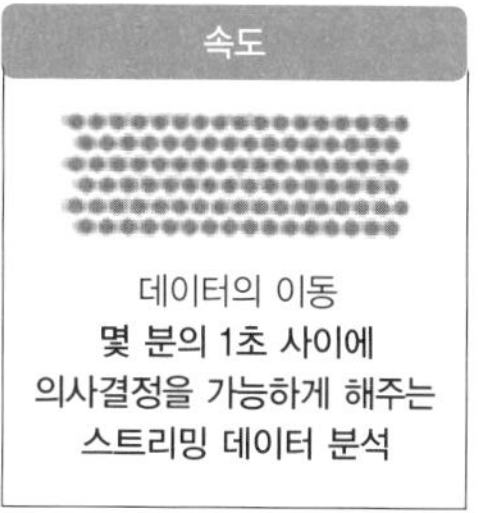

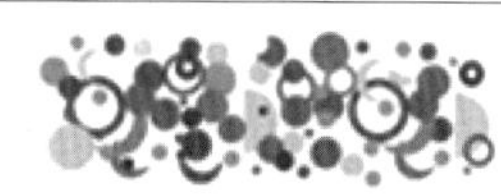


그림 2.18 빅데이터에서 속도의 중요성

성, 즉 속도 역시 중요한 요소라 할 수 있다. 그림 2.17과 같이 실험, 시뮬레이션 등을 통해 보다 신속하게 데이터를 생산하고 처리한다면 더욱 효율적으로 결과물을 산출할 수 있다. 따라서 4차 산업 시대에서 재료과학에 빅데이터 적용을 위해서는 정밀 · 정확 · 신속한 데이터 생성을 통한 데이터 신뢰성 확보가 필수적이라 할 수 있다.

### 나 정밀·정확한 데이터 생성을 위한 시험평가기술 4대 요소

그렇다면, 재료와 관련한 데이터의 신뢰성은 어떻게 확보해야 할까? 재료의 정밀 · 정확한 데이터를 얻기 위하여, 즉 재료 데이터의 신뢰성을 확보하기 위해서는 시험평가기술 4대 요소가 충족되어야 한다. 시험평가기술 4대 요소란 그림 2.19와 같이 교정된 시험 장비, 숙련된 시험자, 표준물질, 표준화된 시험평가방법이며, 각각에 대해 살펴보자.

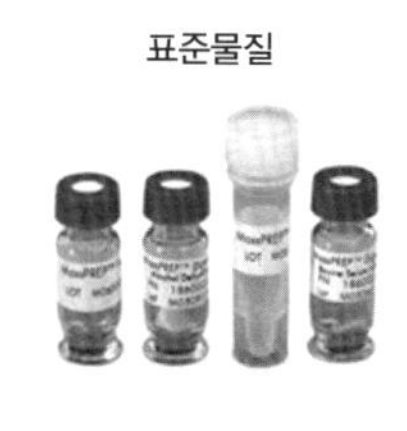

그림 2.19 시험평가기술 4대 요소

출처 : Alibaba, 한국화학연구원 및 미래창조과학부, 영인에스티, KS, CE, ISO, IEC

**교정된 시험 장비**Calibration equipment 재료 데이터의 정밀 · 정확도를 확보하기 위해서는 먼저 교정된 시험 장비가 필요하며, 여기서 교정이란 시험 장비의 정밀 · 정확도를 지속적으로 유지하기 위해 상위 표준과 주기적으로 비교하는 것으로, 국가 측정 표준과 연결되어 측정의 소급성traceability이 확보되어야 한다. 표준 관련 국제 용어집에 따르면 소급성은 "모든 불확도가 명확히 기술되고 끊어지지 않는 비교의 연결고리를 통하여 명확한 기준에 연관시킬 수 있는 표준 값이나 측정 결과의 특성"으로 정의되고 있다.

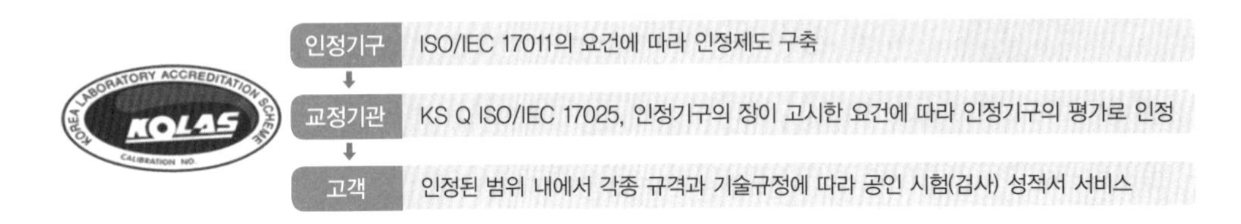


그림 2.20 한국인정기구 KOLAS(좌), 인정기구-교정기관-고객의 상호작용(우)

출처 : Korea Laboratory Accreditation Scheme

**숙련된 시험자**Proficient expert 두 번째로 필요한 요소로는 전문가, 즉 숙련된 시험자로 숙련도 시험 등을 통해 측정 능력을 인증받을 수 있다. 숙련도 시험은 측정 심사와 시험 기관 간 비교시험으로 나누어지며, 측정 심사란 특성값을 알고 있는 표준물질(기준물질)을 이용하여 시험자의 측정 능력을 평가하는 것이다. 시험 기관 간 비교시험interlaboratory test, ILT이란 둘 또는 그 이상의 시험교정기관이 미리 설정된 조건에 따라 동일한 시료에 대하여 시험을 구성 및 수행하고 비교, 평가하는 것이다.

그림 2.21 화학 실험을 하는 숙련된 연구원

출처 : 한국화학연구원 및 미래창조과학부

**표준물질**Reference material 세 번째 요소는 표준물질 또는 기준물질로, 측정한 데이터가 실제 참값과 얼마나 일치하는지를 알아보기 위해서는 표준물질과의 비교가 필수적이다. 표준물질이란 "측정이나 명목 특성의 시험에 사용할 목적으로 만들어진, 명시된 특성에 관하여 충분히 균질하고 안정된 재료 또는 물질"로, 국제 측정학 용어집에 수록되어 있다. 표준물질, 인증표준물질 등에 대한 세부내용은 한국표준과학연구원KRISS 홈페이지[10]에서 확인할 수 있다.

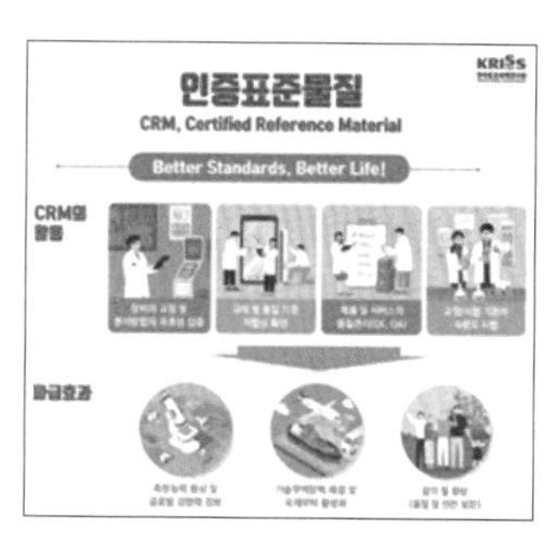


그림 2.22 표준물질 사례(좌), 인증표준물질(우)

출처 : 영인에스티(좌), 한국표준과학연구원(우)

**표준화된 시험평가방법**Standardized test method 네 번째 요소는 표준화된 시험평가방법으로 데이터의 신뢰성 확보에 매우 중요한 요소 중 하나이다. 재료 시험에서 시험결과의 유효성을 확보하기 위해서는 국제, 지역, 국가, 단체, 사내 등에서 표준화된 시험 방법을 사용해야 한다.

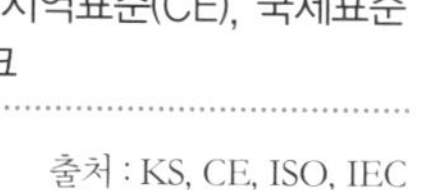

그림 2.23 국가표준(KS), 지역표준(CE), 국제표준(ISO, IEC) 마크

출처 : KS, CE, ISO, IEC

그림 2.24 국가표준(KS)과 국제표준(ISO) 사례

출처 : KS, ISO

10 https://www.kriss.re.kr

# 2.3 빅데이터와 과학의 발전

## 2.3.1 4차 산업혁명과 빅데이터

1장에서 설명한 바와 같이, 4차 산업혁명의 가장 큰 특징은 오프라인과 온라인 세계가 융합된다는 점이다. 모바일 기기의 확산, SNS 활성화 등으로 전 세계의 데이터 양이 꾸준히 증가해 왔으며, 사물인터넷의 발달로 인해 향후 데이터 양은 기하급수적으로 증가할 것으로 예측되고 있다.

이러한 방대한 양의 데이터로부터 새로운 가치와 혁신을 창출하기 위하여 데이터 관련 기술들, 즉 인공지능, 빅데이터 기술 등이 주목받고 있다. 많은 양의 데이터를 체계적이고 효율적으로 분석할수록 다양한 산업에 적용 가능한 서비스 모델을 구축할 수 있다. 그림 2.25는 데이터와 서비스 모델의 관계를 나타낸 것이며, 이를 통해 사물인터넷, 빅데이터, 인공지능의 상호 연관성을 알 수 있다.

우리나라의 경우, 2020년에 발표된 '한국판 뉴딜' 정책에 '데이터 댐'이라는 개념이 대두되면서, 빅데이터의 중요성이 더욱 강조되고 있다. 데이터 댐은 데이터 수집 · 가공 · 거래 · 활용기반을 강화하여 데이터 경제를 가속화하고, 5세대 이동 통신(5G) 전국망을 통한 전 산업의 5세대 이동 통신과 인공지능의 융합을 확산시키기 위한 것으로, 그림 2.27을 참고해 주기 바란다.

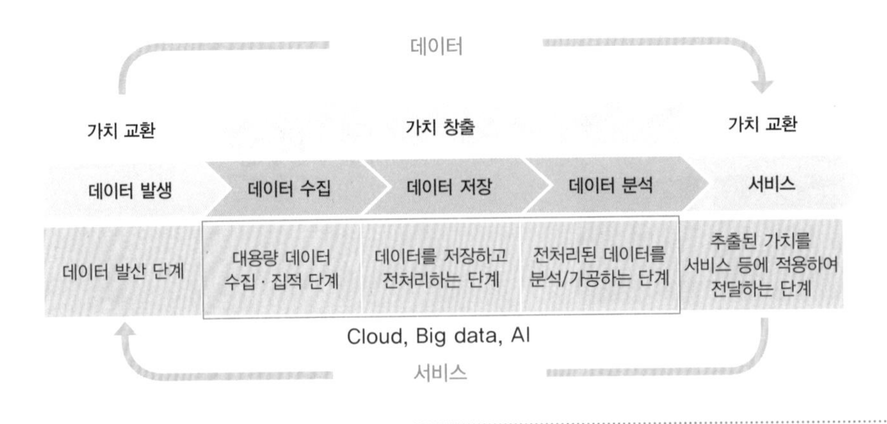


그림 2.25 데이터와 서비스 모델의 관계

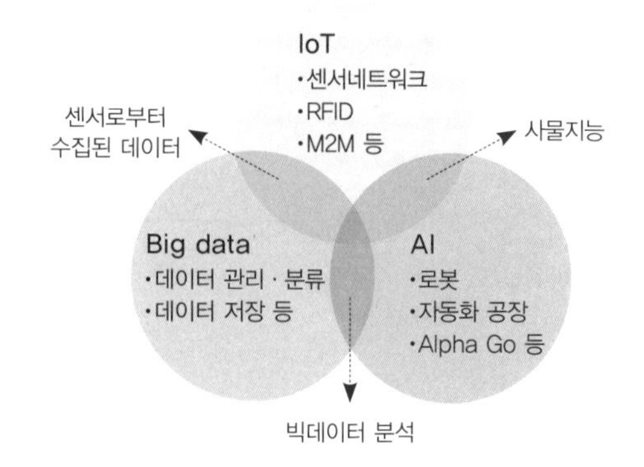


그림 2.26 사물인터넷, 빅데이터, 인공지능의 상호연관성

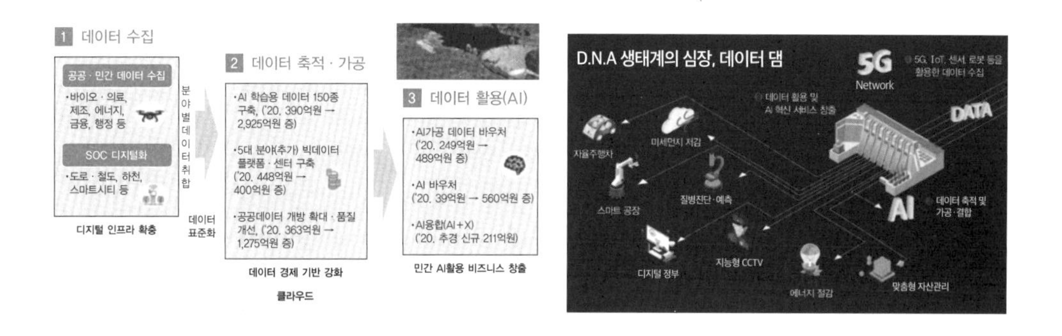


그림 2.27 데이터 댐 구상 예시(좌), 데이터 댐 모식도(우)

출처 : 과학기술정보통신부

## 2.3.2 빅데이터의 활용

빅데이터 기술은 분석의 정확성, 분석 범위, 결과 활용 등에 매우 유용하기 때문에 경제, 정치 등 사회 과학 분야에서 활용되기 시작하여 의료, 바이오 등 과학 기술계로 확산되고 있다. 그림 2.28은 데이터 활용의 진화 방향을 나타낸 것으로, 1980년대에 글, 숫자 등 형태가 정해져 있는 정형화 리포트에 이어서, 1990년대에 통계를 이용한 다차원 분석, 2000년대에는 데이터 시각화 도구를 통한 모니터링 그리고 2010년대 이후 데이터 마이닝, 머신러닝 등을 통한 데이터 예측 및 지능화가 이루어지고 있다는 것을 보여준다.

경제협력개발기구OECD는 빅데이터 기술이 '데이터 경제 시대Data-driven Economy'를 선도

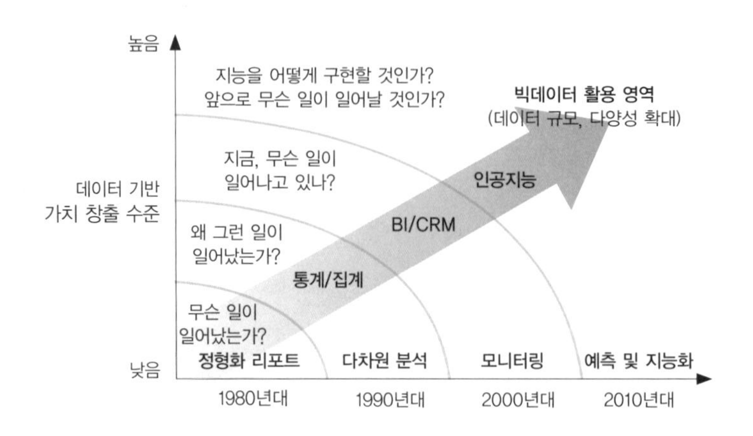


그림 2.28 데이터 활용의 진화 방향

출처 : KT 경제경영연구소

할 것으로 전망하였으며, 세계적인 미래 기술 연구기관들은 빅데이터 기술이 신기술 확산을 넘어 새로운 부가가치와 일자리를 창출하는 미래산업으로 발전할 것으로 전망하였다. 그림 2.29에서 알 수 있듯이, UN 등의 국제 기구, 각국 정부, 제조기업 등에서 빅데이터가 활발히 활용되고 있다.

미국의 시장 조사 기관인 가트너Gatner는 빅데이터를 '21세기의 원유'로 표현하며, 기업이 빅데이터의 중요성을 이해하지 못하면 정보 고립으로 경쟁력을 상실할 수 있다고 주장하였다.

| 빅데이터 + 머신러닝 | 분야 | 내용 |
|---|---|---|
| | 국제기구 | 정보 통신 기술의 효과적인 활용에 대한 연구 (ICT4D: Informantion and Communication Technologies for Development) |
| | 정부 | 데이터 분석은 종종 정부의 여러 부서가 협력하여 원하는 결과를 제공하기 위해 새롭고 혁신적인 프로세스를 만드는 데 필요함 (CRVS) |
| | 제조업 | 빅데이터는 일관되지 않은 구성 요소 성능 및 가용성과 같은 불확실성을 해결할 수 있는 기능으로 산업의 투명성을 위한 인프라를 제공 |
| | 헬스케어 | 개인 맞춤형 약과 처방 분석, 임상 위험 조정 및 예측 분석, 환자 데이터의 자동화된 외부 및 내부보고에 이용 |
| | 교육 | 데이터 인큐베이터 : 빅데이터 및 데이터 과학 분야의 경력을 쌓기 위해 석사 및 박사 학위를 취득한 학생들을 위한 8주 교육 펠로우십 진행 |
| | 미디어 | 데이터 저널리즘 : 게시자와 저널리스트는 빅데이터 도구를 사용하여 독특하고 혁신적인 통찰력과 인포그래픽을 제공 |

그림 2.29 다양한 분야에 적용되는 빅데이터 기술

그림 2.30 가트너에서 발표한 4차 산업혁명을 위한 2021년도 9대 전략기술

출처 : Gartner

그림 2.30은 가트너에서 2010년 10월에 발표한 것으로, 4차 산업혁명에서 빅데이터 활용을 위한 2021년도 9대 전략기술로서 사람 중심People Centricuty, 위치 독립성Location Independence, 탄력적 배포Resilient Delivery 3개의 그룹에서 각각 3개의 전략기술을 지정하였다.

실제 글로벌 경쟁을 선도하고 있는 주요 기업들은 경영 활동의 효율성을 높이기 위해 의사결정체계, 업무방식, 조직체계 등에 빅데이터를 도입하여 활용하고 있다(표 2.1). 제조 기업 중 코카콜라에서는 빅데이터를 홍보에 활용하고 있으며, GM, 벤츠, 현대자동차 등에서는 빅데이터 기술을 활용하여 차량의 이상을 파악하는 조기 경보 체계를 도입하였다. 유통 기업의 경우, 고객의 구매 패턴을 분석하여 상품 추천 시스템을 도입하거나, 최적 재고 분배 시스템을 구축하고 있으며, 서비스 기업인 구글에서는 빅데이터 기술을 통해 번역 서비스 등을 제공하고 있다.

표 2.1 주요 기업의 빅데이터 활용 사례

| 분류 | 기업 | 적용 사례 |
| --- | --- | --- |
| 제조업 | 코카콜라 | • 비우호적 정보가 증가하는 지역을 대상으로 홍보를 강화하는 등 고객 반응에 실시간으로 대응하는 마케팅 전략 |
| | GM, 벤츠, 현대 · 기아차 | • 판매 후, 차에 장착되어 있는 센서를 통해 실시간으로 차의 이상을 파악하는 조기 경보 체계를 도입 |
| 소매유통업 | 월마트 | • 소비자의 구매형태와 지역별 반응을 분석하여 제품을 매장에 공급함으로써 유통비용 절감 및 매출 증대 |
| | 자라 | • 빅데이터를 영업과 생산현장에 적용시켜 재고 최소화와 소량생산 적기 판매를 달성하기 위한 최적 재고 분배 시스템을 구축<br>• 낮은 가격, 속도, 고품질, 신뢰성을 고루 갖춰 제품의 수명 주기가 짧은 패션 산업에 적합한 비즈니스 모델로 2012년 전 세계적 경제 불황과 스페인의 경제 위기 속에서 약 3조 3,630억 원의 수익을 달성 |
| | 아마존 | • 업계 최초로 고객의 행동패턴 데이터를 분석하여 상품 추천 시스템을 도입 |
| 서비스업 | 리츠칼튼 | • 100만 명의 투숙 고객 데이터베이스를 바탕으로 지능형 친절 시스템 구축<br>• 문제 발생 시 DB의 유사 사례를 분석하여 해결방안 제시 |
| | 구글 | • 사람이 번역한 문서를 데이터베이스화하여 58개 언어를 교차 번역하는 서비스 제공<br>• 독감 환자의 분포 · 확산 정보를 제공하는 예보시스템 구축 |

출처 : Big Data 기술 도입의 파급효과와 미래 산업으로의 발전방안(산업연구원, 2014)

### 가 주요국의 빅데이터 관련 정책 및 활용 사례

기업의 빅데이터 활용 사례를 바탕으로, 세계 각국의 정부는 빅데이터 관련 정책을 마련하고 공공 서비스 분야의 효율을 증대하기 위하여 과학기술 분야 등에 빅데이터를 적극적으로 도입하고 있다. 표 2.2와 같이 주요국은 데이터 활용을 위한 지원 강화, 빅데이터 활용 증대, R&D에 빅데이터 적용, 빅데이터 관련 인재 집중 육성 등의 빅데이터 관련 정책을 추진하고 있다.

공공 서비스 분야에 빅데이터 기술을 도입한 대표적인 사례로, 빅데이터를 활용한 COVID-19 대응이 있다. 한국, 싱가포르, 이스라엘 등 일부 선도 국가에서 확진자의 동선 및 접촉자 추적을 용이하게 하기 위하여 전자 출입 명부 등이 시행되고 있다. 또한 영국의 비영리단체인 'Our World in Data'는 전 세계 국가들의 진단 및 감염 확산 추세 관련 데이터베이스를 구축하여, 그림 2.31과 같이 UN, WHO 등 학계 전문가들이 활용 가능한 데이터 시각화를 제공하고 있다.

**표 2.2** 재료 빅데이터 관련 해외 동향

| 국가 | 내용 |
|---|---|
| | Big Data R&D Initiative ('12~)<br>• 지역 혁신 허브에서 수집된 데이터를 활용하기 위해 250개 이상의 대학, R&D 재단, 기업 등이 참여해 데이터를 수집 · 분석하고 사회 문제 해결에 빅데이터 활용 |
| | Building a European Data Economy ('17~)<br>• EU 회원국 간의 자유로운 데이터 접근과 데이터 분석 역량을 제고<br>• 데이터 처리와 관련된 보호와 책임을 강화하여 EU 내에서 합법적인 개인 데이터의 자유로운 활용을 보장 |
| | A Strategy for UK Data Capability ('13~)<br>• 2010년부터 경영 · 경제, 환경, 범죄, 교육, 건강, 교통 등 12개 분야로 분류되는 공공 데이터 포털사이트 운영 중 |
| | Active Japan ICT ('12~)<br>• 데이터 활용을 촉진하기 위해 데이터 개방 및 활용지원 환경 마련, 데이터의 신뢰성 및 안정성 확보를 위한 연구개발, 데이터과학자 육성 등 7개 추진 과제 제시 |
| | The Action Outline for Promoting the Development of Big Data ('12~)<br>• 빅데이터의 개발, 공공데이터 개방, 데이터 활용 극대화를 통해 중국 사회 전체의 사업이 효율적으로 개선되기를 기대하며 빅데이터 관련 산업 집중 육성 중 |

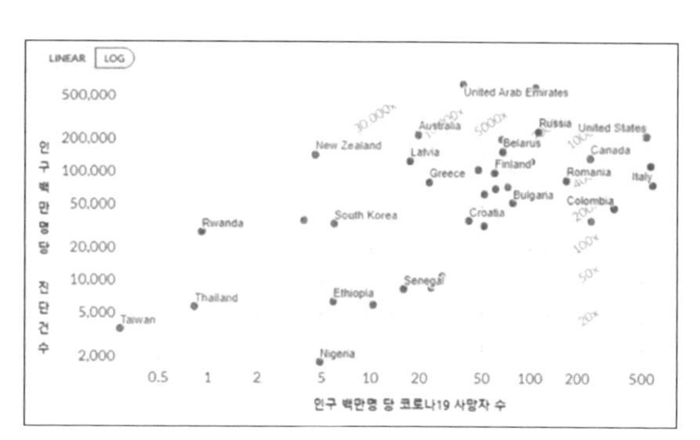


그림 2.31 대한민국 전자 출입명부(QR 코드) 홍보물(좌), Our World in Data의 국가별 COVID-19 관련 시각화 서비스 예시(우)

출처 : 보건복지부 (2020), Our World in Data (2020)

## 나 과학기술 분야의 빅데이터 활용

빅데이터는 단기간에 정보통신기술ICT 산업의 핵심 이슈로 부상하고 있으며, 그 근거로 미국의 시장 조사 기관인 가트너는 빅데이터를 10대 전략기술 중 하나로 선정하였다. 미국의 글로벌 컨설팅 회사인 맥킨지는 미국에게 성장과 재도약의 기회를 제공할 다섯 가지 게임 체인저 중 하나로 빅데이터를 선정하였다. 아울러 IT 부문 시장 분석 및 컨설팅 기관인 IDCInternational Data Corporation에서도 세계 빅데이터 시장이 크게 성장할 것으로 전망하였다.

제조업과 관련한 빅데이터 활용 사례로 그림 2.32를 살펴보면, 센서를 통해 정보, 즉 데이

그림 2.32 제조업 관련 빅데이터 기반 기술

출처 : 제조업 경쟁력 강화를 위한 빅데이터 활용 방안, KIET

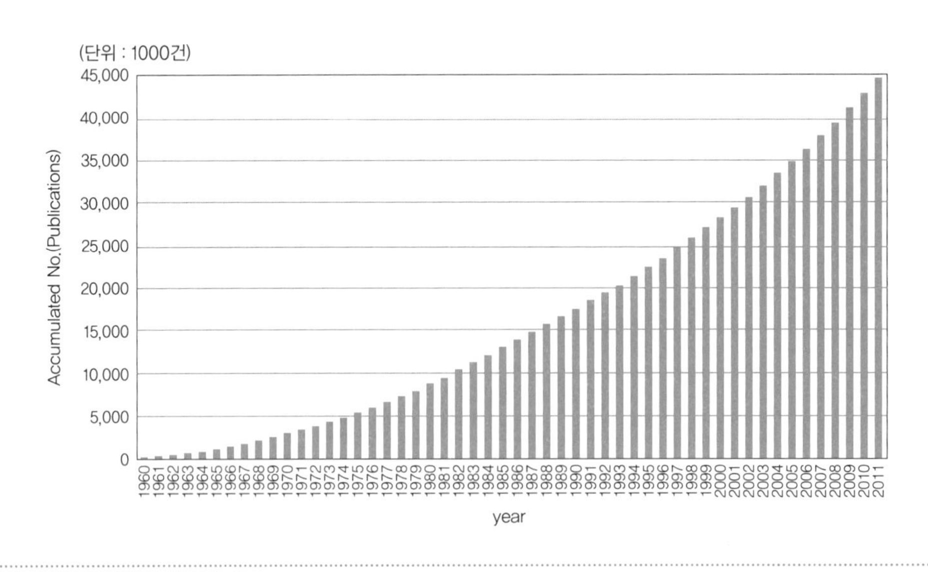


그림 2.33 Web of Science DB 등록된 논문 수(누적)

출처 : 빅데이터를 활용한 기술기획 방법론(한국과학기술기획평가원, 2012)

터를 수집하고 클라우드에 저장 및 관리하며 다양한 소프트웨어를 통해 이를 분석하여 활용할 수 있다.

과학 기술 분야의 빅데이터 확산 사례를 살펴보면, 신기술 탐색, 전략 수립 등에 빅데이터를 활용하고 있으며 연구 동향 이해, 유망 기술 도출 등을 위하여 논문과 특허를 중심으로 빅데이터 분석이 이루어지고 있다. 그림 2.33과 같이 논문 및 특허 데이터를 구조화 · 시각화하는 새로운 방법론을 적용하여 기술 기획 방법론의 고도화가 진행되고 있으며, 이러한 빅데이터 활용 기술 기획은 R&D의 효율성 및 효과성을 제고할 것으로 기대되고 있다.

특허에 빅데이터 기술을 적용한 사례를 설명하자면, 특허는 양이 방대하여 분석에 많은 시간이 소요되고 특히 신기술 아이디어 제공을 위해 필요한 공백 기술, 즉 아직 개발되지 않은 기술을 탐색하는 데에 많은 시간이 소요된다. 따라서 그림 2.34의 (b)와 같이 빅데이터 관련 도구를 이용하여 특허로부터 문제와 해결방안에 대한 구문을 추출하고, 이를 시각화하여 빈 공간을 찾아 향후 R&D가 필요한 공백 기술을 도출할 수 있다.

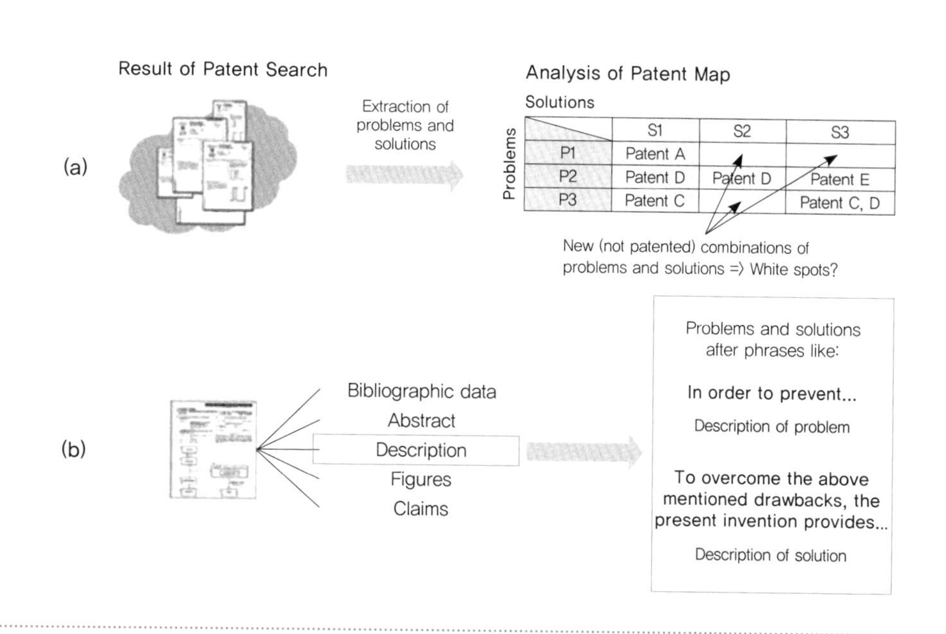


그림 2.34 (a) 문제와 해결방안으로 구성된 특허맵 분석을 통한 공백기술 도출, (b) 특허 본문에서 문제와 해결방안에 해당되는 구문을 추출하는 방법에 대한 사례

출처 : 빅데이터를 활용한 기술기획 방법론(한국과학기술기획평가원, 2012

# 2.4 재료 개발 과정의 발자취

## 2.4.1 재료 개발 과정의 변화

앞서 과학기술 분야의 빅데이터 적용사례를 알아보았는데, 재료분야에서는 빅데이터를 어떻게 적용할 수 있을까? 그 해답을 알아보기 전에 재료 개발 과정의 변화를 살펴보자면, 과거의 재료 개발은 경험과 이론을 바탕으로 분석하고 가설을 세운 뒤, 실험으로 검증하는 시행착오 과정을 통해 이루어졌다.

1926년 오스트리아의 물리학자 슈뢰딩거Schrödinger가 전자의 파동과 관련한 함수를 발표하면서 수학적 계산을 통해 화학반응을 예측하기 시작하였지만, 화학반응을 분석하기에는 원자, 분자 수준의 영역은 너무 복잡해서 당시의 기술로 이를 계산하기란 거의 불가능한 것으로 여겨졌다.

**Schrödinger equation (1926)**

$$i\hbar\frac{\partial}{\partial t}\Psi(r,t) = \left[-\frac{\hbar^2}{2\mu}\nabla^2 + \hat{V}(r,t)\right]\Psi(r,t)$$

그림 2.35 슈뢰딩거 식

출처 : Wikipedia

하지만 컴퓨터의 등장과 함께 재료개발의 새로운 시대가 열리게 되었다. 컴퓨터를 이용함에 따라 재료에서의 복잡한 화학반응에 대한 수학적 계산이 가능해졌고, 재료의 화학반응을 실험 없이 가상 세계에서 시뮬레이션을 통해 알아내는 것이 가능해졌다. 계산화학 분야의 화학자들이 1998년과 2013년에 노벨상을 받으면서 재료개발이 컴퓨터로 인해 가속화될 수 있음을 보여주었다. 플라스틱, 나일론, 실리콘 소재 등의 등장으로 대량소비, 풍요로운 의복생활, 그리고 개인용 컴퓨터 및 스마트폰을 사용하는 IT 시대가 도래하였다. 그러나 새로운 재료를 개발하여 상용화하는 데에는 일반적으로 10~20년가량 소요되며, 실례로 리튬이온전지의 경우 1970년대 중반에 연구개발이 시작되었으나, 1990년대 후반에 비로소 시

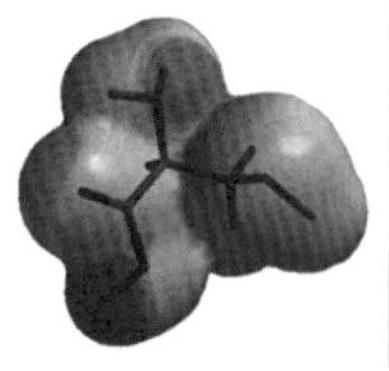

그림 2.36 계산 화학분야 노벨상 수상자

출처 : The Nobel prize

그림 2.37 신소재 개발 및 상용화

출처 : Wikipedia

장에 보급되기 시작하였다.

## 가 재료 관련 기술 개발 과정

미국의 '소재 게놈 이니셔티브Material Genome Initiative, MGI'에 의하면 그림 2.38과 같이 일반적인 소재 개발 과정을 7단계로 구분하고 있다. 발견, 개발, 특성 최적화, 시스템 디자인 및 통합, 인증, 제조, 활용까지 전체 과정은 통상 10~20년이 소요된다. 각각의 단계가 독립적으로 수행되고 있는 경우가 대다수이기 때문에 전후 단계 또는 전 과정의 효율을 향상시킬 수 있는 단계 간 피드백이 부족한 문제가 있다.

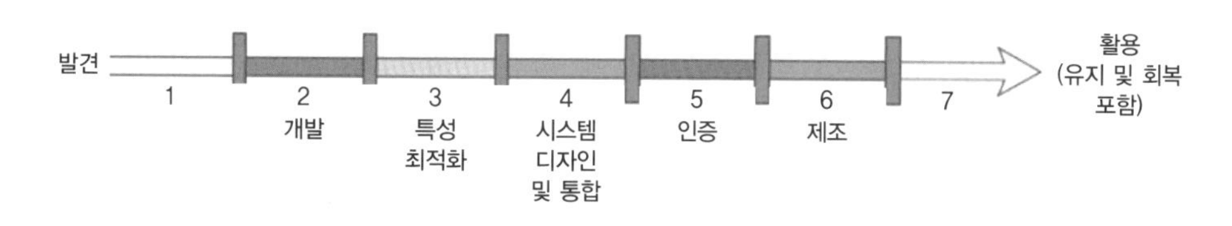


그림 2.38 소재 개발 과정

출처 : Executive office of the president of the United State (2014), Materials genome initiative strategic plan

## 나 빅데이터를 활용한 새로운 재료 개발

기존의 재료 개발 기간은 빅데이터 기술로 크게 단축될 수 있으며, 이에 따라 재료 개발 과정의 새로운 패러다임으로 빅데이터를 통해 개인적 경험과 지식의 범위를 넘어선 재료 개발 접근법을 발견할 수 있다. 실제로, 미국의 MIT와 벨기에 연구진들이 컴퓨터를 이용하여 수천 개의 산화물을 분석한 후 새로운 투명 전도체 물질을 발견하였다. 빅데이터를 기반으로 기존 방식에서 벗어나 새로운 조합을 찾아내고, 직접 모든 경우를 실험하지 않고도 전산 알고리즘으로 가능성이 높은 후보를 효율적으로 찾아낼 수 있게 된 것이다.

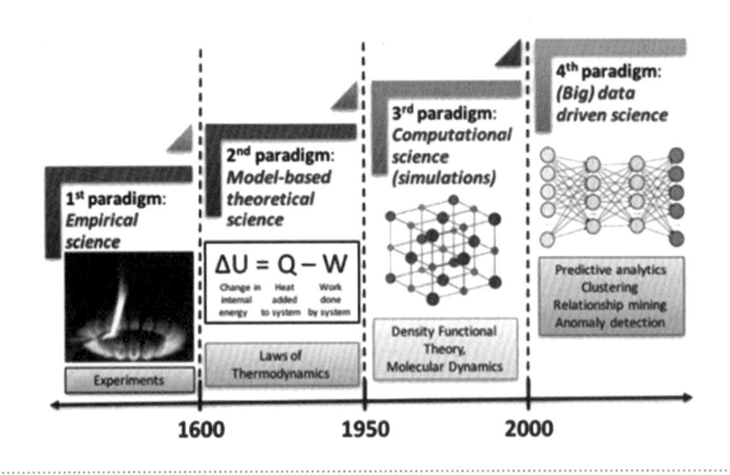


그림 2.39 소재 개발의 패러다임 변화 : 경험적, 이론적, 계산적, 데이터 중심

출처 : Apl. Mat. 4 (2016) 053208

## 다 국가 R&D 기술 개발 과정

참고 내용으로, 그림 2.40은 우리나라 산업통상자원부의 국가 R&D 기술 개발 과정과 관련한 기술 성숙도technology readiness level, TRL를 나타낸 것이며, TRL이란 특정기술(재료, 부품, 소자, 시스템 등)의 성숙도 평가 및 이종 기술 간의 성숙도 비교를 위한 미터법이다. TRL에 의한 기술 개발 과정은 기초 연구, 실험, 시작품, 상용화, 사업화 단계의 5단계 대분류와 함께 9개의 세부단계로 구분하고 있다.

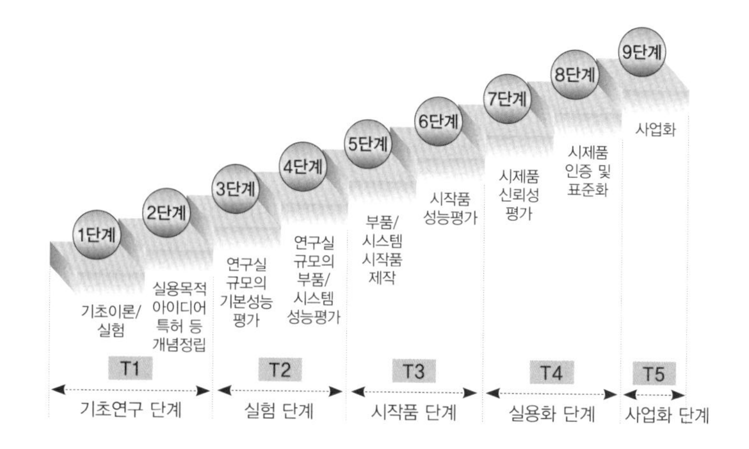


그림 2.40 기술성숙도(TRL)

출처 : 산업통상자원부

# 2.5 빅데이터를 이용한 재료 개발 혁신

## 2.5.1 재료 개발과 빅데이터, 그리고 소재 정보학

### 가 재료 개발의 새로운 시대가 열릴 것인가

2013년 미국의 대표적 과학 저널인「Scientific American」에서는 세상을 바꿀 아이디어World Chaning Ideas 2013 중 하나로, '슈퍼 컴퓨터를 이용한 소재 개발'을 선정하였다. 이는 머신러닝의 기반이 되는 빅데이터의 활용으로 재료의 효율적인 개발, 즉 재료 개발 패러다임의 변화를 통해 새로운 시대가 열린다는 것을 의미한다. 그림 2.41은 모델링, 제1원리, 데이터 베이스, 머신러닝 등 컴퓨터를 이용한 신소재 개발과정을 나타낸 것으로 참고해 주기 바란다.

### 나 재료 데이터 플랫폼

빅데이터를 이용한 재료 개발 혁신에는 데이터 플랫폼을 통한 데이터 수집 및 활용이 선행되어야 한다. 기존 오픈소스의 디지털 자료, 연구노트와 같은 아날로그 자료 등을 그림 2.42와 같이 데이터 플랫폼에 전산화하고, 전산화된 재료 관련 빅데이터를 분석하여 재료 조성 또는 공정에 따른 재료 특성을 예측하는 것이 가능해진다.

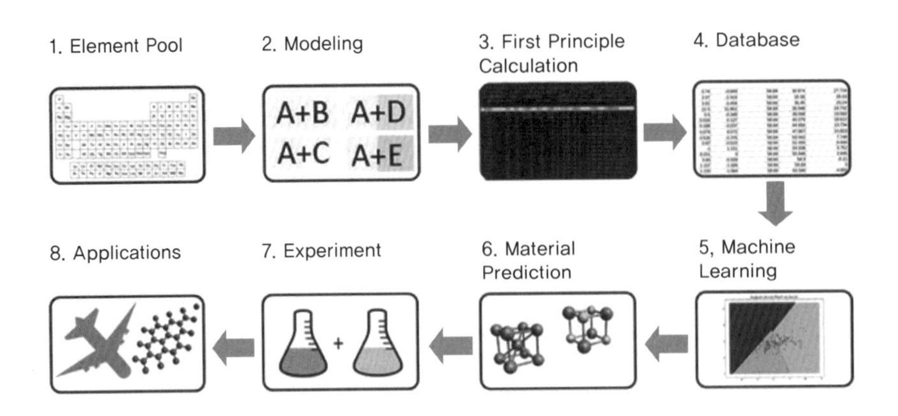


그림 2.41 제1원리 계산과 머신러닝으로부터 재료 설계 및 합성 작업의 흐름

출처 : Comp. Mat. Sci. 112 (2016) 364-367

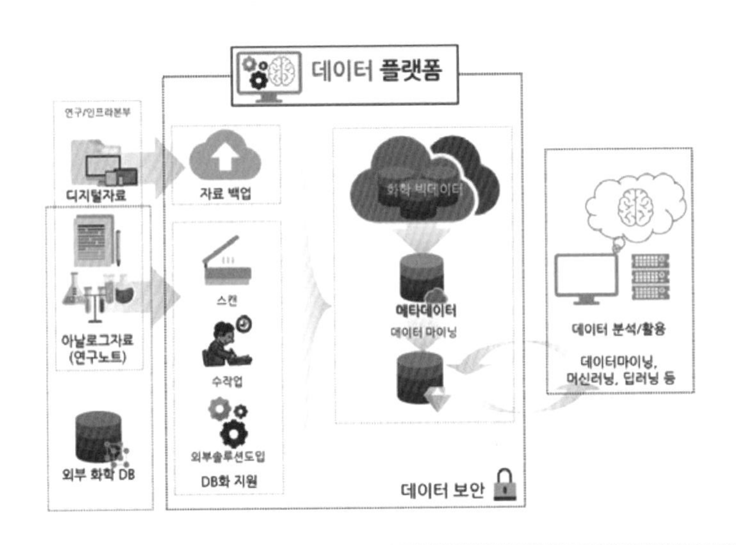


그림 2.42 데이터 플랫폼을 활용한 데이터 수집 및 활용

출처 : 소재기술백서 (재료연구원, 2017)

### 다 소재정보학

이러한 데이터 기반의 소재 연구를 '소재정보학'이라고 하며, 소재정보학은 계산 과학에 의한 특성 예측과 이를 실증하는 고속 합성 및 평가 그리고 소재물성 데이터베이스와 머신러닝 등을 통합적으로 활용하여 신소재를 탐색하고 설계하는 연구개발 활동 전반을 말한다.

다시 말해, 소재정보학이란 실험 및 계산에 의해 얻어진 물질 정보와 데이터들을 통계적

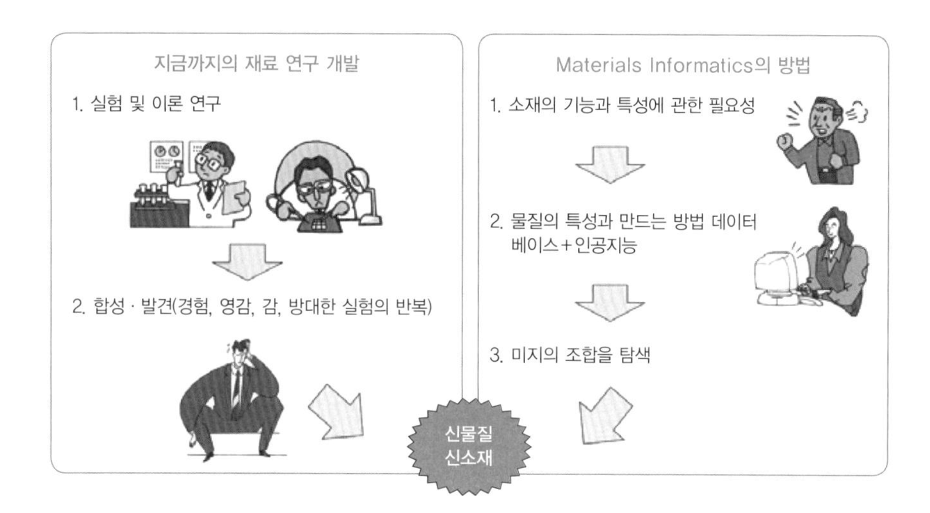


그림 2.43 기존의 재료 연구 개발과 소재정보학에 의한 재료 개발의 차이점

출처 : 소재기술백서 (재료연구원, 2017)

으로 분석함으로써 소재의 구조와 물성을 결정하는 핵심 인자를 파악하고, 이를 통해 새로운 소재를 빠른 속도로 탐색할 수 있는 연구 방법론이다. 소재정보학의 궁극적인 목표는 이론 연구자가 정보학에 의해 파악된 핵심 인자로부터 재료 특성을 지배하는 법칙을 발견하고, 이를 통해 새로운 소재를 빠른 속도로 탐색할 수 있는 재료 설계에 대한 체계적인 접근 방식을 구축하는 것이다.[11] 소재정보학은 재료과학과 데이터 과학의 융합으로, 그림 2.43은 기존 재료 개발 과정과 소재정보학에 의한 재료 개발 과정의 차이점을 보여준다.

## 2.5.2 소재 빅데이터 서비스의 등장

### 가 기존의 연구 개발 과정의 한계

재료 데이터 플랫폼 구축의 문제점 중 하나는 일반적인 연구 개발 과정에서 데이터 공유에 많은 제약이 따르고 있다는 것이다. 이는 개별 연구자들의 연구 데이터와 연구 결과들이 개인 실적과 성과, 즉 개인 자산이기 때문이다. 그림 2.44는 일반적인 연구 개발 과정에서 개인의 연구 개발 활동과 성과발표 사이에서 발생하는 데이터의 고립을 나타낸 것이다. 또한

11 '소재기술백서2017', 한국재료연구원

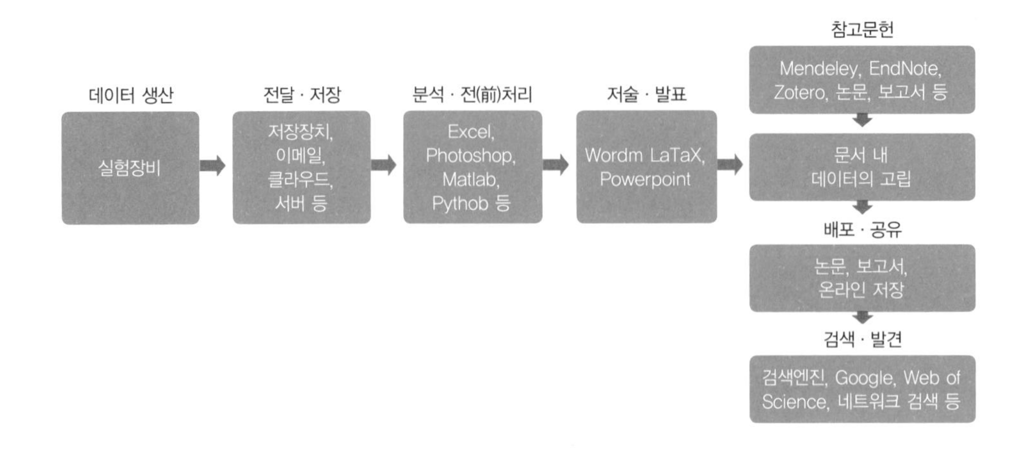


그림 2.44 연구 개발 과정에서 통상적인 데이터 흐름

출처 : MRS Bulletin 41(2016) 399-409

분야별 · 그룹별로 상이한 연구방식을 가지기 때문에, 이를 고려한 표준화 및 플랫폼 구축에 어려움이 따르고 있다.

### 나 소재 빅데이터 서비스의 등장

이러한 문제점들을 극복하여 선진국에서는 국가차원의 소재 빅데이터 서비스가 등장하고 있다. 미국, 유럽 등 소재 및 정보기술 선진국을 중심으로 다양한 계산 프로그램의 등장과 함께, 다양한 재료 빅데이터 서비스가 개발 및 운영되고 있다.

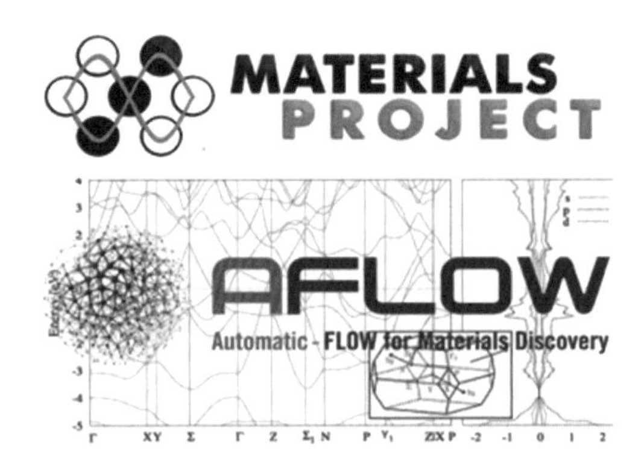


그림 2.45 세계적인 소재 빅데이터 서비스

출처 : Center for Autonomous Materials Design, Duke University The Materials Project

### 2.5.3 재료 개발 혁신

4차 산업시대에서 재료를 빠르게 개발하는 것이 혁신의 경쟁력이기 때문에 빅데이터 기술을 재료 개발에 접목하기 시작하였다. 이에 따라 Gaussian[12], HyperChem[13] 등 다양한 계산 프로그램의 등장과 함께 재료 데이터베이스 서비스가 구축되어 연구자들에게 보급되고 있다. 또한 선진국들은 미래기술과 첨단제품 시장 선점을 위해, 다양한 재료 개발 혁신 사업을

그림 2.46 재료정보학의 컴퓨터 소프트웨어와 데이터베이스 서비스의 예

출처 : Expanding the limits of computational chemistry Open Materials Database

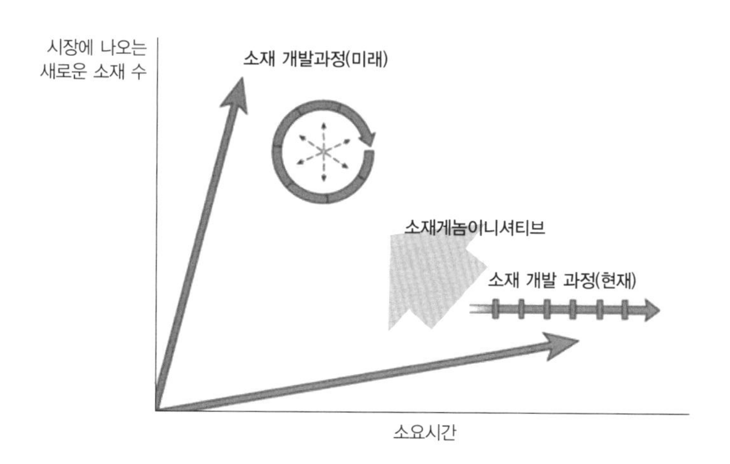


그림 2.47 세계적인 소재 빅데이터 서비스

출처 : Executive office of the president of the united state(2014), Materials genome initiative strategic plan

12 미국의 Gaussian 사가 만든 프로그램으로 다양한 화학적 환경에서의 에너지, 분자구조, 진동 주파수 및 분자와 반응의 분자 특성을 실험 설계만으로 계산하여 예측하는 프로그램이다.

13 Hypercube, Inc.에서 개발한 프로그램으로 양자 화학, 분자역학, 동역학 해석뿐만 아니라, 3D visulation 및 animation 기능 등을 제공하는 분자 모델링 프로그램이다.

전개하여 신속한 재료 개발을 추진하고 있다. 미국의 경우, 국가 차원에서 '소재 게놈 이니셔티브Material Genome Initiative, MGI' 전략계획을 수립하여, 그림 2.47과 같이 소재분야 R&D 활성화와 신소재 개발에서 상용화까지의 기간과 비용을 줄이도록 추진하고 있다.

# 2.6 재료 빅데이터 관련 글로벌 동향

## 2.6.1 재료 빅데이터 관련 해외 동향

### 가 재료 빅데이터 관련 해외 정책 동향

미국은 과학기술 위원회 주도로 2011년에 '소재게놈이니셔티브Materials Genome Initiative, MGI'를 시작하였고, 대학과 연구소를 중심으로 재료 데이터 인프라를 구축하여 가시적인 성과를 도출하고 있다. 유럽은 유럽 연합 차원에서 2015년에 'NOMADNovel Materials Discovery'라는 프로젝트를 시작하여, 재료 데이터베이스 구축과 함께 빅데이터를 이용한 재료설계 기술 개

표 2.3 재료 빅데이터 관련 해외 정책 동향

| 국가 | 내용 |
|---|---|
|  | Materials Genome Initiative, MGI('11~)<br>• 재료정보학 기반으로 첨단 재료 경쟁력을 확보하여 제조업 경쟁력 향상<br>• 대학과 연구소를 중심으로 재료 데이터 인프라를 구축하여 가시적인 성과 도출 |
|  | NOvel MAterials Discovery, NOMAD('15~)<br>• 빅데이터 분석 도구와 재료 데이터베이스 구축을 목표로 추진<br>• 계산과학 물성의 빅데이터와 이를 이용한 재료 설계 기술 개발을 지원 |
|  | 재료에서 혁신으로('09~)<br>• 재료의 연구개발 및 제품, 공정 혁신의 전과정을 지원<br>• 2025년까지 연간 1억 유로를 투자, 재료분야 전문인력 양성 및 국제협력 활성화 |
| | 정보 통합 물질 · 재료 개발 이니셔티브, MI2I('15~)<br>• 재료과학과 정보과학을 융합하여 재료 개발의 혁신을 가속화<br>• 데이터 플랫폼, 모델링 구축 등의 연구를 추진하여 기초과학 전 분야에 활용 |
|  | 중국판 MGI 전략('12~)<br>• 에너지, 희토류, 촉매, 특수 합금 재료 등 40여 개의 재료에 대한 데이터베이스<br>• 구축을 위해 5년간 460~760만 달러를 투자 |

발을 지원하고 있다.

독일 교육 연구부는 '재료에서 혁신으로'라는 프로그램을 추진하여 재료의 연구 개발, 공정 혁신 등 전 과정을 지원하고 있다. 일본의 경우, 데이터 플랫폼, 모델링 구축 등을 추진하여 재료 개발 혁신을 가속화하기 위해 2015년에 'MI2IMaterials Research by Information Integration Initiative' 프로젝트를 시작하였다. 중국은 2012년에 중국판 MGI, 즉 소재게놈이니셔티브 전략을 수립하여 에너지, 희토류, 촉매 등 40여 개 재료에 대한 데이터베이스를 구축하였다.

### 나 재료 빅데이터 관련 해외 사례

**미국 Materials Project** 재료 빅데이터 관련 대표적인 사례 중 하나로 미국의 'Materials Project'가 있으며, 이 프로젝트에서는 MIT 등 첨단 연구 기관에서 빅데이터와 시뮬레이션을 활용하여 신재료를 개발하고 있다. Materials Project는 방대한 DBdata base와 시뮬레이션을 이용하여 다양한 잠재적 재료를 분류할 수 있는 시스템으로, 양자역학 이론에 기반한 복잡한 계산 등을 통해 새로운 소재의 전기 전도성, 결정 구조, 경도 등 재료 물성을 예측할 수 있다.

현재 Materials Project는 그림 2.48과 같이 수많은 무기 화합물, 밴드 구조 등의 데이터베이스를 제공한다. 이 프로젝트를 통하여 자연에 존재하지 않고 그 존재가 예측되지 않은 완전히 새로운 유형의 투명 전도성 물질이 발견된 바 있으며, 배터리 전극재와 반도체에 사용할 수 있는 새로운 재료들 또한 발견하였다.

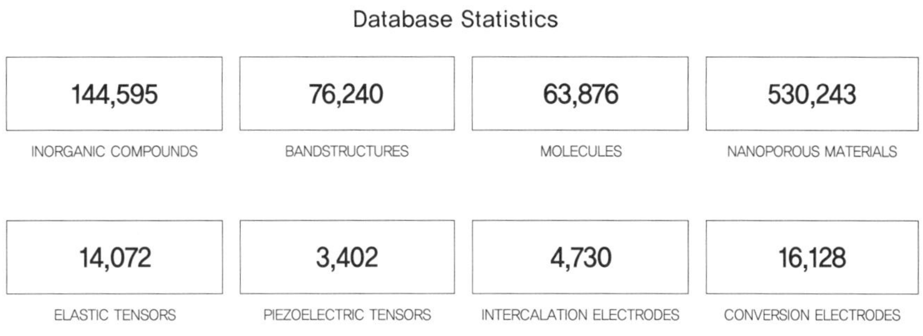

Database Statistics

| 144,595 | 76,240 | 63,876 | 530,243 |
|---|---|---|---|
| INORGANIC COMPOUNDS | BANDSTRUCTURES | MOLECULES | NANOPOROUS MATERIALS |
| 14,072 | 3,402 | 4,730 | 16,128 |
| ELASTIC TENSORS | PIEZOELECTRIC TENSORS | INTERCALATION ELECTRODES | CONVERSION ELECTRODES |

그림 2.48 Materials Project의 데이터베이스 통계 (2021년 기준)

출처 : Materials Project

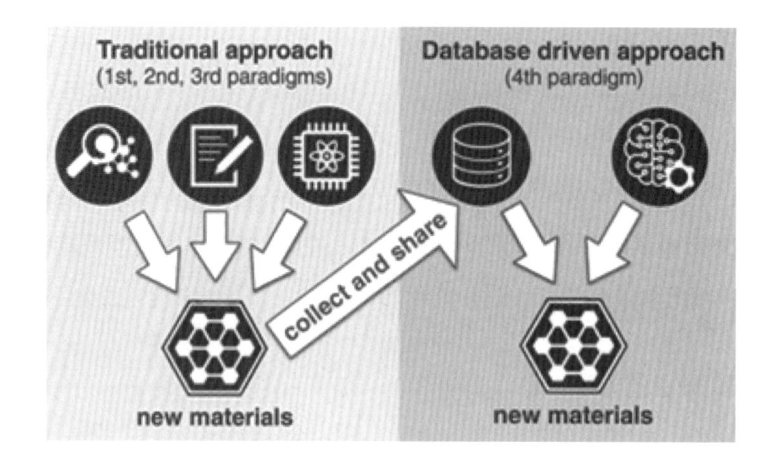


그림 2.49 재료 빅데이터 활용의 개념도

출처 : Data-Driven Materials Science: Status, Challenges, and Perspectives, (Advanced Science, 2019)

**미국 오크리지 국립연구소(ORNL)** 미국 오크리지 국립연구소Oak Ridge National Laboratory의 경우, 인공 지능을 통해 신 재료를 발명할 수 있는 빅데이터 연구 도구를 개발하고 있다. 이 연구소에서는 에너지 및 정보기술용 재료 DB를 기반으로, 인공지능 및 빅데이터 처리 기술을 적용하여 다양한 재료 데이터를 신속하게 생성하고 있다. 예를 들어 속도를 비교해 보면, 10년 전 하루에 5개의 철강 석출물을 분석하여 데이터화할 수 있었다면, 현재는 5시간 내에 1,000개를 분석하여 데이터를 생성할 수 있게 되었다. 또한 빅데이터를 기반으로 머신러닝을 활용하여 열역학 모델, 데이터 시각화, 방사선 분석 예측 등도 가능하다고 보고되었다.

그림 2.50 미국 오크리지 국립연구소(ORNL)

출처 : Data-Driven Materials Science: Status, Challenges, and Perspectives, (Advanced Science, 2019)

앞서 설명한 사례 외에도, 표 2.4와 같이 다양한 재료 빅데이터 서비스가 개발되고 있다.

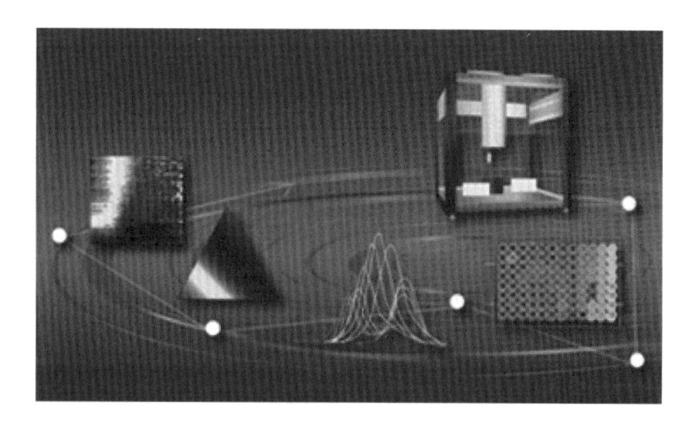

그림 2.51 ORNL의 화학분석에 머신러닝을 적용한 사례

출처 : SciTechDaily

표 2.4 다양한 재료 빅데이터 서비스

| Name | Website | Contact |
|---|---|---|
| AFLOW | aflowlib.org | Stefano Curtarolo , Duke University |
| Computational Materials Repository | cmr.fysik.dtu.dk | Kristian Thygesen and Karsten Jacobsen, DTU |
| Crystallography Open Database | crystallography.net | |
| Khazana | khazana.gatech.edu | Rampi Ramprasad , Georgia Institute of Technology |
| MARVEL NCCR | nccr-marvel.ch | Nicola Marzari, EPFL |
| Materials Data Facility (MDF) | materialsdatafacility.org | Ben Blaiszik and Ian Foster, University of Chicago |
| Materials Project | materialsproject.org | Kristin Persson , LBNL |
| MatNavi /NIMS | mits.nims.go.jp | Yibin Xu, NIMS |
| NOMAD CoE | nomad-coe.eu | Matthias Scheffler , FHI/Max Planck Society |
| Organic Materials Database | omdb.mathub.io | Alexander Balatsky , Nordita |
| Open Quantum Materials Database | oqmd.org | Chris Wolverton , Northwestern University |
| Open Materials Database | openmaterialsdb.se | Rickard Armiento , Linköping University |
| SUNCAT | suncat.stanford.edu | Thomas Francisco Jaramillo, SLAC/Stanford University |
| Citrine Informatics | citrine.io | Bryce Meredig and Greg Mulholland |
| Exabyte.io | exabyte.io | Timur Bazhirov |
| Granta Design | grantadesign.com | Mike Ashby and David Cebon |
| Materials Design | materialsdesign.com | Clive M. Freeman, Erich Wimmer and Stephen J. Mumby |
| Materials Platform for Data Science | mpds.io | Evgeny Blokhin |
| MaterialsZone | materials.zone | Assaf Anderson and Barak Sela |
| SpringerMaterials | materials.springer.com | Michael Klinge |

출처 : Data-Driven Materials Science: Status, Challenges, and Perspectives, (Advanced Science, 2019)

## 2.6.2 재료 빅데이터 관련 국내 동향

우리나라의 경우, 재료 개발 혁신 및 효율적인 재료 개발을 위하여 그림 2.52와 같이 2021년부터 과학기술 정보통신부에서 빅데이터와 인공지능 기술을 연계한 '재료 연구데이터 플랫폼'을 구축하고 있다. 이에 따라, 표준화된 통합 시스템을 구축, 운영하여 신재료 개발 기술을 확보할 수 있으며, 데이터 기반 R&D 도구 개발이 가능해졌다.

'세라빅Cerabig'은 2020년 한국 세라믹 기술원, 한국 전자 통신 연구원 등 16개의 기관 및 기업이 협력하여 빅데이터와 인공지능 기술을 기반으로 개발한 세라믹 제조 혁신 플랫폼으로, 세라믹 재료의 최적 공정 설계를 목표로 하고 있다. 그림 2.53과 같이 세라믹 원료, 공정 등에 대한 빅데이터를 인공지능 기술로 분석하여, 세라믹 재료의 최적 공정 조건을 제공하고 제품 불량을 자동으로 검사할 수 있다.

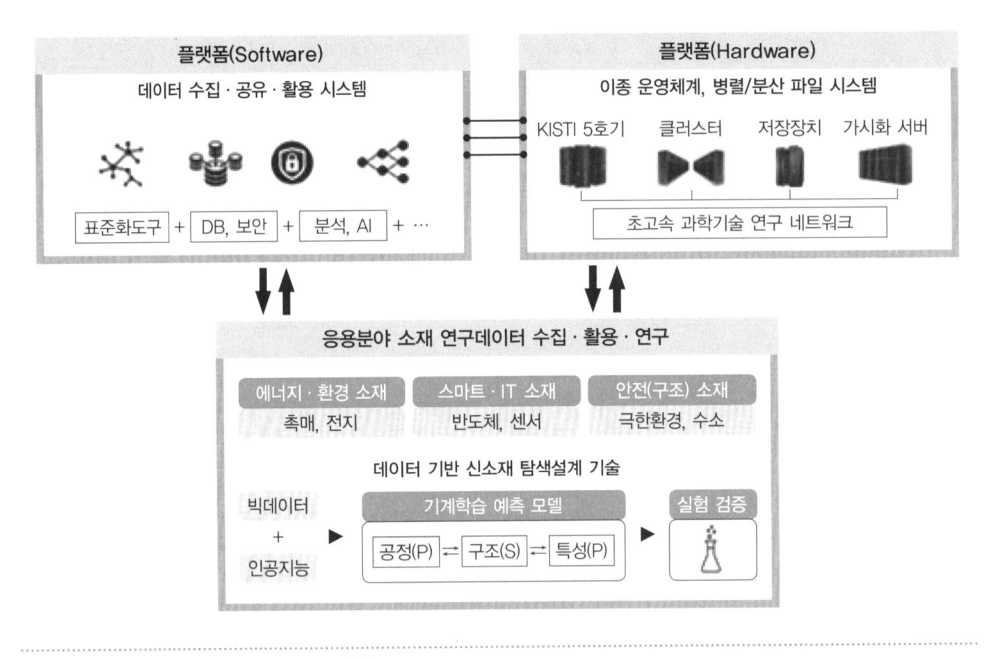


그림 2.52 재료 연구데이터 플랫폼 개념도

출처 : 과학기술정보통신부

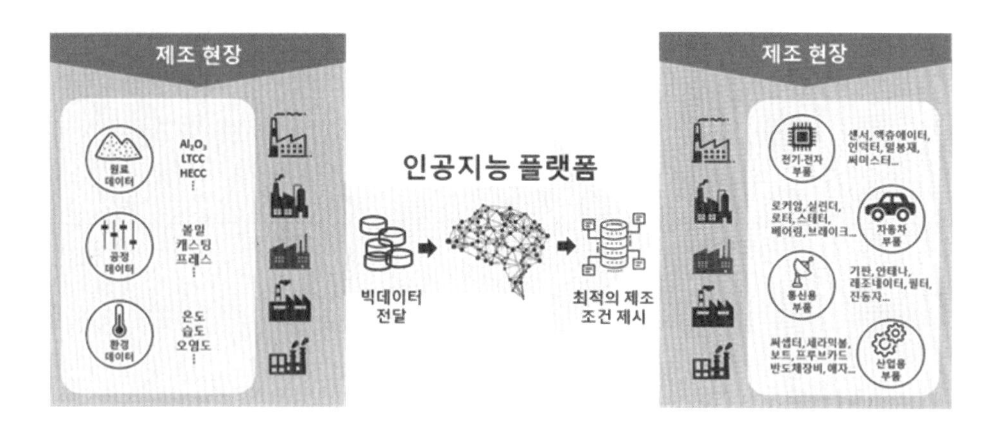


그림 2.53 세라빅을 활용한 세라믹 신공정, 신제품 개발 모식도

출처 : Cerabig

chapter 3

# 재료의 기초와 응용, 그리고 재료는 어떻게 만들어지는가

# 3.1 재료의 발자취

## 3.1.1 재료의 역사

### 가 현대 사회에서 재료의 위치

세계는 현재 재료 전쟁 중이라고 할 수 있으며, 4차 산업 시대를 맞이하여 미국, 독일, 일본 등 주요 선진국들은 이미 오래전부터 재료 개발에 국가적 역량을 쏟고 있다. 미국은 2011년 '재료게놈이니셔티브(MGI)' 전략을 선언하고, 2014년 'MGI 국가전략계획'을 수립하였다. 이 프로젝트는 실험 과정을 데이터베이스화하여 실험 없이 새로운 재료를 만드는 것을 목표로 하고 있다. 독일은 정부 주도로 2015년 '소재에서 혁신으로' 전략을 수립하여 환경, 에너지, 교통 분야의 소재 개발을 지원하고 있으며, 일본은 2012~2021년 '신원소전략 프로젝트' 계획을 수립하여 재료 개발에 힘쓰고 있다.

우리나라는 '미래소재 디스커버리'라는 재료 중심의 국가 과학기술 R&D 사업을 마련하여 재료 개발을 이끌어가고 있다. 최근 2019년 일본 정부가 반도체 관련 핵심 소재에 대한 수출 규제를 강화함에 따라 우리 정부는 '소재 · 부품 · 장비 경쟁력 강화대책'을 발표하여 정부와 기업을 중심으로 소재 국산화를 위해 노력하고 있다. 이처럼 4차 산업 시대에서의 경쟁력을 확보하기 위하여 전 세계적으로 국가 차원의 핵심 소재 개발의 중요성이 더욱 커지고 있다.

### 나 산업혁명과 재료

인류의 역사 속에서 재료는 중요한 위치를 차지하며 발전해 왔으며, 청동기 시대, 철기 시대와 같이 재료는 그 시대를 규정짓는 역사의 기준점이 되었다. 현대에도 우리의 삶은 재료와 긴밀한 연관이 있으며, 각 시대에서 혁신적인 재료들이 발견되고 개발되어 한 시대를 이끌어왔음을 알 수 있다.

18세기에 영국에서 증기기관 기반의 기계화 혁명인 제1차 산업혁명이 시작되었으며, 이는 강철, 합금과 같은 재료가 있었기에 가능한 일이었다. 전기 에너지 기반의 대량 생산 혁명으로 대변되는 제2차 산업혁명에서는 석유, 천연가스 등을 이용한 합성 원료인 플라스틱과 전기 전송을 위한 경금속과 합금이 큰 역할을 하였다. 제3차 산업혁명에서는 반도체와 함께 유리섬유로 제조된 광케이블의 등장으로 컴퓨터와 인터넷 기반의 지식정보 혁명이 일

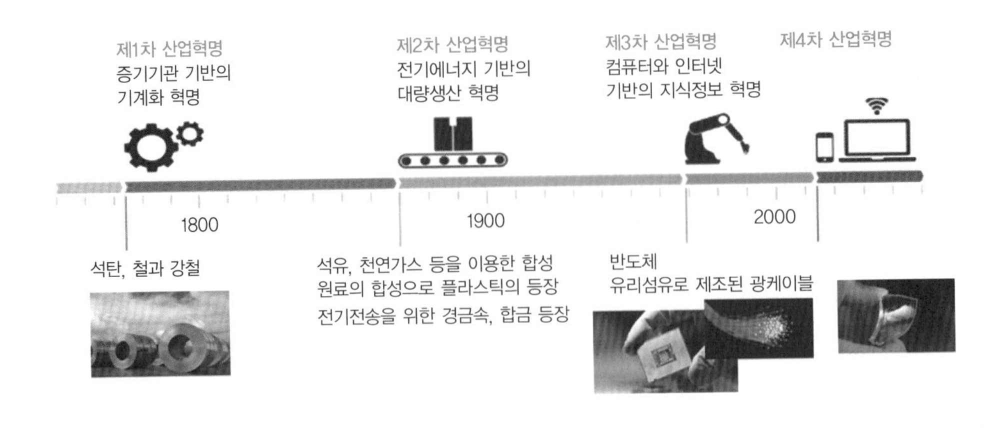


그림 3.1 산업혁명과 재료의 발전

어날 수 있었다. 제4차 산업에서는 완제품을 만드는 제조 산업에서 첨단 소재 산업으로 기술 경쟁력이 이동하고 있으며, 첨단 소재는 인공지능과 사물인터넷 등 지능정보기술의 구현을 위한 핵심 기반이라 할 수 있다.

### 다 인류 문명과 재료

재료는 문명의 발전과 함께 우리 생활 속 다양한 분야에 깊숙이 자리 잡고 있으며, 문명의 발전은 곧 인류가 사용해 온 도구를 이루는 재료의 발전 과정으로 풀이할 수 있다. 재료의

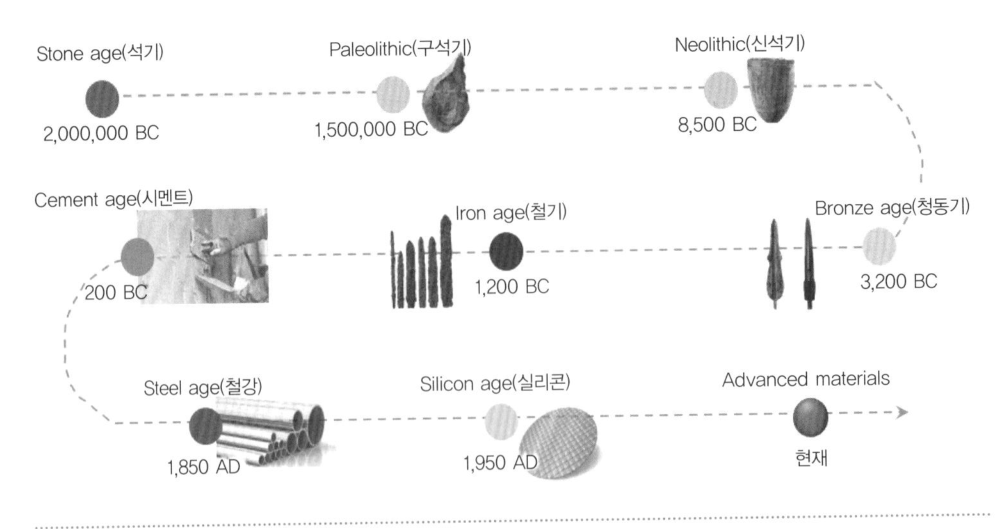


그림 3.2 문명의 발전과 재료의 발자취

발자취를 살펴보면 초기 문명은 재료의 개발 정도에 의해 분류되며, 인류는 자연 상태의 재료보다 성질이 우수한 재료를 만드는 기술을 점차 습득해 왔다. 문명의 발전과 진화는 그 시대에서 사용하였던 재료에 의존하였고, 한 시대에 주로 사용된 재료가 그 시대 문명의 척도가 되었음을 알 수 있다.

구석기 시대에는 돌을 주로 사용하였고, 신석기 시대에는 이 돌을 가공하는 기술이 등장함으로써 석기가 발전하였다. 이는 인류 최초로 자연에 존재하는 재료를 인공적으로 변환시켜 토기, 즉 세라믹을 사용하였음을 의미한다. 청동기 시대에는 구리와 주석의 혼합으로 청동을 쉽게 가공하여 사용할 수 있었고, 이에 따라 문명이 급격하게 발전하여 철기 시대까지 이르게 되었다. 철뿐만 아니라, 시멘트, 실리콘 등도 각 시대를 대표하는 재료로서 문명과 산업의 발전에 이바지하였다.

## 3.1.2 재료의 발전과 문명

### 가 세라믹스의 역사

세라믹스Ceramics는 천연원료를 사용하는 전통 세라믹과 고순도 정제원료를 통하여 기능이 부여된 첨단세라믹Advanced ceramics 또는 파인세라믹스Fine ceramics[1]로 분류된다. 여기에서 세라믹스란, 고대 그리스어의 케라모스에서 유래된 단어이며, 케라모스는 흙으로 만들어진 또는 불에 태워서 만든 물건을 의미한다. 이 단어에서 알 수 있듯이 인류는 천연원료를 그대로 사용하거나 가공하여 도자기, 유리, 시멘트 등의 전통 세라믹을 제조하여 사용하였다.

기원전 25,000년 체코에서 발견된 인류 최초의 토기와 기원전 10,000년 우리나라에서 발견된 빗살무늬토기 등을 시작으로 토기는 대표적인 전통 세라믹으로서 문명과 함께 발전해 왔다. 우리나라의 경우, 소성 온도에 따라 7세기 삼국시대 연질 토기에서부터 8세기 통일신라시대 경질 토기, 그리고 16세기 조선시대 백자와 청자로 발전해 왔다. 석기 시대에는 흙을 빚어 모양을 만든 후 햇볕에 말리거나 불에 구워 토기를 제작하였으나, 이후 가마가 개발됨에 따라 고온에서 소성이 가능하여 산화 소성[2] 또는 환원 소성[3]으로 도기와 자기를 제작할

1 ISO/TC 206 Strategic business plan에서 파인세라믹스를 기능이 부여된 고도로 엔지니어링되고 고성능인 비금속인 무기 재료로 정의하고 있으며, Advanced ceramics 또는 Advanced technical ceramics라는 용어로도 사용된다.

2 가마 내에 산소를 충분히 공급하여 연료의 완전 연소가 이루어질 수 있도록 하는 방법이다.

3 가마 내의 산소가 부족한 상태에서 연료를 불완전시켜 가마 내부에 생성된 탄소가 흙과 유약에 함유되어 있는 금속산화물과 결합하여 색상의 변화를 주게 하는 방법이다.

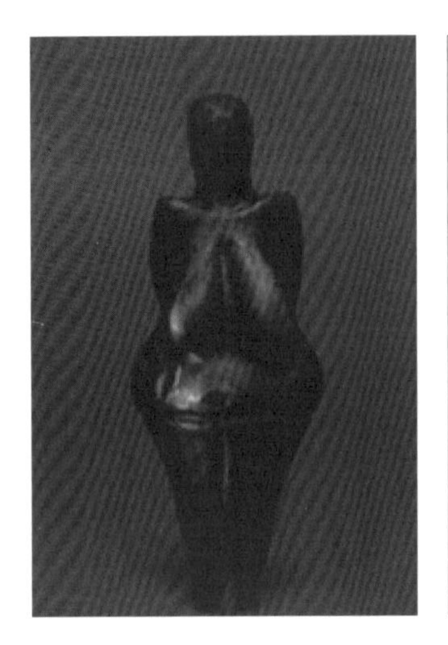

그림 3.3 터키에서 발견된 인류 최초의 토우(좌)와 우리나라의 빗살무늬 토기(우)

출처 : Wikipedia

표 3.1 도자기의 종류에 따른 제작 방법

| 토기 | 연질 토기 | 경질 토기 | 경질 자기 | 주요분야 |
| --- | --- | --- | --- | --- |
| 제작법 | 노천 소성 | 산화 소성 | 산화 소성 | 환원 소성 |
| 종류 | 빗살무늬토기, 민무늬토기 | 옹기, 기와 | 델프트 도기 | 백자, 청자 |
| 가마 온도 | 햇빛, 그늘, 불에 직접 | 600~1,000℃ | 800~1,200℃ | 1,350℃ 이상 |

수 있었다.

토기와 더불어 유리도 대표적인 전통 세라믹 재료로서 문명과 함께 발전해 왔다. 자연적으로 형성된 흑요석과 화산, 번개 등으로 암석과 모래가 녹은 후 급랭되어 형성된 자연의 유리를 인류가 이용하여 도구로 사용한 것은 석기 시대까지 거슬러 올라간다고 한다. 기원전 3,000년경의 이집트와 메소포타미아 지방의 유리 유물이 발견되었으며, 다양한 유리 유물을 통하여 유리가 인류와 함께 발전해 온 것을 알 수 있다.

또 다른 전통 세라믹 재료인 시멘트에 대해 살펴보자면, 넓은 의미에서 시멘트의 역사는 수천 년 전으로 거슬러 올라간다. 석회와 석고를 혼합하여 쌓아 올린 피라미드에서도 시멘트를 발견할 수 있으며, 석회와 화산재를 혼합하여 만든 그리스 로마시대의 수경성 시멘트에서도 이를 확인할 수 있다. 오늘날 시멘트라고 하는 결합재는 19세기 초에 영국에서 발명

그림 3.4 이집트, 메소포타미아 지방의 유리 유물들

출처 : shutterstock.com

된 포틀랜드 시멘트를 의미하며, 20세기에 들어와서는 혼합 시멘트, 알루미나 시멘트, 팽창 시멘트 등 그 종류가 다양화되어 핵심 건설 재료로 널리 활용되고 있다.

지금까지 살펴보았던 고대와 근대에서의 전통 세라믹은 현재까지도 꾸준히 발전해 오고 있다. 근래에 들어서는 원료 정제와 재료 가공 기술의 발전에 따라 전통 세라믹 재료에 기능을 부여하여 구조, 전자, 에너지, 환경, 바이오 분야 등에 세라믹 재료가 활용되고 있으며 전통 세라믹에서 파인세라믹스로, 더 나아가 미래 첨단세라믹으로 발전하고 있다. 이처럼 인류는 재료의 특성을 인위적으로 조작하고 제어할 수 있게 되었으며, 현대 사회에서 요구하

그림 3.5 이집트 피라미드의 외장 석재에 도포된 모르타르(좌)와 시멘트로 만들어진 고대 로마 콘크리트 방파제(우)

출처 : 강석화, 정란, "콘크리트 발달사", 콘크리트 학회지, 제 21권, 3호(2009), 1

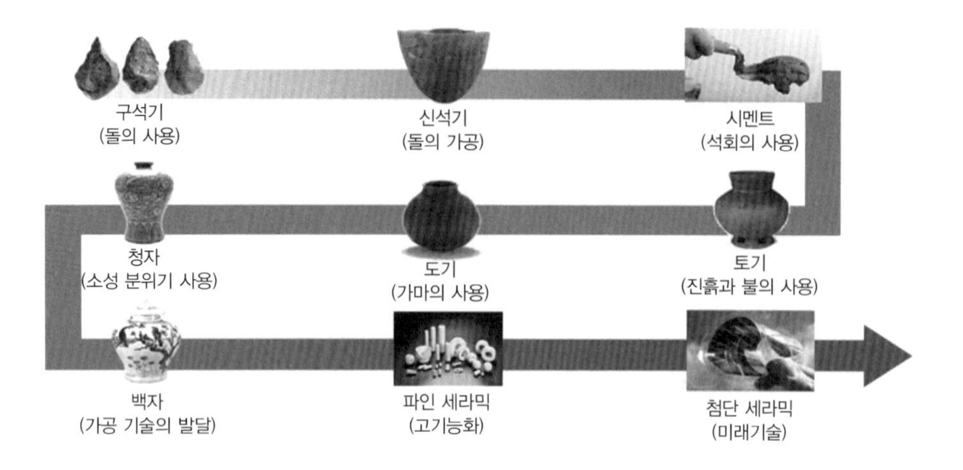


그림 3.6 세라믹의 발전과 문명

는 다양한 종류의 복합화된 재료들이 개발되고 있다. 우리의 생활을 편리하게 만들어 주는 다양한 분야의 기술 발전은 이에 적합한 재료의 개발과 긴밀한 관계가 있으므로 재료는 우리의 삶과 기술 발전에서 중요한 위치를 차지한다고 할 수 있다.

### 나 금속과 철의 역사

인류는 오래전부터 금속 재료를 다루어 왔으며, 금속 재료의 역사는 인류문명의 발전과 밀접한 관계가 있다. 자연에서 쉽게 채집할 수 있는 나무, 돌 등의 재료와는 달리 금속은 녹이고 틀에 부은 후 굳혀서 우리가 원하는 형태로 만들거나, 때리고 미는 등의 가공을 통하여 모양을 쉽게 바꿀 수 있기 때문이다.

예를 들어 도자기의 경우, 진흙으로 빚은 후 불에 구워야 원하는 모양을 만들 수 있어, 한 번 만들면 두드려 펴거나 해서 모양을 바꾸기가 어렵다. 세라믹 재료와는 달리 비교적 쉽게 원하는 모양을 성형할 수 있다는 장점 외에도 금속 재료는 특유의 전연성(두드려 펼수 있는 성질)을 가지고 있기 때문에 큰 충격을 받았을 때 깨지지 않고 휘어지며, 파괴에 저항하는 저항성이 높아서 도구로 쓰이기에 유용하다. 즉 잘 깨지는 세라믹 등의 재료에 비해서 질긴 특성을 가지고 있다.

시대 구분을 도구의 재료로 나누어 보면 잘 알려져 있는 것처럼 석기 시대에서 청동기 시대를 거쳐 철기 시대로 나뉜다. 지역에 따라 다르지만 대략 기원전 2,000~3,000년보다 더 과거에는 석기를 도구로 주로 사용하였고, 이후 기원전 1,200년 정도까지 구리와 주석을 섞은 청동기를 사용하는 청동기 시대를 거쳤다. 이후 철기 시대가 도래했는데, 철기 시대의 도래 시점이 역사시대의 시작과 거의 비슷한 시기라는 것은 시사하는 바가 크다.

시대구분상 현대 사회가 철기 시대에 해당하는 것에서 알 수 있듯이 현재 인류가 가장 많이 사용하고 있는 금속 재료는 철이다. 2021년을 기준으로 우리나라에서는 약 7천만 톤의 철을 생산하였고, 전 세계적으로는 연간 18억 톤 이상의 철이 생산되고 있는데, 여기서 18억 톤의 철은 승용차를 15억 대 이상 만들 수 있는 엄청난 양이라고 한다. 철은 자동차, 선박, 기계부품, 건물, 철도 등 강하고 단단하면서도 저렴하고 이용이 편한 재료가 요구되는 모든 분야에 막대한 양이 쓰이고 있다.

이렇게 다른 재료보다 철을 월등히 많이 쓰는 이유는 우리가 사는 지구의 지각에 철이 굉장히 풍부해서 철광석을 쉽게 구할 수 있기 때문이다. 지질학자 클라크가 제안한 지구 지각의 원소 구성비 순서인 클라크 수Clarke Number를 살펴보면 철은 산소, 규소, 알루미늄 다음으로 클라크 수 4번을 가지는 풍부한 원소임을 알 수 있다.

표 3.2에 클라크 수 1~7까지의 원소를 나타내었는데 철은 네 번째에 위치하며, 철보다 먼저 청동기에 사용된 구리는 클라크 수가 25번, 주석은 22번으로 철보다 훨씬 희귀하다. 지각에서 주석과 구리가 차지하는 비중은 각각 0.03, 0.01% 정도에 불과하다. 이렇게 희귀한 원소임에도 불구하고 청동기시대에서 철보다 앞서 구리와 주석이 사용된 이유는 구리와 주석의 녹는점이 철의 녹는점보다 낮기 때문에 별다른 도구 없이도 불만 피울 수 있다면 구리와 주석을 원광석으로부터 비교적 쉽게 추출할 수 있었기 때문이다.

금속 재료, 그중 특히 철이 널리 쓰이기까지 오랜 시간이 걸린 이유는 대부분의 금속이 대

**표 3.2** 원소별 클라크 수

| 클라크 수 | 원소 | 지각에서 차지하는 비중 (%) |
|---|---|---|
| 1 | 산소(Oxygen, O) | 49.89 |
| 2 | 규소(Silicon, Si) | 25.30 |
| 3 | 알루미늄(Aluminium, Ai) | 7.26 |
| 4 | 철(Iron, Fe) | 5.08 |
| 5 | 칼슘(Calcium, Ca) | 3.51 |
| 6 | 소듐(Sodium, Na) | 2.28 |
| 7 | 포타슘(Potassium, K) | 2.23 |

기 중의 산소와 쉽게 반응하기 때문이다. 자연에서 제련 과정 없이 채집으로 얻을 수 있던 금속들은 산소와의 반응성이 아주 낮은 금, 은, 수은을 제외하면 극히 드물게 발견되는 구리 정도이다. 구리 역시 종종 금속 형태의 광물로 발견되긴 하지만 대부분의 경우 황동석이라는 황화물의 형태로 채취된다. 금, 은, 구리는 자연에서 금속 형태로 채집이 가능하였으나, 인류가 도구로 사용하기에는 부족하였으며, 예시로 채굴 기술이 매우 발달한 현대에도 금과 은은 귀금속으로 주로 쓰이고 있다.

구리의 경우 아주 높은 가치를 가지는 특수소재로 활용되고 있는데, 구리를 철보다 더욱 앞선 시기에 널리 사용한 이유는 철광석에서 철을 추출하는 제련 과정에 비해 황동석에서 구리를 추출하는 과정이 훨씬 낮은 온도에서도 가능하였기 때문이다. 황동석을 500°C 정도의 낮은 온도로 가열해도 충분한 시간이 지나면 구리를 추출할 수 있는데, 이 온도는 나무를 태우면 쉽게 얻을 수 있는 온도로, 선사시대 인류는 우연히 황동석 주변에 불을 피웠다가 구리를 얻는 방법을 발견했을 것으로 추정된다. 이에 비해 철의 경우, 철광석에서 산화철을 환원시키기 위해서는 1,200°C 이상의 높은 온도가 필요하다. 나무를 태워서 얻을 수 있는 온도는 약 1,000°C 이하이므로 철광석은 구리와 같이 우연히 불을 피우다가 제련법을 습득할 확률이 거의 없었을 것으로 생각된다.

청동기 시대라는 시대 구분에서 직관적으로 연상되는 바와는 달리, 청동기 시대에도 청

그림 3.7 자연에서 쉽게 발견되는 금속 광물들(은, 구리, 금)

출처 : shutterstock.com

동은 흔한 재료가 아니었다. 클라크 수를 보면 알 수 있듯이 구리는 희귀한 광물자원으로, 당시에도 청동기는 제사에 필요한 제례도구나 금속이 꼭 필요한 곳에만 제한적으로 쓰이는 귀한 재료였다. 하지만 청동은 쉽게 산화되어 녹이 스는 철과는 달리 한번 만들어 놓으면 오랜 시간 동안 산화되지 않는 장점이 있기 때문에, 청동은 긴 시간에 걸쳐서 청동은 녹슬지 않고 축적되어 고대 문명 국가에서 무기로 쓰일 수 있을 만큼 충분한 양이 모였던 것으로 보인다.

동아시아에서는 진나라, 서양에서는 로마 초기에 청동무기가 많이 쓰인 것으로 나타나는데, 충분한 수의 무기를 만들 수 있는 여건이 조성된 후에 동서양 모두 대제국이 건설된 사실이 흥미롭다. 실제로 청동으로 화살촉도 만들고 나무에 뾰족한 모양의 갈고리를 만들어서 창으로도 사용하였던 기록과 유물들이 많이 남아있다.

그림 3.8 진시황릉에서 발굴된 청동제 고대 무기인 과(戈)

출처 : shutterstock.com

청동 재료는 농기구 등에 쓰기에는 양이 부족하였으므로, 철의 환원법이 알려지면서 자연스럽게 철기 시대로 넘어갔다. 여기에서 한 가지 흥미로운 사실은 철을 환원시키기 위한 선결조건으로 풀무의 발명이 필요했다는 것이다. 철광석을 환원시키기 위한 1,200℃ 이상의 온도를 얻기 위해서는 나무나 숯을 태우면서 강제로 산소를 불어넣어 주는 풀무가 반드시 필요하였으며, 그림 3.9의 전통방식 철 제련을 재현한 사진을 확인해 보자.

풀무는 철광석을 환원시키는 것 외에 다양한 용도를 갖지 않으므로, 풀무의 발명은 철광

그림 3.9 전통방식 철 제련을 재현한 사진

출처 : shutterstock.com

석을 환원시켜 철을 만드는 방법을 알아냈다는 점을 뒷받침해 준다. 이런 방식의 제련법이 발명되기 전에는 철을 대량으로 얻을 수 없었으며 고대 히타이트 문명 등에서 제례에 사용하던 철은 풀무 대신 평지에서 계절풍으로 불어오는 바람을 이용했다고 알려져 있다. 비록 매우 오랜 시간이 걸렸지만 철광석에서 철을 얻어내는 방법을 알아낸 후 철은 매장량이 풍부하다는 장점 덕분에 급속도로 도구의 재료로 활용되기 시작하여 수많은 산업 분야에 응용되었다.

철기 시대로의 전환은 획기적인 변화를 가져왔을 것으로 쉽게 예상된다. 인류가 단단하고 강하면서도 원하는 형상을 만들기 쉬운 재료인 철을 얻게 되면서 철은 농기구에서부터 무기까지 인류가 필요로 하는 도구에는 빠짐없이 응용되었으며, 문명 발전과 역사시대로의 전환에 큰 영향을 미쳤을 것으로 예상되고 있다. 현대에도 철은 다양한 형태로 대량생산되고 가공되어 수많은 구조물과 기계 등에 사용되고 있다.

한편 표 3.2의 클라크 수를 살펴보면 보다 흥미로운 사실을 발견할 수 있는데, 이는 알루미늄이 철보다 지각에 더 많이 존재한다는 사실이다. 그럼에도 알루미늄이 철보다 뒤늦게 활용된 이유는 알루미늄이 철보다 산소와의 친화력이 훨씬 강하기 때문이다. 알루미늄은 수산화알루미늄 형태로 광석에 존재하는데, 일단 산화알루미늄을 녹이는 데에만 2,000℃ 이상의 매우 높은 온도가 필요하다. 만약 2,000℃ 이상의 온도에서 녹였더라도, 녹인 후에는 알루미늄을 환원시킬 만한 다른 물질을 섞어줘야 알루미늄이 추출된다. 그러나 알루미늄의 산화서열은 매우 높은 편이라 알루미늄을 환원시킬 만한 물질이 거의 없었기 때문에 고대의 기술력으로는 얻기 아주 어려웠다. 19세기 나폴레옹 시대까지는 알루미늄은 금보다도 더 비싼 금속이었고, 실제로 나폴레옹은 국력을 과시하기 위해 왕관과 식기를 알루미늄으로 만들어서 썼다고 한다. 현대의 전기를 이용한 알루미늄 추출법은 19세기 말에야 개발되었으며, 현재도 알루미늄의 정련에는 많은 전기에너지가 들기 때문에 철보다 고가의 원자재이다.

## 3.2 재료과학과 공학의 기초

### 3.2.1 재료란?

재료의 사전적 정의는 물건을 만들 때 그 바탕으로 사용하는 것[4]이며, 무엇인가를 구성하고 있거나 만들 수 있는 물질로 직 · 간접적으로 소비될 수 있는 원료, 가공된 재료, 부품, 조립품, 하위 조립품, 연료, 윤활제, 냉매, 세척제, 소형 공구, 액세서리가 포함되지만 이들에 국한되지 않는다. 재료뿐만 아니라 원료, 소재, 소자, 부품, 모듈, 제품에 대하여 많이 들어보았을 것이다. 재료, 소재, 부품은 일반적으로 원자재(원료) → 중간재 → 최종재(제품)까지의 제품 생산 가치사슬 구조에서 중간재에 해당된다.

그림 3.10 Value Chain 상 소재 · 부품

출처 : 한국산업기술진흥협회, 시장선도형 200대 미래 유망 소재·부품 전략, 2014

4 정의 출처 : Oxford languages

원료와 원자재의 사전적 의미는 가공해낸 생산물의 바탕이 되는 물질, 어떤 물건을 만드는 데 들어가는 재료로, 천연 상태 그대로 공정에 투입되는 원료를 뜻하고, 중간재는 1회 이상 가공 공정을 거친 것을 의미한다. 즉 원료란 제조하거나 가공하는 데 바탕이 되며 제조공정을 통하여 부품이나 제품으로 변환될 수 있는 초기 재료로, 보통 가공에 의하여 형태나 성질이 크게 변화한다. 소재는 어떤 것을 만드는 데 바탕이 되는 재료로 정의되며, 있는 그대로의 혹은 가공을 하지 않은 본래 그대로의 재료를 의미하고 부품 또는 제품이 가져야 할 특정 기능을 좌우하는 핵심 물질로 볼 수 있다. 특히 소재는 재료 중에서도 액체나 기체가 아닌 고체인 것을 말하며, 참고로 재료공학에서는 주로 공업적으로 필요한 고체인 소재를 재료라고 지칭한다.

부품(부속품, 부분품)이란 기구 또는 기계의 일부분을 이루고 있는 물건으로 기계 등의 어떤 부분에 쓰여 제품의 일부 기능을 담당하는 구성 부분을 일컫는다. 부품은 재료의 가공을 통하여 제작되며 일반적으로 부품은 기계 부품, 전자 부품, 소프트웨어 부품 등으로 나눌 수 있다. 소자는 부품의 하위개념으로 볼 수 있으며, 장치 또는 전자 회로 등의 구성 요소가 되는 개개의 부품으로 정의되고 저항, 인덕터, 커패시터, 다이오드, 트랜지스터 등이 그 예시이다.

모듈이란 기계, 가구, 건물 등을 구성하는 규격화된 부품을 의미하며 분야에 따라 다양하게 정의된다. 재료공학적인 측면에서 모듈이란, 여러 개의 부품을 부위별로 정리해 조립한 집합체로 기능상 성격이 비슷하거나 연관성 있는 부분들이 조립된 덩어리를 말하고, 부품의 기능을 중심으로 관리하는 체계를 의미하기도 한다. 제품은 원료를 써서 만들어 낸 물품 또는 제조공정을 거쳐 만들어진 재화로, 제조활동을 통하여 생산이 완료되어 판매가 가능한 상태의 완성품이다. 그렇다면, 우리가 사용하고 있는 다양한 제품 내에는 어떤 소재와 부품이 개발되어 사용되고 있을까?

실생활에서 사용되는 전기 · 전자제품에는 다양한 소재와 부품이 개발되어 사용되고 있으

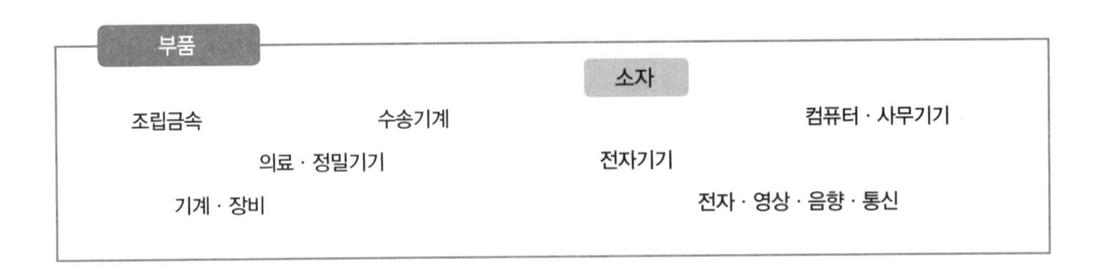


그림 3.11 부품과 소자의 포함 관계

며, 이러한 부품과 제품은 금속, 세라믹, 고분자, 복합 재료 및 하이브리드 재료로 구성되어 있다. 디스플레이는 기판, 백 라이트, 구동 회로부 등을 구성하는 다양한 부품과 이를 구성하는 재료로 이루어져 있다. 자동차는 약 2만여 개의 소재와 부품으로 구성되어, 이를 약 5천 개의 협력 업체들이 개발, 납품하고 있다고 한다. 스마트폰은 세라믹, 금속, 유기 결합재 등의 원료와 전극을 이루는 전자 재료들과 적층세라믹콘덴서Multilayer ceramic capacitors, MLCC와 같은 부품, 적층세라믹콘덴서와 중앙 처리 장치Central processing unit, CPU 등으로 구성된 모듈로 이루어져 있고, 이러한 모듈들이 모여 스마트폰이라는 하나의 완제품으로 만들어진다.

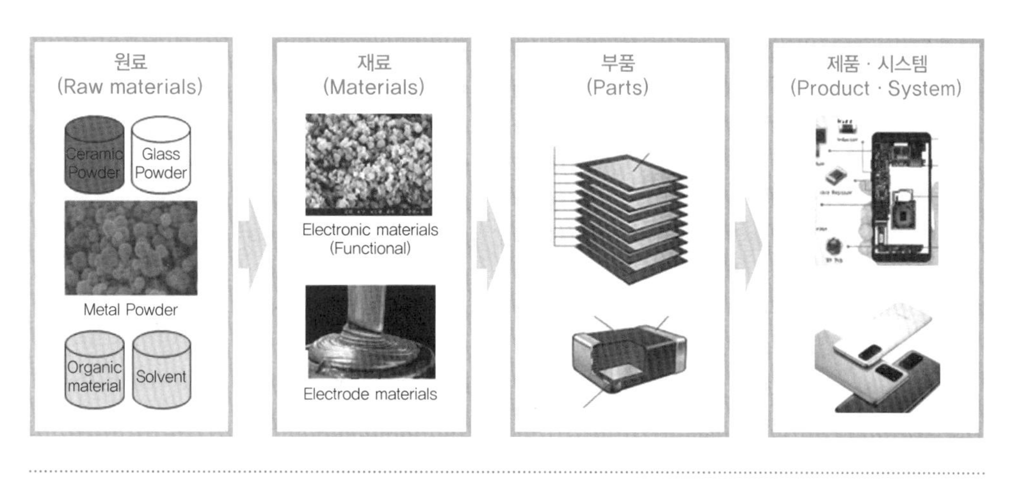


그림 3.12 스마트폰의 원료, 재료, 부품, 제품 간의 관계

## 3.2.2 재료과학과 공학이란

### 가 재료과학과 공학

우리가 배우고 있는 재료과학과 공학에서 재료과학과 재료공학의 영역을 구분하여 이해하는 것이 중요하다. 재료과학은 재료의 구조와 성질 간의 상관관계를 밝히는 영역으로, 재료과학자는 새로운 재료를 개발 또는 합성하는 역할을 한다. 재료공학은 재료를 설계하고 제조하는 영역으로, 재료공학자의 역할은 개발된 재료를 이용하여 새로운 제품을 만들거나 재료의 공정을 계획 · 설계 · 개발하는 것이다. 재료과학과 재료공학은 유기적으로 연결되어 있기 때문에 궁극적으로 재료공학 교육 프로그램은 재료과학과 재료공학의 모든 요소로 구성되어 있다.

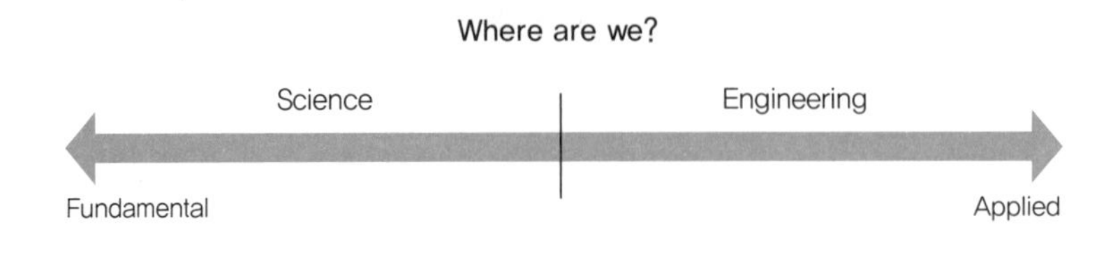


그림 3.13 재료과학과 공학 그리고 우리의 위치

## 나 재료과학과 공학의 4대 구성요소

재료공학은 일반적으로 공정, 구조, 성질, 성능의 4가지 구성 요소로 이루어져 있고, 각각의 요소에 대한 이해를 바탕으로 재료를 개발하고 특성을 평가할 수 있다. 구조는 재료 내부 구성 요소의 배열을 의미하며, 원자의 배열과 재료 내부 구성요소가 어떻게 배치되어 있는가를 말한다. 내부 구성요소의 배열과 배치에 따라 원자, 나노, 마이크로, 매크로 구조로 분류되며, 이때 재료의 구조는 그 재료가 성형 공정, 열처리 공정 등 어떤 공정에 의해 만들어졌는가에 따라 결정된다. 성질은 구조에 의해 결정되며, 특정한 자극에 대해 재료가 반응하는 종류와 정도를 말한다. 성질에는 크게 기계적, 전기적, 열적, 자기적, 광학적, 열화적 성질이 있고, 일반적으로 재료의 형태나 크기와는 무관하게 정의된다.

재료의 성능은 다음 예시로 설명될 수 있는데, 촉매 재료에서는 촉매 효율이 성능이 되고 촉매의 성능은 그 촉매 재료의 전기화학적 성질에 좌우된다. 더 나아가 재료공학의 4대 구성요소를 철강 재료에 적용해 보면, 냉각속도에 따라 미세구조와 경도가 변화하는 것으로 설명할 수 있다. 냉각속도가 느리면 비교적 커다란 결정립이 얻어져 경도가 감소하고, 냉각

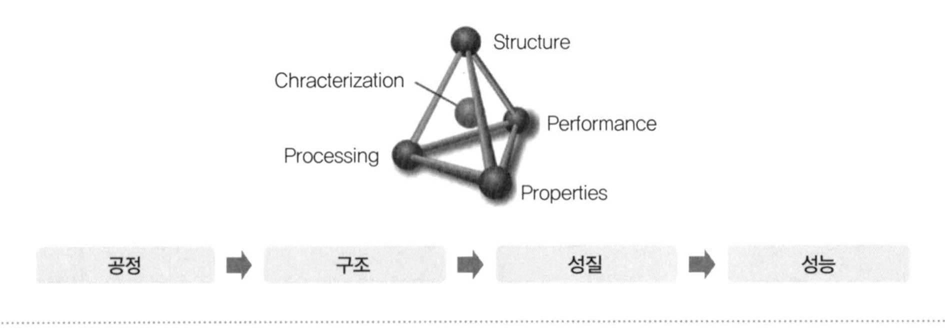


그림 3.14 재료과학과 공학의 4가지 구성요소와 상호 관계

출처 : Wikipedia

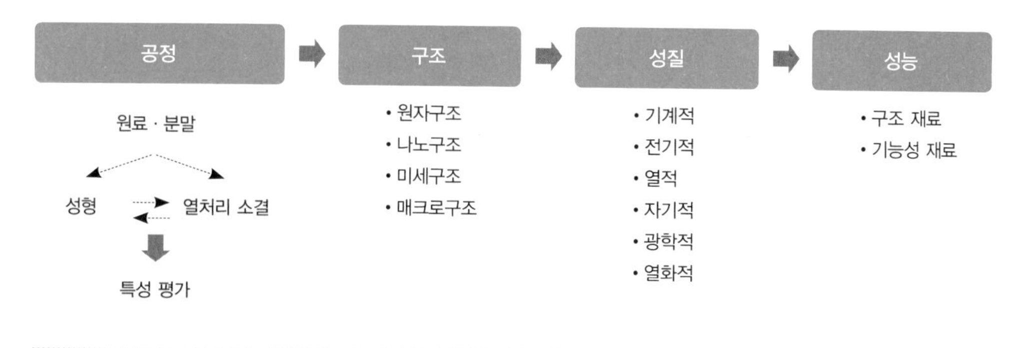


그림 3.15 재료과학과 공학의 4가지 구성요소의 개념

속도가 빠르면 미세한 결정립을 얻을 수 있어 경도가 비교적 높아진다. 이를 통해 같은 조성의 재료를 이용하더라도 다양한 제조공정에 따라 구조와 성질이 변하고, 재료의 성능이 결정됨을 알 수 있다. 또 다른 예로 재료공학의 4대 구성요소를 투광성 알루미나에 적용하자면, 알루미나는 공정에 따라 서로 다른 광학적 성질을 가진다. 제조공정에 따라 단결정, 다결정, 다수의 미세결정질과 기공 등의 구조가 결정되며, 이러한 구조에 따라 빛의 투과성이 변화한다. 이는 동일한 화학 조성의 원료를 이용하더라도 다양한 제조공정에 따라 구조와 성질이 변하게 되어 재료의 성능이 결정됨을 알 수 있는 좋은 예시라고 생각된다.

### 3.2.3 재료를 공부하는 이유

우리는 왜 재료를 공부하는가? 기계, 토목, 화공, 전기, 전자 등 다양한 분야에 있는 많은 과학자나 기술자는 적어도 한두 번씩 재료와 관련된 문제를 접하게 된다. 재료를 선택하는 과정은 마치 우리가 음식을 만들 때 어떤 재료를 사용할 것인지 고민하며 적절한 재료를 선택하고 준비하는 과정과 매우 유사하다고 생각된다. 다양한 분야의 과학자나 기술자가 부딪히는 재료 관련 문제는 요구를 충족하는 가장 적합한 재료를 찾는 것이다. 일반적으로 재료의 선정에는 다음 세 가지 사항이 고려되어야 한다.

첫 번째로 소재, 부품, 제품 등 재료가 사용되는 환경에서 요구되는 특성을 갖는 적합한 재료가 선정되어야 한다. 예를 들어 구조 재료에서는 강도와 연성, 광학재료에서는 투광성, 전자재료에서는 전도성 등이 있다. 두 번째로 재료의 사용에 따른 열화문제가 고려되어야 하며, 주어진 기간 내에 재료의 부식 또는 피로에 의한 파괴가 일어나지 않는 내구성과 신뢰

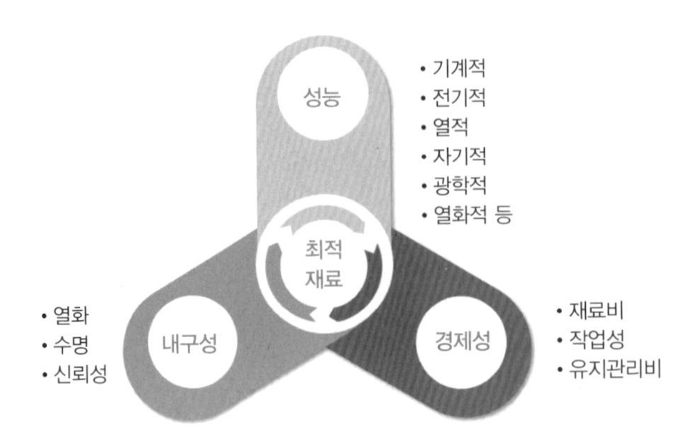


그림 3.16 재료과학과 공학을 공부하는 이유

성이 있는 재료를 찾아야 한다. 세 번째로 우리 실생활에 활용 가능한 경제성 있는 재료가 선정되어야 한다.

예를 들어 건축 재료는 단열성, 흡음성 등의 성질과 성능을 만족하여야 하고, 열화를 막기 위한 내식성과 내마모성이 필요하다. 아울러 재료비, 시공성 등을 고려하여 경제성을 갖는 재료를 선정해야 한다. 전기차에 사용되는 이차 전지 재료의 경우, 에너지 밀도와 충방전 특성 등이 우수해야 하고 열적 안정성 등 내구성이 요구되며, 재료비와 전극가공비용 등 경제성이 고려되어야 한다.

## 3.3 재료공학에서 다루는 재료들

### 3.3.1 상태·성분에 따른 재료의 분류

#### 가 재료의 상태에 따른 분류

일반적으로 모든 재료는 상태에 따라 고체, 액체, 기체[5]로 구분할 수 있다. 물의 상평형도를 살펴보면 온도와 압력에 따라 각각 고체인 얼음, 액체인 물, 기체인 수증기 상태로 존재하는 것을 알 수 있다.

5 근래에는 물질의 제4의 상태로 플라즈마를 추가하여 분류하기도 하나, 여기에서는 다루지 않는다.

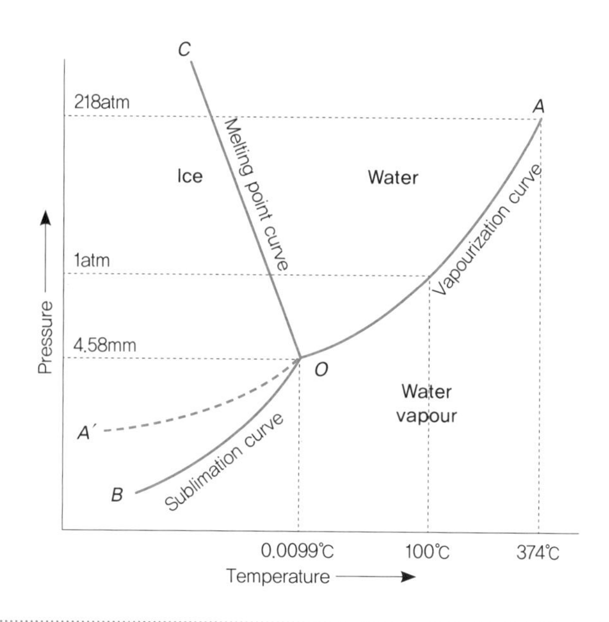


그림 3.17 물의 상평형도

출처 : Edcucational Portal, "Phase diagram for Water Sysetm", imbooz.com, 2018.

## 나 성분에 따른 고체 재료의 분류

재료공학에서는 고체, 액체, 기체 중 주로 고체 재료를 대상으로 하고 있다. 고체 재료는 기본적으로 화학 성분이나 원소에 따라 금속, 세라믹, 고분자로 분류되며, 이 각각을 둘 또는 그 이상으로 조합하여 만드는 복합 재료도 포함된다. 아울러 반도체, 스마트, 바이오 등의 첨단기술 분야에 사용되는 첨단 재료, 하이브리드 재료 등도 있다.

금속 재료는 철, 알루미늄, 구리, 티타늄, 니켈, 금 등의 하나 이상의 금속 원소로 구성되며, 금속결합을 하여 원자들이 매우 규칙적으로 배열되어 있으므로 열전도성과 전기전도성이 우수하다. 금속의 기계적 성질은 비교적 높은 강도와 인성으로 충격에 강하여 건축물, 항공기, 자동차 차체 등의 구조 재료로 널리 사용되고 있다. 근래에 들어 형상기억합금, 비정질 금속 재료, 초전도체와 같이 다양한 기능이 부여된 신금속이 개발되어 널리 활용되고 있다.

세라믹 재료는 금속과 비금속 원소의 조합으로 이루어지며 산화물, 질화물, 탄화물 등으로 분류된다. 세라믹은 공유결합 또는 이온결합을 이루고 있어 강도와 경도가 매우 높은 반면 취성을 나타낸다. 우수한 내열성, 내부식성, 내마모성을 가져 극한환경용 재료로 각광받고 있으며, 최근 전자기적 특성 등을 이용한 다양한 기능성 세라믹이 개발되어 널리 사용되

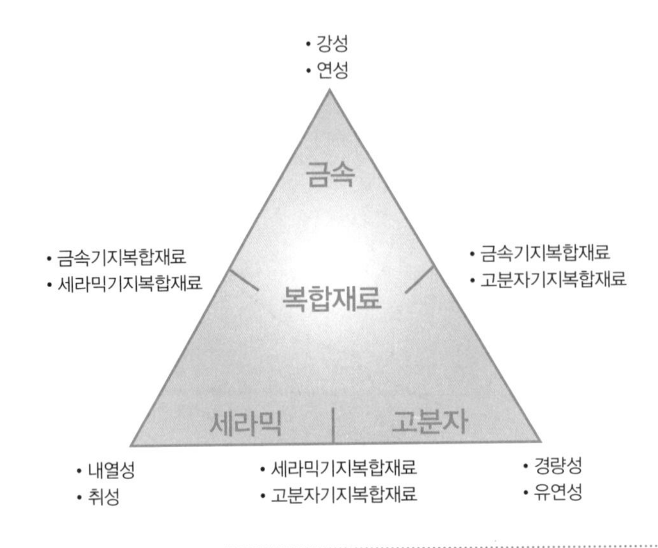


그림 3.18 성분별 재료의 분류와 특성

고 있다.

고분자 재료는 탄소, 수소, 기타 비금속 원소를 포함하는 유기 복합체로, 플라스틱과 고무 재료가 고분자에 속한다. 고분자 재료는 분자 사슬들이 비교적 약한 반데르발스 또는 공유결합으로 이루어져 있기 때문에 무게에 비해서 강도가 비교적 높고 연성이 우수하다. 이러한 성질 때문에 자동차, 가전, 생활용품, 섬유 등 실생활에 널리 활용되고 있으며, 산업의 발전에 따라 다양한 기능을 갖는 기능성 고분자가 IT, 자동차, 바이오 등 첨단산업에 널리 활용되고 있다.

복합 재료는 금속, 세라믹, 고분자 재료 각각을 둘 또는 그 이상으로 조합하여 만들어지며, 각 단일 재료의 장단점을 보완하여 단일 재료에서 구현될 수 없는 특성을 얻거나, 각 구성 재료의 최고 특성을 조합하여 우수한 특성을 갖게 한 것이다. 복합 재료는 강화기구에 따라 분산 강화, 입자 강화, 섬유 강화로 나뉘며, 주성분에 따라 금속기지복합재료, 세라믹기지복합재료, 고분자기지복합재료로 분류된다.

그림 3.19는 재료의 진화 과정을 나타낸 것으로, 재료는 금속, 세라믹, 고분자의 단일 재료에서 복합 재료, 나노 재료, 하이브리드 재료로 진화하여 왔다. 하이브리드 재료는 소재, 미세조직, 공정의 상호 유기적인 하이브리드화를 통해 기존에 없었던 새로운 미세복합구조를 갖는 고기능과 신기능을 발현하는 소재로 주목받고 있다.

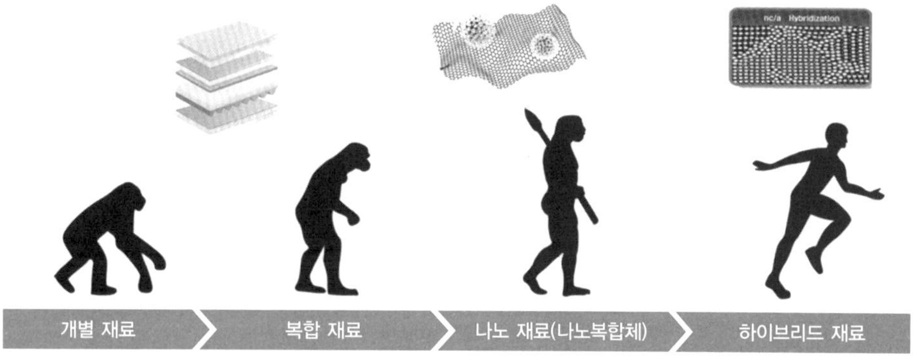

개별 재료 / 복합 재료 / 나노 재료(나노복합체) / 하이브리드 재료

그림 3.19 재료의 진화 과정과 하이브리드 재료

## 3.3.2 구조·스케일 및 응용 분야에 따른 재료의 분류

### 가 구조·스케일에 따른 분류

고체 재료에서 구조란 원자의 배열을 의미하며, 원자의 배열에 따라 재료는 결정질과 비정질로 분류된다. 원자가 주기적인 배열을 하고 있는 경우는 결정질 재료로 분류되고, 무작위로 배열되어 있는 경우에는 비정질 재료로 분류된다. 일반적으로 재료의 스케일에 따라 전자, 원자, 마이크로micro, 메소meso, 매크로macro 영역으로 나누어지기도 한다. 재료과학과 공학은 화학, 물리학의 자연과학과 기계, 전자, 환경, 산업 등의 공학을 연결하는 학문으로

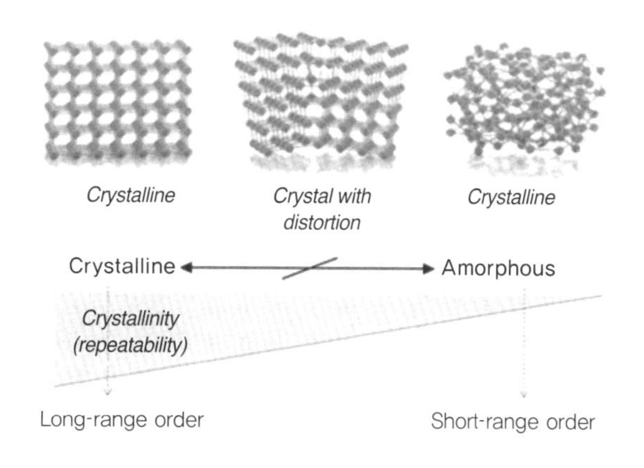


그림 3.20 결정질 및 비정질 재료의 분류

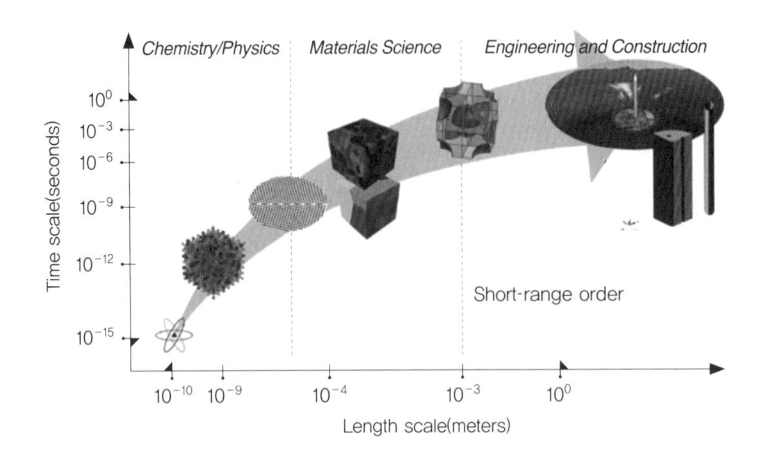


그림 3.21 스케일에 따른 구조 모식도

출처 : Montero-Chacón, F, "Integrated computational materials engineering in solar plants: The virtual materials design project", JOM, 70,9(2018), 1659-1669, JOM, doi.org/10.1007/s11837-018-2970-5

원자 수준에서부터 매크로 수준까지 넓은 영역을 다루고 있다.

### 나 응용 분야에 따른 분류

성질과 성능을 고려한 재료의 응용 분야에 따라 구조 재료, 전자 재료, 에너지 · 환경 재료, 광학 재료 등으로 분류될 수 있다. 구조 재료는 건설 분야, 항공우주 분야 등에 응용되는데, 구조용 건설재료는 강한 응력과 비바람 등을 견뎌야 하며, 대표적으로 철강과 콘크리트 등

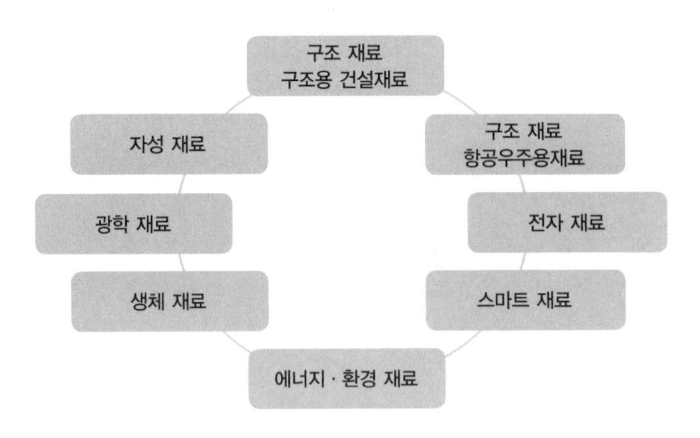


그림 3.22 기능에 따른 응용 분야별 재료의 분류

그림 3.23 구조용 건설 재료(좌)와 항공우주용 재료(우)

출처 : shutterstock.com

이 널리 사용되고 있다. 항공우주용 건설재료의 경우, 가볍고 높은 강도를 가져야 하므로 주로 복합 재료와 알루미늄 합금 등이 이용된다.

전자 재료는 사용되는 분야에 따라 전도도, 유전율 등 요구되는 특성이 다양하며, 전도도가 높은 구리, 유전특성이 좋은 타이타늄산바륨$BaTiO_3$ 등이 사용되고 있다. 스마트 재료는 습도, 온도, 하중 등 주변 환경의 변화와 자극을 탐지하고 반응할 수 있는 특성을 가진 재료로 형상기억합금, 압전체 등이 활용되고 있다.

에너지 재료는 에너지의 생산, 활용, 처리에 사용되는 재료로, 배터리용 전도성 재료가 있으며, 환경 재료로는 공기 또는 수질 정화용 멤브레인 재료 등 다양한 재료가 사용되고 있다. 생체재료는 인체에 악영향을 끼치지 않고 신체 조직이 하는 기능을 대체할 수 있어야 하

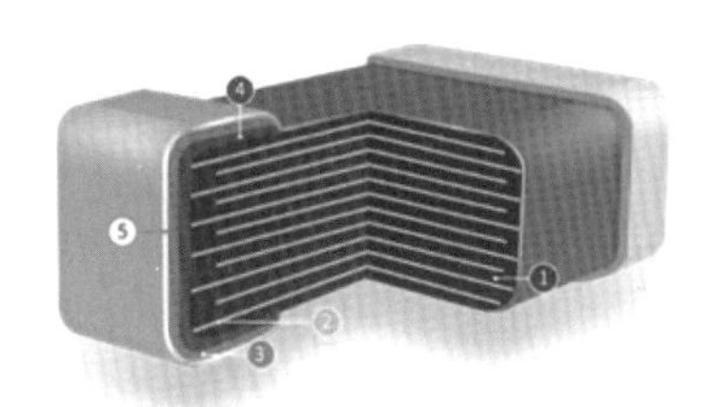

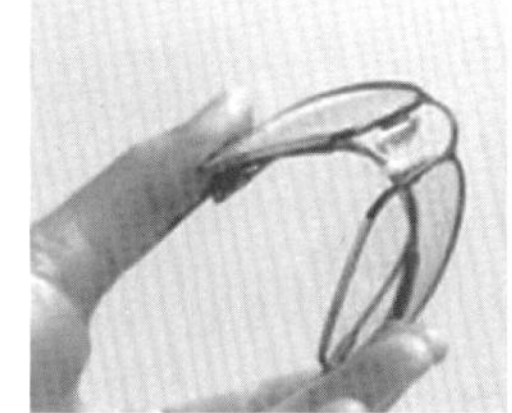

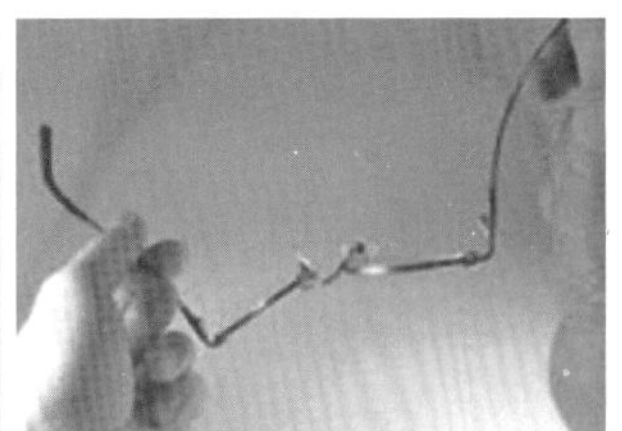

그림 3.24 유전체(좌)와 형상기억합금(우)

출처 : 삼성전기, "삼성전자 제품정보", 삼성전기

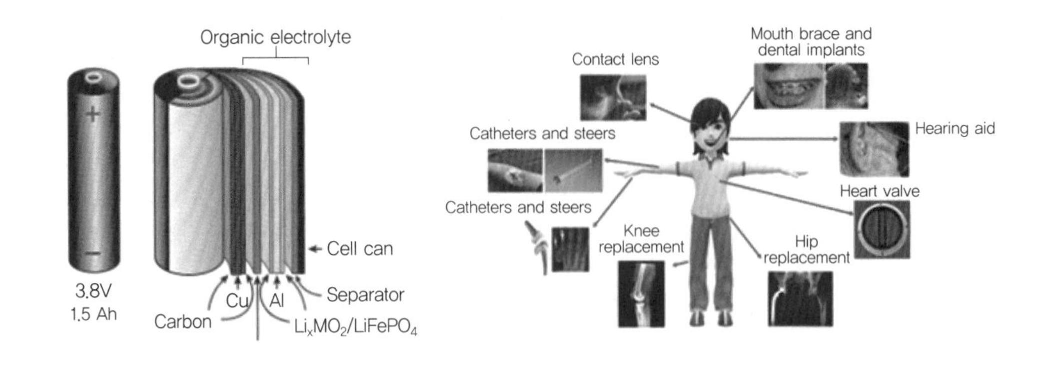


그림 3.25 2차 전지용 재료(좌)와 생체 재료(우)

출처 : ChunweiLiu, "Recycling of spent lithium-ion batteries in view of lithium recovery: A critical review", Journal of Cleaner Production, 228(2019), 801-813, doi.org/10.1016/j.jclepro.2019.04.304

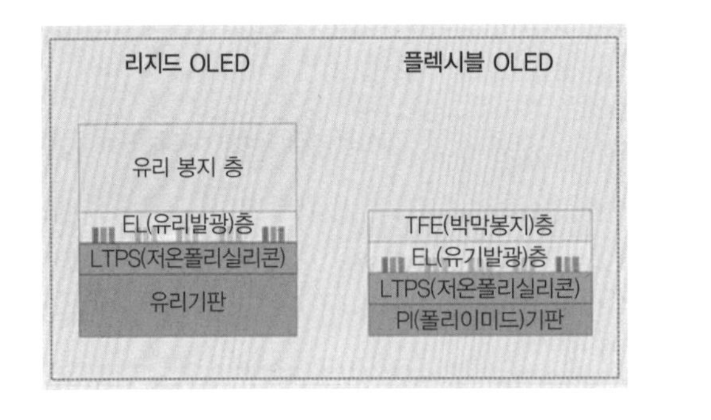


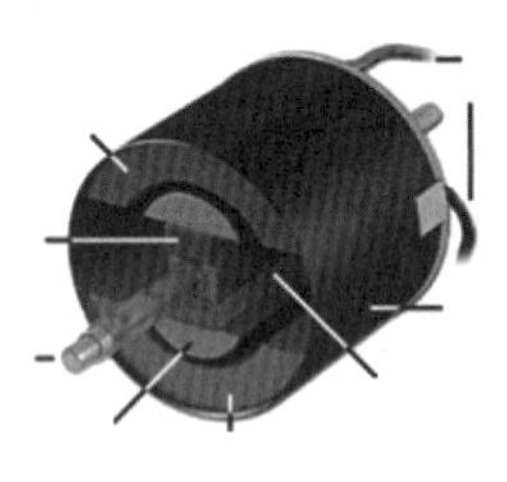

그림 3.26 OLED 광학 재료(좌)와 전기모터에 사용되는 자성 재료(우)

출처 : 삼성디스플레이, "플렉시블 OLED 원리와 미래", 삼성디스플레이 뉴스룸, 2017.

므로 사람의 뼈를 대체할 수 있는 다공성 아파타이트, 티타늄 합금, 콘택트렌즈용 고분자 재료 등이 활용되고 있다.

광학재료는 투광성 또는 발광성이 필요한 경우에 사용되며, 대표적으로 유리와 디스플레이에 사용되는 인듐 주석 산화물Indium tin oxide, ITO, 유기 발광 다이오드Organic light emitting diodes, OLED와 함께 레이저에 사용되는 야그Yttrium aluminum garnet, YAG 등이 있다. 자성재료는 외부의 자기장에 의해 자성을 띄는 물질을 의미하며 무선통신기기, 하드드라이브 등 전기전자산업에 응용되고 있다.

# 3.4 재료 제조공정

## 3.4.1 재료 제조공정 개요

일반적으로 재료를 제조하는 공정은 음식을 만드는 공정과 매우 유사하다고 생각된다. 그림 3.27의 케이크를 만드는 과정을 생각해보자. 케이크에는 다양한 재료들이 사용되는데, 기본 원료로 밀가루와 설탕을 이용하고 반죽과 성형을 위해 우유와 버터 등을 첨가한다. 또한 첨가제로서 맛을 내기 위한 딸기 또는 초콜릿 칩 등이 있으며, 이러한 재료들을 이용하여 적절한 요리 과정, 즉 제조공정을 거쳐 케이크라는 완성품을 만들 수 있다.

우리나라 음식 중 가래떡과 송편을 만드는 과정을 살펴보면 비교적 단순한 형태인 가래떡은 그림 3.28과 같이 분말, 열처리, 성형 공정을 거쳐 만들어지며, 전통 재료의 제조공정과 유사하다고 생각된다. 반면 비교적 복잡한 형상을 가지는 송편은 그림 3.29와 같이 분말, 성형, 열처리 공정을 거쳐 만들어지며 열처리 전에 성형이 이루어지는 것이 특징이다. 이는 다양한 형상이 요구되는 첨단 재료 제조공정과 매우 유사하다고 할 수 있다.

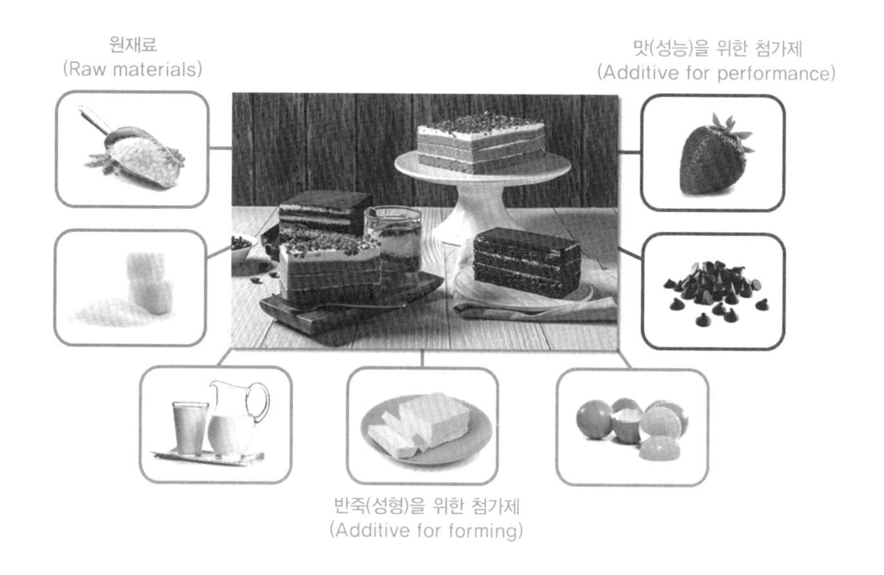


그림 3.27 케이크에 들어가는 다양한 재료들

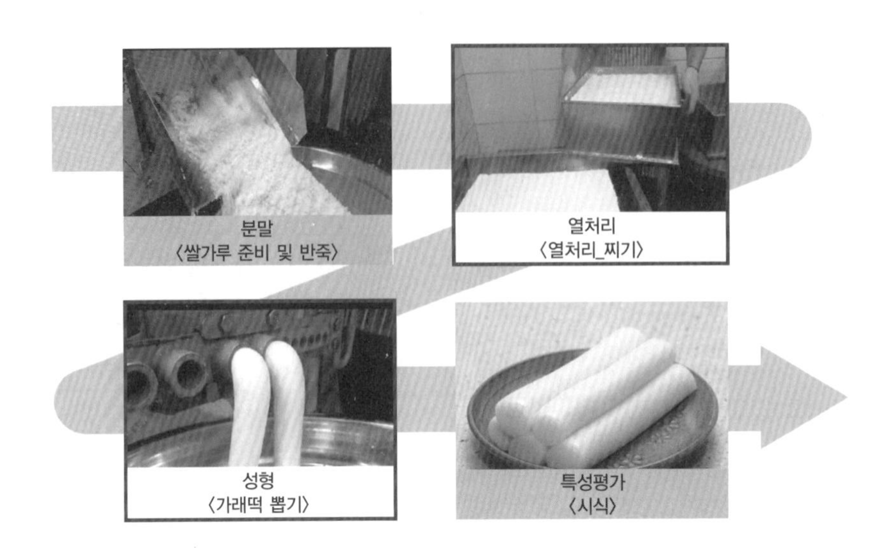


그림 3.28 가래떡 제조 과정

출처 : 푸드파워, "매일 직접 뽑는 방앗간 떡볶이", 2020년 5월 2일, 동영상, 7:20

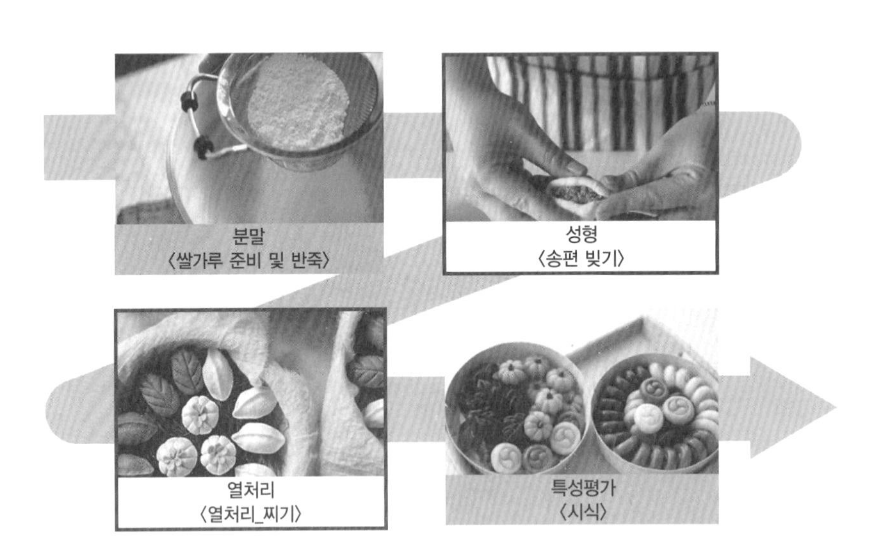


그림 3.29 송편 제조 과정

출처 : Maison Olivia, "한가위 맞이 - 송편 만들기", 2019년 9월 1일, 동영상, 11:58

### 가 일반적인 재료 제조공정

재료의 제조공정은 일반적으로 각 재료의 특성에 따라 결정된다. 예를 들어, 그림 3.30과 같이 녹는점이 비교적 낮은 금속과 고분자 재료의 제조공정에서는 재료를 열처리하여 녹인 후 금형에 부어 성형한다. 반면, 녹는점이 높은 세라믹 재료의 경우에는 세라믹 분말을 금형에 넣어 성형한 후 열처리하여 제조한다. 아울러, 전통 재료의 경우 비교적 단순한 형상으로 활용됨에 따라 분말 제조, 열처리, 성형 순으로 제조공정이 이루어진다. 전통 재료 중 하나인 유리병의 경우, $SiO_2$ 등의 유리 원료를 용융, 즉 열처리한 후 성형하여 만들어진다. 첨단 재료로서 파인 세라믹의 제조공정을 생각해보자면, 비교적 복잡한 형상이 요구되어 분말 합성, 성형, 열처리, 즉 소결 순으로 제조된다.

그림 3.30 일반적인 금속, 폴리머, 세라믹의 제조공정

### 나 재료 제조공정의 변화

정리해보면 전통 재료는 분말, 열처리, 성형 공정 순으로 제조된다. 반면에 첨단 소재의 경우에는 분말합성 후 다양한 형태로 성형되어 열처리, 즉 소결 과정을 통해 제조된다. 참고로 철강 및 유리의 경우, 전통 재료로서 기계류 부품소재, 판유리, 창유리 등 다양한 용도로 사용되며 신소재로서도 다양한 첨단제품, 전자, 에너지 분야에도 널리 응용된다.

## 3.4.2 금속 재료 제조공정

### 가 금속 제조공정 개요

금속원소는 녹는점이 300~400℃ 수준에 불과한 납, 아연부터 3,000℃가 넘는 탄탈럼, 텅스텐까지 용해 온도의 범위가 매우 넓으므로, 구성 성분에 맞추어 제조공정을 선택하는 것이

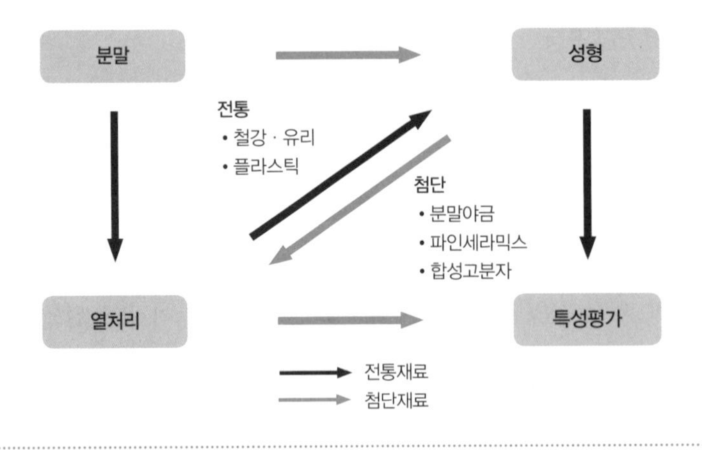


그림 3.31 재료 제조공정의 변화

중요하다. 대부분의 금속 재료는 두 가지 이상의 금속원소를 포함하며, 이들의 혼합비율은 1:1부터 1:100까지 다양하게 이루어진다. 따라서 여러 종류의 금속원소가 혼합된 합금을 만들기 위해, 금속 재료를 액체상태로 준비하여 이들을 균일하게 섞고 이를 고체상태로 굳히는 용해와 주조 공정이 일반적으로 이용되고 있다. 또한 이렇게 주조된 모재를 원하는 형상으로 변형시키는 성형 공정과 및 물리적 특성을 최종적으로 제어하는 열처리 공정이 적용되어 최종적으로 금속 재료를 얻을 수 있다.

### 나 용해

다양한 원소를 용해하여 합금을 만들 때는 금속 원소들의 융점과 밀도, 반응성 등을 충분히 고려해야 균일한 상태의 소재를 얻을 수 있다. 금속원소의 융점이 높은 경우 이를 녹일 수 있는 출력을 갖춘 용해공정이 적용되어야 하며, 기화점이 낮은 원소를 용해하는 경우 재료의 손실을 최소화하기 위해 출력의 최적화가 필요하다. 합금 내 구성원소 간의 밀도가 크게 다른 경우, 비중이 큰 원소가 모두 용해되지 않고 가라앉아 불완전한 용융상태가 이루어질 수 있다. 반응성이 큰 금속원소의 경우 산화 또는 폭발을 방지하기 위해 대기 중이 아닌 불활성 가스 또는 진공 분위기에서 용융이 이루어져야 한다.

**고로**Blast furnace 고로는 원광석과 첨가제 간의 환원반응을 이용하여 용융금속을 만드는 용해로이다. 철, 구리 또는 납을 생산하는 데 적용되며, 일반적으로 제철소의 제선 공정에서 철을 대량생산 하는 데 주로 사용된다. 고로에 사용되는 주요 첨가제인 코크스는 고로 내에서 연소를 일으키는 열원으로 작용하며, 철광석의 산소를 제거하는 환원제의 역할을 한다. 다른 첨가제인 석회석은 고로 내의 균일한 가스 흐름을 확보하게 하며, 슬래그를 형성함으로써 응용된 액상금속 내 불순물을 제거하는 역할을 한다.

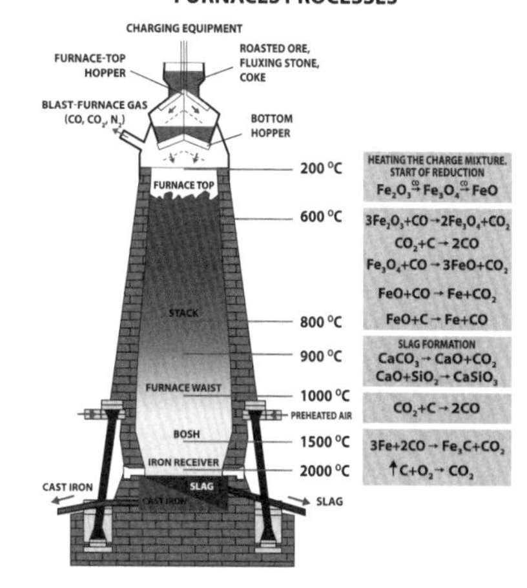


그림 3.32 철광석으로부터 철을 얻는 고로의 모식도

출처 : shutterstock.com

**전기 아크로**Electric arc furnace 전기 아크로는 흑연 전극을 이용하여 발생시킨 아크를 이용하여 금속원료를 가열시킴으로써 금속을 녹이는 용해로이다. 일반적으로 금속 스크랩 또는 고로에서 만들어진 모재를 이용하여 액체상태의 금속을 얻는 데 사용된다. 이 용융상태의 금속에 첨가제 또는 다른 종류의 금속원소를 새롭게 첨가하는 것이 가능하여, 최종 제품의 요구 조건에 맞게 합금의 조성을 제어할 수 있다.

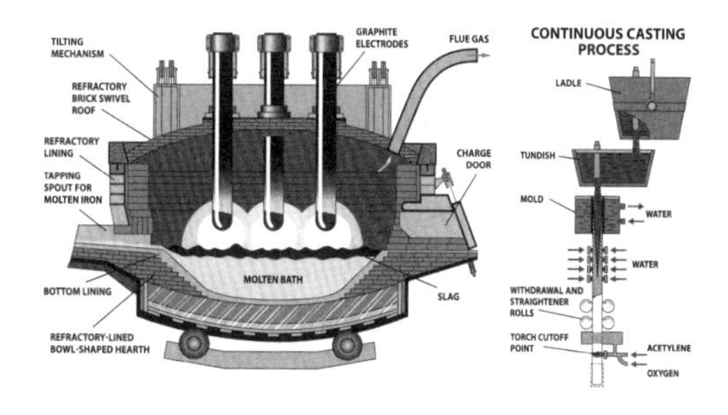


그림 3.33 강철을 만드는 전기 아크로의 모식도

출처 : shutterstock.com

**전기 유도로**Induction furnace 전기 유도로는 교류전류로부터 유도된 와전류에 의해 금속 소재 내부에서 발생하는 열을 이용하여 액체상태의 금속을 만드는 용해로이다. 고로, 전기 아크로와 달리 유도용해 방식은 열원과 용융금속이 직접적으로 닿지 않으므로 용해 공정 도중에 불순물의 혼입을 최소화할 수 있다.

그림 3.34 유도코일을 이용한 금속의 가열

출처 : shutterstock.com

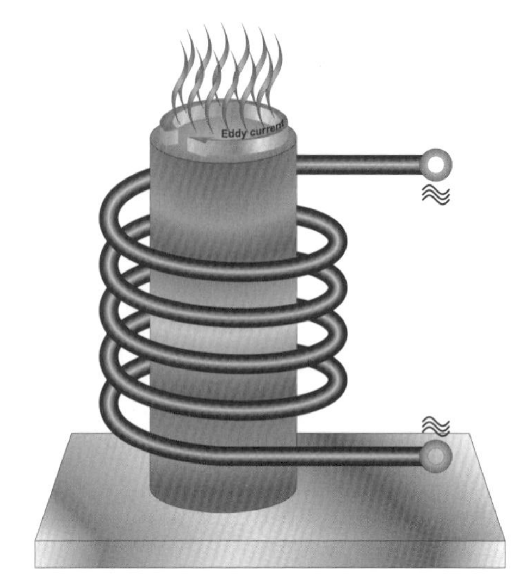


그림 3.35 와전류에 의한 금속의 가열

출처 : shutterstock.com

### 다 주조

주조는 완전히 용융된 금속을 속이 빈 주형에 부어 고체상태의 금속 모재를 얻는 방법이다. 일반적으로 주조공정에서는 원형 또는 사각형의 단면을 갖는 주형을 이용함으로써 봉 또는 슬래브 형태의 금속소재를 얻는다. 하지만 어떤 다른 방법으로도 성형이 곤란하거나, 합금의 연성이 매우 나빠 가공이 어려운 소재일 경우 주형의 내부 구조를 정교하게 설계함으로써 복잡한 형상의 제품을 한 번에 얻는 것이 가능하다.

**중력 주조**Gravity casting 중력 주조는 가장 널리 사용되는 주조법으로, 모래, 흑연 또는 금속으로 만들어진 틀을 주형으로 사용한다. 도가니 내에 준비된 용융금속을 주형에 부어 굳히는 기본적인 공정으로, 용융금속의 온도, 금속을 붓는 시간과 속도, 주형의 크기와 형상 등이 주조된 금속 모재의 물리적 특성을 좌우하는 변수가 된다. 또한 주조된 제품의 정밀한 치수 제어를 위해서는 용융금속이 고체가 되면서 발생하는 부피수축이 고려되어야 한다.

그림 3.36 중력을 이용하여 용융금속을 주형에 붓는 중력 주조 공정

출처 : shutterstock.com

**다이 캐스팅**Die casting 다이 캐스팅은 압력을 가하여 액상의 금속을 주형에 빠르게 삽입시키고, 압력이 유지된 상태로 완전히 응고되도록 하는 방법이다. 비록 장비와 주형의 제작 비용은 고가이지만, 가압을 통해 빠른 속도의 주조가 가능하므로 대량생산이 가능하며 하나의 다이는 수천 번 사용될 수 있어 생산단가가 저렴해질 수 있는 이점이 있다. 다이 캐스팅 공정은 주형의 손상을 줄이기 위해 녹는점 온도가 낮은 아연, 알루미늄, 마그네슘과 같은 비철금속에 주로 적용되고 있다.

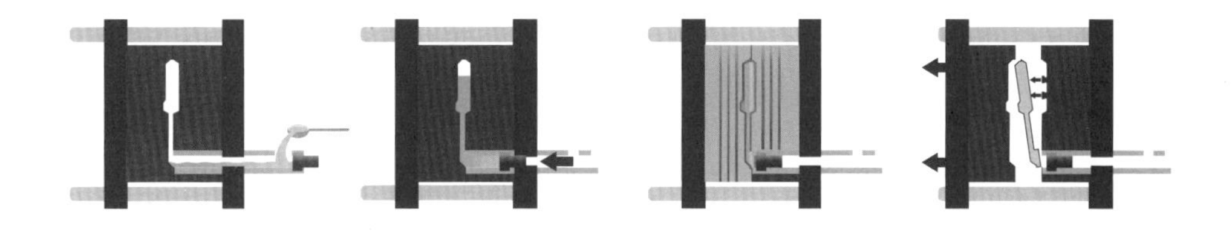

그림 3.37 다이 캐스팅 공정의 모식도

출처 : shutterstock.com

**연속 주조**Continuous casting 주조와 압연을 동시에 수행하는 공정을 연속 주조라고 한다. 용융 상태의 금속은 사각형이나 원형의 단면을 갖는 주관을 거친 후, 열간압연 작업에 의해 평판이나 슬래브의 형태로 만들어질 수 있다. 이러한 제품 형태는 압연, 단조, 압출과 같이 후속

그림 3.38 연속 주조 공정으로 제조되고 있는 철강 슬래브

출처 : shutterstock.com

으로 적용될 수 있는 다양한 성형 공정에 매우 적합하다. 연속 주조 공정은 금형의 설계 또는 성형과 같은 일부 공정을 생략하는 것이 가능하여 자동화와 생산효율 측면에서 이점이 크다. 또한 주물의 단면적 방향으로 화학적 조성과 기계적 성질이 균일하므로 우수한 품질의 제품을 제조할 수 있다. 다만 연속 주조 공정을 위해서는 매우 고가의 제조시설이 필요하므로, 다품종 소량생산 제품의 제조에는 부적합하다.

### 라 성형

금속의 성형은 외부의 힘이나 압력을 통해 금속 모재의 형상을 바꾸는 작업을 의미한다. 적절한 성형 공정의 선택은 모재의 성질, 최종 제품의 형태와 크기, 생산비용 등에 의해 결정된다. 일반적으로 성형 공정은 충분히 큰 연성을 갖는 금속 모재에 대하여 실행되며, 이때 모재는 균열이나 파단 없이 영구적으로 소성변형된다.

모재의 재결정 온도 이상에서 성형이 이루어지는 경우를 열간가공이라 부르고, 그렇지 않은 경우를 냉간가공이라고 한다. 재결정 온도 이상의 모재는 연하고 소성변형을 많이 부여할 수 있으므로, 열간가공은 연속적으로 빠르게 반복될 수 있으며 변형에 필요한 에너지가 작다. 하지만 열간가공된 금속은 표면이 쉽게 산화되므로, 표면에서 재료의 손실이 발생한다. 반면에 냉간가공은 변형으로 인한 금속의 경화에 의해 강도가 증가하며, 열간가공에 비해 우수한 표면마감과 우수한 기계적 성질, 완성제의 정밀한 크기 제어와 같은 이점을 보인다.

**단조**Forging 단조는 반복적인 충격이나 연속적인 압착을 통해 압축응력을 가하여 가열된 금속 모재를 기계적으로 가공하는 방법이다. 이를 위해 대형 프레스나 해머 등이 사용되며, 대형 구조물의 크랭크 축, 피스톤 및 블레이드와 같은 제품들이 단조 공정에 의해 제조된다.

그림 3.39 해머를 이용하여 금속 모재에 반복적인 충격을 가하는 단조 공정

출처 : shutterstock.com

**압연**Rolling 압연은 가장 널리 사용되는 성형 기술로서, 금속 모재를 한 쌍의 원통체의 사이로 투입시켜 소성변형을 부여하는 공정이다. 압연에 의한 모재의 두께 감소는 두 원통체에 걸리는 압축응력에 의해 이루어진다. 냉간 압연은 금속의 재결정 온도 이하에서 압연하는

그림 3.40 열간 압연 공정을 통해 제조되는 철강 코일

출처 : shutterstock.com

것으로, 우수한 표면 마감을 갖는 금속 판재, 띠, 박판 제조 등에 적용된다. 열간 압연은 금속을 재결정 온도 이상으로 가열하여 압연하는 방식이며, 가공 시간이 짧고 대량생산에 유리하다.

**압출**Extrusion 압출은 피스톤으로 압축응력을 가하여 금속 모재를 다이die의 구멍으로 밀어 냄으로써, 길이가 긴 소재를 제조하는 방법이다. 압출 공정을 거친 금속 모재는 다이의 설계를 따라 최종 제품에서 요구하는 형상의 단면적을 갖게 된다. 따라서 압출재는 복잡한 단면을 갖는 봉 또는 관의 형태로 제조된다.

그림 3.41 다이의 구멍으로 압출되어 나오는 금속 모재

출처 : shutterstock.com

그림 3.42 복잡한 단면을 갖는 길이가 긴 압출재의 예시

출처 : shutterstock.com

### 마 열처리

열처리는 금속 모재를 고온으로 유지시킨 후 냉각시키는 단계로서, 잔류응력의 제거, 연성의 향상, 미세구조의 제어와 같이 모재의 기계적 특성을 제어할 목적으로 적용되는 공정이다. 대표적인 열처리 공정인 용체화 처리는 고용한도 이상의 온도로 모재를 가열한 후 급속도로 냉각시킴으로써 과포화된 고용체를 얻는 기법이다. 또 다른 공정인 시효 처리는 과포화 고용체 내에 미세한 2차 상을 형성시켜 모재를 경화시키는 열처리 기법이다. 시효 처리 기법이 주로 사용되는 금속 재료는 알루미늄-구리, 구리-베릴륨, 구리-주석, 마그네슘-알루미늄 합금계가 있다.

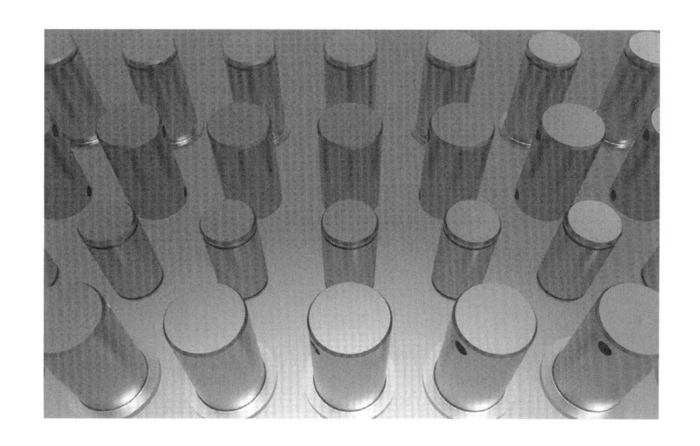

그림 3.43 열처리 단계 후 얻어진 최종 제품

출처 : shutterstock.com

## 3.4.3 세라믹 재료 제조공정

### 가 파인 세라믹 제조공정 개요

파인 세라믹스 제조공정은 크게 분말, 성형, 소결 공정으로 나눌 수 있으며, 금속의 분말야금 공정과 매우 유사하다. 세라믹의 특성은 배치 구성, 밀링 시간, 압력 등 다양한 공정 변수에 의존하며, 전통 세라믹에서는 그 상관관계를 경험에 의존해왔다. 그러나 파인 세라믹스에서는 고성능과 고신뢰성이 요구되어 공정 변수의 정밀제어가 필수적이다. 따라서 요구되는 성능과 신뢰성을 나타내기 위해서는 초기 분말 합성 단계부터 성형, 소결 단계에 이르기까지 각 공정별 특성을 제어하는 것이 매우 중요하다. 세라믹의 각 제조공정을 통해서 원료, 슬러

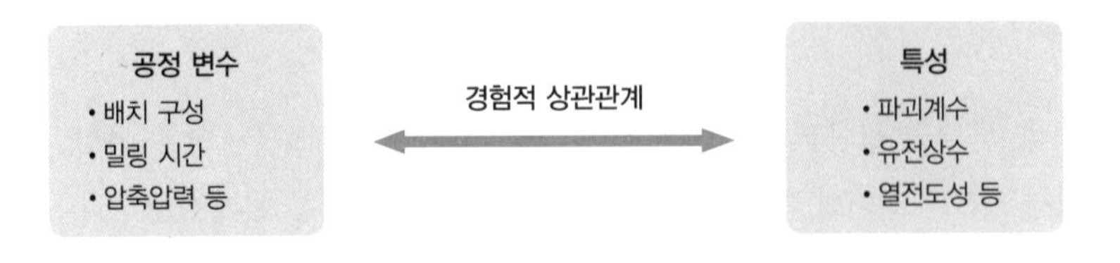


그림 3.44 최종 특성과 공정 변수 간의 상관관계

표 3.3 세라믹 제조공정별 특성평가 항목

| 아이템 | 특성평가 |
|---|---|
| 원료(1차 입자) | 입자 크기&모양, 분체밀도, 비표면적, 결정성 등 |
| 슬러리&페이스트 | 고체함량, 점도, 균질성 등 |
| 과립 | 유동성(유동속도, 안식각), 충진성(Tap density,Untapped density), 압축강도 등 |
| 성형체 | 밀도, 기공 크기&구조, 강도 등 |
| 소결체 | 밀도, 미세구조, 기공 크기&구조, 강도 등 |

리, 과립, 성형체, 소결체가 얻어지며, 이들에 대한 세부 특성평가 항목은 표 3.3과 같다.

### 나 분말 제조공정

분말 제조공정은 크게 분쇄와 분말 합성으로 분류되며, 전통 세라믹의 경우, 천연 원료를 그대로 사용하는 경우가 많아 분쇄를 통해 분말이 제조된다. 반면 파인 세라믹스의 제조에 있어서는 정밀하게 제어된 고순도의 다성분계 조성을 갖는 분말이나 나노 크기의 분말을 얻어야 하므로 직접 원료를 합성하여 사용하고 있다. 우선 분쇄는 재료의 크기를 줄이는 분쇄, 표면을 매끄럽게 하는 연마, 순도를 높이기 위한 정제로 이루어져 있으며, 분말 합성은 고상법, 액상법, 기상법으로 다시 나누어진다.

분쇄란 고체 재료의 크기를 줄이는 가장 대표적인 기계적 방법이고, 원료가 중간 또는 최종 제품으로 변환되는 많은 공정들 가운데 중요한 공정이다. 압축, 인장, 전단, 충격 등 기계적 응력에 의해 분쇄가 이루어지는데, 압축응력은 미세한 입자를 얻기 어려우며, 넓은 입도 분포를 갖는 분말을 제조할 수 있다. 전단응력은 비교적 좁고 미세한 입도 분포를 갖는 분말을 만들 수 있고, 충격응력으로 얻어진 분말은 압축응력과 전단응력에 의한 분말의 중간 정도 특성을 갖는다. 분쇄의 목적은 분말의 크기를 줄이고 비표면적을 넓히거나 기지상으로부터 유용한 재료를 분리하는 것으로, 분쇄 방법 중 밀링 공정은 세라믹 제조에서 필수적인 공정 중 하나이다.

대표적인 밀링 공정인 볼밀은 원통형 용기에 분쇄하고자 하는 분말과 볼, 즉 장입물과 분쇄매체를 넣고 회전시키며 분말(장입물)에 압축, 전단, 충격 응력을 가하여 분쇄하는 방법이다. 다양한 재료를 습식 또는 건식으로 분쇄할 수 있고, 이때 불순물 최소화하기 위해 가능한 고순도의 분쇄 매체를 사용해야 하며, 장입물과 화학 조성이 유사하고 더 단단한 재질의 용기와 분쇄 매체를 이용하는 것이 바람직하다.

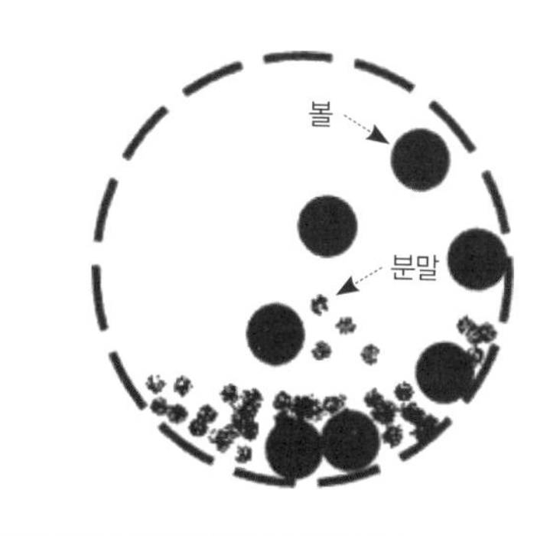


그림 3.45 볼밀 모식도

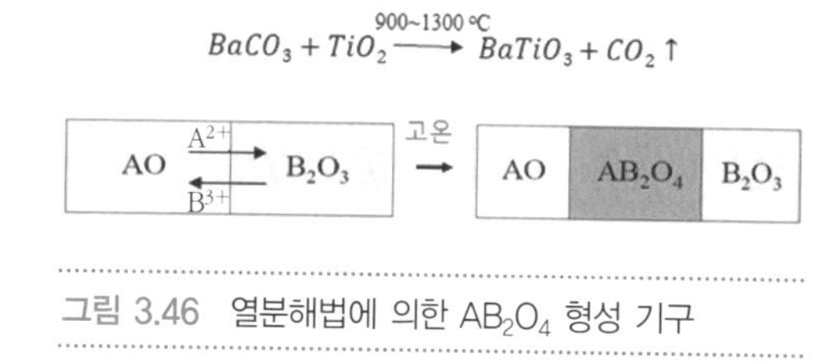


그림 3.46 열분해법에 의한 $AB_2O_4$ 형성 기구

일반적으로 분말 합성 공정에는 고상법, 액상법과 기상법이 있으며, 분말 합성 시 조건 제어에 따라 분말 입자 형상, 응집, 화학 조성, 결정성 등 분말 특성의 정밀 제어가 가능하다.

고상법은 산화물, 탄산염 등을 고상에서 반응시켜 설계된 조성을 갖도록 분말을 합성하는 방법으로, 분쇄 공정보다 비교적 미세하고 균일한 분말을 얻을 수 있다. 고상반응에 영향을 주는 인자는 전구체 분말의 크기, 충진 상태, 혼합 상태, 온도 등이 있다. 전구체 분말이 작을수록 반응 경로가 짧고 조밀하게 충진되어 반응점이 많아지기 때문에 균일한 화학 조성을 얻을 수 있고, 혼합 상태에 따라 분말 특성의 균일함이 결정된다. 열분해법, 환원법, 고상반응법, 용융염 합성법 등으로 분류되며, 대표적인 고상법인 열분해법은 화합물을 가열하여 분해시키는 방법으로, 주로 산화물 분말을 제조하기 위해 사용된다.

액상법은 수용액 간의 반응에 의한 분말 제조방법으로 소결 온도를 낮출 수 있고, 합성된 분말 표면이 활성을 띠며 입자의 크기, 형상, 결정구조 등의 특성을 비교적 쉽게 조절할 수 있는 것이 특징이다. 이러한 특징 때문에 파인 세라믹스 원료의 연구 · 개발에 고상법과 함께 널리 이용되고 있다.

액상법에는 침전법, 졸겔법, 수열합성법 등 다양한 합성법들이 있다. 대표적인 액상법인 침전법은 용액 중의 이온반응으로 생긴 고체 입자를 침전시키는 방법으로 용액의 과포화를 통한 핵생성 및 성장, 침전의 순서로 이루어진다.

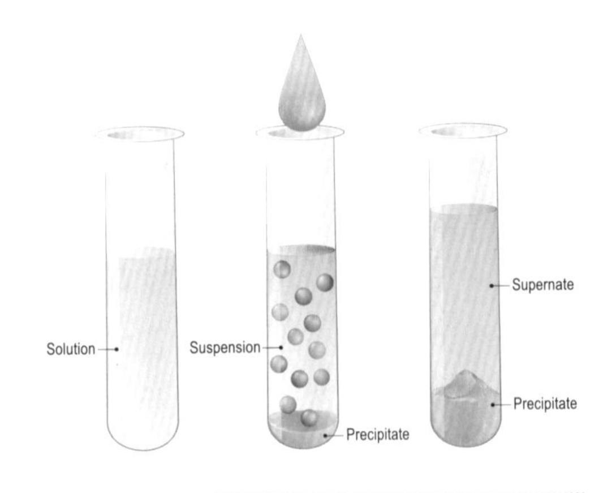


그림 3.47 침전 반응

출처 : shutterstock.com

졸겔법이란 금속 유기화합물의 가수분해를 통해 졸을 얻은 다음, 중합 반응을 통해 겔을 얻고 이를 열처리하여 미세한 분말을 얻는 방법으로, 사용하는 전구체에 따라 콜로이드 졸겔법과 알콕사이드 졸겔법으로 분류된다. 졸겔법을 통해 고순도의 미세한 분말을 얻을 수 있으며 입자의 형상, 크기, 분포를 조절할 수 있으나 고가의 전구체와 복잡한 공정 제어가 요구된다.

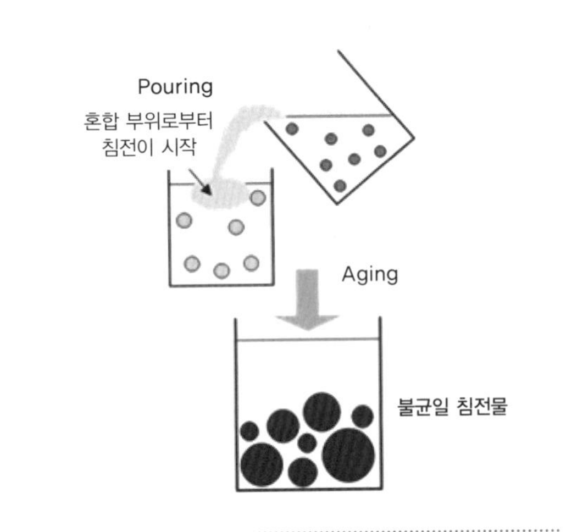


그림 3.48 침전법 과정

수열합성법은 용해도가 낮은 물질을 고온, 고압으로 용해시켜 산화물을 얻는 방법으로 오토클레이브라는 수열합성용기를 이용한다. 수열합성법을 통해 일반적

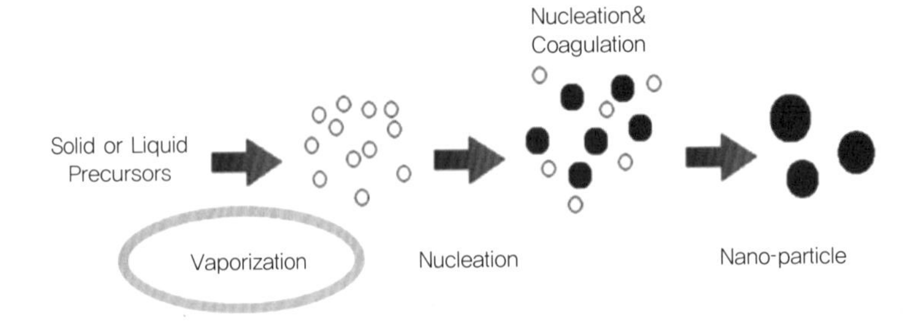


그림 3.49 기상법의 원리

으로 1μm 이하의 미세한 분말 합성이 가능하고, 입도 분포가 좁은 분말을 얻을 수 있다. 이 방법으로 제조된 분말은 유동성이 우수해 성형하기 쉽고, 균질성이 높아 우수한 분체 특성으로 소결성이 좋은 특성을 가진다.

기상법은 전구체에서 증발된 원자들이 응축되면서 주변의 분위기에 따라 금속, 세라믹(산화물, 질화물, 탄화물 등), 등으로 합성되거나 기화된 상태에서 여러 반응을 통해 합성되는 방법으로, 1μm 이하의 미세한 분말, 비산화물 분말, 고순도의 분말을 제조할 수 있다. 기상법에는 기상 응축법과 기상 반응법이 있으며, 기상 응축법은 원료를 기화시킨 후 급랭하여 미세한 분말을 얻는 방법이고, 기상 반응법은 높은 증기압을 갖는 금속 화합물을 증발시키고 적절한 온도에서 반응하여 미세한 분말을 얻는 방법이다.

### 다 성형 공정

분말 제조공정을 통해 준비된 분말은 다양한 성형 공정을 통해 우리가 원하는 형상으로 제조된다. 성형 공정은 원료 · 분말을 이용하여 요구되는 형상을 부여하기 위한 조작 또는 요구되는 형태로 만드는 공정으로, 분말을 형틀 속에 넣어 압력을 가하여 형상을 만드는 공정 등으로 정의된다. 세라믹 재료의 성형 공정에는 일반적으로 가압 성형, 압출 성형, 사출 성형, 슬립 캐스팅, 테이프 캐스팅 등이 있다.

**가압 성형**Pressing 가장 대표적인 성형 공정인 가압 성형은 금형에 분말 또는 과립[6]을 넣고 압축하여 성형하는 공정으로, 산업용 가압 성형에는 분말이 유동성과 압축성이 좋은 과립 형태로 공급된다. 과립에는 공정을 위한 유기 첨가제가 포함되어 있으며, 일반적으로 분무 건조Spray drying 또는 과립화Granulation에 의해 제조된다. 가압 성형 공정 시, 압축 압력이 증가할수록 충진 밀도가 증가하고 기공 크기가 감소하여 성형체의 강도가 증가된다. 일반적인 가압 성형은 일축 압축이며, 일축이 아닌 정수압을 이용하는 경우를 정수압 성형 공정이라 한다. 물, 기름 등의 액체를 이용하여 등방 압축하는 공정으로, 이 공정으로 얻어진 성형체의 표면과 내부의 밀도 차이가 작고 균일한 것이 특징이다.

압출 공정Extrusion은 금형을 통해 분말을 밀어내어 성형하는 공정으로 원료에 용매, 바인더, 응집제, 윤활제 등을 혼합하여 준비한 뒤 압출기를 이용하여 압출한다. 여기서 성형을

6 분말의 성형성을 향상시키기 위해 첨가제를 혼합한 입자이다.

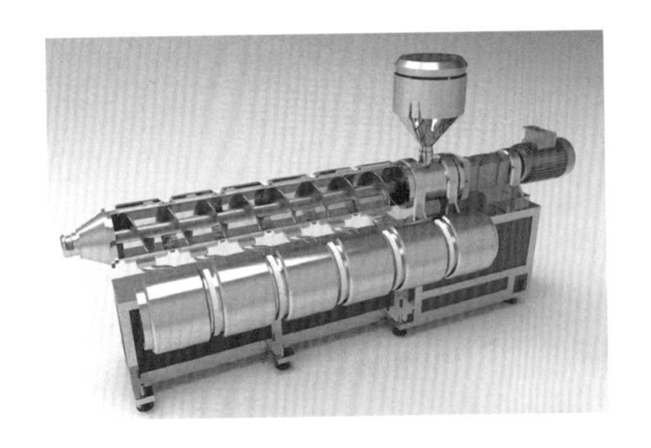

그림 3.50 압출 성형 장치

출처 : shutterstock.com

그림 3.51 압출 성형 과정

출처 : shutterstock.com

위한 가소성과 유동성을 조절할 수 있는 가소제, 결합제, 윤활제 등의 첨가제 비율의 제어가 중요하다. 압출 성형은 스크류 타입과 피스톤 타입으로 분류되며, 스크류 타입은 연속 작업에 유리하고 피스톤 타입은 상대적으로 고압 성형이 가능하다. 압출 공정은 세라믹 촉매 지지체와 같은 대형 제품에서부터 얇은 알루미나 튜브에 이르는 소형 제품까지 생산 가능하며, 일반적으로 대량생산에 널리 활용되고 있다.

**사출 성형**Injection molding 사출 성형은 분말을 가열한 후 원하는 형태의 금형에 주입하여 성형하는 공정으로, 압출 성형과 유사하지만 다양한 금형을 이용하여 복잡한 형상을 구현할 수 있는 것이 특징이다. 따라서 터보 엔진의 휠, 기어 등의 복잡한 형상을 갖는 제품의 제조에 사용되고 있으며, 유동성과 성형성을 위해 세라믹 분말에 유기 첨가제를 혼합하여 제조하거

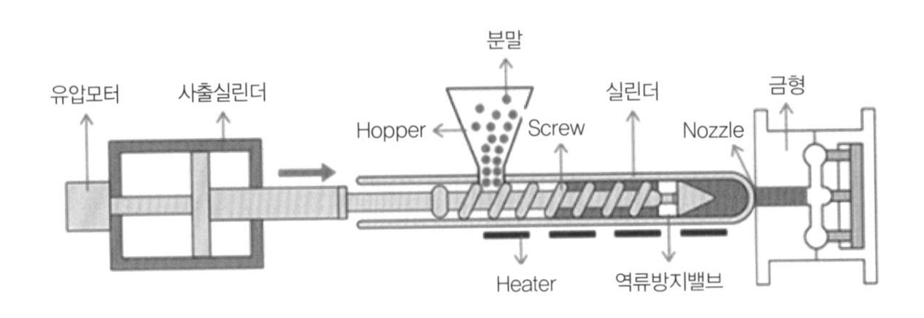


그림 3.52 사출 성형 모식도

출처 : DION, "사출 금형이란?", DION DESIGN INSPIRATION ON

나 비표면적이 매우 크고 미세한 분말을 사용한다. 사출 시 결합제의 분리 방지와 탈지[7] 시 형상 유지가 용이하나, 비교적 큰 소결 수축률과 낮은 치수 안정성을 갖는 것이 특징이다.

**슬립 캐스팅**Slip casting 슬립 캐스팅은 분말과 용매를 혼합하여 만든 슬립과 몰드의 삼투압을 이용하여 성형체를 제조하는 공정이다. 슬립을 다공성, 흡수성 몰드에 부으면 몰드 내의 기공이 액체를 흡수하여 슬러리가 몰드 벽으로 흡착되고, 일정 시간이 지난 후 잔여 슬러리와 몰드를 제거하여 최종적으로 성형체를 얻을 수 있다. 흡착되지 않은 슬립의 배출 여부에 따라 드레인 캐스팅Drain casting과 솔리드 캐스팅Solid casting으로 분류되며, 드레인 캐스팅은 반고체층 형성 후 흡착되지 않은 슬립을 배출하여 실린더 형상과 같이 가운데가 빈 성형체를 제조하는 방법이고, 솔리드 캐스팅은 과잉 슬립을 배출하지 않고 충분한 시간동안 성형하여 속이 비지 않은 성형체를 제조하는 방법이다. 슬립은 액체와 세라믹 분말을 혼합하여 제조되며, 일반적으로 분산성 향상을 위해 유기첨가제가 첨가된다. 액체 형태의 슬러리를 이용하므로 복잡한 형상의 제조와 함께 대량 생산이 가능하며, 비교적 우수한 표면 특성과 균일한 밀도를 갖는 성형체를 제조할 수 있다.

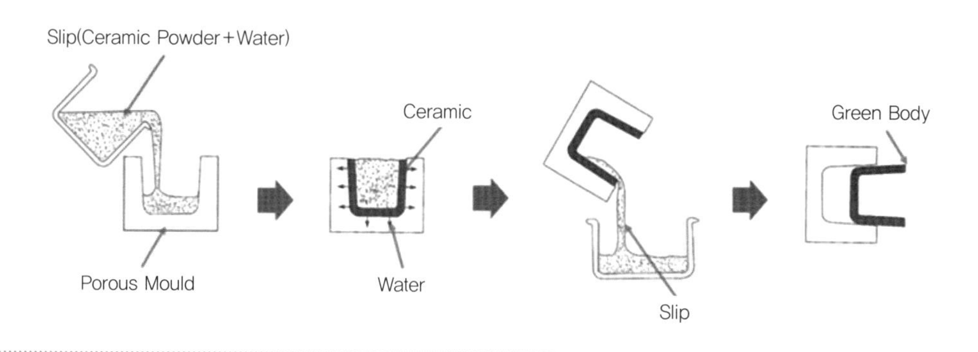


그림 3.53 슬립 캐스팅 모식도

출처 : D. W. Richerson, 2018, Modern ceramic engineering: properties, processing, and use in design, CRC press

**테이프 캐스팅**Tape casting 테이프 캐스팅은 세라믹 분말을 용매와 혼합하여 슬러리를 만든 뒤, 캐스팅 장비를 이용하여 얇은 세라믹 시트, 즉 세라믹 테이프를 성형하는 방법으로 현재

7 소결 전 결합제를 제거하는 공정이다.

MLCC 등 다양한 chip 부품들이 테이프 캐스팅 공정을 이용하여 제조되고 있다. 블레이드를 이용하여 세라믹 슬러리를 캐리어 필름[8]에 도포 후 건조하여 용도에 따라 일반적으로 나노미터nm 두께까지의 세라믹 필름을 대량으로 제조할 수 있으며, 이 과정을 수회 반복하거나 여러 개의 블레이드를 동시에 사용하여 여러 층의 테이프를 형성할 수 있다. 또한 블레이드의 높이 조절, 캐리어 필름의 속도, 슬러리 주입 압력, 슬러리 점도 등을 조절하여 다양한 두께의 테이프를 비교적 쉽게 제조할 수 있고, 세라믹 테이프의 성형체가 유연성을 갖기 때문에 취급과 가공이 용이하다.

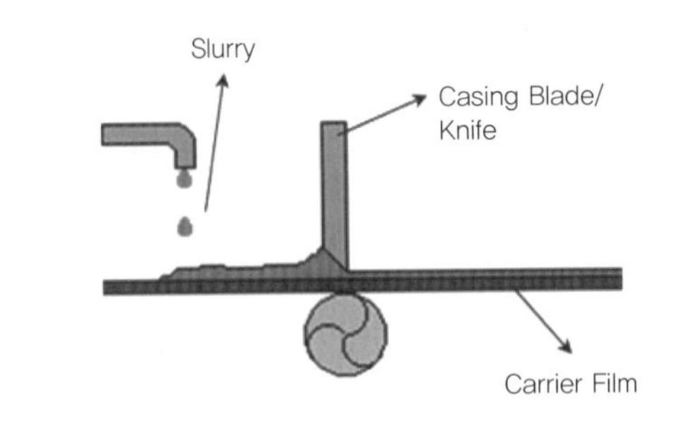


그림 3.54 테이프 캐스팅 모식도

출처 : Mr. Vignesh Dhanabalan, "An overview of polyurethane", Textile Today, 2014

## 3.4.4 고분자 재료 제조공정

### 가 고분자 재료 개요 및 분류

**고분자Polymer 재료** 고분자 재료는 현재의 인간 사회 활동에 널리 사용되는 중요한 재료 유형이며, 현대 사회에서 편안한 삶을 구축하기 위한 초석 중 하나이다. 1907년 페놀 수지의 산업 생산은 합성 고분자 재료 사용의 시작을 알렸으며, 그 이후로 산업적으로 합성되는 고분자 재료의 종류는 빠르게 발전하였다. 1960년대 후반 다양한 특성을 지닌 플라스틱 소재를 합성한 새로운 방법들이 등장하면서 플라스틱, 합성섬유, 합성고무 등 다양한 형태의 합성고분자 소재가 등장하고 있으며, 이는 현대 재료과학의 발전의 산물이라 할 수 있다. 특수 코팅, 접착제, 액체 고무, 고온 저항성 특수 유기 섬유 등이 합성되었고, 합성 고분자 재료는 국가 경제와 일상생활에 없어서는 안 될 재료가 되었다.

**일반적 합성 고분자 및 그 화학 구조 소개** 우리 주변의 대부분의 중합체들은 탄화수소 골격을 형성하고 있는 여러 개의 단량체로 이루어져 있다. 단량체는 단순한 분자이며, 중합체에서

8 캐리어 테이프와 혼용하여 사용한다.

가장 작은 반복 단위이다. 중합체는 이러한 단량체들의 반복으로 이루어져 있고 탄화수소 골격을 형성하는 매우 큰 분자(고분자)이다. 이 특정 골격은 탄소의 tetravalent(4가) 성질 때문에 가능한 긴 사슬의 탄소와 수소 원자로 구성되어 있다. 탄화수소 골격 고분자의 몇 가지 예로는 폴리에틸렌PE, 폴리프로필렌PP, 폴리스티렌PS 등이 있으며, 염소, 산소 등의 다른 원소(예: 폴리염화비닐PVC, 폴리에틸렌테레프탈레이트PET 등)를 포함하는 중합체도 있다. 각각의 고분자 특성은 밀도, 가교 결합성, 결정성 등에 따라 크게 달라질 수 있다는 점에 유의해야 하며, 몇 가지 일반적인 중합체는 다음과 같다.

- 폴리에틸렌Polyethylene, PE : 폴리에틸렌은 가장 흔한 종류의 플라스틱이고 플라스틱 병, 플라스틱 봉지 등에 널리 사용된다. 많은 종류의 폴리에틸렌이 알려져 있으며 대부분 $(C_2H_4)_n$의 일반식을 가지는 에틸렌 단량체를 가진다. 현재까지 연간 1억 톤 이상의 폴리에틸렌 수지가 생산되고 있으며, 이는 전체 플라스틱 시장의 34%를 차지한다.
- 폴리프로필렌Polypropylene, PP : 폴리프로필렌은 프로필렌으로 알려진 단량체로부터 제조되며, 식은 $(C_3H_6)_n$으로 표기된다. 특정 온도 이상에서 부드러워져 다양한 모양으로 쉽게 성형이 가능하기 때문에 자동차 부품, 재사용 용기 등으로 사용이 가능하다.
- 폴리스틸렌Polystyrene, PS : 폴리스틸렌은 스틸렌으로 알려진 단량체로부터 만들어진 합성 방향족 탄화수소 중합체이며, 폴리스틸렌의 화학식은 대부분 $(C_8H_8)_n$으로 표시된다. 이 폴리머는 고체 또는 발포체일 수 있으며, 포장 용기(특히 발포체 형태), 뚜껑, 병, 트레이 등을 포함하여 광범위한 분야에 응용이 가능하다.
- 폴리비닐클로라이드Polyvinyl chloride, PVC : 폴리비닐클로라이드는 1-클로로에틸렌의 단량체로부터 제조되며, 상기 고분자의 일반적인 식은 $(C_2H_3Cl)_n$이다. 물리적 특성은 견고하거나 유연할 수 있으며, PVC의 견고한 형태는 건설용 파이프, 플라스틱 병, 플라스틱 카드(은행 카드) 등에 사용된다. 가소제가 첨가되면 더 부드럽고 유연해질 수 있으며, PVC의 유연한 형태는 포장, 식품 커버 시트, 전기 케이블 절연체, 모조 가죽, 바닥재 등에 적용될 수 있다.
- 폴리에틸렌 테레프탈레이트Polyethylene terephthalate, PET : 폴리에틸렌 테레프탈레이트는 단량체인 에틸렌텔레프탈레이트의 중합체로 구성되며, PET의 화학식은 $(C_{10}H_8O_4)_n$이다. 결정구조와 입자 크기에 따라 재료는 투명하거나 불투명 또는 흰색일 수 있다. 전 세계 병 생산 수요의 30% 이상을 차지하며 의류용 섬유에도 흔히 사용된다.

**표 3.4** 모노머, 폴리머 및 이들의 공통물질의 화학적 구조

| Polymer | Monomer | Repeating monomer structure in polymer | Common products | |
|---|---|---|---|---|
| Polyethylene(PE) | Ethylene | $\left[-CH_2-CH_2-\right]_n$ | | |
| Polypropylene(PP) | Propylene | $\left[-CH(CH_3)-CH_2-\right]_n$ | | |
| Polystyrene(PS) | Styrene | $\left[-CH_2-CH(C_6H_5)-\right]_n$ | | |
| Polyvinyl chloride (PVC) | 1-chloroethylene | $\left[-CH_2-CHCl-\right]_n$ | | |
| Polyethylene terephthalate(PET) | Ethylene terephtahlate | $*\left[-O-CO-C_6H_4-CO-O-CH_2-CH_2-\right]_n*$ | | |

**일반적인 합성 고분자의 주요 분류** 표 3.4에서 보는 바와 같이, 고분자 재료의 대부분은 강하고 단단하거나, 부드럽고 유연할 수 있다. 고분자는 열가소성 플라스틱themoplastic 고분자와 열경화성 플라스틱thermoset 고분자의 두 가지로 분류가 가능하다. 열가소성 플라스틱 고분자는 각 고분자 사슬 사이의 약한 분자 간 힘에 의해 유지되는 고분자이다. 이런 종류의 플라스틱은 가열 후 냉각 시 굳어질 수 있으며, 여러 번의 재활용이 가능하다. 열가소성 소재는 소재가 과열되지 않는 한 냉각 및 재가열하여 원하는 횟수만큼 성형이 가능하다. 일반적인 예로는 압착병, 의류, 카펫, 들러붙지 않는 조리도구 등이 있다.

열경화성 플라스틱 고분자는 사슬 사이의 강한 공유 결합(가교 결합)에 의해 유지되는 고분자로 만들어진다. 이 재료는 연성 고체, 점성 액체 pre-polymer 또는 수지로부터 한 번만 성형이 가능하며, 일단 경화되면 원료를 회수하거나 가열하여 재가공하는 것이 불가능하다. 고온에서도 우수한 기계적 성질과 높은 화학적 저항성 때문에 전기 설비에 주로 사용된다. 열경화성 플라스틱 고분자는 절연재, 페인트, 표면 코팅, 공구 손잡이, 섬유 유리 등에 사용되며, 열가소성 및 열경화성 플라스틱 고분자의 비교에 대한 내용은 표 3.5에 나와 있다.

표 3.5 열가소성, 열경화성 플라스틱 고분자의 비교

| | Nature/ recyclability | Molding/ curing process | Advantages | Disadvantage | Examples |
|---|---|---|---|---|---|
| Thermoplastics | Modulable, relatively soft and recyclable | Softens when heated and the shape can be re-mold with repeated curing process | Relatively high impact resistance, highly recyclableEasy to deform upon heating | Easy to deform upon heating | |
| Thermoset | Brittle, hard and non-recyclable | Polymers with cross-linking forms irreversible chemical bonds upon curing, permanant shape | Relatively high chemical and thermal resistance, | Recycling is difficult | |

## 나 성형 공정

**사출 성형**Injection molding 사출 성형은 열가소성 플라스틱과 열경화성 플라스틱을 포함하여 플라스틱 재료를 생산하기 위한 가장 일반적인 제조공정으로 보통 고분자 펠릿이나 과립으로 표현되는 원료 고분자 물질을 호퍼[9]에 공급하는 것으로 구성된다. 또한 호퍼에 도착하기 전에 수지에 착색제 및 UV 억제제와 같은 첨가제를 혼합할 수 있다.

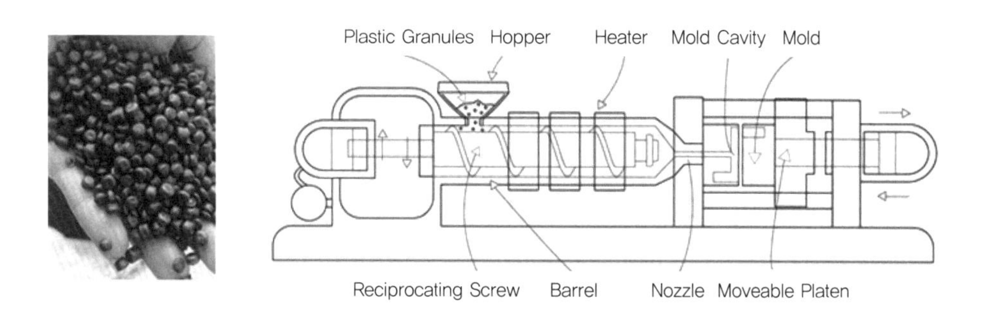


그림 3.55 고분자 펠릿(좌) 및 사출 성형 기계와 구성부품(우)

출처 : Wikipedia

9 고분자 원료를 넣는 투입구이다.

먼저, 고분자 원료 펠릿은 호퍼를 통해 왕복 나사로 가열된 배럴barrel로 공급된다. 고분자 펠릿은 히터를 통해 점차 가열되어 점성이 있는 풀(고분자 용융)이 된 후, 용융된 고분자는 노즐을 통해 높은 압력에 의해 주입되어 원하는 형태로 성형된다. 이러한 금형은 일반적으로 강철 또는 알루미늄으로 제작되며 단일 캐비티[10] 또는 여러 캐비티로 구성될 수 있다. 여러 캐비티 몰드에서 각 캐비티는 동일하고 동일한 부품을 형성하거나 단일 사이클 동안 고유하고 여러 개의 다른 형상을 형성할 수 있다. 마지막으로, 폴리머 용융물은 몰드 내부에서 냉각되고 굳어진다. 냉각 지속 시간은 외부 온도 제어기의 순환수 또는 냉각 라인의 오일에 의해 단축될 수 있으며, 냉각 온도에 도달하면 금형이 열리고 플라스틱 제품이 나오게 된다.

**압출 성형**Extrusion molding 압출 성형은 로드, 시트, 파이프, 필름, 와이어 절연 코팅 등 길이가 길이가 길고 일정한 단면을 가지는 고분자를 제조하는 공정이다. 압출 성형은 주로 열가소성 수지에 사용되지만 특정 종류의 열경화성 수지에도 사용할 수 있다.

사출 성형과 유사하게 펠릿 형태의 고분자 물질이 호퍼hopper를 통해 압출기로 들어가며, 이후 고분자는 배럴 위에 놓인 히터를 통해 가열되고 용해된다. 용융된 고분자는 나사에 의해 앞으로 운반되고 다이die를 통해 강제된 다음 연속적인 고분자 생성물로 변환된다. 용해

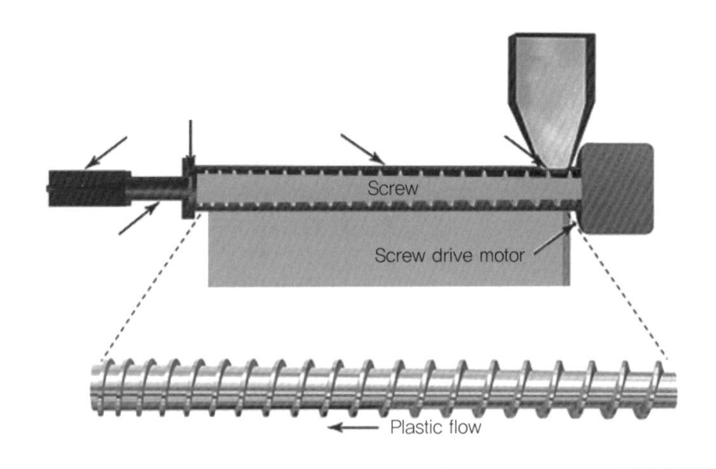


그림 3.56 압출 성형 기계와 스크류

출처 : wikipedia

10 금형에서 모양이 형성되는 부분으로, 금형 1벌에 가공되는 성형물의 수량이다.

된 고분자의 온도는 노즐 전면에 위치한 열전대에 의해 모니터링되며, 압출을 통해 만들어진 선형 고분자 생성물은 공랭되거나 수조에서 냉각되어, 이후 원하는 길이 또는 부분으로 절단될 수 있다. 사출 성형과 압출 성형의 가장 큰 차이점은 사출 성형은 단면이 동일하지 않은 3차원 형상을 만드는 반면, 압출 공정은 길이가 다양한 연속적인 선형, 2차원 형상을 만드는 데 적합하다는 점이다.

대부분의 실상황에서 단일 유형의 고분자는 모든 요구 사항을 충족할 수 없기 때문에 이를 극복하기 위한 방법으로 복합 압출compound extrusion이 있다. 복합 압출은 하나 이상의 고분자와 첨가제를 혼합하여 플라스틱 화합물을 만드는 공정이다. 이 화합물, 즉 혼합 고분자는 펠릿, 분말 또는 액체일 수 있으나 혼합 고분자는 통상 펠릿 형태로 제시되며, 펠릿은 주입 및 기타 압출 공정에 기초한 플라스틱 성형 공정에 주로 사용된다.

**다양한 공정의 압출 공정**Various types of extrusion molding 일반적인 압출 공정 유형은 시트 · 필름 압출, 튜브 압출, 압출 코팅 및 공동 압출 등이 있다.

- 시트 · 필름 압출Sheet·film extrusion : 플라스틱 시트 또는 필름을 압출하는 데 사용되는 공정으로, 다이의 전체 단면적에 걸쳐 일정하고 균일한 흐름 · 냉각 과정은 냉각 롤 세트를 통해 제공된다. 냉각 롤은 냉각뿐만 아니라 시트 두께와 표면 질감 등을 조절할 수 있다. 그중 블로운 필름 압출은 박막을 제조하는 데 사용되며, 압출 다이를 원형으로 하고 공기압을 불어넣어 원하는 치수로 필름을 더 팽창시킨 후 냉각시켜 고분자 박막을 고화시키는 공정이다.
- 튜브 압출Tube extrusion : 플라스틱 파이프, 섬유 등을 제조하는 일반적인 공정으로, 정확한 최종 치수를 보장하기 위해 핀을 통해 내부 공동에 양압을 적용하거나 진공 사이저[11]를 사용하여 외부 직경에 음압을 적용할 수 있다.
- 압출 코팅Extrusion coating : 압출 코팅은 블로운 또는 캐스트 필름 공정에 추가로 적용되는 것으로 종이, 호일 또는 필름의 기존 롤 스톡에 추가 층을 코팅하는 공정으로, 이 과정을 통해 원재료의 특성을 향상시킬 수 있다. 예를 들어, 폴리에틸렌으로 코팅된 종이는 물에 젖지 않으며, 압출된 층을 다른 두 재료를 결합하는 접착제로도 사용할 수 있

11 Vacuum sizing equipment로 진공을 이용하여 압출기에서 형성되는 제품의 정확한 모양과 크기를 조정하는 데 사용되는 장비이다.

표 3.6 다양한 압출 공정과 제품

| Extrusion type | Product | |
|---|---|---|
| Sheet/film extrusion |  | 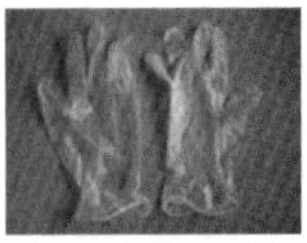 |
| Tube extrusion |  |  |
| Extrusion coating |  |  |

출처 : wikipedia

다. 압출 코팅의 한 종류의 재킷 압출은 플라스틱 코팅을 통하여 와이어 또는 케이블의 외부층에 절연 특성을 제공한다.

- 공동 압출Co-extrusion : 동시에 여러 층의 폴리머를 위해 설계된 압출 공정으로, 연성 포장재나 다층 필름을 제조하는 데 일반적으로 사용된다. 공동 압출은 2개 이상의 압출기를 사용하여 단일 압출 다이에 서로 다른 점성 플라스틱을 녹이고, 다층 폴리머를 일정한 체적 흐름을 통해 원하는 형태로 압출한다. 층 두께는 각 유형의 폴리머를 전달하는 개별 압출기의 상대적인 속도와 크기에 의해 제어되며, 위의 모든 공정(예 : 시트 · 필름, 튜브, 코팅 압출 등)에 적용할 수 있다.

## 3.4.5 재료 소결 공정

### 가 소결이란?

소결이란 분말로 제조된 성형체가 가열에 의해 조립화, 치밀화를 이루는 과정으로, 일반적으로 금속이나 세라믹 등의 원료 분말을 이용하여 치밀한 재료나 부품을 제조하는 방법이며, 분말 입자들이 열적 활성화 과정을 거쳐 하나의 덩어리로 되는 공정으로 정의된다. 소결 공정에 영향을 미치는 변수는 크게 원료 분말과 소결 공정에 따른 변수로 나눌 수 있으며, 원료 분말과 관련된 변수로는 분말의 크기, 입도 분포, 형상, 응집도, 화학 조성 등이 있고,

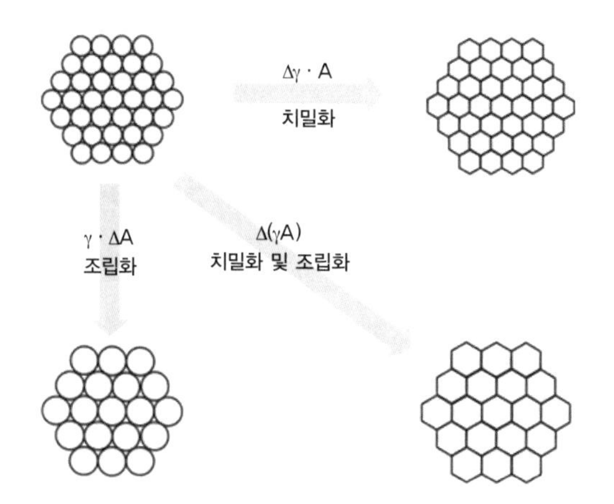


그림 3.57 소결 구동력으로 소결 시 발생하는 기본 현상

소결 공정과 관련된 변수로는 소결 온도, 시간, 분위기, 압력, 가열 또는 냉각 속도 등이 있다. 이러한 소결 변수를 조절하여 재현성 있는 미세조직을 갖는 소결체를 제조하는 것과 완전 치밀화되고 미세한 결정립 조직을 갖는 소결체를 제조하는 것이 소결의 목적이다.

소결의 원리는 치밀화와 조립화 현상으로 설명되며 치밀화는 기공 감소와 밀도 증가에 따라 계면에너지가 감소하는 현상으로, 분말 사이의 기공이 제거됨에 따라 고상-기상에서 고상-고상의 계면으로 변하여 총 표면 에너지가 감소하는 것이다. 치밀화는 입자 간의 소결에 의해 발생하기 때문에 소결 정도의 평가에 이용될 수 있다. 조립화는 분말 평균 입자 크기의 성장에 따라 계면의 총 면적을 줄이는 것으로, 소결 과정에서 입자들이 계면 에너지를 낮추기 위해 물질 이동에 의해 작은 입자가 큰 입자와 합쳐지는 과정으로 설명된다. 즉, 소결의 구동력은 계의 전체 계면에너지를 줄이는 것으로 그림 3.57과 같이 치밀화와 조립화를 통해서 이루어진다.

### 나 소결 기술 분류

소결 기술을 분류하면 크게 상압 소결, 가압 소결, 신소결 기술로 대별되며, 상압 소결과 가압 소결의 차이점은 가압의 유무로, 가압 소결은 분말을 가열함과 동시에 압력을 가하여 열과 기계적 에너지로 치밀화를 이루는 소결법이다.

상압 소결Pressureless sintering은 성형체에 압력을 가하지 않고 가열하는 것으로, 고상 소결과 액상 소결이 있다. 고상 소결은 소결 온도에서 성형체 내의 입자들이 고체 상태에서 치밀

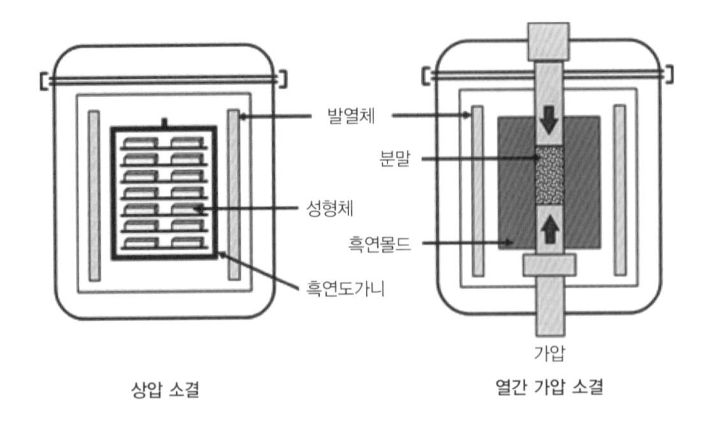


그림 3.58 상압 소결과 가압 소결의 모식도

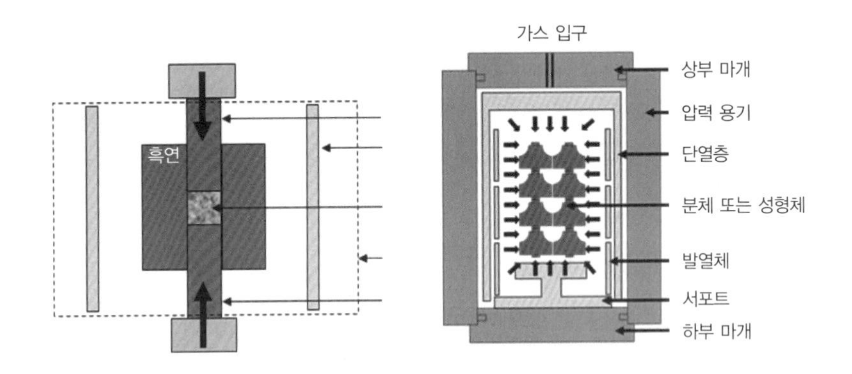


그림 3.59 열간 가압 소결(좌)과 열간 정수압 소결로(우) 모식도

화되는 것이고, 액상 소결은 소결 온도에서 성형체 내에 액상이 존재하는 상태에서 치밀화되는 것으로 액상 소결은 고상 소결에 비해 비교적 소결 조직 제어가 용이하다.

가압 소결Pressure-assisted sintering은 열과 기계적 에너지를 동시에 가해주어 소결하는 것으로, 가압 방법에 따라 열간 가압 소결, 열간 정수압 소결로 분류된다. 열간 가압 소결Hot pressing sintering은 난소결성 재료[12]의 소결이 가능하며, 가압에 의해 높은 소결 구동력이 생겨 완전 치밀화가 가능하다는 장점이 있다. 다만 상하로 일축 가압하므로 가압 방향에 따라 소결체의 미세조직들은 방향성을 갖게 되어 이방성을 띠게 된다. 열간 정수압 소결Hot isostatic

12 녹는점이 매우 높아 소결이 어려운 재료이다.

pressing sintering은 분말 또는 성형체를 가열함과 동시에 정수압을 가하여 치밀화를 이루는 소결법이다. 열간 가압 소결과 달리 정수압을 가하기 때문에 미세구조의 방향성을 억제할 수 있어 열간 가압 소결의 단점인 이방성을 보완할 수 있다. 또한 닫힌 기공과 미세균열을 제거할 수 있어 소결체의 강도와 신뢰성을 향상시킬 수 있고, 복잡한 형태의 제품을 비교적 대량으로 균일하게 소결할 수 있다.

신소결 기술에는 스파크 플라즈마 소결, 선택적 레이저 소결, 마이크로파 소결, 용침 소결 등이 있다. 스파크 플라즈마 소결Spark plasma sintering, SPS은 분말에 압력을 가함과 동시에 펄스 전류를 인가하여 기계적, 전기적, 열적 에너지를 이용하여 소결하는 방법이다. 필드 어시스트 소결 또는 펄스 전류 소결이라고도 불리며, 가압 소결에 비해 저온에서 단시간 소결이 가능하다.

선택적 레이저 소결Selective laser sintering, SLS이란 레이저의 에너지 전달 기능을 이용해 분말 등의 재료를 선택적으로 소결 및 고형화시키는 기술로, 쾌속조형기술로 연구 · 발전되어 3D 프린팅에 적용되고 있다.

마이크로파 소결Microwave sintering은 마이크로파를 성형체에 조사하여 재료의 자체 발열을 통해 소결하는 방법으로, 급격한 승온에 의해 입자성장이 최소화되기 때문에 소결 구동력이 커지며 플라즈마에 의해 입자표면이 활성화되어 소결이 촉진되는 특징이 있다.

**표 3.7** 소결 방법 및 주요 특징

| 소결 방법 | 주요 특징 |
|---|---|
| 고상 소결<br>(Solid phase sintering) | • 다른 소결 공정에 비해 경제적이며, 일반적으로 사용되고 있는 방식<br>• 소결 후 pore 등의 결함이 발생할 수 있으며, 복잡한 형상의 제품을 얻기가 힘듦 |
| 액상 소결<br>(Liquid phase sintering) | • 액상이 있으면 소결이 용이 (액상의 확산이 고상확산보다 빠르기 때문임)<br>• 액상의 조건 : 가. 젖음성이 우수해야 함<br>나. 용해된 후 재석출되어야 함<br>다. 액상을 통한 확산 속도가 빨라야 함<br>• 단점 : 액상 소결 후 grain에 액상이 남아 기계적 특성의 저하를 야기하며, 이와 함께 광학적 특성, 전기적 특성, 열적 특성도 감소. 따라서 소결의 용이성과 물리 · 화학적 특성의 저하 중 우선적으로 고려되는 것에 의해 액상 소결에 대한 시행 여부가 결정됨 |
| 열간 가압 소결<br>(Hot pressing sintering) | • 특수 소결의 일종으로 소결이 용이하지 않은 경우 열과 함께 일방향으로 압력을 가하여 소결거동을 유도하는 것으로, 일방향 압력 부여에 따른 재료 내에서 압력 구배가 나타날 수가 있음 |
| 열간 정수압 소결<br>(Hot isostatic pressing sintering) | • 특수 소결의 일종으로 가압 소결의 문제점을 보완하여, 압력을 정수압으로 가해주는 것으로 압력구배를 없애주는 장점을 가지고 있음 |

**표 3.8** 신소결 기술 및 주요 특징

| 소결 방법 | 주요 특징 |
|---|---|
| 스파크 플라즈마 소결(Spark plasma sintering) | 분체에 압력을 가함과 동시에 펄스 전류를 인가하여 기계적, 열적, 전기적 에너지를 이용하여 소결 |
| 선택적 레이저 소결(Selective laser sintering) | 레이저의 에너지 전달 기능을 이용해 분말 등의 재료를 선택적으로 소결·고형화시키는 기술 |
| 마이크로파 소결(Microwave sintering) | 마이크로파를 성형체에 조사하여 재료의 자체 발열을 통해 소결 |
| 반응 소결(Reaction sintering) | 소결 과정 중 서로 다른 두 상이 반응하여 새로운 상이 만들어지며 소결 |
| 용침 소결(Infiltration sintering) | 다공성 소결체를 만든 후 소결체의 열린 기공 내부로 용융상을 넣어 소결 |

반응 소결Reaction bonded sintering이란 소결 과정 중 서로 다른 두 상이 반응하여 새로운 상이 만들어지며 소결되는 것으로, 반응에 의한 높은 소결 구동력으로 인해 소결 온도가 비교적 낮아 소결 시간을 줄일 수 있다.

용침 소결Infiltration sintering이란 다공성 소결체의 밀도 증가 또는 크랙 등과 같은 재료 내의 결함을 보완하기 위해 소결체의 열린 기공 내부로 용융상을 넣어 소결하는 방법으로, 다양한 크기의 기공 또는 크랙들은 낮은 압력에서 쉽게 채워지지 않으므로 이 소결법으로 고밀도의 소결체를 얻기 위해서는 높은 압력을 가해주어야 한다.

## 3.5 4차 산업과 첨단 소재

### 3.5.1 첨단 소재 개요

#### 가 첨단 소재의 중요성

4차 산업혁명에 따른 초연결 지능사회로의 진화와 에너지, 환경 문제에 대응하기 위하여 첨단 소재의 개발이 요구되고 있다. 아울러 인공지능, 사물인터넷, 로봇 등 첨단산업의 고도화를 위해 첨단 소재와 같은 하드웨어적 요소는 필수적이라 할 수 있다. 과학기술정보통신부 '미래소재, 원천기술 확보전략'에 따르면 정보통신, 에너지환경, 바이오 등 대표적인 미래산업에서 첨단 소재의 기여율은 50~70%로 보고되었으며, 특히 4차 산업의 성장에 따라 향후 첨단 소재 시장규모가 더욱 확대될 것으로 전망된다. 또한 미국 GE는 미래를 밝힐 6가지 핵심 기술 중 하나로 슈퍼 소재super materials를 선정하여 첨단 소재의 중요성을 강조하였다.

### 나 첨단 소재의 정의와 분류

첨단 소재란 금속, 무기, 유기 원료들을 조합하여 새로운 제조 기술로 제조되어 종래에 없던 성능과 용도를 갖는 소재로 정의된다. 기존 소재와는 다른 어떤 새로운 물질이나 원료로 구성되어 있는 재료를 뜻하는 신소재라기보다는 기존 소재와 동일한 성분으로 구성되어 있어도 새로운 공정 기술로 제조되어 물리적 · 화학적 특성이 향상된 재료 혹은 기존 재료가 갖지 않는 새로운 성질을 갖는 재료가 바로 첨단 소재이다.

첨단 소재는 첨단 금속 소재, 첨단 세라믹 소재, 첨단 고분자 소재로 구분되며, 첨단 금속 소재는 기존의 물성 한계를 극복하고 고효율의 제조와 가공을 통해 새로운 특성을 나타낸다. 첨단 세라믹 소재는 정밀하게 제어된 화학 조성과 성형, 소결, 가공 공정과 융복합 기술을 통해 다양한 성능을 갖고, 극한환경용 세라믹뿐만 아니라 전자 세라믹, 에너지 · 환경 세라믹으로 적용범위가 확대되어 사용된다. 첨단 고분자 소재의 경우, 엔지니어링 플라스틱, 고분자 3D 프린팅 소재 등의 새로운 기능이 부여되어 활용되고 있다.

그렇다면 현재 우리가 맞이하고 있는 4차 산업에서는 어떠한 첨단 소재가 주로 적용되고 있을까? 4차 산업에 적용되고 있는 주요 첨단 소재로는 ICT용 반도체, 스마트센서, 수소생산용 촉매, 3D 프린팅, 미래청정기술 관련 소재 등이 있다. 각 첨단 소재에 대한 자세한 내용은 6장에서 보다 자세히 다룰 예정이다.

## 3.5.2 첨단 소재 제조공정과 특성평가

### 가 첨단 소재 제조공정

4차 산업 시대에서는 융복합을 통한 첨단 소재 개발이 가속화되고 있다. 예를 들어, 4차 산업을 대표하는 드론과 무인자동차에는 철강보다 가볍고 단단한 경량 금속 소재 개발이 필수적이고, 지능형 반도체, 초소형 센서 등을 위해서는 고성능, 초소형 첨단 세라믹 소재와 나노공정기술이 요구되고 있다. 이렇듯 첨단 소재의 특성 향상 또는 새로운 성질의 발현을 위해서는 첨단화된 공정 기술이 필수적이다.

기존 재료 제조공정에 스마트 팩토리가 활용되어 공정의 첨단화가 일어나고 있으며, 스마트 팩토리는 철강, 세라믹, 화학, 섬유 등 다양한 산업에 걸쳐 도입되어 기존 제조공정에 비해 재고량 및 불량률을 최소화하고, 인건비 절감을 통한 생산성 혁신을 불러오고 있다. 특히 3D 프린팅을 통한 제조공정의 첨단화가 진행되고 있으며, 초정밀 공정을 위한 첨단 소재에 대한 관심 또한 높아지고 있다.

### 나 첨단 소재 특성 평가

산업의 고도화에 따라 첨단 소재, 부품에 대한 시험 평가를 수행함에 있어 높은 정밀 · 정확도가 요구되며, 즉 경공업에서 첨단산업으로 발전함에 따라 정밀 · 정확도가 밀리 단위에서 마이크로 단위로, 마이크로 단위에서 나노 단위로 보다 정밀해짐을 알 수 있다. 2장에서 살펴본 바와 같이 4차 산업에서 시험평가기술은 보다 신속하게 정밀 · 정확한 데이터를 얻는 것이 핵심으로, 이를 위해서는 교정된 시험장비, 숙련된 시험자, 표준물질, 표준화된 시험평가방법의 시험평가 4대 요소가 필수적이다.

재료의 시험평가방법(특성평가방법) 중 하나인 X-선 회절법은 재료의 구조적 배열의 규칙성을 분석할 수 있는 방법으로, 회절 패턴을 이용하여 결정성과 결정립 크기 등을 구할 수 있다. 투과 전자 현미경은 전자선을 이용하여 재료의 형상 및 구조를 관찰할 수 있는 고분해능 영상 분석장비로, 재료의 형상, 결정구조, 화학성분 등을 관찰, 분석하여 물리 · 화학적 특성 간의 관계를 규명할 수 있다. 아울러, 중성자 회절은 중성자가속기를 이용하는 것으로 X-선 회절과 유사하지만 수 mm 깊이의 시료 내부까지 분석 가능하다는 장점이 있다. X-선 흡수 분광법X-ray Absorption Spectroscopy, XAS은 방사광을 이용한 원자, 전자구조 분석방법으로 특정흡수원자 주위의 원자 또는 전자에 대한 정밀하고 정확한 국부적 구조local atomic structure를 알 수 있는 것이 장점이다.

## 3.5.3 4차 산업에서 재료가 나아가야 할 방향

최근 4차 산업의 도래로 과학기술이 빠르게 발전하면서 경제, 사회, 에너지, 환경, 산업, 무역 등의 영역에 광범위한 변화를 초래하는 새로운 메가 트렌드Mega trends[13]가 떠오르고 있다. 재료의 관점에서 이런 미래 메가 트렌드에 대한 전망과 이해는 매우 중요하다.

13 사회공동체에서 일어나는 거대한 시대적 흐름을 지칭하며, 혁신적 기설 발전의 원동력을 제공하여 창의적인 제품과 서비스 개발을 촉진하며 생산과 소비 활동의 전 영역을 변화시킨다.

OECD는 인구, 환경, 자원, 경제 등 우리 사회에 영향을 미치는 8대 메가 트렌드를 전망하였는데, 여기에는 에너지 소비, 온실가스 감축, 스마트 시티 등의 내용이 포함되어 있다.[14] 8대 메가트렌드에 대응하기 위한 10대 미래 기술은 첨단 소재, 에너지/환경, 바이오 기술, 디지털 기술 등 네 영역으로 구분되며, 이들 기술은 스마트화, 서비스화, 고도화 등을 목적으로 다양한 방향으로 발전하고 있다.

재료 또한 스마트화, 서비스화, 고도화 등 많은 방향으로 나아가고 있으며, 본 절에서는 다양한 방향 중에 재료와 관련하여 파생되는 에너지, 환경 문제의 해결을 위한 친환경적인 측면과 스마트화 측면에서 재료가 나아가야 할 방향을 하나의 예시로 제시하고자 한다.

## 가 재료 제조공정과 에너지 절감

21세기, 4차 산업 시대에는 지속적인 화석연료 사용에 따른 탄소 배출량 증가로 탄소중립 등 에너지와 환경에 많은 관심이 집중되고 있다. 국제에너지기구International Energy Agency, IEA의 보고에 따르면 재료 분야의 에너지 소비 비중은 전세계 약 34%을 차지하고 있다. 국내의 경우 약 52%를 차지하며 타 산업에 비해 비교적 많은 에너지가 소모되고 있음을 알 수 있으므로, 재료 제조에서 에너지 절감을 위한 노력이 필수적이라 할 수 있다.

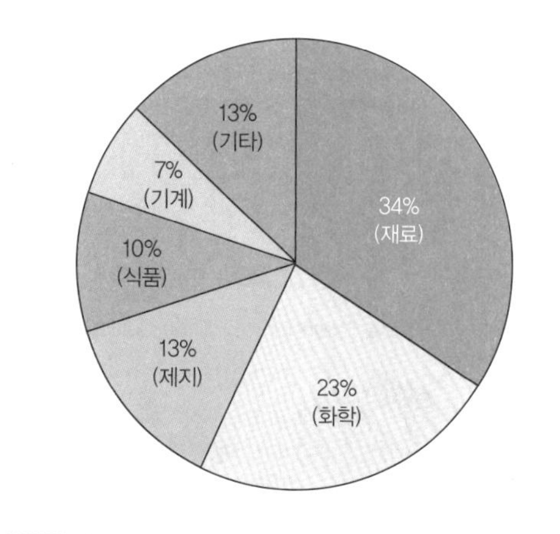


그림 3.60 글로벌 제조 분야에서의 분야별 에너지 소비량

아울러 그림 3.61과 같이 재료 제조공정 중 재료 가공에 많은 에너지가 소모되고 있으며, 이러한 문제를 해결하기 위하여 최종 제품에 근사한 형상 및 치수를 갖는 제품을 제조하는 실형상 제조기술이 개발 및 적용되고 있다. 실형상 제조란, 복잡한 형상의 부품의 치수안정성을 유지하며 경제적으로 제조할 수 있는 제조기반 기술로, 분말사출성형Powder injection molding, 젤 캐스팅Gel casting 등이 실형상 제조기술로 이용되고 있다.

기능성 재료의 경우 세라믹, 금속, 고분자의 복합 재료로 구성된 부품을 제조할 때 각 재

14 OECD(2016), Science, Technology and Innovation Outlook 2016에서 참조

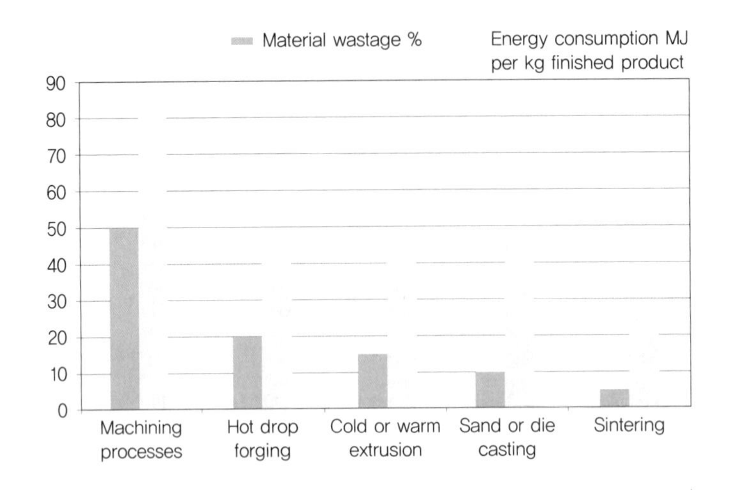


그림 3.61 재료 제조공정의 소비 및 재료 낭비

출처 : Powder Metallurgy Review, "Economic considerations for powder metallurgy structural parts", Powder Metallurgy Review, https://www.pm-review.com/introduction-to-powder-metallurgy/economic-considerations-for-powder-metallurgy-structural-parts/

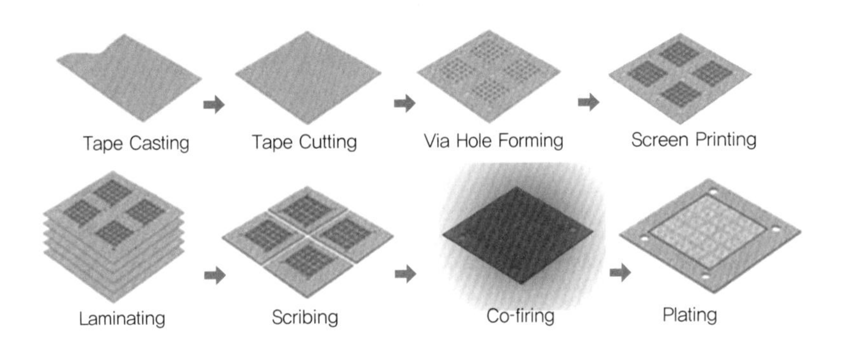


그림 3.62 저온 동시소성 세라믹 제조공정

출처 : ㈜와이테크, "LTCC 제조공정", Y-TECH

료의 소결온도 차이로 인해 많은 시간과 비용이 소모되고 있다. 이를 위하여 입자 미세화, 소결조제 첨가 등을 통해 세라믹과 금속, 더 나아가서 고분자를 동시에 소성하는 저온 동시소성 기술이 개발 및 활용되어야 한다.

### 나 고기능화와 소형화

나노 기술의 발달에 힘입어 전자 부품의 고기능화와 소형화에 대한 요구가 증가해왔으며,

대표적인 전자 부품 중 하나인 MLCC는 소형화를 통해 고성능화를 이루고 있다. MLCC의 유전체 재료인 $BaTiO_3$는 분말 미세화를 통해 높은 정전용량을 가질 수 있으나, 동시에 결정성 감소로 인해 유전상수가 감소하므로 이를 해결하기 위한 연구가 필요한 실정이다.

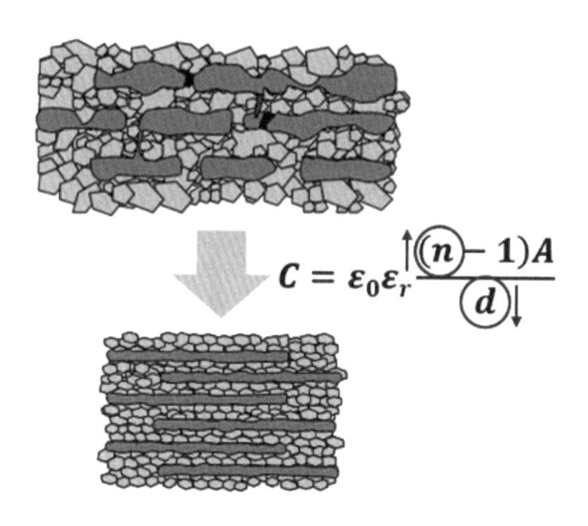


그림 3.63 유전체의 크기에 따른 유전 상수의 변화

4차 산업에서 요구되는 재료 제조공정 중 수소 생산용 촉매 재료의 경우, 고성능과 고신뢰성을 갖는 것이 매우 중요하며, 특히 수소 생산용 페로브스카이트 산화물에는 정밀한 화학 조성과 높은 균질성이 요구된다. 다양한 전이금속의 도핑을 통해 이 재료의 성능을 향상

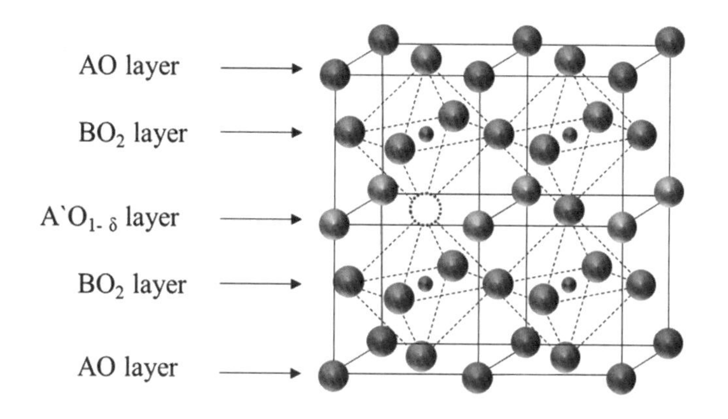


그림 3.64 층상페로브스카이트 산화물 구조

시킬 수 있으며, 이를 위한 정밀한 화학 조성 설계와 분산 기술이 필수적이라 할 수 있고, 아울러 그림 3.65와 같이 소재의 하이브리드화를 위한 동시도핑co-doping 기술 등이 활용되고 있다.

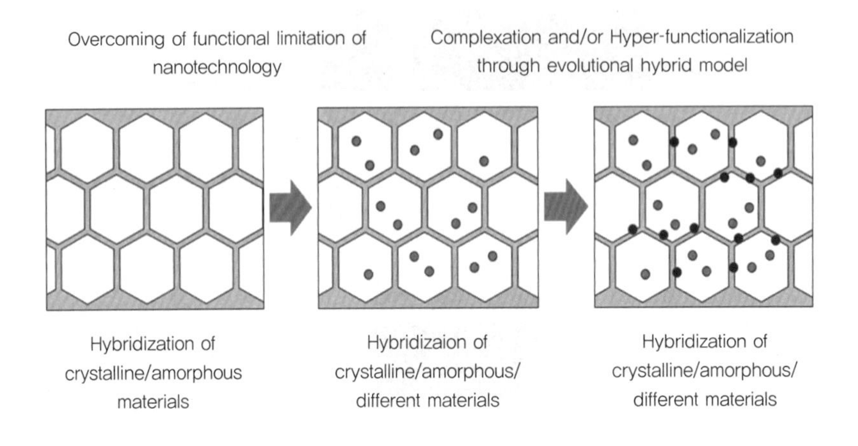


그림 3.65 Co-doping 기술

chapter 4

# 4차산업에서의 표준_ 표준의 기초와 응용

# 4.1 표준의 기초

## 4.1.1 표준이란 무엇인가? 표준이 필요한 이유는?

### 가 표준과 관련된 이야기

현재 미국에서 설계된 스마트폰은 우리나라의 소재, 부품을 사용하고, 중국에서 조립 및 생산되고 있는데, 이러한 과정을 글로벌 분업화라고 할 수 있다. 그렇다면 무엇이 이러한 일을 가능하게 할까?

앞선 스마트폰 제조사례와 같이 현대에는 한 가지 제품이 다양한 국가를 거쳐 생산될 수 있고, 이렇게 생산된 세계 각국의 제품을 국제무역을 통해 만나볼 수 있다. 국제무역에서 필수적으로 지켜져야 할 기준을 국제표준이라 하며, 사회 경제의 효율화와 수출입 절차의 간소화 등이 요구됨에 따라 국제표준의 역할이 더욱 중요해지고 있다. 2017년 세계무역기구World Trade Organization, WTO의 교역 및 환경분야 참사관인 에릭 빅스트룀Erik Wijkström은 "국제표준을 지키면 판매자와 구매자가 수출품의 적절성과 안전성을 신뢰할 수 있게 되며, 이것이 국제교역의 핵심이다."라며 국제표준의 중요성을 강조한 바 있다.

4차 산업혁명 시대에는 클라우드와 빅데이터 기술의 발달로 소비자의 해외 직접구매와 같이 소비 양식이 변화하였으며, 3D 프린팅, O2O 결합 등 새로운 생산기술 및 거래방식으

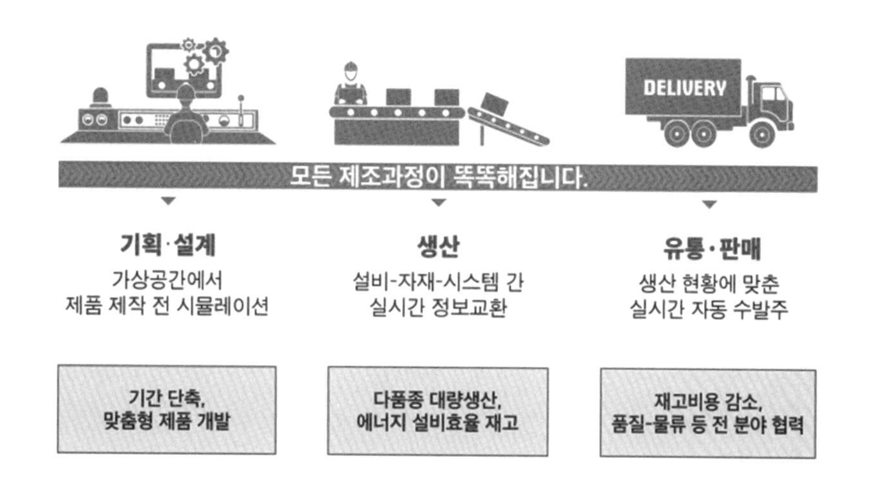


그림 4.1 4차 산업혁명에 따른 제조 과정 변화

출처 : 스마트제조혁신추진단 스마트 공장 사업관리시스템

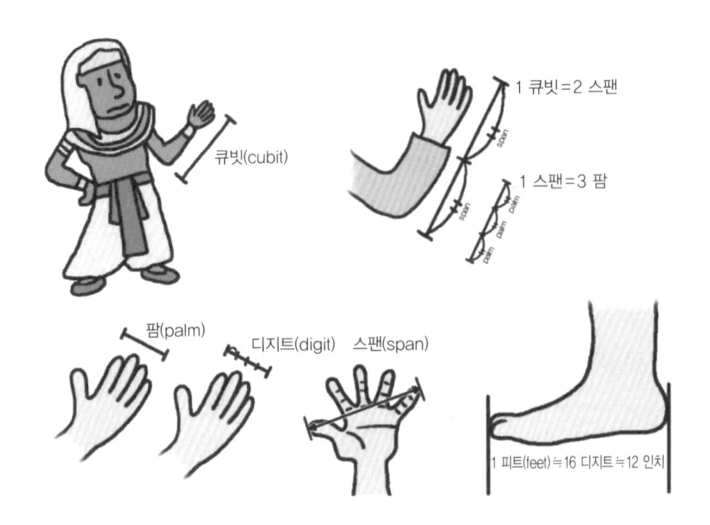


그림 4.2 고대에 사용된 다양한 단위들

출처 : 한국표준과학연구원

로 기술 · 기기간 호환성과 상호 운용성을 보장할 수 있는 표준의 개발이 요구되고 있다. 4차 산업 시대에는 어떤 표준이 필요하며 어떻게 개발되는지 알아보기에 앞서 표준의 기원, 분류, 표준화기구 등에 대해 알아보자.

국제무역과 4차 산업혁명 시대에서 주목받고 있는 표준은 어떻게 시작되었을까? 인류가 농경생활을 시작하면서 농지를 경작하여 작물을 수확하고 잉여 생산물을 다른 부락과 물물교환하는 과정에서 물건의 가치와 양을 정확히 정할 필요가 있었다. 따라서 물건의 길이(度), 크기(量), 무게(衡)를 비교하기 위하여 정량적 수치로 표시할 기준이 필요하였고, 이것이 도량형(度量衡)의 시초가 되었다. 즉, 표준은 자연적으로 발생되어 후손들에 의해 전달되면서 현대의 표준으로 개선 · 발전되어 왔다.

고대의 도량형은 부락마다 개별적인 단위를 사용하여 많은 차이가 있었지만 부락들이 통합되며 국가를 형성하며 점차 통일되어 갔다. 중국의 경우, 진시황이 춘추전국시대를 통일하고 통치체제, 법, 문자 등 다양한 사회제도를 정비하였고 도량형 표준으로 자, 저울, 되를 대량으로 만들어 백성들에게 보급하였다. 이를 통해, 도량형을 속여 과하게 세금을 걷었던 부정부패를 방지함으로써 백성들의 세금수탈을 막을 수 있었고 이 표준화된 도량형 등을 이용하여 세계문화유산 중 하나인 길이 약 6,500km에 달하는 만리장성을 건설할 수 있었다.

중세 프랑스에서는 약 25만 개의 도량 단위가 활용되고 있었는데 계몽사상가와 과학자들

그림 4.3 만리장성

출처 : shutterstock.com

은 이것을 통일하기 위하여 노력하였다. 그 노력의 일환으로 지구의 북극에서 적도까지를 천만으로 나눈 거리를 1미터로 정의하였으며, 프랑스의 천문학자였던 장바티스트조제프 들랑브르Jean Baptiste Joseph Delambre와 피에르프랑수아앙드레 메셍Pierre Francois Andre Mechain이 측량 원정을 떠나 1미터를 계산해내었고 이를 미터 원기로 제작하여 국제위원회에 제출하여 1799년 6월에 1미터의 기준으로 채택되었다.

나폴레옹이 유럽을 정복한 후, 유럽 전역에 이 미터법의 사용을 의무화하였고 이후 1875년에 프랑스, 미국, 독일, 터키, 페루 등 세계의 다양한 국가가 국제교역에서 편의성을 높이

그림 4.4 나폴레옹

출처 : Wikipedia

그림 4.5 미터법을 의무화하며 유럽 건물 벽에 새겨진 1 미터

출처 : shutterstock.com

그림 4.6 증기기관차

출처 : Wikipedia

기 위해 통일된 도량형을 사용할 것을 협약하는 '미터 협약'을 맺어 현재까지 활용하고 있다.

산업혁명 시대에 따라 새로운 기술들이 나타나면서 새로운 표준이 개발되며 기술과 표준은 함께 발전해 나갔다. 1차 산업혁명은 영국에서 일어난 증기기관 기반의 기계화 혁명으로 증기기관을 통한 기계적 동력을 이용하여 인간의 노동력이 대체되었다. 1차 산업혁명에서 표준화의 대표적인 사례로 증기기관차와 철도를 들 수 있으며, 증기기관차가 개발되어 마차에 비하여 더욱 많은 양의 원료, 완제품 등을 효율적으로 목적지까지 운반할 수 있었다.

하지만 4피트 8.5인치, 7피트 등 철도회사에 따라 상이했던 철도 폭(궤도 간격)으로 인해 열차에 추가적인 장비를 달아 두 선로에 모두 호환되게 만들거나 선적했던 화물을 옮겨 싣는 등 비효율적으로 일을 해야 했다. 영국의 발명가인 조지 스티븐슨은 철로의 크기가 표준화되어야 지역간 운송의 효율성이 증가함을 인식하였고, 이에 따라 의회에서 유럽에서 마차가 다니던 도로 폭인 4피트 8.5인치(1,435mm)를 표준궤도간격, 즉 표준 궤간으로 정하여 현재까지도 이를 사용하고 있다.

2차 산업혁명은 미국과 독일을 중심으로 일어났으며 전기에너지를 기반으로 컨베이어를 이용한 대량생산이 가능하게 되었다. 대량생산의 한 가지 예로, 미국의 자동차 회사인 포드는 자사의 자동차 생산 효율을 올리고 원가를 절감하기 위하여 제품의 개선연구를 추진하였고 이를 통해 제조된 최선의 제품을 표준화하였다.

제품 개선을 위한 표준화 연구과정에서 부품과 공정을 규격화하였고 공정에 필요한 전용기계를 개발하였으며, 컨베이어벨트를 이용하여 연속적인 작업을 가능하게 하였다. 이에 따라, 자동차 한 대를 만드는 데 시간이 12시간에서 1시간 30분으로 단축되었고 생산단가

그림 4.7 헨리포드와 포드사의 모델 T

출처 : Wikipedia

또한 900달러에서 350달러로 낮아져 미국 내 자동차 시장의 약 50%를 점유할 수 있었다.

3차 산업혁명은 1950년대 후반에서 1970년대 컴퓨터의 발명과 인터넷의 발달로 일어난 지식정보 혁명으로 디지털 혁명이라고도 불린다. 미국의 빌게이츠가 개발한 마이크로소프트의 운영체계인 '윈도즈'와 '인터넷 익스플로러'로 인하여 컴퓨터의 대중화 시대를 열게 되었다. 특히 마이크로소프트는 소프트웨어를 표준화함으로써 개방성과 호환성이 우수하며 대중에게 가장 편리한 정보 접근방식을 제공하였고, 2018년 기준으로 세계 PC 운영체계의 약 82%를 점유하게 되어 사실상 표준으로 활용되고 있다.

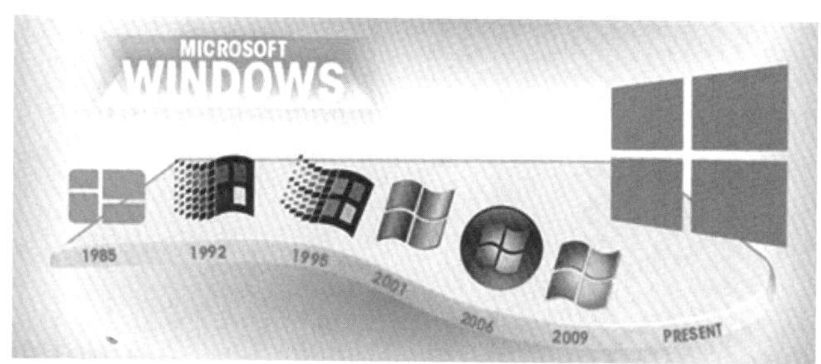


그림 4.8 빌 게이츠와 컴퓨터 운영체제인 윈도즈

출처 : Wikipedia

**표 4.1** 산업혁명에 따른 주요 표준화 동향

| 시기 | 19세기 후반 | 20세기 초반 | 1970년대 이후 | 2020년 이후 |
|---|---|---|---|---|
| 혁신동력 | 증기기관 | 컨베이어 벨트 | 인터넷 · 모바일 | 기술 · 산업 간 융합 |
| 생산방식 | 공장생산 체제 | 대량생산 체제 | 정보화 · 자동화 | 초융합 · 초연결 · 초지능화 |
| 표준화 관점 | 치수 · 모양 등<br>기초 표준 중심 | 제품 · 부품 · 공정 등<br>품질관리 표준 중심 | 프로토콜 및<br>호환성 표준 중심 | 시스템 · 인터페이스<br>표준 중심 |

각 산업혁명에 따른 표준화는 표 4.1과 같이 진행되었으며, 1차 산업혁명에서는 기계화에 따른 치수, 모양 등 기초 표준을 중심으로, 2차 산업혁명에는 대량생산이 가능하게 되며 균일한 품질을 갖는 제품을 생산하는 것이 중요하였기 때문에 제품, 부품, 공정 등 품질관리 표준을 중심으로 표준화가 이루어졌다. 3차 산업혁명에는 디지털 기술 도입을 위한 프로토콜, 호환성 표준을 중심으로 표준화가 진행되었으며, 4차 산업혁명에는 기술과 산업 간 융합을 위해 시스템, 인터페이스 표준을 중심으로 표준화가 진행되고 있다.

고대에서 현대까지 표준의 역사를 살펴보면, 진시황은 도량형을 표준화하여 통일된 제국을 이룩하고 만리장성을 건설할 수 있었고 나폴레옹의 미터법은 현재까지 표준단위로 활용되고 있다. 또한 미국의 포드는 자동차 부품 및 공정을 표준화하여 대량생산하였고 빌게이츠는 PC 운영체계를 표준화함으로써 시장을 지배할 수 있었다. 최근에는 스티브잡스가 스마트폰을 표준화함으로써 세계시장을 창출하여 선도하였다. 즉 표준을 선도하는 것은 세계시장 진출에 필수 요소임을 알 수 있다.

표준의 중요성과 파급력은 다음 사례를 통해서도 알 수 있다. 기원전 1세기에 번성하였던 로마제국은 거대한 도로망을 갖추어 이를 군사적으로 활용하였으며, 이때 도로의 폭은 로

그림 4.9 로마의 도로, 증기기관차, 우주왕복선의 부스터

출처 : shutterstock.com, Wikipedia

마군의 주력부대인 쌍두마차가 달릴 수 있는 폭을 기준으로 4피트 8.5인치, 즉 1,435mm로 정해졌다. 이후 1차 산업혁명 당시 영국의 증기기관차의 경우 지역마다 철도의 폭이 달라 이용에 어려움이 많아서 1846년 영국 의회에서 로마제국이 기준으로 삼았던 마차의 폭인 1,435mm를 채택하여 표준 궤간으로 사용하였다. 이 기준은 현재까지 활용되어 우리나라를 포함하여 전 세계의 60% 이상이 이 표준 궤간을 활용하고 있다. 우주왕복선의 발사에 필수적인 로켓부스터의 폭 또한 1,435mm였는데 이는 공장에서 만들어진 로켓부스터가 철도를 통해 운반되어야 했기 때문이다.

### 나 우리나라 표준의 역사

최근 COVID-19과 관련하여 우리나라는 K-방역모델의 표준화를 주도하고 있으며 2020년 12월 감염병 진단검사기법에 대한 국제표준이 제정되어 우리나라 감염병진단 제품에 대한 국제신뢰도와 함께 국제사회에서의 위상이 높아지고 있다.

우리의 오랜 역사 속에서 표준의 사례를 살펴보면 우리나라의 역사서인 삼국사기와 고려사의 기록을 통해 보(步), 리(里), 척(尺), 촌(寸)과 같은 길이단위, 섬 또는 석(石), 되(升)와 같은 부피단위, 근, 푼과 같은 무게 단위를 사용하였음을 알 수 있다. 아울러 줌(把), 단(束), 짐(負), 먹(結) 등의 면적단위의 경우 이미 고조선때부터 결부속파법[1]이라는 고유의 단위체계가 사용되어 왔다고 기록되어 있다.

그림 4.10 저울추와 천칭저울, 부피측정을 위한 되

1 고조선 때부터 사용된 우리 고유단위로 파 = 한줌(1把), 속 = 한단(1束), 부 = 한짐(1負), 결 = 한먹(1結) 을 가리킴

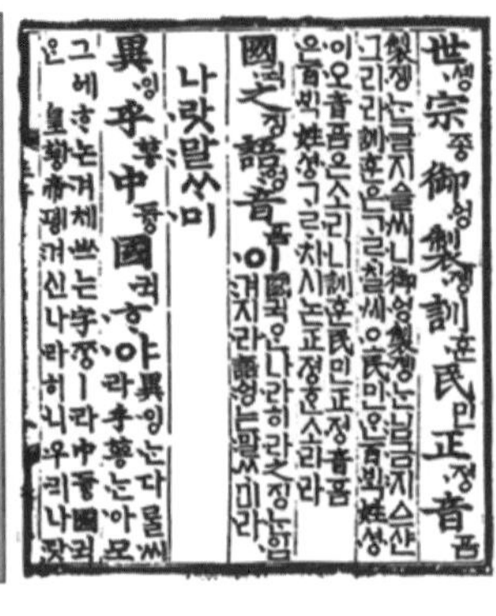

그림 4.11 세종대왕 어진, 훈민정음, 측우기

우리나라 역사에서 찾아볼 수 있는 대표적인 표준화 사례로 세종대왕의 업적을 들 수 있다. 세종대왕은 인문사회적 표준에서부터 과학기술적 표준까지 다양한 분야에 걸쳐 표준화를 이루어냈다. 인문사회적으로는 우리나라의 문자체계인 훈민정음을 창제함으로써 우리의 소중한 언어체계를 표준화하였고 법령을 정비하여 표준화하였다. 과학기술적 표준으로는 지역마다 달랐던 결부속파법을 재정비하여 측우기, 자격루 제작 등에 활용하였고 화포 등 무기개발을 촉진하였다. 또한 우리나라의 독자적인 역법[2]을 만들어 농경 기술의 근간을 확립하였다.

조선시대 암행어사의 필수품 중 하나로 '유척(鍮尺)'이라고 불리는 표준화된 자가 있었다.

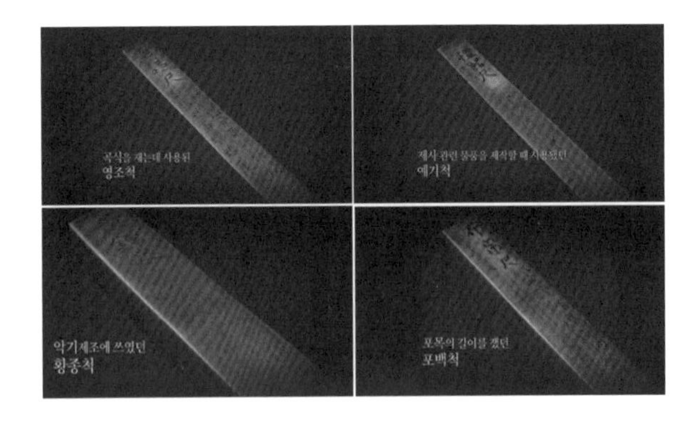


그림 4.12 암행어사의 필수품이었던 유척

출처 : EBS

2 천체의 주기적 현상을 기준으로 하여 날짜 및 시간을 정하는 방법

유척은 놋쇠로 만든 사각 기둥형태의 자로 각 면에 서로 호환되는 눈금을 새겨넣었고 각각의 면에 새겨진 자의 이름과 설명은 그림 4.12와 같다. 조선시대 악기의 길이를 재는 황종척을 기준으로, 건축분야에 활용되었던 영조척, 제사제기의 길이를 재는데 사용했던 조례기척, 옷감의 길이를 재는 포백척으로 구성되어 일상생활에 널리 활용되었다. 이때에는 지방관리가 세금을 걷는 역할을 맡고 있었는데, 세금을 걷을 때 포백척과 같은 도량형의 눈금을 속여 백성을 수탈하기도 하였다. 이에 암행어사는 왕으로부터 하사받은 유척을 활용하여 탐관오리들의 세금 수탈을 막는 데 사용하였다.

우리나라는 제조업과 무역을 중심으로 산업이 발전해왔으며, 1960년대와 1970년대에는 공업화가 점차 이루어지며 주요 수출품이 철광석, 어패류 등 1차원 재료에서 의류, 신발, 합판 등 경공업 제품으로 발전하였다. 이와 함께 표준화 아이템 또한 1차 산업에 필요하였던 안전모, 연탄 등에서 콘크리트, 철강, 전제부품 등 공업품으로 변화하였다.

1980년대에는 중화학공업 제품이 주요 수출품이었으며, 1990년대에서 2000년대로 넘어가며 반도체, 무선통신, 석유화학 제품으로 주요 수출품이 변화하였다. 1980년대에는 자동차, 반도체 등의 제조업 제품 중심으로 표준화가 추진되었으나 1990년대에 들어서며 통신, 경영시스템 등 기술, 서비스와 관련된 아이템이 표준화되었다.

우리나라의 산업기술표준Korea Industrial Standards, KS의 역사에 대해 살펴보자면, 1960년대에서 1980년대에는 최소품질확보를 위한 표준화가 주로 일어났다. 특히 1960년대는 우리

그림 4.13 우리나라의 GDP 성장과 주요 수출품 및 표준화 대상 변화

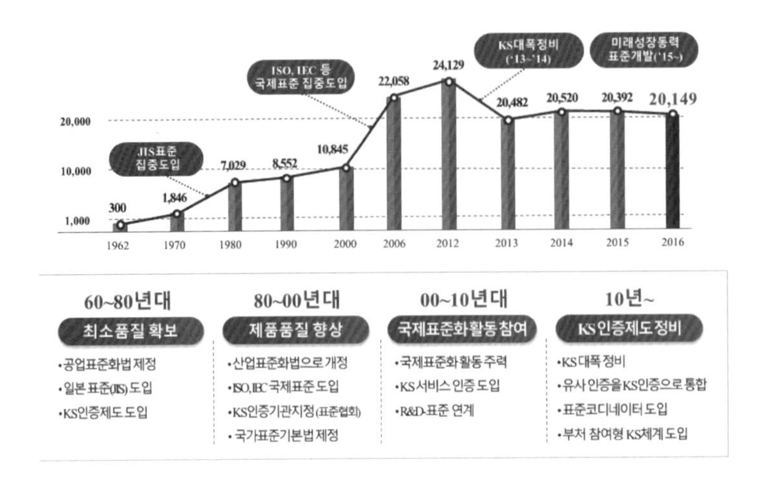


그림 4.14 우리나라의 표준 변천사

나라 표준화 기반을 구축하는 시기로 1962년에 최초로 43건의 KS를 제정하였으며, 1963년 최초로 KS표시 제도가 시행되었고 국제표준화기구인 ISO, IEC에 가입하였다.

1970년대는 국가표준의 양적 팽창기로 당시 우리나라에 비하여 상대적인 선진국이었던 일본의 국가표준Japanese Industrial Standards, JIS을 우리나라의 국가표준으로 도입 및 부합화하였다. 1980년대에서 2000년대까지는 국가표준의 질적 향상과 내실화를 위하여 한국인정기구 설립, 품질경영시스템 인증시행, 표준화와 관련된 법률을 정비하였다.

2000년대에는 ISO, IEC 등 국제표준을 집중적으로 도입하며 표준화 활동을 활성화하였다. 2010년대에는 IEC 국제표준 제안 1위, ISO 이사국 진출 등으로 국제표준화 활동을 주도하였으며, KS 및 인증제도의 질적향상을 위하여 중복 표준을 통합하고 국가표준코디네이터[3]를 도입하는 등 다양한 활동이 전개되었다.

### 다 표준의 기능 및 효과

국제무역에서 표준의 중요성을 보여주는 사례로서 일본의 전자산업을 들 수 있다. 소니, 샤프 등으로 대표되는 일본의 전자산업은 1980년대와 1990년대에 혁신적인 성과를 보이며 세계 정상의 자리를 차지하고 있었다. 하지만 기술에 대한 높은 자부심으로 인하여 갈라파고

3 국가연구개발사업의 표준화 연계를 위한 기획, 자문, 평가, 조율하는 역할을 한다.

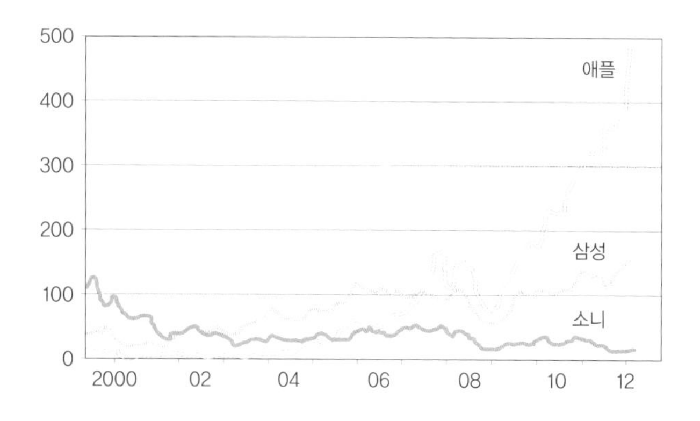


그림 4.15 2000~2012년 삼성, 애플, 소니의 주가총액 추이

출처 : 조선일보, 내수에만 매달린 전자·IT 세계 트렌드 적응장애

스화[4] 현상을 보였으며, 2000년대에 들어서 국제표준과는 다른 독자적인 방식을 사용함으로써 기술변화를 따라오지 못하였고, 결국 삼성, 애플 등에게 세계 정상의 자리를 내어주게 되었다.

다양한 표준화기구에서 정의하는 표준에 대해서 알아보자면, 국제표준화기구인 ISO와 IEC에서 "표준은 합의에 의해 설정되고, 인정된 기관에 의해 승인된 문서"로 정의하고 있다. 우리나라의 국가기술표준원에서는 "표준은 합의에 의해 작성되고 인정된 기관에 의해 승인되며 공통적이고 반복적인 사용을 위해 제공되는 규칙, 가이드 또는 특성을 제공하는 문서"로 정의하며, 한국표준협회에서는 "표준은 무게, 질량, 범위, 품질 등의 측정 원칙이나, 공정, 분석방법 등의 기술과 사회 문화적 관습이나 가치 등이 이해관계자들의 합의에 의해 결정된 것"으로 정의하고 있다.

국제표준화기구, 국가기술표준원, 한국표준협회에서 정의된 표준의 공통점은 합의에 의해 결정된 것으로 이는 표준의 제정에서도 중요한 역할을 한다. 또한 표준을 보다 쉽게 이해하기 위해서는 이해관계자, 합의, 소급성 등에 대한 이해가 필요하다.

이해관계자stakeholder란 의사결정 또는 활동에 영향을 줄 수 있거나, 영향을 받을 수 있거나 또는 그들 자신이 영향을 받는다는 인식을 할 수 있는 사람 또는 조직으로 소비자, 조직 내 직원, 공급자, 규제 당국 등이 여기에 속한다.

4 자신들만의 표준만 고집함으로써 세계시장에서 고립되는 현상을 뜻하는 말로, 주로 일본 IT산업의 상황을 일컫는 말로 쓰인다.

합의consensus란 표준 제정을 위한 의사결정방식으로 합의는 모든 견해와 반대 사항을 반드시 고려하여 해결 방안을 제시하며 결의안으로 나아가는 것으로 모든 사람이 찬성해야 하는 만장일치unanimity와 다소 차이가 있다.

마지막으로 소급성traceability이란 축산물이 어느 농장에서 생산되고 어떤 방식으로 관리되었는지 추적할 수 있는 축산물 이력제[5]와 같이 연구개발, 산업생산, 시험검사 현장 등에서 측정한 결과가 명시된 불확정 정도의 범위 내에서 국가표준 또는 국제표준에 일치되도록 연속적으로 비교하여 교정하는 체계로 해당 제품, 측정장비 등이 어떤 연결고리를 통해 국제표준과 일치하는지 확인할 수 있는 추적가능성과 일치한다고 할 수 있다.

표준은 표준의 기원과 정의에서 알 수 있듯이 공급자, 규제당국 등 전문가뿐만 아니라 소비자까지 다양한 계층에 속하는 사람이 이용하므로 다음의 고유한 기능을 갖는다. 먼저, 동일한 계통의 다양한 기술을 통합하여 호환성을 제고할 수 있는데, 그 예시로 각 지역마다 다른 규격으로 사용했던 교통카드를 통합하여 전국에서 동일한 규격으로 사용할 수 있도록 국가표준규격(KS)을 제정 및 개정하여 현재에는 교통카드 한 장으로 전국의 대중교통을 이용할 수 있게 되었다. 이와 유사하게 기계의 부품교체 및 수리를 용이하게 하기 위한 목적으로 기계부품을 표준화함으로써 작업을 통일 · 단순화할 수 있다. 아울러 제품의 치수, 성능, 내구성 등 최소요구사항을 표준에 명시함으로써 제품의 최소 품질을 향상시킬 수 있고 표지판, 픽토그램과 같이 비언어적 수단을 이용한 정보 전달을 가능하게 한다.

글로벌 시대에 들어서면서 표준의 새로운 기능들이 부각되고 있으며, 특히 국제무역이 중요해짐에 따라 표준이 새로운 무역규범으로서 '무역기술장벽Technical Barriers to Trade, TBT'을 극복하는 수단이 되고 있다. 또한 보건, 안전, 환경과 관련된 기술규정을 통해 사회통합, 조

그림 4.16 표준의 기본적인 기능

5 소, 돼지, 닭/오리/계란 등의 출생 등 사육과 축산물의 생산부터 판매에 이르기까지 정보를 기록, 관리하여 위생·안전의 문제를 사전에 방지하고 문제가 발생할 경우에 그 이력을 추적하여 신속하게 대처하기 위한 제도이다.

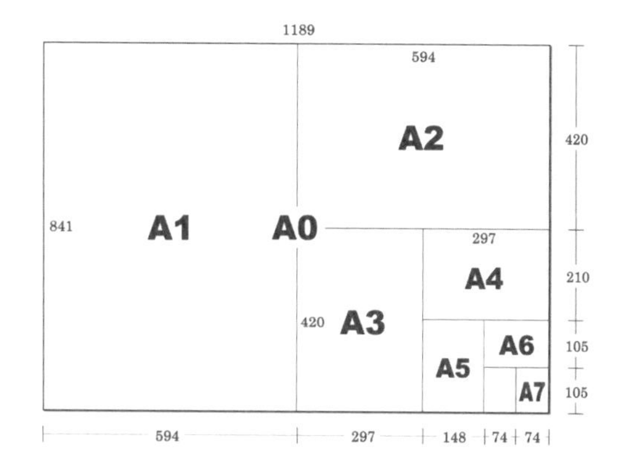


그림 4.17 종이의 국제규격

직의 사회적 책임이행수단으로서 작용할 수 있고 기업에서는 경영전략과 기술혁신 도구로 활용할 수 있다.

표준의 기능을 잘 활용하면 다음과 같은 효과를 얻을 수 있다. 제품의 호환성이 확보되면, 그 제품을 이용함에 따른 제품의 효용 가치는 그 제품과 함께 관련된 제품들의 사용자 수에 비례하여 증가하게 되고 이를 '네트워크 외부효과network externality'라고 한다. 그 예시로, 현재 우리가 사용하고 있는 A4용지는 최초에 1922년도에 독일에서 국가표준화되었고 프랑스 등 다양한 국가에서도 채택되어 사용되며 국제표준[6]으로 채택되어 현재까지 전 세계에서 통용되고 있다.

그림 4.18은 OLED, 가정용 청소로봇, 선박용 초저온 밸브 등 다양한 분야에서 우리나라 기술이 국제표준으로 제정된 대표 사례들이다. 이와 같이 기업에서 개발한 기술이 국제표준으로 받아들여지는 경우, 해당 기업은 경쟁 기업에 비하여 기술적 우위에 설 수 있고 보유기술을 거래하여 이익을 얻을 수 있으며 세계시장 점유율을 높일 수 있다.

특히 인공지능 로봇청소기의 경우, 무작위적인 경로를 통해 청소하는 랜덤방식의 미국기술과 청소하는 구역의 지도를 제작하여 가장 효율적인 경로로 청소하는 맵핑방식의 우리나라 기술이 경쟁적인 관계에 있었다. 두 기술 중 우리나라에서 개발되고 제안된 표준안이 채택되어 국제표준으로 제정됨에 따라 제품의 우수성을 입증할 수 있었으며, 이로 인해 세계

6 ISO 216:2007 Writing paper and certain classes of printed matter — Trimmed sizes — A and B series, and indication of machine direction

**OLED 디스플레이 표준화(IEC 62341)**
- OLED의 저소비번력, 고화질, 내구성 등 우수성능평가 제안으로 IEC 표준을 주도하여 세계시장의 95% 시장 점유율 확보

**일회용 멸균침 표준화(ISO 18746)**
- 전통의학 강국인 중국에 맞서 우리나라의 기술력과 전문성을 알리고, 한의의료용품 생산업체의 안정성과 품질 확보를 통한 수출 경쟁력 상승

**가정용 청소로봇 성능측정방법(IEC 62929)**
- 청소로봇 시장 확장에 따라 제품성능을 객관적으로 평가할 수 있는 기준 수립
- 이를 통해, 세계시장 점유율 두 배 이상 성장(2009년 9.8% → 2015년 18.6%)

**선박용 초저온 밸브류 표준화(ISO 18139)**
- 밸브의 요건부터 성능시험 방법에 이르는 표준 제시
- 이를 통해 국내 제품의 성능과 안전성 검증, LNG 선박 수주에 도움

**HEMP 방호용 필터 시험방법(IEC 61000)**
- 고고도 핵 전자기 펄스(HEMP)로부터 전자 시스템을 보호하기 위한 방호용 필터 시험방법 제안, 수입제품 대체로 1백억원 비용 절감

그림 4.18 우리나라 기술의 국제표준화 사례

출처 : 국가기술표준원 '우리 기술로 4차 산업혁명 시대 국제표준 선도'

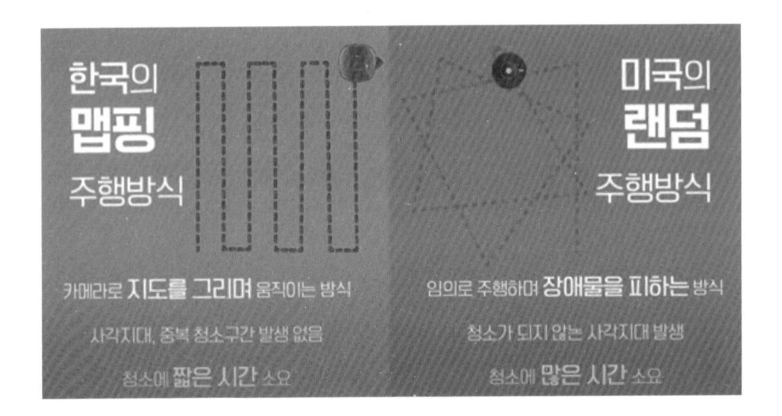


그림 4.19 로봇청소기의 기술경쟁과 표준화

출처 : 국가기술표준원

시장점유율을 크게 높일 수 있었다.

표준은 소비자가 원하는 제품, 서비스, 생산과정에 대한 정보를 통일된 방법으로 제공할 수 있도록 소급성을 유지할 수 있다. 이러한 표준의 소급성을 이용하여 제품 수출 시 수입국 기술기준에 따라 수출국에서 시험 또는 인증을 수행하고, 그 결과를 수입국에서 인정함으로

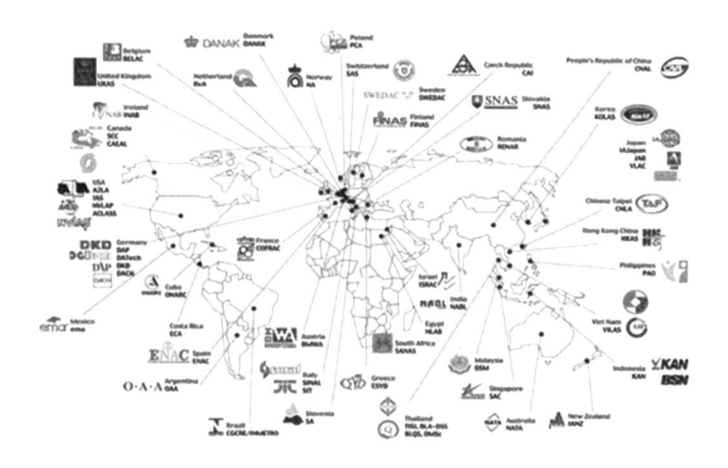


그림 4.20 국가 간 상호인정협정이 맺어진 국가

출처 : 국립전파연구원

써 수출 절차를 간소화하는 제도인 '국가간 상호인정협정Mutual Recognition Agreement, MRA'을 통해 수출국에서 검증받은 제품에 대하여 2중, 3중의 추가검증이 필요없어지게 된다. 이에 따라 탐색비용과 측정비용을 감소시킬 수 있어 소비자의 이익을 증진할 수 있으며, 시간과 비용을 효율적으로 감소시킴으로써 국가 간 무역을 촉진할 수 있다.

또한 표준은 국민 생활의 편익을 증진하고, 삶을 윤택하게 할 수 있는 공공재적인 성격을 가지고 있다. 우리나라의 K 방역모델 표준화가 하나의 예시로 이 표준을 통해 글로벌 감염병 방역에 기여하고 있다.

## 라 국제화 시대에서 표준의 중요성

최근, 표준이 연구개발 결과와 시장을 연결하는 핵심 수단으로 인식됨에 따라 첨단 소재 관련 주요 기술 선진국 및 글로벌 기업은 적극적으로 표준화를 추진하고 있다. 2016년 영국 표준협회British Standards Institution, BSI는 표준을 통해 국가 생산성을 약 37.4% 향상시키고 수출을 41% 증가시키며 이에 따라 28.4%의 GDP 성장을 견인했다고 보고하였다.

기술 개발에 있어서 표준의 역할을 살펴보면 그림 4.21과 같이, 표준화되지 않은 혁신기술은 다양한 신기술의 등장으로 성장할 수 있지만 기술의 고도화와 시장의 확대에는 어려움이 따르게 된다. 특허로 보호된 기술은 일부 생산자들에 의해 공유되고 부분적으로 혁신되며 시장에서 선도적인 제품만을 지원할 수 있다. 하지만 공적 표준화가 이루어진 혁신기술

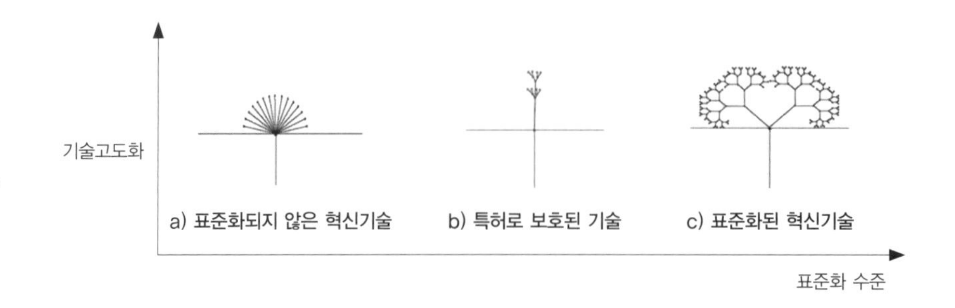


그림 4.21 표준화와 혁신기술의 관계

의 경우, 핵심기술을 중심으로 주요 표준을 형성함으로써 이를 응용한 기술이 발전할 수 있는 토대를 마련하는 역할을 한다.

공적 표준화가 이루어진 혁신기술의 예시로서 5G 기술이 있으며, 5G 기술을 실현할 수 있는 기반 기술들이 ITU, 3GPP 등의 국제기구에서 경쟁, 협력하며 표준화된 뒤 다양한 기술이 개발되어 국제적으로 통용되고 있다. 또한 표준기술을 구현함에 있어서 특허가 필수적인 경우가 있는데, 이를 표준특허라 하며 주로 IT제품에 활용되고 있다. 4차 산업혁명 시대에 각광받는 5G 이동통신, 사물인터넷, 빅데이터, 스마트 자동차 등의 분야에서 다양한 기술이 빠르게 개발되고, 표준특허로 활용되고 있으며 LG 전자, 삼성전자가 세계에서 가장 많은 표준특허를 보유하고 있다.

정당한 목적수행에 필요 이상의 규제를 방지하는 WTO/TBT 협정이 1995년 발효됨에

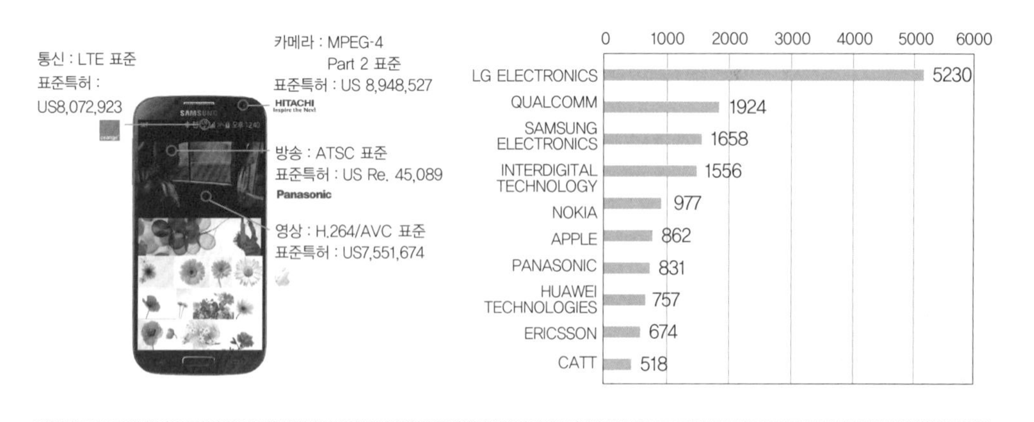


그림 4.22 스마트폰에 활용되는 표준특허와 기업별 표준특허 보유 수

출처 : 특허청, 표준특허 길라잡이

따라 자국민의 안전, 건강, 환경보호 등을 위한 경우 외에 무역을 제한할 수 있는 무역기술장벽(기술규정, 국가표준 및 적합성평가절차)이 금지되었다. 하지만 무역기술장벽을 적용함에 있어 국제표준에서 규정하고 있는 내용보다 엄격할 경우 무역기술장벽으로 작용할 수 없게 된다. 자동차, 전기전자제품 분야에서 무역기술장벽을 표준화 활동으로 극복한 ELVEnd-of-Life Vehicles[7]와 RoHS(The Restriction of the use of certain Hazardous Substances in electrical and electronic equipment)[8]를 대표적인 사례로 들 수 있다.

2000년 유럽의 사용완료 자동차에 관한 지침 ELV를 통해 차량에 사용되는 소재, 부품에 4대 중금속(납, 6가크롬, 수은, 카드뮴)이 사용되지 못하도록 규제하였다. 이로 인해 우리나라 자동차의 유럽 수출에 큰 문제가 발생하게 되었고 우리나라에서는 유해물질을 대체할 수 있는 소재부품 개발과 함께 자동차 부품소재에 포함되어 있는 중금속을 검출할 수 있는 정밀, 정확한 분석방법을 개발하여 단체, 국가, 국제표준화를 통해 해결해오고 있다.

또한 2003년 유럽에서 전기전자 제품에 사용되는 유해물질 제한지침RoHS이 제정되어 발효되었다. 이에 따라 전기전자 제품에서 앞선 4대 중금속과 더불어 폴리브롬화비페닐, 폴리브롬화디페닐에테르 등 잠재적으로 유해한 물질의 사용이 규제됨에 따라 전기전자 제품의 수출에 큰 문제가 발생하였다. ELV에서와 마찬가지로 다양한 전기전자 제품에서 유해물질 free 소재, 부품 개발과 함께 보다 신속하고 정밀, 정확한 유해물질 분석기술을 개발 및 표준화를 통해 이를 극복할 수 있었다.

## 4.1.2 다양한 표준의 분류

### 가 표준을 분류하는 기준

우리의 일상생활은 표준으로 둘러싸여 있다 해도 과언이 아니다. 아침에 일어나서 보는 시계에는 표준시간에 맞추어진 측정표준이 적용되고 세수, 양치질할 때에는 수질, 칫솔에 대한 표준이 적용되고 출근하는 과정에서 교통 등에 대한 법률이 적용되며 회사에서 업무할 때에는 사내표준 및 사내규정을 따라 작업하게 된다. 앞서 언급되었던 측정표준, 법률, 사내표준 등이 어떤 표준으로 분류되는지 알아보도록 하겠다.

7 사용완료 자동차에 관한 명령인 유럽 지역(EU)의 환경 규제로서 리사이클에 장애요인이 되고 있는 유해물질의 사용을 제한하고 폐자동차의 의무재활용에 관한 규제이다.

8 전기·전자제품을 제조하는데 있어서 특정 유해물질 사용 제한에 관한 규정으로, 유럽연합에서 발효한 환경규제이다.

그림 4.23 우리 생활 속의 표준

표준은 크게 성립주체적, 제정주체적, 과학기술적으로 분류되며, 언어, 부호, 법규, 관습 등은 인문사회적 표준으로 분류되기도 한다.

앞선 분류기준과 더불어 표준화기구에서는 표준의 관리를 위하여 표준을 부문별로 분류하기도 한다. 국제표준화기구인 ISO와 IEC에서는 부문별로 ICS 코드International Classification for Standards를 부여하여 관리하고 있으며 우리나라의 표준인 한국산업표준(KS)은 기본 부문(KS A)부터 정보 부문(KS X)까지 21개의 부문별로 나누어 관리한다.

표준과 유사한 문서로 ISO 발간물, 사양, 규제 등이 있으며, ISO 발간물로는 기술시방서

표준

| 성립주체적 분류 | 제정주체적 분류 | 과학기술적 분류 |
|---|---|---|
| 공적 표준 | 국제표준 | 성문표준 |
| | 지역표준 | |
| | 국가표준 | 측정표준 |
| 사실적 표준 | 단체표준 | 참조표준 |
| | 사내표준 | |

* 인문사회적 표준 : 언어 · 부호 · 법규 · 능력 · 태도 · 행동규범 · 책임 · 전통 · 관습 · 권리 · 의무 등

그림 4.24 표준의 분류

출처 : 국가표준인증 통합정보시스템

| ICS ↑ | Field |
|---|---|
| 01 | Generalities, Terminology, Standardization, Documentation |
| 03 | Services, Company organization, management and quality, Administration, Transport, Sociology |
| 07 | Natural and applied sciences |
| 11 | Health care technology |
| 13 | Environment, Health protection, Safety |
| 17 | Metrology and measurement, Physical phenomena |
| 19 | Testing |
| 21 | Mechanical systems and components for general use |
| 23 | Fluid systems and components for general use |
| 25 | Manufacturing engineering |
| 27 | Energy and heat transfer engineering |
| 29 | Electrical engineering |
| 31 | Electronics |

| 분류 기호 | 부문 | 분류 기호 | 부문 | 분류 기호 | 부문 |
|---|---|---|---|---|---|
| KS A | 기본 | KS H | 식료 | KS Q | 품질경영 |
| KS B | 기계 | KS I | 환경 | KS R | 수송기계 |
| KS C | 전기전자 | KS J | 생물 | KS S | 서비스 |
| KS D | 금속 | KS K | 섬유 | KS T | 물류 |
| KS E | 광산 | KS L | 요업 | KS V | 조선 |
| KS F | 건설 | KS M | 화학 | KS W | 항공우주 |
| KS G | 일용품 | KS P | 의료 | KS X | 정보 |

그림 4.25 ISO 표준을 분야별로 분류하기 위한 ICS 코드, 부문에 따른 KS의 분류

출처 : https://www.iso.org/standards-catalogue/browse-by-ics.html

Technical Specification, TS, 기술보고서Technical Report, TR, 공공시방서Publically Available Specification, PAS, 국제워크숍 협약International Workshop Agreement, IWA, 가이드Guide가 있다.

기술시방서는 TC/SC 차원의 합의에 의해 개발된 규범적 문서로 아직 기술 개발이 진행 중이거나 국제표준으로 발간하기에 시기상조인 분야에 대해 발간하는 문서이고 기술보고서는 규범적인 내용이 아닌 설문조사 데이터, 현황파악, 정보보고서 등의 정보성 문서이다. 공공시방서는 시장의 필요성에 신속하게 대응하기 위해 작업반working group, WG[9] 차원의 합의 또는 ISO 외부기구의 합의에 의해 개발된 규범적 문서로 정의된다.

국제워크숍 협약은 ISO TC/SC 시스템이 아닌 이해관계자들이 참여하는 워크숍을 통해 개발된 문서이고, 가이드는 표준개발의 주체인 ISO 기술위원회 또는 표준이행을 위한 지침이다. 사양specification은 시방서라고도 하며, 재료, 제품 또는 서비스가 충족해야 하는 명시적인 혹은 구체적인 요구 사항의 집합을 포함하는 문서이다. 또한 규제regulation는 정부가 적용 가능한 행정적 규정을 포함하려는 제품의 특성 또는 관련 공정 및 생산방법이 규정되어 있는 문서로, 그 준수가 의무적이고 강제적이라는 특징을 가진다.

### 나 성립주체적 분류

표준은 성립주체에 따라 공적 표준De jure standard과 사실상 표준De facto standard으로 분류된다. 공적 표준은 국제표준, 국가표준 등과 같이 ISO, IEC, ITU, KS, JIS 등 공식 표준화기관

9 국제표준을 개발하기 위해 기술위원회 아래 만들어진 전문가들의 모임

**표 4.2** 공적 표준과 사실상 표준 비교

| | 공적 표준(De Jure Standard) | 사실상 표준(De Facto Standard) |
|---|---|---|
| 표준화 결정 | 공식 표준화 기관(ISO, IEC, etc.) | 시장(기업, 고객) |
| 표준화 열쇠 | 이해관계자들의 합의를 통해 제정 | 시장 점유율, 참여 기업 수 |
| 표준 개발 속도 | 느림 | 빠름 |
| 우선 순위 | 표준화 | 상업화 |

에서 제정된 표준을 의미하며, 정해진 절차에 근거하여 표준화가 이루어져 표준이 명확하고 개방적이다. 사실상 표준은 기업 간 시장 경쟁을 통해 사실상의 표준으로 받아들여지는 것으로 MS Windows, 인텔의 CPU 등이 여기에 해당된다.

그림 4.26 주요 공적 표준화기구

출처 : ISO, IEC, 국가기술표준원, DIN

공적 표준은 '표준화기관에 의해 제정된 표준'으로, 이해관계자의 참여하에 합의의 방식으로 제정되어 제정과정이 투명하며, 내용이 명확하고 공개적이라는 특징이 있다. 다수의 이해관계자와의 합의가 필요하여, 표준의 개발속도가 비교적 느리고 표준의 보급과 제품의 보급 사이에 시간적 차이가 발생한다. 주요 공적 표준화 기구는 ISO, IEC와 같은 국제표준화기구와 국가기술표준원(KATS), 독일 표준화 협회(DIN) 등 국가표준화기구가 있다.

사실상 표준은 '시장에서 표준으로 인정받거나 업계를 중심으로 결성된 표준화기구에서 제정되는 표준'을 말하며, 표준 보급과 제품 보급이 동시에 발생하고 표준 경쟁의 승자가 시장을 독점한다는 특징을 가지고 있다. 또한 표준 내용에 접근하기 힘들기 때문에 사실상 표준이 경쟁 장벽으로 작용하여 후발 기업의 접근이 불리해지게 되며, 사실상 표준화기구의 대표적인 예로 ASTM, IEEE 등을 꼽을 수 있다.

사실상 표준의 대표적인 사례로 마이크로소프트의 윈도즈가 있으며, 초기의 윈도즈는 사용자가 활용하기 편한 형태로 개발되어 시장을 선점할 수 있었고 운영체제가 보급됨에 따라 소프트웨어 또한 함께 개발되었다. 운영체제에 맞는 소프트웨어가 많이 개발될수록 그 운영체제가 더 많이 채택되는 선순환 구조 형성으로 시장을 선점하게 되어 사실상 표준이 될 수 있었다. 다른 예시로, 비디오카세트 레코더 장치의 표준경쟁 사례와 애플, IBM의 컴퓨터 표준 경쟁 사례를 들 수 있다.

### 다 개발주체적 분류

표준은 제정주체에 따라 국제표준, 지역표준, 국가표준, 단체표준, 사내표준으로 분류되어지며, 국제, 지역, 국가표준은 공인된 기관에서 제정한 표준으로 공적 표준으로 분류되고, 단체, 사내표준은 해당 업계에 참여하고 있는 기업 혹은 이 기업들이 모여 만들어진 단체표준화 기구에서 제정되므로 사실상 표준으로 분류된다.

국제표준은 '국가표준기본법에서 국가 간의 물질이나 서비스의 교환을 쉽게 하고, 지적 · 과학적 · 기술적 · 경제적 활동 분야에서 국제 협력을 증진하기 위하여 제정된 기준으로서 국제적으로 공인된 표준'으로 정의되고 있다. 국제표준은 제품과 서비스가 상호 연결되고 대량의 데이터가 생성, 유통, 저장되는 초연결의 핵심적 연결수단이며, 제품, 서비스의 스케일 업 비용과 시간을 획기적으로 줄여 새로운 시장을 창출 및 확대한다.

또한 국제표준은 인공지능, 로봇 등 신기술이 몰고 올 사회, 경제적 파장과 불확실성을 통제하기 위한 최소한의 기준으로 작용하며 4차 산업혁명 시대에 중요한 역할을 하고 있다. 우리나라에서도 '300 · 60 프로젝트'를 통해 국제표준을 제정하고, 국제표준화기구 내 의장단(Chairperson, Committee manager, Convenor 등)을 확보하기 위해 노력하고 있다.

국가표준은 '국가 사회의 모든 분야에서 정확성, 합리성, 국제성을 높이기 위하여 국가적

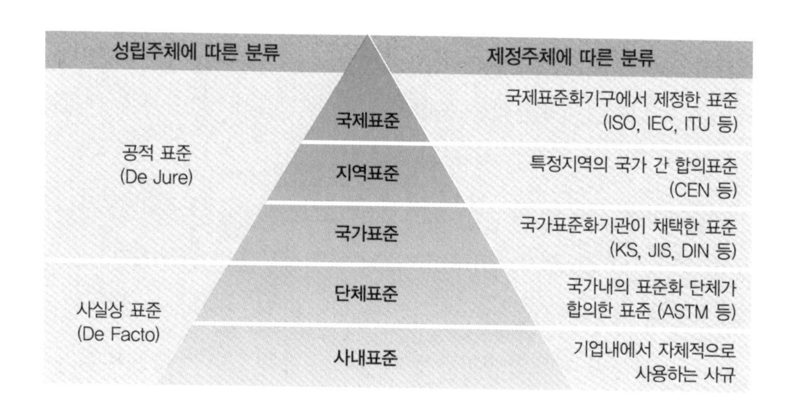


그림 4.27 표준의 성립주체 및 제정주체에 따른 분류 비교

혁신성장 산업분야
국제표준
**300건 제안**

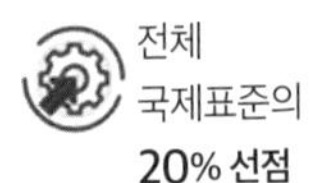

전체
국제표준의
**20% 선점**

국제표준화기구 내
4차 산업혁명 분야 의장단
**60명 확대**

**혁신성장 산업**

전기 · 자율차, 에너지(수소 등), 지능형 로봇, 스마트 제조, 바이오 · 헬스, 드론 · 해양 구조물, 스마트 시티 · 홈, 비메모리, 디스플레이, 스마트팜

국제표준화기구(ISO) 2019년 6명 → 2023년 20명

국제전기기술위원회(IEC) 2019년 20명 → 2023년 30명

국제전기통신연합(ITU) 2019~2023년 15명 유지

그림 4.28 4차 산업혁명 시대 국제표준화 선점 전략 '300 · 60 프로젝트'

출처 : 국가기술표준원

으로 공인된 과학적 · 기술적 공공기준'으로 무역, 생산, 교육, 과학기술 등 국가 사회 모든 분야에서 준용되어야 할 통일된 기준이 되는 공공적 성격의 기반기술이다. 국가표준은 국가 차원의 장기 투자를 요구하며 민간이 수익사업으로 추진하기 어렵고, 기술 개발의 효과가 사회 모든 분야에 적용되는 국가 고유의 업무 특징을 가지고 있다.

단체표준은 '이해를 같이하는 사람이나 회사가 단체를 구성하여 이와 관계되는 사람들이 이익 또는 편의를 얻을 수 있도록, 물체, 성능, 구조, 절차, 방법 등에 관하여 통일화되고 단순화된 기준을 설정하여 단체 구성원이 공통으로 준수하도록 제정한 표준'이다. 단체표준은 소비자와 산업계의 새로운 표준화 수요에 신속하게 대응하는 역할, 국가표준과 사내표준의 교량적 역할, 국가표준 또는 기술기준의 기반 또는 후보군 역할, 국가표준이 제정되어 있지 않거나 불필요한 부분의 세부적인 보완 역할 등을 한다.

사내표준은 '회사, 공장 등에서 재료, 부품, 제품 및 수주, 설계, 구매, 생산, 보관, 서비스 등의 업무에 적용하는 것을 목적으로 정한 기준'이다. 사내표준은 다시 관리표준과 기술표준으로 분류될 수 있으며 사내표준화를 통하여 고유기술 축적, 기술력 향상 등을 기대할 수 있다.

사내표준 예시로 미국 자동차 회사 포드를 들 수 있는데, 사내표준화를 통하여 자동차 한 대의 생산시간을 혁신적으로 줄이며 비숙련 노동자의 직무훈련을 단기간으로 줄일 수 있었고, 이를 통해 미국 내 자동차 시장 점유율 1위를 달성할 수 있었다. 2차 산업혁명 당시, 포드를 포함한 미국 내 자동차 제조업체의 전문가들이 공통적으로 기술설계 문제에 대한 논의 및 기술 표준의 개발의 필요성을 느껴 자동차기술자협회를 설립하였고, 1912년부터 회원사들의 참여를 통하여 단체표준을 제정하기 시작하였다. 이후 이 협회는 1916년 토머스 에디슨, 라이트 형제 등이 회원으로 참여하는 미국 항공공학회 및 트랙터 엔지니어 협회와 합쳐지며 항공기와 이동수단에 대한 협회로 범위가 확대되었다.

### 라 과학기술적 분류

표준은 과학기술적 분류에 따라 그림 4.29와 같이 성문표준, 측정표준, 참조표준으로 분류될 수 있다.

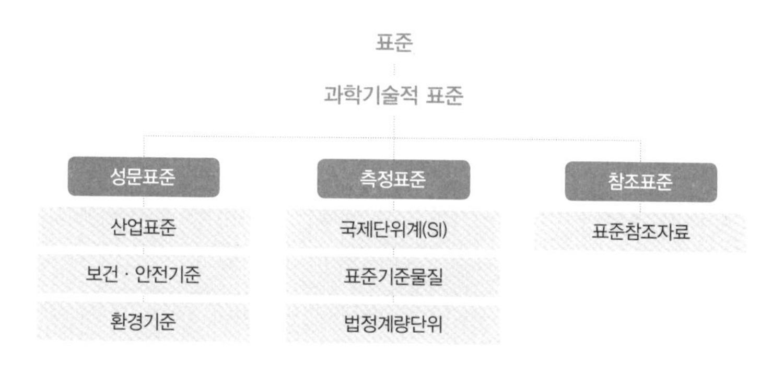


그림 4.29 과학기술적 표준의 분류

성문표준은 '국가사회의 모든 분야에서 총체적인 이해성, 효율성 및 경제성을 높이기 위하여 강제 또는 자율적으로 적용하는 문서화된 과학기술적 기준, 규격, 지침, 기술규정'으로 ISO 표준, KS, 기술규정, 지침 등이 포함된다.

측정표준은 '과학 및 산업기술 분야에서 물성 상태의 양에 대하여 그 측정단위 또는 특정량의 값을 정의하고 재현하여 보여주기 위한 기준'으로 사용되는 물질 척도, 측정기기, 표준 물질, 측정방법 또는 측정 시스템으로, 우리가 일상생활에서 사용하는 1킬로그램(1kg), 1센티미터(1cm), 1초(1s) 등의 기준이 된다.

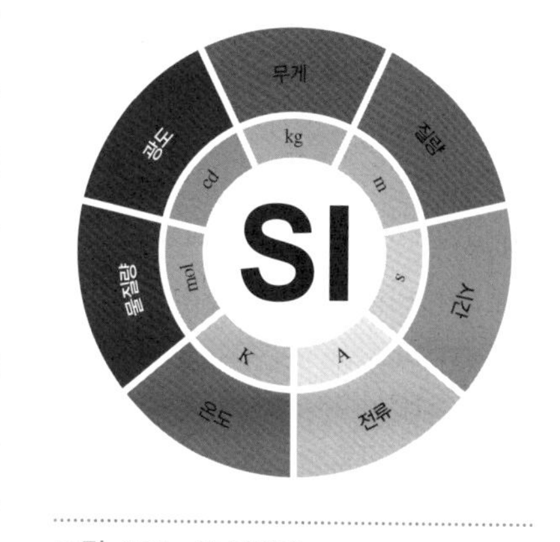


그림 4.30 SI 단위계

국제도량형국The International Bureau of Weights and Measures, BIPM은 나폴레옹의 미터법에서 설명하였던 미터협약에 근거하여 설립된 국제측정표준기관으로 물리량 측정을 위한 기본표준과 척도의 설정 및 국

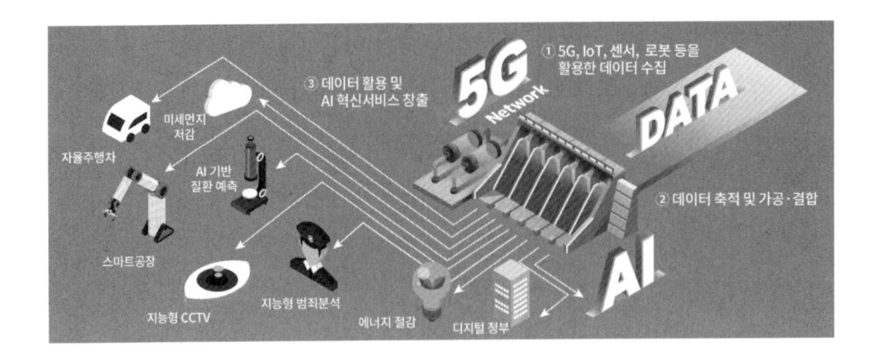


그림 4.31 데이터 댐과 4차 산업혁명 기술

출처 : 과학기술정보통신부

제 원기의 유지, 측정 기술의 국제적인 협력, 기본 물리상수에 관해 결정하고 이들을 운영 · 관리하고 있다. 이를 통하여 국제적인 조정회원국에 길이, 질량, 시간 등과 같은 국가 표준 측량이 되는 올바른 단위를 보급하고 있다. 우리나라 측정표준 대표기관인 한국표준과학연구원Korea Research Institute of Standards and Science, KRISS은 1975년에 설립되어 국가측정표준 확립 · 유지 · 향상, 측정과학기술 연구 개발, 측정표준 보급 및 교육을 담당하고 있다.

참조표준은 '측정 데이터 및 정보의 정확도와 신뢰도를 과학적으로 분석 · 평가하여 공인함으로써 국가사회의 모든 분야에서 널리 지속적으로 사용되거나 반복사용이 가능하도록 준비된 자료'이다. 기존에 참조표준은 유효한 절차와 방법에 따라 국가가 공인한 데이터를 제공함으로써 유사 시험 및 연구개발에 참고할 수 있어 중복실험 방지로 시간과 비용을 효율적으로 절감할 수 있다.

또한 4차 산업혁명 시대가 도래하며 인공지능, 빅데이터 기술을 실현하기 위해서는 신뢰할 수 있는 데이터 생성이 필수적으로 참조표준의 중요성이 더욱 부각되고 있다. 우리나라는 4차 산업혁명에 대응하기 위하여 빅데이터를 효과적으로 확보, 제공하기 위하여 '디지털 뉴딜 정책'을 추진하고 있다. 이 정책을 통해 데이터 센터를 확대함으로써 자율주행차, 수소에너지, 바이오, 헬스 등 혁신성장 산업에 활용되는 데이터를 제공하여 기업이 신제품을 개발하고자 할 때, 비용절감 및 생산성 향상에 기여하고 새로운 비즈니스로 연계되어 4차 산업혁명 선도기업을 육성하는 데 기여할 수 있다.

각 표준의 관계를 정리하자면, 측정표준은 참조표준의 기준값 역할을 하고 참조표준을 토대로 하여 성문표준이 작성될 수 있다. 성문표준을 활용하여 참조표준을 생산할 수 있고,

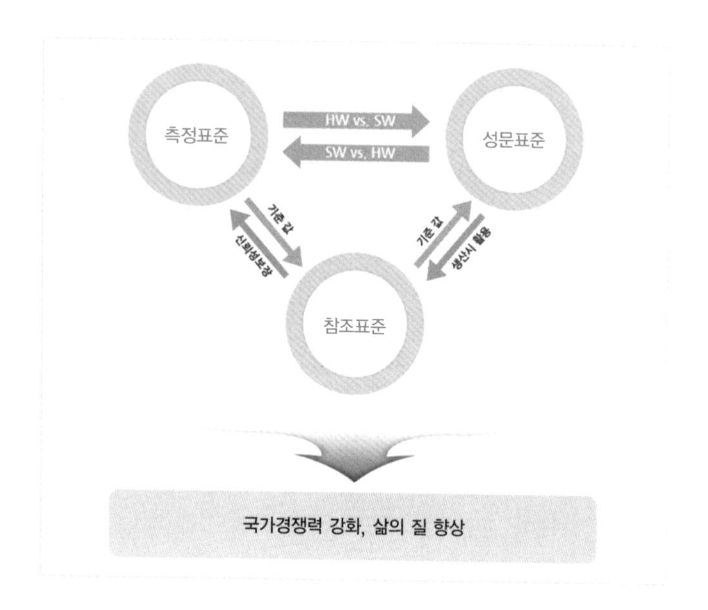


그림 4.32 측정표준, 성문표준, 참조표준의 관계

출처 : 국가참조표준센터

이렇게 생산된 참조표준은 측정표준의 신뢰성을 보장하는 역할을 한다. 이러한 측정표준, 성문표준, 참조표준은 상호보완적인 관계로 국가산업기술과 함께 국가경쟁력 강화에 필수적이다.

### 4.1.3 표준화기구의 이해

#### 가 국제표준화기구

국제표준을 선점함으로써 시장 점유 확대, 제품의 안정성 및 품질 확보, 수입제품 대체 등의 효과를 볼 수 있다. 국가기술표준원에 따르면 우리나라 기술의 국제표준화 대표 사례로는 그림 4.33의 가정용 청소로봇의 청소 방식이 있다. 우리 가정에서도 요즘 많이 사용하고 있는 청소로봇의 경우, 기존의 청소기와 달리 '자율주행'이라는 기능을 가지고 있다. 회사별로 채택한 자율주행 방식의 특징에 따라 먼지 제거 성능이 달라지게 되며, 청소로봇 시장이 확장됨에 따라 제품의 성능을 평가할 수 있는 기준이 필요하게 되었다.

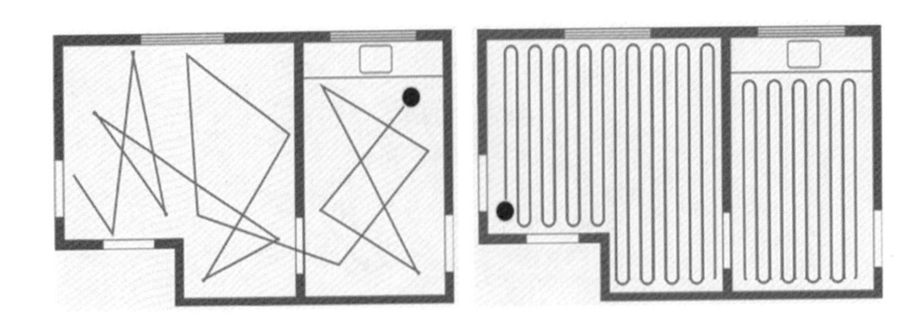

그림 4.33 가정용 청소로봇의 청소방식. 랜덤 방식(좌), 실시간 맵핑 방식(우)

출처 : 국가기술표준원

이러한 요구에 따라 한국이 표준안을 개발하여 프로젝트 리더project leader[10]로서 국제표준을 제안하여 표준화를 주도하였고 irobot, 삼성, LG, Philips 등의 기업 전문가들이 참여하여 청소로봇의 청소 방식에 대한 표준(IEC 62929)을 2009년에 제정하였다. 이로써 우리나라 로봇청소기의 우수성을 입증할 수 있었으며, 이로 인해 세계시장 점유율이 2009년 9.8%에서 2015년 18.6%로 세계 1위의 시장점유율을 달성할 수 있었다.

우리나라 기술의 국제표준화 두 번째 사례는 유기 발광 다이오드organic light-emitting diode, OLED에 관한 것으로, OLED는 전류에 반응하여 소자 스스로 빛을 내기 때문에 '꿈의 디스플레이'로 불리고 있다. 이러한 OLED 분야에서 성공적인 기술 개발과 산업 활성화를 위해 OLED 기술의 전기적, 광학적, 구조적 시스템에 대한 표준화가 중요한 척도로 주목받고 있다. 우리나라의 삼성 SDI, LG전자에서 각각 표준안을 개발하였고, 이를 프로젝트 리더로서 국제표준화기구인 IEC에 제안하여 OLED의 소비전력, 화질, 내구성 등에 관한 표준(IEC 62341)을 제정하였으며, 이를 통해 국내 OLED의 우수한 성능을 입증하여 우리나라에서 생산한 OLED 디스플레이 패널이 세계시장의 약 90%를 점유할 수 있었다.

앞서 설명한 두 사례에서 국제표준에 대하여 언급하였는데 국제표준화기구에 대하여 알아보도록 하겠다. 국제표준이란 국가 간의 물질이나 서비스의 교환을 용이하게 하고 지적, 과학적, 기술적, 경제적 활동 분야에서 국제적 협력을 증진하기 위해 제정된 기준을 의미하며, 대표적인 국제표준화기구로는 ISO, IEC, ITU 등이 있다. 국제표준화기구International Organization for Standardization, ISO는 1946년도에 설립되어 IEC, ITU와 함께 세계 3대 공적 표

10 실질적으로 국제표준을 개발을 맡은 전문가로 제안자(proposer)와 다를 수 있음

| 분야 | NP 채택 | 비율 (%) | 진행 프로젝트 | 비율 (%) | 신규 발간표준 | 비율 (%) | 누적 발간표준 | 비율 (%) |
|---|---|---|---|---|---|---|---|---|
| 농업 및 식품공학 | 63 | 3.4 | 186 | 3.7 | 45 | 3.3 | 1,207 | 5.6 |
| 건설 | 65 | 3.5 | 219 | 4.4 | 37 | 2.7 | 528 | 2.5 |
| 전자공학, 정보기술 및 통신 | 310 | 16.7 | 671 | 13.4 | 252 | 18.2 | 3,796 | 17.7 |
| 공학기술 | 380 | 20.5 | 1,209 | 24.2 | 353 | 25.6 | 5,856 | 27.3 |
| 인프라, 과학 및 서비스 | 213 | 11.5 | 640 | 12.8 | 133 | 9.6 | 1,998 | 9.3 |
| 보건, 안전 및 환경 | 169 | 9.1 | 428 | 8.6 | 99 | 7.2 | 877 | 4.1 |
| 재료공학 | 273 | 14.7 | 850 | 17.0 | 267 | 19.3 | 4,697 | 21.8 |
| 특수기술 | 51 | 2.8 | 130 | 2.3 | 17 | 1.2 | 215 | 1.0 |
| 교통 및 유통 | 331 | 17.8 | 664 | 13.3 | 178 | 12.9 | 2,304 | 10.7 |
| 합계 | 1,855 | 100 | 4,997 | 100 | 1381 | 100 | 21,478 | 100 |

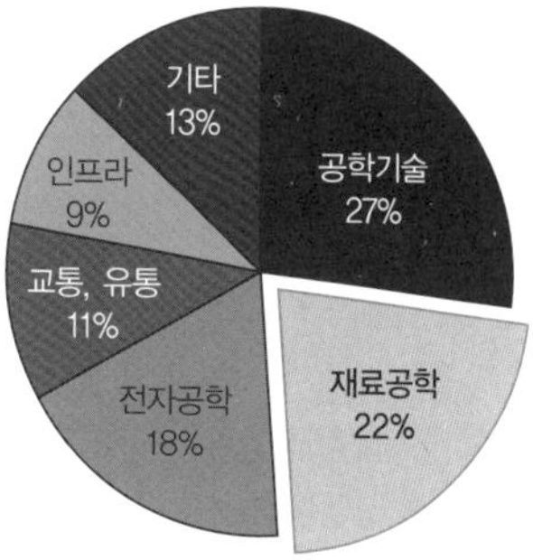

기타 13%
공학기술 27%
인프라 9%
교통, 유통 11%
전자공학 18%
재료공학 22%

그림 4.34 국제표준분류별 ISO 내 표준개발 현황 (2016년 12월 말 기준)

준화기구로 2022년 기준 전 세계 163개국이 참여하고 있다.

ISO는 기술에서 식품안전, 농업 및 의료에 이르기까지 거의 모든 산업을 다루는 국제표준 및 관련 문서를 작성, 출판하는 기관으로 세계의 표준화 및 관련 활동의 발전을 촉진하기 위해 설립된 기구이다. ISO라는 명칭은 영어의 머릿글자를 딴 약칭이 아닌, 그리스 문자의 '같다, 동일하다'라는 의미를 가지는 'isos'라는 단어에서 유래되었으며, 국제표준화기구의 영어 명칭 'IOSinternational organization for standardization와 프랑스어 명칭 'OINOrganisation Internationale de Normalisation'이 서로 달라, 중립적인 명칭인 'ISO'를 전 세계 공통의 약칭으로 택하였다. 따라서 ISO의 발음은 '아이에스오'가 아닌 '아이소' 또는 '이소'로 읽는 것이 맞다.

국제전기기술위원회International Electrotechnical Commission, IEC는 1906년에 설립되어 2022년 기준 83개국이 참여하고 있으며, 전기 기술에 관한 모든 분야의 국제표준 및 규격을 제정하고 발간하는 역할을 하고 있다. 국제전기통신연합International Telecommunication Union, ITU은 1934년에 설립되어 193개국이 참여하고 있는 국제기구로 전 세계의 무선 통신, 전파, 방송, 위성 주파수에 대한 규칙 및 표준을 개발, 보급하고 국제적 조정, 협력 역할을 수행해오고 있다. 국제표준화기구 중 ISO는 전기전자(IEC) 및 통신(ITU)를 제외하고 소재를 비롯한 기초 산업의 표준을 개발하고 있으며, ISO에서 발간된 표준 중 22%가 재료공학과 관련되어 있어 소재기술과 관련된 표준은 대부분 ISO에서 다루어지고 있다.

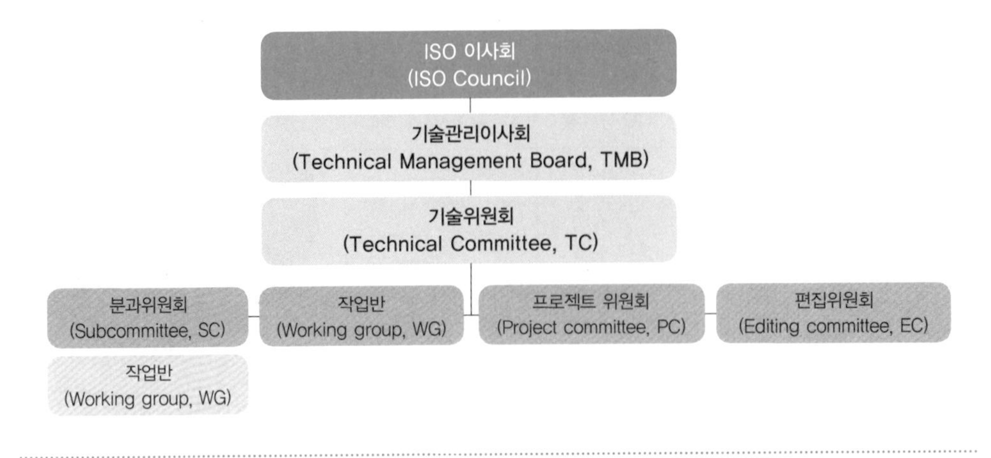


그림 4.35 국제표준화기구(ISO)의 구조

국제표준화기구 ISO의 구조를 살펴보면, ISO 이사회, 기술관리이사회, 기술위원회, 분과위원회 및 작업반으로 구성된다.

각 기술위원회 및 분과위원회에는 의장, 간사committee manager, P-멤버[11], O-멤버[12]가 존재하며, 기술위원회 내에 존재하는 작업반working group은 표준 혹은 발간물의 초안을 개발하는 역할을 하며, 컨비너convenor를 주축으로 각국의 이해관계자 중 전문가가 참여하게 된다. 기술위원회에서 표준화를 주도하는 사람을 프로젝트 리더라 하며, 표준화 대상에 대한 전문지식을 통해 표준의 개발에 참여하는 사람을 전문가라고 한다.

지역표준이란 '일정한 지역을 기반으로 하여 여러 국가가 참여하는 지역표준화기구에서 제공되는 표준'으로 대표적인 지역표준화기구로는 유럽표준화위원회CEN, 태평양지역표준회의PASC, 유럽전기통신표준협회ETSI 등이 있다.

유럽표준화위원회The European Committee for Standardisation, CEN은 1961년도에 설립된 기구로 2022년 기준 34개국이 참여하고 있다. 전자기술과 원거리 통신을 제외한 모든 경제활동 영역에서 유럽표준을 기획, 작성, 채택하고 있으며, 제품, 시험방법 등에 관한 유럽 규격을 제정하고 관련 표준기관과의 협력을 도모하는 역할을 하고 있다.

태평양지역표준회의Pacific Area Standards Congress, PASC는 1973년에 발족된 기구로, 2022년 기준 24개의 국가가 참여하고 있다. 아시아 지역의 표준화 활동과 더불어, PASC 회원국의

11 Paticipating member로 기술위원회 투표 시 투표권을 행사할 수 있음

12 Observer member로 기술위원회 투표 시 투표권을 행사할 수 없지만 기술위원회의 문서를 열람할 수 있음

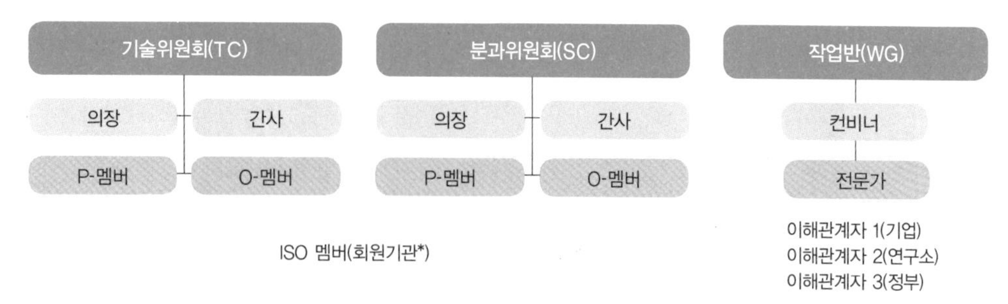


* 회원기관(National body, National standard body) : KATS, JIS, DIN 등 국가표준화기구로서 국제표준화기구의 회원으로 표준의 제안, 투표권 행사 등을 할 수 있음.

그림 4.36 국제표준화기구(ISO)의 기술위원회 및 작업반 구조

건의문을 국제표준화기구에 전달하여, 자문, 협력을 제공하고 국제표준화에 필요한 사항과 표준화 구조 개선의 역할을 하고 있다.

다음으로 4차 산업 및 첨단 소재와 관련된 국제표준화 동향을 살펴보면, ISO의 경우 스마트 제조, 스마트 시티, 스마트 홈 등 스마트 산업을 실현하기 위한 O2O 결합을 비롯하여 상호운용성을 보장하는 AI용 반도체, 스마트센서, 신재생 에너지 분야 등의 첨단소재 관련 국제표준화를 진행하고 있다.

IEC의 경우, 드론, 선박, 열차, 건설기계 등 연료전지와 배터리 하이브리드 시스템 등의 융합기술 분야에서 2030년까지 38건의 표준 개발을 목표로 하고 있으며, ITU는 사물인터넷, 빅데이터 처리, 5G 기술, AI 등을 주요 표준화 그룹으로 지정하고 지능형 컴퓨팅 표준을 개발하여 방대한 데이터를 효율적으로 처리할 수 있는 표준을 개발하고 있다.

유럽표준화위원회CEN는 4차 산업 시대에 발맞추어 '2030 표준화 전략'을 수립하였으며,

그림 4.37 유럽표준화기구(CEN, CENELEC, ETSI) 및 태평양지역표준회의(PASC)

출처 : CEN, PASC

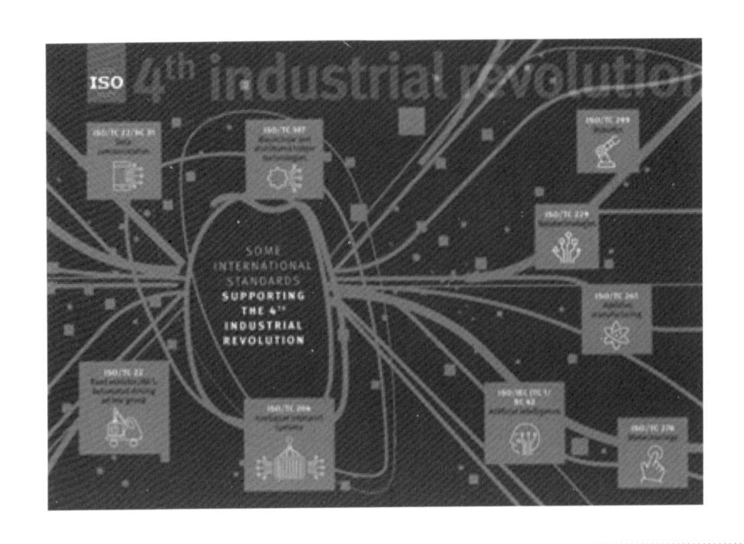


그림 4.38 ISO의 4차 산업 기반 첨단기술 표준 기술위원회

출처 : ISO FOCUS, ISO Annual report 2018

ICT 분야를 인공지능 시스템, 온라인 플랫폼, 디지털 신원, 스마트 계약으로 분야를 나누어 표준화를 진행하고 있다. 태평양지역표준회의PASC의 경우, 아시아, 태평양 지역 국가의 표준 활동 강화를 위한 'PASC 전략 계획'을 작성, 논의하고 있으며, 다양한 분야의 서비스 표준 사례를 공유하고 서비스 표준화에 대한 중요성 및 국제표준의 필요성을 강조하고 있다.

### 나 국가표준화기구

우리나라는 국제무역에 크게 의존하는 나라 중 하나로, 그림 4.39에서 볼 수 있듯이 G20 국가 중 우리나라의 수출 의존도는 세 번째이며, 우리나라 산업 중 많은 부분이 수출에 의존하고 있다.

국가별 GDP 대비 무역비율을 보았을 때, 우리나라는 104.2%로 G20 국가 중 가장 높은 것을 알 수 있다. 무역에서 지켜야 할 기술기준은 관련 제품, 기술의 국제표준으로 이 국제표준은 주로 각 나라별 국가표준에 근거를 두고 있다. 과거, 우리나라는 기존에 개발되어 있는 국제표준 또는 선진국의 국가표준을 도입, 활용하여 우리나라의 국가표준으로 부합화하였다.

하지만 4차 산업혁명 시대를 맞이하여 첨단기술을 선도하고 세계 1등 제품 경쟁을 위해서는 우리나라의 사내, 단체표준화 활동을 강화하고 이를 바탕으로 제정된 국가표준으로 국

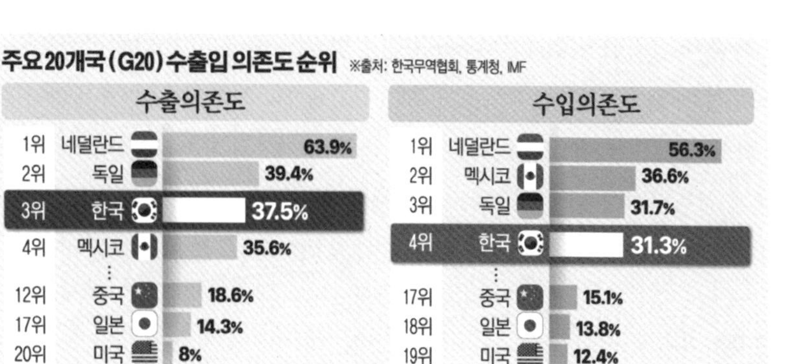


그림 4.39 주요 20개국(G20) 수출입 의존도 순위

출처 : 한국무역협회, 통계청

제표준 부합화를 이루어야 한다. 이를 통해 국내기업의 수출경쟁력을 강화하고 국제교역 환경에 적극 대응할 수 있을 것이다. 이에 우리나라는 헌법 제127조 2항에 국가는 국가표준제도를 확립한다고 명시하였으며, 국가표준기본법과 표준 및 인증 관련법을 제정하여 표준을 관리하고 있다.

국가표준이란 국가사회의 모든 분야에서 정확성, 합리성 및 국제성을 높이기 위하여 국가적으로 공인된 과학적, 기술적 공공기준으로 주요국의 국가표준화기구를 살펴보면 영국의 BSI, 독일의 DIN, 미국의 ANSI, 일본의 JSA, 중국의 SAC, 한국의 KATS 등이 있다.

영국의 국가표준화기구인 영국표준협회BSI는 1901년에 설립되어 영국 런던에 현재 본사를 두고 있다. 영국표준협회는 최초의 국가표준화기구로, ISO의 품질경영시스템, 환경경영시스템, 안전보건시스템과 같은 업무용 규격을 최초로 제정 및 발행한 기구이다. 독일의 국가표준화기구인 독일표준협회DIN의 경우, 1917년에 설립되어 현재 독일 베를린에 본사를 두고 있으며, 기술 부문 전반에 걸쳐 표준화 활동을 수행할 뿐만 아니라, 최근 Industry 4.0, Smart city 등의 발전을 촉진하는 역할을 담당하고 있다.

미국의 ANSI의 경우, 1918년에 설립되어 미국 워싱턴에 본사를 두고 있으며, 미국의 제품, 서비스, 공정, 시스템, 인력 관리 분야에서 표준을 개발, 감독하는 비영리 기구이다. 일본표준협회JSA는 1945년에 설립되어 일본 도쿄에 본사를 두고 있으며, 공업표준화 및 표준통일에 관한 보급과 개발 등을 도모하며, 해외 표준에 관한 일본 정보제공기관역할 또한 수행하고 있다.

중국의 표준화 관리위원회SAC는 1989년에 설립되어 중국 베이징에 본사를 두고 있으며, 중국 내 표준관련 활동을 관리, 감독하고 ISO, IEC 등의 국제 및 지역 표준화기구 내에서 중국을 대표하여 업무를 수행하고 있다. 우리나라의 국가표준화기구인 국가기술표준원(KATS)은 1961년에 설립되어 현재 충북 음성에 본사를 두고 있으며, 국가표준 정책 및 산업 표준화 정책의 수립, 운영과 함께 국가표준제도 확립을 지원하는 역할을 하고 있다.

## 다 단체표준화기구

단체표준이란 관련 기업, 관련 협회, 학회 등이 주축이 되어 이해관계자들이 참여해 관련 산업의 정확한 사정을 반영한 규격을 개발하고 서로 이용하게 하는 표준으로, 주요 단체표준화기구로는 유럽의 3GPP, 미국의 ASTM, 우리나라의 KSA 등이 있다.

3GPP는 유럽의 대표적인 단체표준화기구로서, 이동통신 관련 단체들 간의 공동 연구 프로젝트로 전 세계적으로 적용 가능한 이동통신 시스템 표준을 연구, 개발하는 단체이다. 미국의 ASTM은 대표적인 단체표준화기구로서, 주로 소재, 제품, 시스템, 서비스 등 전반적인 산업에 대한 표준을 개발하고 있다. 일본 전기공업협회 JEMA는 전기, 가전 및 원자력 관련 활동과 함께, 일본의 국제표준 심의, 제정에 참가하고 있는 단체표준화기구이다.

한국표준협회KSA는 산업표준화법에 의거하여 설립된 우리나라의 표준 전문 단체로, 한국산업표준KS 발간 및 국제 · 외국 표준을 수집, 보급하고 국제표준화 활동을 지원하는 역할을 하며, 산업표준화와 품질경영에 관한 조사, 연구, 교육훈련, KS, ISO 인증 등의 업무를 수행하고 있다. 한국산업기술시험원KTL은 국내 공공 종합 시험인증기관으로, 제품의 성능 및 안정성에 대한 품질인증, 시험평가기술을 개발, K마크 성능시험 및 단체표준 개발, 제정 등의 임무를 수행하고 있다.

그림 4.40 세계의 단체표준화기구

출처 : 3GPP, ASTM, JEMA, 한국표준협회, 한국산업기술시험원

### 라 사내표준화기구

사내표준이란 회사, 공장 등에서 재료, 부품, 제품 및 수주, 설계, 구매, 생산, 보관, 서비스 등의 업무에 적용하는 것을 목적으로 정한 기준으로 회사 내의 질서를 유지하고 우수하고 균일한 품질의 제품을 경제적으로 만들어내기 위하여 회사 내의 모든 활동을 성문화시킨 규율, 즉 사내 법률과 같다. 주요 사내표준화기구로는 다들 알고 계시는 유럽의 롤스로이스, 지멘스, 미국의 듀퐁, 포드, 일본의 교세라, 도요타, 우리나라의 삼성, LG 등이 있으며, 이외의 모든 표준화 활동을 진행하고 있는 기업들이 해당된다.

4차 산업 및 첨단 소재 관련 국가표준화 동향을 살펴보자면, 독일은 제조업에 ICT 기술을 융합하기 위한 'Platform Industrie 4.0'계획을 수행하고 있으며, 독일의 표준화기구 DIN과 DKE의 지원으로 독일 표준화 로드맵 'Industry 4.0 버전2'를 발표하여 표준화 활동을 활발히 전개하고 있다. 미국은 실리콘 밸리를 기반으로 4차 산업 관련 혁신 기업들의 플랫폼 비즈니스 선점 등을 통한 기업 주도의 표준화를 실시하고 있으며, 국가적으로도 첨단 제조 파트너십 및 NITRDThe network and Information Technology Research and Development 프로젝트 등을 추진하고 있다.

일본은 '미래투자회의_Society 5.0 실현을 향한 계획'을 제시하고 4차 산업시대 표준화 정책 추진을 위한 '표준화 관민전략'을 발표, 추진하고 있다. 2017년 우리나라의 산업통상자원부에서는 4차 산업혁명 대응을 위해 '코리아 루트를 찾아라'를 발표하여 국가적 관심을 집중하고 있으며, 2019년 10월 대통령 직속 소재부품 장비 경쟁력 위원회를 출범하고, '4차 산업혁명시대 국제표준화 선점전략' 등을 수립하여 4차 산업 및 첨단소재 관련 표준화를 위한 활동들을 적극적으로 수행해오고 있다.

다음으로, 4차 산업 기반 첨단 소재 관련 단체표준화 동향을 살펴보면 국제 반도체 장비 재료 협회SEMI는 반도체 장비, 재료산업 및 평판 디스플레이 산업을 대표하는 표준화 단체로, IEC/TC 47(Semiconductor device)와 달리, 반도체 장비, LCD 기판, 컬러필터 등을 주로 반도체 부품과 관련된 단체표준을 제정하고 있다. 미국의 전기전자기술자협회IEEE는 전기·전자에 대한 산업 표준 회의를 통하여 표준을 제정, 공표하는 표준화 단체로, 2019년 Interfacing cyber and physical world라는 WG를 설립하여, 센서 응용프로그래밍 인터페이스 등에 대한 표준을 개발하고 있다. 국제 자동차기술자협회SAE는 자동차, 트럭 등 지상 차량의 설계, 제조, 성능에 관한 표준화 단체로 최근 자동차 및 항공우주 분야의 수소 연료 전지에 대한 표준을 개발하고 보급하고 있다.

# 4.2 표준의 응용 _ 글로벌 표준 개발·제정

## 4.2.1 4차 산업 기반 국제표준화 활동

### 가 4차 산업혁명 관련 국제표준화 현황

세계 표준의 날은 3대 국제표준화기구, 즉 ISO, IEC, ITU의 공적을 기리기 위해 지정한 날로 2018년 세계 표준의 날에서는 '4차 산업혁명과 국제표준'을 주제로 진행되었다. 표준은 4차 산업혁명 시대에 혁신적인 기술로부터 우리 사회를 안전하게 변화시키는 데 필수적인 요소이며 기술 간 호환성과 상호 운용성을 보장하고 지식과 혁신을 세계에 전파하는 수단임을 강조하였다.

2018년 10월 부산 벡스코에서 열린 IEC 총회에서는 '지속 가능한 사회를 위한 스마트 시티'를 주제로 4차 산업혁명 기술 관련 국제표준에 대한 논의를 진행하였다. 총회에는 92개국, 3,300여 명이 참석하여, IEC 총회 역대 최대 대표단이 참석하였으며, 이를 통해 4차 산업혁명 관련 국제표준에 대한 높은 관심을 확인할 수 있었다. 또한 ISO에서는 2019년 ISO FOCUS를 통하여, ISO/TC 204(Intelligent transport system), ISO/TC 229(Nanotechnologies), ISO/TC 299(Robotics) 등과 같은 4차 산업 기반의 'cyber-physical system' 표준화에 집중하고 있음을 알 수 있다.

그림 4.41 2018년 표준의 날 행사 포스터

출처 : ISO

그림 4.42 2018년 IEC 부산총회 포스터

출처 : ISO

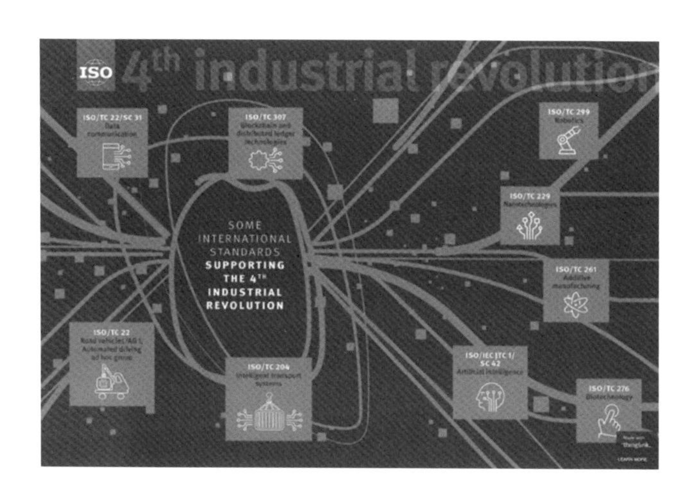


그림 4.43 4차 산업혁명과 관련된 ISO/TC들

출처 : ISO

2019년 기준 국제표준화기구의 표준 제정 현황을 살펴보면 ISO의 경우, 총 22,900여 건의 표준을 발간하였으며, 2019년에 1,638건의 표준을 제정하였다. 그림 4.44와 같이 정보기술, 기계공학, 수송기기 등에 대한 표준이 약 50%에 해당하며, 금속, 비금속재료, 화학제품에 대한 표준은 전체의 18%가량 차지한다. IEC는 총 10,700여 건의 표준이 발간되었으며,

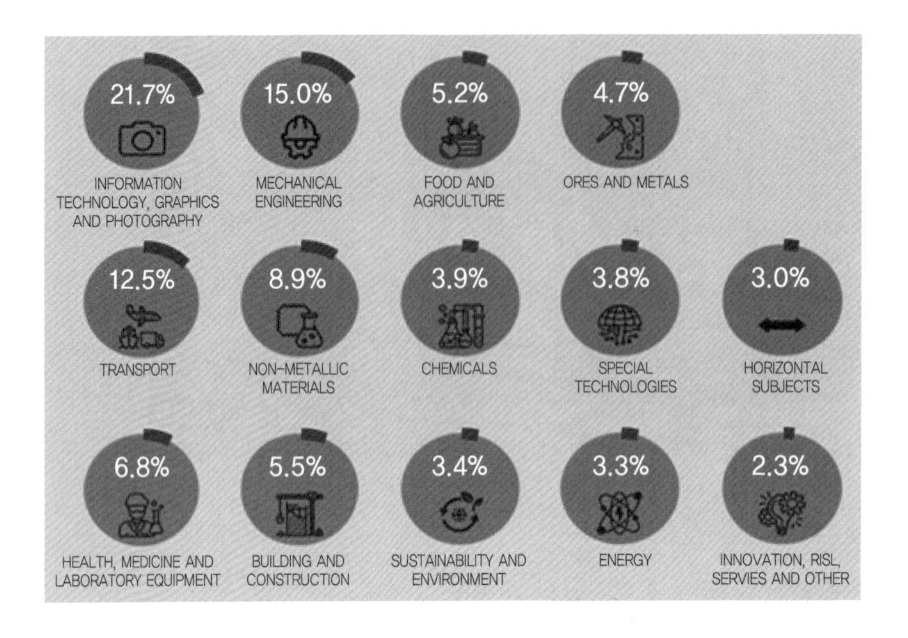


그림 4.44 기술분야별 ISO 표준 발간 현황 (2016년 기준)

출처 : ISO

2019년에는 572건의 표준을 제정하였고 최근에는 스마트 전력시스템, 친환경에너지, 스마트 제조 등 4차 산업혁명과 관련된 표준이 주로 제정되고 있다.

다음은 4차 산업 주요 기술 관련 국제표준화 현황으로 반도체 관련 국제표준의 경우, IEC/TC 47(Semiconductor devices)이 대표적이며, 개별 반도체 장치, 집적 회로, 디스플레이 장치, 센서, 전자 부품 등에 대한 129건의 반도체 관련 표준이 제정되었으며, 20건의 표준이 개발 중에 있다. 특히 차세대반도체 핵심 소재 관련, SiC 웨이퍼 등과 관련된 표준은 ISO/TC 206(Fine ceramics)에서 다루며, IEC/TC 112(Dashboard) 등에서도 반도체 소재를 다루고 있다.

센서는 종류에 따라 매우 다양한 분야에 활용되기 때문에 센서 기술 관련 표준화는 독립적인기술 위원회 보다는 각 분야별로 세분화 되어 다루어지고 있다. IoT, 디지털 트윈, 유연전자 소자 등에 관한 표준은 ISO/IEC JTC 1 SC 41과 IEC/TC 124 에서 개발, 제정하고 있다. 또한, 센서 관련 재료 중, 나노 재료에 대한 표준은 ISO/TC 229에서 다루고 있으며 파인 세라믹스와 관련된 표준은 ISO/TC 206에서 다루고 있다. 수소 기술 및 수소 생산용 주요 재료와 관련된 국제표준의 경우, ISO/TC 197(Hydrogen technologies) 과 IEC/TC 105(Fuel cell technologies)에서 개발되고 있으며, 수소 생산, 저장 및 측정, 고체산화물연료전지SOFC, 고분자전해질연료전지PEMFC 등의 내용을 다루고 있다.

수소 기술 및 연료 전지 관련 주요 재료의 국제표준은 ISO/TC 11, ISO/TC 17, ISO/TC 67, ISO/TC 206 등에서 다루어지고 있다. 아울러, 3D 프린팅 관련 국제표준은 ISO/TC 261(Additive manufacturing)에서 다루고 있으며, 3D 프린팅 관련 용어, 공정 및 소재 특성 평가 등에 대한 19건의 표준이 제정되었으며, 37건의 표준이 개발 중에 있다.

앞서 설명 드린 바와 같이, 4차 산업 선도를 위한 국제표준화 활동이 활발히 전개되고 있으며, 아울러 의장단 수임에 대한 경쟁도 치열하게 벌어지고 있다. 소재 강국으로 평가되는 일본은 ISO 내 74개 기술 위원회의 간사국을 수임하고 있다. 우리나라의 경우, 전기 전자, 정보 통신과 관련된 국제표준화기구IEC, ITU에서는 선진국 수준의 의장단을 보유하고 있는 반면, 소재를 비롯한 기초 산업을 포함하는 ISO 내 의장단 수임은 매우 낮은 실정이다.

### 나 4차 산업 관련 선진국형 표준 구조로의 전환

국가별 표준 추진 구조는 민간 주도형 표준 정책 구조와 국가 주도형 표준 정책 구조로 나눌 수 있다. 민간 주도형 표준 정책 구조는 국민의 안전, 위생 등 필수 불가결한 분야를 제외하고 그 이외의 분야는 민간 부분에 일임하는 것으로, 미국, 독일 등 선진국들이 전개하고 있는 표준 정책 구조로 기업 주도의 기업/단체표준을 개발하여 이를 국가표준으로 제정한 후 국가표준을 국제표준으로 부합화하는 것을 추진해오고 있다.

국가 주도형 표준 정책 구조는 정부가 개입하여 국민의 보건, 위생, 안전과 함께, 모든 산업 분야의 표준 정책을 주도하는 것으로, 개발도상국들이 하고 있는 표준 정책 구조로서, 일

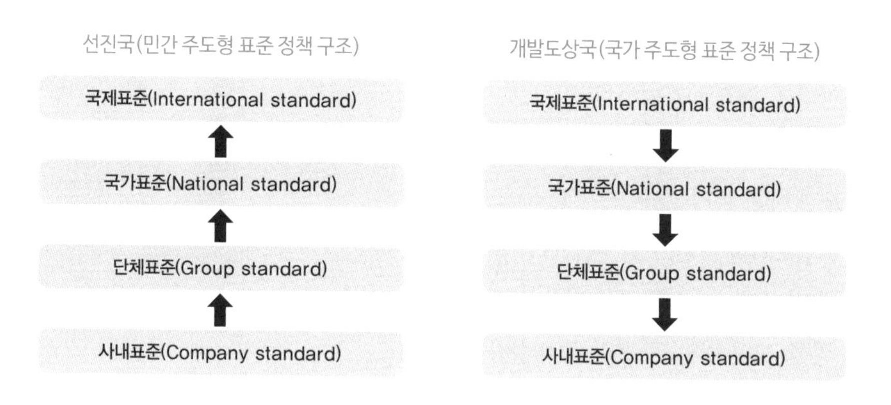


그림 4.45 표준 정책에 따른 표준 개발 단계

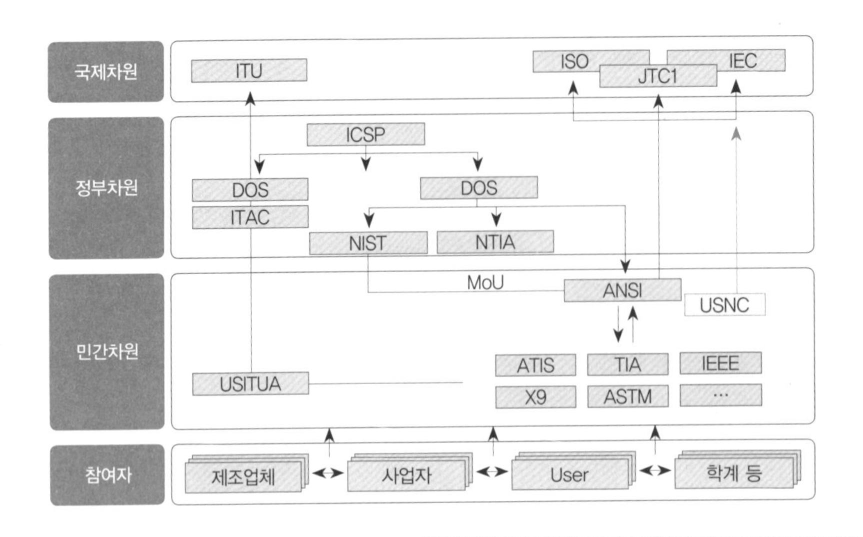


그림 4.46 미국 표준화 추진 체계

출처 : 국가기술표준원

반적으로 국제표준이나 선진국 국가표준을 국가 · 단체 · 기업 표준으로 채택하고 있는 실정이다.

미국은 오랜 역사를 통해 분야별 전문 단체에서 제정, 운영하는 단체표준을 국가표준으로 채택하는 민간 주도의 상향식 표준화를 진행하고 있다. 이에 따라 제조업체, 사업자, 사용자, 학계 등의 이해관계자가 참여하여 ASTM, SAE와 같은 700여 개의 단체에서 약 16만여 종의 단체표준을 제정하여 활용하고 단체표준 중 일부가 미국의 국가표준인 ANSI로 채택되고 이것이 다시 국제표준으로 제안되는 구조를 가지고 있다.

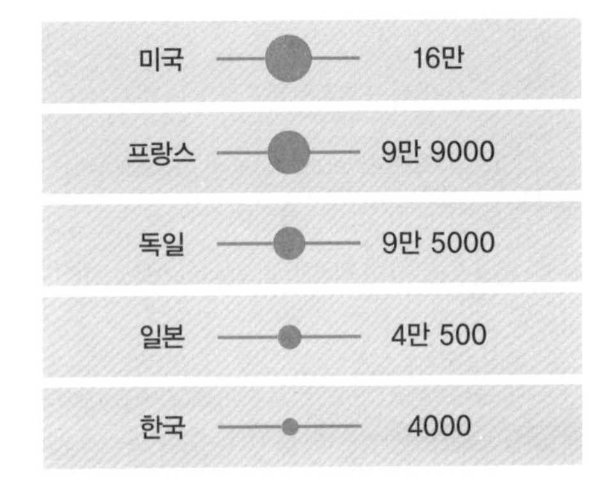


그림 4.47 세계 각국의 단체표준 현황 (단위 : 건)

출처 : 한국표준협회

제조업 경쟁력이 높은 독일은 4차 산업혁명을 대비해 국가 정책으로 'Industry 4.0'을 추진해오고 있다. 4차 산업혁명 관련 연구결과와 부가가치를 효율적으로 확산하기 위한 도구로서 표준의 중요성을 인식하고 표준화 활동을 강화하고 있다. 민간 중심의 표준화 활동 기반을 조성하

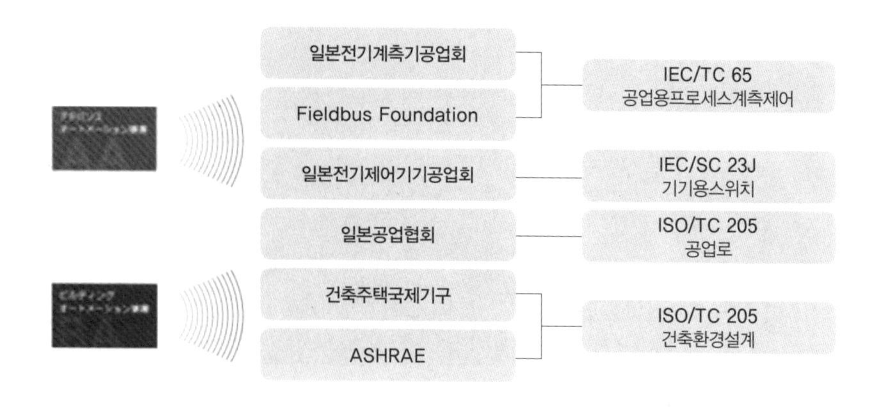


그림 4.48 일본 야마다케 주식회사의 국제표준화 활동 사례

출처 : 국가기술표준원

여 글로벌 경쟁에서 우위를 선점하고자 하며 이에 대한 예로, 독일 Elmicron 사와 Eurodata Council은 '프로세스에 대한 포인터' 프로젝트를 수행함으로써 민간 표준을 제정하였으며, 이를 국제표준과 결합하여 새로운 국제표준 ISO/IEC 16388을 제정하였다.

일본의 경우, 그림 4.48과 같이 표준 개발을 활성화하고자 국제표준화를 고려한 표준화 활동과 연구 개발 등을 R&D 기획 단계부터 지원하고 있다. 4차 산업혁명 시대 글로벌 시장 경쟁에 효과적으로 대응하기 위해 지식 재산과 표준화 전략을 일체화함으로써 새로운 경쟁력의 원천에 대한 데이터에 체계를 마련하고 있다.

우리나라는 과거 ISO, IEC 등의 국제표준과 선진국의 국가표준 등을 국가산업표준KS로 도입해왔으며, 2013년부터 KS의 활용도와 효과를 고려하여 기업이 필요로 하는 표준을 제정하는 방향으로 정책을 수정하여 추진하고 있다. 2017년 기준 우리나라 제조기업의 약 70%는 사내표준화 활동을 진행하고 있지만 표준 기반 연구 개발 투자 규모는 전체의 0.07% 수준이며, 우리나라 기업의 국제표준화 참여율은 1.7%로 보고되었으며, 따라서 사외표준화 활동도 매우 미흡한 실정이다. 4차 산업 주요 기술과 함께 핵심 소재와 관련하여 우리나라도 주요 선진국의 사례와 같이 기업 주도의 선진국형 표준화 추진 프로세스로 전환해야 할 시점이라고 할 수 있다.

선진국형 표준화의 대표적인 사례로 미국의 포드와 국제자동차기술자협회Society of Automotive Engineers, SAE가 있다. 자동차 회사 포드는 제품뿐만 아니라 제조 공정에 대한 사내 표준을 만들어 적용하여, 이를 통해 자동차 생산 시간을 혁신적으로 줄이고, 비숙련 노동자

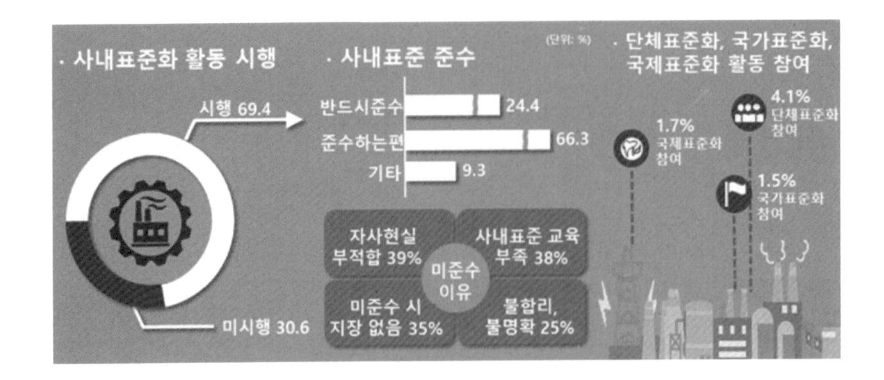


그림 4.49 우리나라 기업의 사내 · 외 표준화 활동 현황

출처 : 한국표준협회, "우리나라 산업의 뿌리, 제조분야의 표준화 현황", 2017.01.

의 직무 훈련 기간을 단축할 수 있었으며, 이로 인해 미국 내 자동차 시장 점유율 1위를 달성할 수 있었다.

1900년대 초 헨리 포드 등 미국 내 자동차 제조업체의 전문가들이 공업 표준 개발의 필요성을 느껴 자동차 기술자 협회를 설립하였으며, 토머스 에디슨, 라이트 형제가 참여하고 있는 미국 항공공학회, 트랙터 엔지니어 협회와 합쳐지면서, 항공기를 포함한 보다 넓은 이동수단까지 범위가 확대되었다.

나아가, 단체표준을 통해 국제표준을 제정한 사례를 살펴보면 2016년 1월 국제 자동차 기술자 협회SAE는 차량의 사이버 보안 부분에 대한 표준을 제정하였으나, 국제적으로 활용

그림 4.50 단체표준을 통한 국제표준화 사례

출처 : BSI blog, 차량용 사이버보완 국제표준 ISO SAE 21434 소개

될 수 있는 공통의 표준으로 적용되기에는 한계점이 존재함을 인식하였다. 이에 따라 자동차기술자협회는 ISO와 2016년부터 Joint Working Group을 만들어 ISO/SAE 21434를 개발하였으며, 이 작업반에는 SAE, 영국표준협회 등의 표준화기구와 GM, BMW 등의 기업이 참여하였다. 미국 포드사에서부터 자동차기술자협회를 거쳐 ISO 국제표준에 이르기까지 선진국형 표준화 정책의 바람직한 예시로 앞으로 우리나라가 표준 개발에서 나아가야 할 방향을 보여주는 좋은 예시라고 생각된다.

## 4.2.2 표준 개발 및 작성

### 가 표준 개발 과정

표준화의 기본 원칙을 알아보기에 앞서, 표준화 추진 유형은 다음과 같이 First Mover, Trendsetter, Fast Follower로 나눌 수 있다. 과거, 우리나라는 Fast Follower로서 ISO, IEC, JIS 등과 같이 이미 제정되어 있는 표준을 신속하게 국가표준으로 부합화하는 표준화 전략을 전개해왔다. 하지만 4차 산업 시대 글로벌 시장의 선점 또는 경쟁력 강화를 위해서는 우리나라의 첨단 미래 기술에 대한 주도적인 표준 개발, 즉 선진국형 표준 개발과 함께 국가표준 및 국제표준화를 추진하는 First Mover로 변화되어야 한다.

표준을 개발 · 제정함에 있어 우리는 표 4.3과 같은 7가지 원칙으로 합의성, 공개성, 자발

| | R&D 자원 | 특허 | 표준전략 |
|---|---|---|---|
| **First Mover**<br>• 선구적 아이디어<br>• 기존 틀 파괴 | • 창조적 연구개발<br>• 학계와 협력 | • 기본 특허 보유<br>• 강력하고 선택적인 특허 포트폴리오 | • 단독 추진<br>• 전략적 제휴 |
| **Trendsetter**<br>• 시장 지배력 우수<br>• 기술력 우수 | • 효율적인 연구개발<br>• 사업화 연계<br>• 전략적 협력 | • 기본 특허 또는 핵심 특허 보유<br>• 특허 상호실시 계약 | • 포럼/컨소시엄 표준화 참여<br>• 표준 과정 주도 |
| **Fast Follower**<br>• 규모/비용 우위<br>• 기타 핵심 경쟁력 | • 효율적인 연구개발<br>• 구입 또는 내부조달 | • 타사 특허 사용<br>• 보상을 위한 특허 상호 실시 계약 | • 기존의 표준 신속채용 |

그림 4.51 표준화 추진의 3가지 유형

출처 : SIEMENS, 'Current trend of standardization in the ICT industry'

**표 4.3** 표준 개발 및 제정의 7가지 원칙

| 원칙 | 내용 |
|---|---|
| 합의성(Consensus) | 합의에 의해 시장 적합성 확보 |
| 공개성(Openness) | 제정 초기부터 최종 합의까지 모든 이해 당사자의 참여 보장 |
| 자발성(Voluntary basis) | 자발적 참여 보장 |
| 통일성과 일관성(Uniformity & consistency) | 규칙적이고 일관된 원칙하에 제정 |
| 시장 적합성(Market relevance) | 시장의 요구에 의한 표준 제정 |
| 투명성(Transparency) | 제정까지의 정보를 모든 이해당사자에게 공개 |
| 공익 반영(Alignment on public benefit) | 공공의 이익 최대화가 주 목표 |

출처 : 한국표준협회

성, 통일성과 일관성, 시장 적합성, 투명성, 공익 반영을 준수해야 한다.

표준 개발 절차로서 표준안 개발 단계에 대하여 살펴보면 표준을 개발하는 단계는 표 4.4와 같이 7단계로 요약 · 정리할 수 있으며, 표준 개발 절차에 의해 개발된 표준안을 토대로 기업/단체/국가/국제표준화 절차에 따라 표준이 제정된다.

**표 4.4** 표준 개발 절차

| 단계 | 내용 |
|---|---|
| 1 | 수요(needs) 도출 |
| 2 | 관련 문헌 · 표준 · 규격의 조사 및 분석 |
| 3 | 주요 인자 도출 |
| 4 | 견뢰성 시험(Ruggedness test) |
| 5 | 최적화 시험 |
| 6 | 다자비교시험(Interlaboratory Test) |
| 7 | 표준안 작성 |

출처 : 한국표준협회

표준안 개발의 첫 번째 단계는 수요 도출 단계로 국내 · 외 산업 기술 현황을 반영하여 수요를 도출하고 관련 기술의 배경 및 표준 개발의 필요성을 조사하는 단계이다. 두 번째 단계는 수요와 관련된 문헌, 표준, 규격 등의 동향을 파악하여 개발하고자 하는 표준의 적합성 및 중요도를 분석하는 단계로, 문헌 조사 결과를 토대로 표준 개발 전략을 수립하게 된다. 세 번째 단계는 주요 인자 도출로 시험조건 및 환경을 고려하여 시험 방법에 영향을 미치는 주요 인자를 도출하는 단계이다. 주요 인자의 예시로 시료의 전 처리 방법, 온도, 습도 등 환경 영향이 대표적이라 할 수 있다.

네 번째 단계는 견뢰성 시험Ruggedness test으로 개발하고자 하는 시험 방법을 반복 수행하더라도 유용하고 의미 있는 실험값을 얻을 수 있는지와 같은 시험평가 방법의 성능과 연관되는 시험이다. 견뢰성 시험은 정밀도의 가변성에 영향을 미치는 변수를 찾기 위한 단계로 모든 변수의 가시성을 극대화하기 위해 단일 실험실에서 진행되는 것이 바람직하다. 아울러 샘플링, 컨디셔닝, 압력, 온도 및 상대 습도 등을 고려하여 진행되어야 한다. 다섯 번째로 최적화 연구는 실험 요인에서 최적값을 결정하는 단계로서, 최적 요인 값은 시험의 변동성, 즉 편차를 최소화하는 것으로 채택해야 한다.

여섯 번째 단계는 다자 비교 시험Interlaboratory Test으로 여러 실험실에서 동일한 샘플을 동일한 시험 방법을 통해 시험하는 것이다. 시험 방법에서 보고된 각 매개 변수의 변동을 이해하고 정량화하기 위해 수행되며, 각 매개 변수의 반복성 및 재현성을 결정하는 유효성 검증 단계이다. 일곱 번째 단계는 최적화 연구와 다자 비교 시험 결과를 토대로 시험 방법 표준안을 작성하는 단계이다.

### 나 표준 작성

표준 문서 등 공식 문서는 올바른 단어 선택으로 오해 소지가 없이 작성되는 것이 중요하며, 이와 관련한 예시로 파리 협정을 들 수 있다. 2015년 지구 온난화를 막기 위하여 미국을 포함한 전 세계 195개국이 파리 기후 협정을 맺은 바 있다. 파리 협정의 채택 과정 중 미국에

| | |
|---|---|
| 통일성 | • 구조, 문체, 용어 및 절의 번호 부여 방식의 통일성 유지<br>• 동일한 용어 사용과 이미 정의된 개념에 대한 대체(유사)용어 사용 지양 |
| 검증성 원칙 | • 표준의 요구사항에서는 명확하게 정의된 값으로 표현하여야 함<br>• '충분히 강한', '적당히 강한' 등의 애매한 표현의 사용 금지<br>• 안전성 및 신뢰성 (수명) 등은 단시간 내에 검증할 시험 방법이 없다면 표준에 제시되어서는 안 됨 |
| 성능 중심 접근 | • 요구사항은 설계 또는 해설적인 특성보다는 성능 중심으로 표현하여야 함 |
| 일관성 | • 기존에 발간된 ISO, IEC 문서 내의 다음 항목들에 대한 일관성이 필요<br>• 표준화된 용어, 원칙 및 용어 방법, 수량 · 단위 및 기호, 약어, 기술 도면 및 도표 등 |
| 반복의 지양 | • 반복이 아닌 참조로 명시하는 것이 바람직 |
| 목적 지향성 접근 | • 상호이해의 문제, 보건, 안전, 환경보호, 인터페이스, 상호교환성, 호환성, 상호연동<br>• 다양성 관리 등과 같은 목적에 따른 접근이 필요 |
| 값의 선정 | • 제한값(최댓값 · 최솟값), 선정값의 규정에 대한 고려 |

그림 4.52 표준 관련 용어 및 정의의 작성과 표현

출처 : 국가기술표준원

서 영어의 조동사 'should'로 작성하였던 원안이 편집 과정에서 'shall'로 기입되어, 문장의 의미가 법적 강제성을 가지는 의미로 변경되었다. 이에 따라 미국에서 협정을 체결할 수 없다는 의견을 보내어 파리 협정은 위기를 겪었으나, 다시 원안인 'should'로 수정하여 협정문이 통과될 수 있었다.

표준을 작성할 때에는 다음과 같이 통일성, 검증성, 일관성 등의 사항들이 고려되어야 한다. 특히 '충분히', '적당히' 등의 개인에 따라 해석의 차이가 있을 수 있는 표현은 가능한 사용하지 않아야 한다.

파리 협정 사례와 같이, 동사의 표현이나 문장 말미의 형태에 따라 문장의 효력이 변하게 된다. 표준은 본질적으로 의무 사항을 부과하는 것은 아니지만, 법규 또는 계약에 의한 경우

**표 4.5** 표준에 활용되는 문장말미의 형태

| | | |
|---|---|---|
| **요구사항** | 벗어남을 허용하지 않게 하기 위해 엄격하게 요구사항들을 지시하는 데 사용됨 | |
| | 긍정문 | ~ 하여야 한다(shall). ~ 한다(is to). ~ 이 요구된다(is required to). ~ 할 것이 요구된다(it is required that). ~ 이어야 한다(has to). 오직 … 만이 허용된다(only … is permitted). ~ 이 필요하다(it is necessary). |
| | 부정문 | ~ 하여서는 안 된다(shall not). ~ 하지 않을 것이 요구된다(is required to be not). ~ 이지 않아야 한다(is required that … be not). ~ 은 허가(허용, 수용, 인정)되지 않는다(is not allowed (permitted, acceptable, permissible)). |
| **권고사항** | 여러 가능성이 있는 대상 중에서 특별히 적합한 하나의 대상을 지정할 경우, 어떤 조치과정이 필수는 아니지만 선호될 경우, 특정한 가능성이나 조치과정이 금지된 것은 아니지만 피하는 것이 좋을 경우 사용됨 | |
| | 긍정문 | ~ 하여야 할 것이다. ~ 하는 것이 좋다(should). ~ 하는 것을 권고한다(it is recommended that). ~ 하는 것이 바람직하다 (ought to). |
| | 부정문 | ~ 하지 않아야 할 것이다. ~ 하지 않는 것이 좋다(should not). ~ 하지 않는 것이 바람직하다(ought not to). ~ 하지 않을 것을 권고한다(it is not recommended that). |
| **가능성** | 표준의 한계 내에서 허용되는 시행요령을 지시하는 데 사용됨 | |
| | 긍정문 | ~ 해도 된다(may). ~ 가 용인된다(is permitted). ~ 가 허용된다(is allowed). ~ 해도 무방하다(is permissible). |
| | 부정문 | ~ 할 필요가 없다(need not). ~ 하지 않아도 좋다(it is not required that). ~ 하지 않아도 된다(no … is required). |
| **역량** | 물질적, 물리적 또는 인과적 사항의 역량 및 가능성을 설명하는 데 사용됨 | |
| | 긍정문 | ~ 할 수 있다(can). ~ 할 능력이 있다(be able to). ~ 할 가능성이 있다(there is a possibility of). ~ 가 가능하다(it is possible to). |
| | 부정문 | ~ 할 수 없다(can not). ~ 할 능력이 없다(be unable to). ~ 할 가능성이 없다(there is no possibility of). ~ 가 불가능하다(it is not possible to). |

**표 4.6** 표준에 사용되는 단위의 옳은 예시와 틀린 예시

| 옳은 예시 | 틀린 예시 |
|---|---|
| 10mm to 12mm | 10 to 12mm, 10−12mm |
| 0℃ to 10℃ | 0 to 10℃, 0−10℃ |
| 24mm × 36mm | 24 × 36mm, (24×36)mm |
| (60 ± 3)% | 60 ± 3%, 60% ± 3% |

**표 4.7** 국제표준 작성요령과 국가표준 작성요령의 차이

| 연번 | 항목 | ISO/IEC directives part 2 | KS A 0001 | 비고 |
|---|---|---|---|---|
| 1 | 소수점 | 소수점은 반점 ","으로 한다.<br>보기 1,05 | 소수점은 마침표/온점 "."으로 한다.<br>보기 1.05 | 국제일치표준 등에서 복잡 또는 대량의 수치표, 식 등을 그대로 복제하여 사용하는 경우에는 온점대신에 반점을 사용하여도 좋다. 이 경우에는 비고에서 그것을 명기한다. |
| 2 | 연속부호 | "A to B"로 표기한다.<br>보기 10 ℃ to 30 ℃ | "A에서/부터 B까지"로 표기하는 것을 원칙으로 하되, 편의상 물결표(~)기호를 사용할 수 있다.<br>보기 1 10 ℃~30 ℃<br>보기 1 (10~30) ℃ | "~"의 의미는 양쪽 내용 모두를 포함하는 것이다.<br>"A−B"는 허용되지 않는다. |
| 3 | 기울임체 | 인용표준 및 참고문헌의 제목을기울임체로 표기한다. | 인용표준 및 참고문헌의 제목을 기울임체로 표기하지 않고, 정자체로 표기한다. | |
| 4 | 식의 기호의 설명 | 문장형식으로 나타낸다.<br>보기 h는 밀리미터 단위의 테두리의 높이이다. | 명사구 형식으로 나타낸다.<br>보기 h : 테두리의 높이(mm) | 우리나라 보편적 관행의 반영 |
| 5 | 단위의설명 | 문장형식으로 나타낸다.<br>보기단위는 밀리미터이다. | 명사구 형식으로 나타낸다.<br>보기 단위 : mm | 우리나라 보편적 관행의 반영 |
| 6 | 조항번호 뒤의 소수점 | 조항번호 뒤의 점을 생략한다.<br>보기 1 적용범위 | 제목에서는 절 뒤의 점을 생략하나, 본문 중에서는 절(clause) 번호 뒤에 "절"을 표시한다.<br>보기 1 (제목) 1 적용범위<br>보기 2 (본문) 용어는 3절에서와 같이~ | 본문에서 점이 없는 경우, 절의 번호가 아니라 다른 숫자로 혼동할 우려가 있기 때문에 "절"을 사용한다. |
| 7 | 예시문구의 처리 | 예시문의 문구 끝에 반쌍점(;)을 찍는다.<br>예시문의 마지막 문구 앞에는 ", and(및)" 또는 ", or(또는)"을 사용하기도 한다. | 예시문의 문구 끝에 반쌍점(;)을 찍지 않는다.<br>예시문의 마지막 문구 앞에는 ", and(및)" 또는 ", or(또는)"을 사용하지 않는다. | And(및)와 or(또는)를 명시하지 않아도 구분이 가능하고, 이해하는 데 문제가 없으므로 사용하지 않는다. |

의무가 부과될 수 있다. 이를 위하여 요구 사항을 식별할 수 있어야 하므로 문장 말미의 형태는 명확한 규칙에 따라 작성되어야 한다. 표준에서 활용되는 동사 표현은 요구 사항, 권고 사항, 가능성, 역량으로 나누어지며 각각에 해당하는 문장말미의 표현은 표 4.5와 같다.

표준에 사용되는 수량 및 단위는 ISO 80000, IEC 80000 시리즈에 규정된 단위만을 사용해야 하며, 국제 도량 형국BIPM에서 결정된 SI 단위계와 더불어 일부 추가 단위를 사용할 수 있으며, 표 4.6과 같이 사용되어야 한다.

국제표준의 작성 요령은 ISO/IEC Directives Part 2에 규정되어 있으며, 이를 우리나라에 맞도록 수정 보완하여 국가표준의 작성 요령인 산업 기술 표준 KS A 0001이 제정되어 있다.

먼저 국제표준과 국가표준의 구조에 대하여 알아보자면 국제표준은 예비 정보성 요소, 일반 규범성 요소, 기술 규범성 요소, 보충 정보성 요소로 구성되며, 각 항목별 강제 요소, 규범성 요소, 정보성 요소등은 표 4.8과 같다.

한국 산업 표준의 구조는 다음과 같으며, 각 항목별 자세한 내용은 표 4.9를 참고하여 주

**표 4.8** 국제표준의 구성요소 – ISO/IEC

| 요소의 형태 | 표준 내의 요소 배치 | 표준 내 요소들의 허용 목록 |
|---|---|---|
| 예비 정보성 요소(Preliminary informative element) | *제목 페이지* | **제목** |
| | *목차*(Table of contents) | |
| | **서문**(Foreword) | *본문, 비고, 각주* |
| | 소개(Introduction) | *본문, 그림, 표, 비고, 각주* |
| 일반 규범성 요소(General normative element) | **제목** | 제목 내용 |
| | **범위**(Scope) | 본문, 그림, 표, 비고, 각주 |
| | 인용 표준 | 참고 표준, 각주 |
| 기술 규범성 요소(Technical normative element) | 용어 및 정의<br>기호 및 약어<br>기술 본문 | 본문, 그림, 표, 비고, 각주 |
| 보충 정보성 요소(Supplementary informative element) | *정보성 부속서*(Informative Annex) | 본문, 그림, 표, 비고, 각주 |
| 기술 규범성 요소(Technical normative element) | *규범성 부속서*(Normative Annex) | 본문, 그림, 표, 비고, 각주 |
| 보충 정보성 요소(Supplementary informative element) | *참고문헌*(Bibliography) | *참고문헌, 각주* |
| | *색인*(Indexes) | *색인* |

※ **볼드체** : 강제요소, 정자체 : 규범성 요소, *이탤릭체* : 정보성 요소

**표 4.9** 국가표준의 구성요소 – 한국산업표준(KS)

| 문서의 요소 | 표준 내의 요소 배치 | 표준 내 요소들의 허용 내용 |
|---|---|---|
| 예비 참고요소 (Preliminary informative element) | **표지(Title page)** | 앞표지(제목), 앞표지 뒷면(기술심의회 및 원안작성 협력표준정보란), 뒤표지 바깥면(영문제목, ICS 코드) |
| | **목차(Table of contents)** | 용어와 정의 하위목차 제외 |
| | **머리말(Foreword)** | **정형문**, **저작권**, 비고 |
| 선택요소(Optional element) | **개요(Introduction)** | **정형문**, 그림, 표, 비고 |
| 의무요소(Mandatory element) | **제목(Title)** | 본문 |
| | **적용범위(Scope)** | 정형문, 비고, 각주 |
| 규정요소(Normative element) | **인용 표준(Normative references)** | **정형문**, 비고, 각주 |
| | **용어와 정의(Terms and definitions)** | 비고 |
| | **요구사항** | 본문, 그림, 비고, 각주 |
| | 참조 | |
| 조건요소(Conditional element) | 기호와 약어(Symbols and abbreviated terms), 비고 및 보기, 각주, 참고문헌 (Bibliography) | 본문, 그림, 비고, 각주 |
| 보충 참고요소 (Supplementary informative) | 규정부속서(Normative annex) | 본문, 그림, 표, 비고, 각주 |
| | 참고부속서(Informative annex) | 본문, 그림, 표, 비고, 각주 |
| | 색인(Indexes) | |
| | 해설 | |

※ **굵은 글씨** : 필수요소

기 바란다.

표준의 예비 정보성 요소 중, 제목은 명확하고 간결해야 한다. 제목은 소개 요소introductory element, 주 요소main element, 보충 요소complementary element로 구성되며, 시험 방법에 대한 표준의 경우, 'test method' 또는 'determination of..'와 같은 표현을 사용한다.

목차의 경우, 절, 세부 절, 제목, 부속서, 참고문헌의 순서로 작성하며, 필요한 경우 색인, 그림 및 표의 순서를 함께 작성할 수 있다. 서문의 경우, ISO 중앙 사무국에서 작성한 내용이 포함되어야 하며, 기존의 표준을 개정한 경우에는 주요 변경 사항을 함께 작성해야 한다.

다음으로 안내문은 표준의 내용을 설명하고, 이 문서가 필요한 이유에 대한 정보를 제공하는 역할을 하며, 표준과 관련한 특허권이 존재하는 경우, 해당 내용은 안내문에 포함되어야 한다. 적용 범위는 모든 표준의 첫 부분에 제시되며, 해당 표준의 주제와 관련된 측면을 명확하게 정의해야 한다. 사실에 근거하여 작성되는 부분이기 때문에 요구 사항, 권장 사항 또는 권한을 포함할 수 없다.

인용 표준은 본문에 인용된 참조표준의 목록으로, 인용된 참조표준들이 문서의 요구 사항을 구성하도록 작성해야 하며, 인용된 표준이 존재하지 않더라도 작업 지침서, 즉 ISO/IEC directives part 2에 제시된 정형문으로 작성되어야 한다.

기술 규범성 요소에서 용어 및 정의는 필수 항목으로서, 특정 용어의 이해에 필요한 정의를 제공해야 하며, ISO Online Browsing Platform 등을 이용하여 널리 이용되는 용어를 검색하여 사용할 수 있다. 기술 본문은 해당 시험 평가 방법을 자세하게 정의하는 부분으로, 원칙, 시약 및 재료, 장치, 시료 및 시편의 준비와 보존, 절차, 시험 방법의 계산 방법 및 정확도를 포함한 결과의 표현, 시험 성적서 순서에 따라 작성되며 필요에 따라 일부 내용을 생략할 수 있다.

부속서는 보충 정보성 요소로서 본문에 포함되지 않은 추가 정보를 제공하기 위하여 작성된다. 본문에 대해 추가적으로 규정할 내용이 작성된 규범적 부속서, 표준의 이해 또는 사용을 돕기 위한 추가 정보를 제공하는 정보 부속서로 분류된다. 아울러 참고문헌에는 표준에 인용된 모든 참고문헌이 기입되어야 하며, 해당 표준의 배경적 정보를 제공하는 문서들이다. 참고문헌은 문서의 요구 사항을 구성하는 데 활용되는 인용 표준과 차이점이 있으며, 인용 표준과 달리 논문, 인터넷 페이지 등을 포함할 수 있다.

### 4.2.3 표준 제정 절차

#### 가 기업·단체·국가표준 제정 절차

4차 산업혁명 시대에 기업의 경쟁력 강화, 글로벌 시장 선점 등을 위하여 독일의 지멘스, 미국의 CISCO, 우리나라의 삼성, LG, 포스코 등 다양한 기업에서 사내표준을 제정, 운영하고 있다. 사내표준의 제정 절차는 그림 4.54와 같으며, 일반적으로 사내표준이 제정됨에 따라 회사 내의 질서를 유지하고, 우수하고 균일한 품질의 제품을 경제적 · 효율적으로 만들어낼

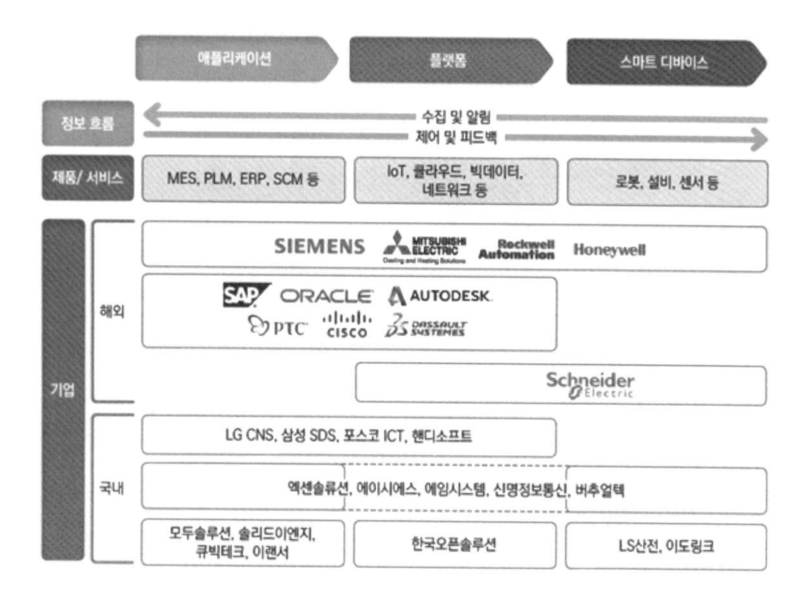


그림 4.53 스마트 공장 요소기술별 기업 분류

출처 : 스마트제조 국제표준화 로드맵 2018, 국가기술표준원, 2018

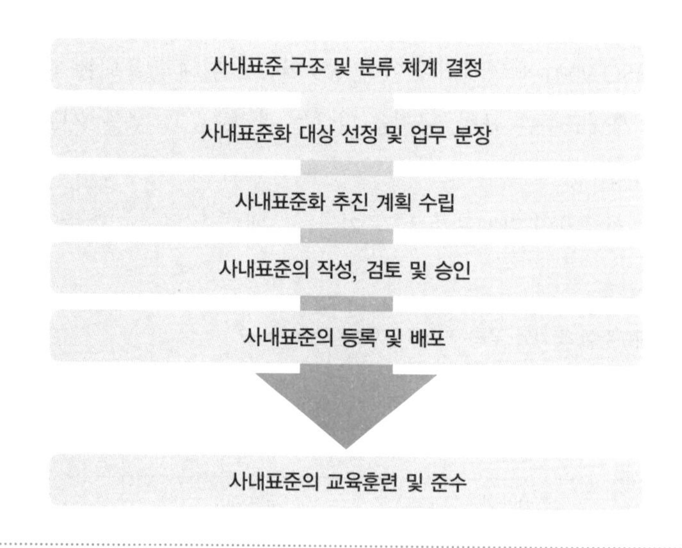


그림 4.54 사내표준화 추진 순서

그림 4.55 KS 인증을 위해 활용되는 사내표준 체계

수 있다.

사내표준을 작성하는 방법은 기업 환경에 따라 다를 수 있으나, 간결하고 알기 쉽게 작성해야 하며, 업무 흐름에 따라 순서대로 기술하는 것이 바람직하다. 단체 · 국가 · 국제표준과 구분되는 특징으로, 사내표준에는 표준의 목적, 책임, 권한을 명확히 규정하도록 KS Q ISO 9000, KS Q ISO 9001에 명시되어 있다. KS 인증을 위해 활용되는 일반적인 사내표준 체계를 살펴보면, 사내표준은 규정, 규칙을 다루는 관리표준과 제품, 재료, 공정을 다루는 기술 표준으로 분류된다.

2021년 기준, 우리나라의 단체표준은 각 기관 · 단체 혹은 중소기업중앙회를 통해 제정,

표 4.10 주요 국제표준화 국가와 우리나라의 단체표준 제도 비교

| | 미국 | 일본 | 한국 |
|---|---|---|---|
| ISO 국제표준 경쟁력 | 2위 | 3위 | 9위 |
| 단체표준 제정기관 | 700여 개 | 200여 개 | 100여 개 |
| 단체표준 보유수 | 10만여 종 | 5천여 종 | 1만 3천여 종 |
| 단체표준의 국가표준 채택 제도 | 국가표준으로 채택 시 단체표준 유지 (예 : ANSI/ASME B 1622) | 국가표준으로 채택 시 단체표준 폐지 (예 : JEM F3008 폐지 > JIS B3511 제정) | 국가표준으로 채택되는 사례는 극소수이며, 국가표준으로 채택 시 단체표준 폐지 여부는 불명확 |

출처 : KSA policy study 006 (2013)

운영되며, 중소기업중앙회에는 약 140여 개의 협회, 학회, 조합 등이 등록되어 있다. 이 중에 재료 관련 표준을 다루는 표준화 단체는 약 50여 개로 분류된다. 미국의 경우 약 700여 개, 일본의 경우 약 200여 개의 단체표준제정기관이 운영되고 있으며, 이와 같은 표준 선진국들의 경우, 단체표준을 국가표준으로 채택하기 위한 제도가 활발하게 운영되고 있다. 반면 우리나라의 경우 아직까지는 단체표준이 국가표준으로 채택되는 연계 제도 및 기반이 미흡한 실정이다.

단체표준의 경우 한국철강협회, 한국가스안전공사, 국방기술품질원 등 분야별 전문 단체에서 표준안을 개발하며,개발된 표준안은 중소기업 중앙회의 심사를 거쳐, 한국표준협회에 등록된다. 그림 4.56과 같이 단체 및 이해관계인이 단체표준안을 개발하여 해당 단체에 단체표준안 제 · 개정요청을 하여 심사 후 단체표준안을 제 · 개정한다. 이를 중소기업중앙회

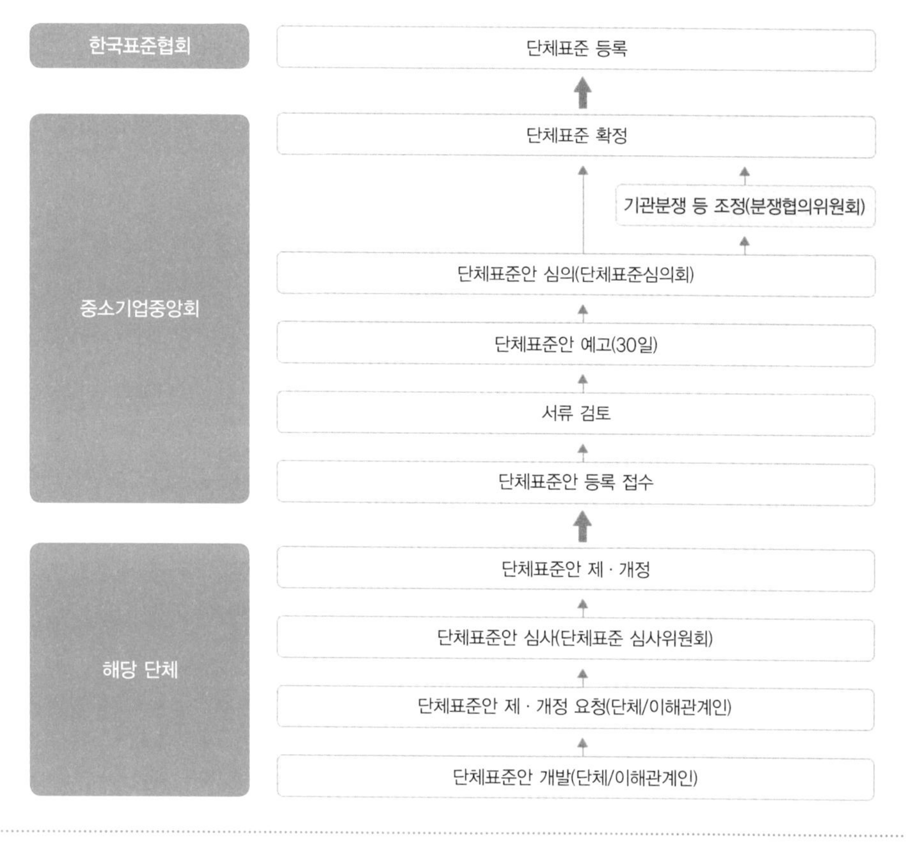


그림 4.56 단체표준 제정 절차

출처 : 국가기술표준원

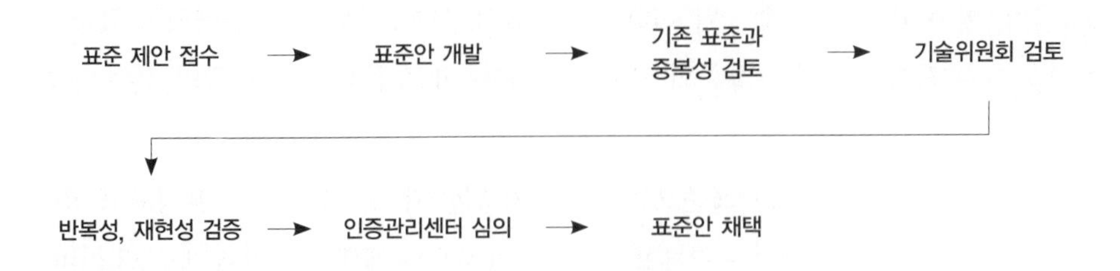


그림 4.57 한국산업기술시험원의 단체표준 제정 절차

에 등록접수하고 단체표준 예고고시를 30일간 진행한 후 심의하여 단체표준으로 확정하면 한국표준협회에서 단체표준으로 등록하게 된다. 아울러 한국산업기술시험원, 한국정보통신기술협회 등의 기관에서는 중소기업중앙회와 한국표준협회를 거치지 않고, 독자적으로 단체표준을 제정하여 운영 · 활용하고 있다.

우리나라의 국가표준을 제정하는 방법은 크게 두 가지로, '국가에서 직접 제안하는 방법'과 '이해 관계자가 제안하는 방법'이 있다. 국가에서 직접 국가표준을 제안하는 경우는 국제

고시제목
고시기간 ~
검색 초기화

※ 상세 정보는 "고시제목"을 누르시면 볼 수 있습니다.

전체 133, 페이지 1/14 10개 적용

| No | 고시번호 | 고시제목 | 고시기간 | 담당부처 | 담당자 |
|---|---|---|---|---|---|
| 1 | 2022-0463 | KS_B_NEW_2022_2432 등 4종 제정 예고고시 | 2022-10-28 ~ 2022-12-27 | 국가기술표준원 | 정현우 |
| 2 | 0000 | KSC9610-6-3 등 3종 개정 예고고시 | 2022-10-28 ~ 2022-12-27 | 과학기술정보통신부 | 명봉식 |
| 3 | 0000 | KSC0268 등 4종 폐지 예고고시 | 2022-10-28 ~ 2022-12-27 | 과학기술정보통신부 | 명봉식 |
| 4 | 69 | KSIISO10302 등 1종 폐지 예고고시 | 2022-10-27 ~ 2022-12-26 | 환경부 | 구진회 |
| 5 | 2022-0465 | KSCIEC61340-5-2 등 1종 개정 예고고시 | 2022-10-27 ~ 2022-12-26 | 국가기술표준원 | 김성희 |
| 6 | 67 | KSI6101 등 11종 개정 예고고시 | 2022-10-27 ~ 2022-12-26 | 환경부 | 구진회 |
| 7 | 68 | KS_I_NEW_2022_0787 등 2종 제정 예고고시 | 2022-10-27 ~ 2022-12-26 | 환경부 | 구진회 |
| 8 | 2022-0456 | KSBISO13457 등 3종 개정 예고고시 | 2022-10-24 ~ 2022-12-23 | 국가기술표준원 | 정현우 |
| 9 | 2022-0454 | KS_M_NEW_2022_4126 등 2종 제정 예고고시 | 2022-10-22 ~ 2022-12-21 | 국가기술표준원 | 박현영 |
| 10 | 2022-0455 | KSMISO1172 등 20종 개정 예고고시 | 2022-10-22 ~ 2022-11-21 | 국가기술표준원 | 박현영 |

그림 4.58 KS 예고 고시

출처 : 국가기술표준원

표준을 제정하거나 신제품을 개발하는 과정 등에서 필요에 의해 국가 기술 표준원장 또는 관련한 행정 기관의 장이 제안하는 경우로 자체적으로 표준안을 개발 · 작성하거나 학회, 연구 기관 등에 의뢰 · 위탁하여 개발 · 작성하는 방법이다. 또한 산학연에서 표준과 관련된 업무를 하는 사람 등 이해관계자는 언제든지 국가에 KS 제정을 신청할 수 있으며, 정해진 절차에 따라 표준이 제정된다.

이후 분야별 표준 작업반이 구성되어 표준안이 개발되는데 이때 표준안은 KS A 0001에 따라 작성되어야 하며, 작성이 완료된 표준안은 표준 개발 협력 기관COSD[13]의 전문위원회와 국가기술표준원의 기술심의위원회를 통해 검토받게 된다.

전문위원회가 완료된 KS 안은 이해관계자의 의견을 수렴하기 위하여, 주요 사항을 관보 및 인터넷 홈페이지에 60일 동안 예고 고시하고 있다. 이 표준안들은 국가기술표준원 'e 나라 표준 인증 홈페이지'에서 확인할 수 있다. 예고 고시 이후 기술심의위원회를 거쳐 최종 표준안을 확정하고 고시한 후에 국가표준으로서 한국산업기술표준 KS로 제정된다.

### 나 국제표준 제정 절차

표준안을 ISO 국제표준으로 제정하기 위해서는 ISO에 member body로 등록되어 있는 각 국가별 표준화기구를 통해 신청해야 한다. 우리나라의 경우 국가기술표준원KATS이 ISO에 member body로 등록되어 있으며, 국가기술표준원을 거쳐, 국내 관련 분야 전문위원회의 심의 후, ISO 중앙 사무국과 해당 TCTechnical Committee(기술위원회)에 신규 표준안을 제출하여야 한다.

이후 그림 4.59와 같이 7단계의 ISO 국제표준 제정 절차가 진행되며, 각 단계별 세부 내용을 살펴보겠다.

신규 표준화 아이템을 제안하는 예비 단계 이후, 제안 단계에서는 해당 주제와 관련하여 신규 국제표준이 필요한지 확인하는 단계이다. 준비된 표준안을 NWIPNew work item proposal 서식에 맞추어 작성한 후, 이를 기술위원회에 제출하면 투표가 진행되며, 그림 4.60은 실제 ISO에서 사용되는 NWIP 서식이다.

신규 표준안이 제안 단계의 투표를 통과하게 되면, 준비 단계에서 기술 작업 지침서 ISO/

---

13 정부로부터 국가표준 개발·관리 업무를 이양 받은 민간단체로서, 해당 분야의 전문성과 대표성을 가진 표준화 전문 기관으로 국가표준 제정과 함께 ISO, IEC 등 국제표준화기구에서 일어나는 표준 활동을 대응하는 위원회로 mirror committee를 구성, 운영하는 역할도 수행함

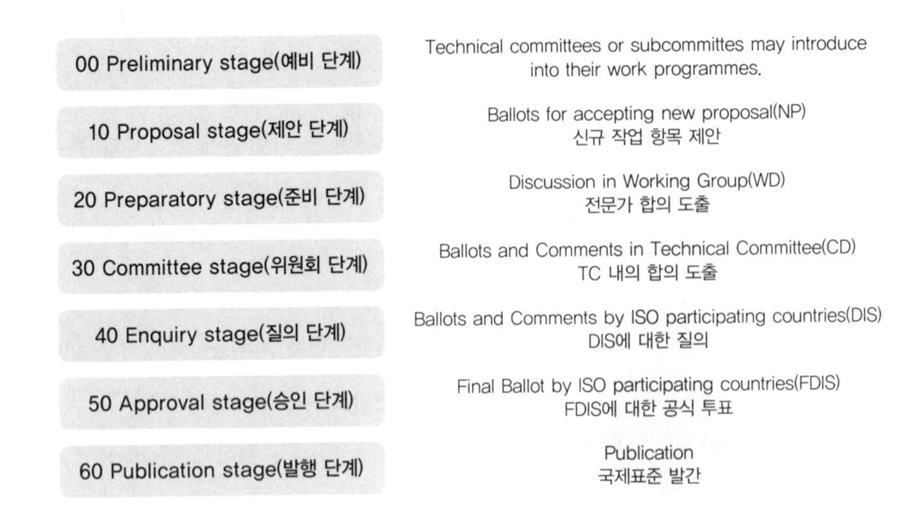


그림 4.59 ISO 국제표준 제정 절차

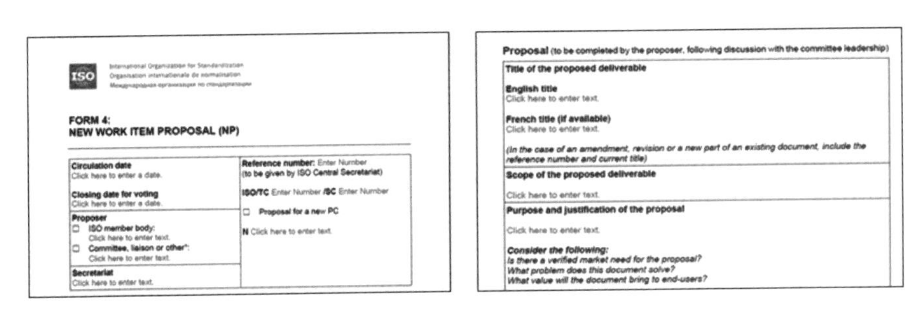

ISO

FORM 4:
NEW WORK ITEM PROPOSAL (NP)

| | |
|---|---|
| **Circulation date**<br>Click here to enter a date.<br>**Closing date for voting**<br>Click here to enter a date. | **Reference number:** Enter Number<br>(to be given by ISO Central Secretariat)<br>**ISO/TC** Enter Number **/SC** Enter Number<br>☐ **Proposal for a new PC**<br>**N** Click here to enter text. |
| **Proposer**<br>☐ **ISO member body:**<br>Click here to enter text.<br>☐ **Committee, liaison or other*:**<br>Click here to enter text. | |
| **Secretariat**<br>Click here to enter text. | |

**Proposal** (to be completed by the proposer, following discussion with the committee leadership)

| |
|---|
| **Title of the proposed deliverable**<br>**English title**<br>Click here to enter text.<br>**French title (if available)**<br>Click here to enter text.<br>*(In the case of an amendment, revision or a new part of an existing document, include the reference number and current title)* |
| **Scope of the proposed deliverable**<br>Click here to enter text. |
| **Purpose and justification of the proposal**<br>Click here to enter text.<br>***Consider the following:***<br>*Is there a verified market need for the proposal?*<br>*What problem does this document solve?*<br>*What value will the document bring to end-users?* |

그림 4.60 NWIP 제출 서식

출처 : ISO

IEC Directives Part2를 준수하여 작업 초안을 준비한다. 이때 기술위원회는 새로운 작업반을 제안하여 만들 수 있으며, 이 작업반에서 프로젝트 리더는 각국의 전문가들과 표준안에 대한 기술 협력, 이해관계자의 의견 수렴 등을 통해 표준안의 완성도를 높이는 작업을 수행하게 된다. 준비 단계에서는 다른 단계와는 달리, 다음 단계인 CD 단계로 진행하는 데 투표가 필요하지 않으며, 특별히 기술위원회에서 CD, 즉 위원회 단계를 생략하기로 결정할 경우 질의 단계인 DIS 단계로 바로 넘어갈 수 있다.

위원회 단계Committee Stage는 기술적인 내용에 대하여 기술위원회 내의 합의에 도달하기

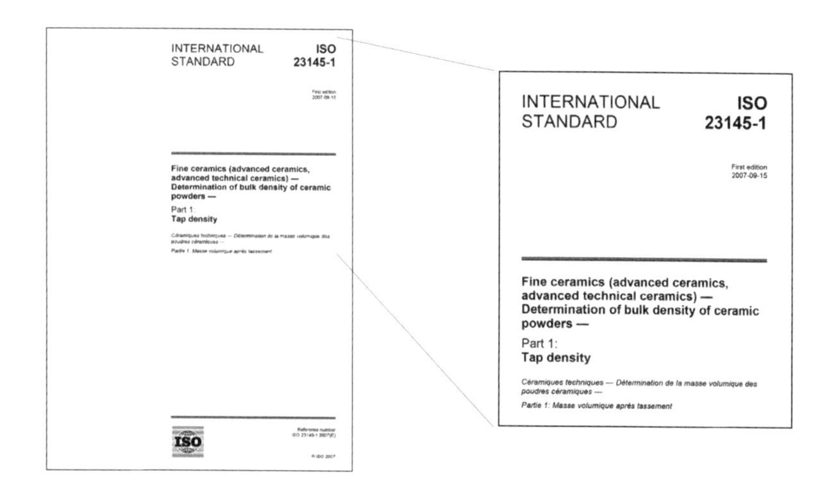

INTERNATIONAL STANDARD

ISO 23145-1

First edition
2007-09-15

**Fine ceramics (advanced ceramics, advanced technical ceramics) — Determination of bulk density of ceramic powders —**

Part 1:
**Tap density**

*Céramiques techniques — Détermination de la masse volumique des poudres céramiques —*

*Partie 1: Masse volumique après tassement*

그림 4.61 ISO 표준 문서(ISO 23145-1)

출처 : ISO

위한 주요 단계로, 프로젝트 리더는 회원국들로부터 받은 의견에 대해 빠짐없이 대응하여 합의에 이를 수 있도록 해야 한다. 위원회 단계에서 합의에 도달하게 되면, 프로젝트 리더는 표준안인 질의안과 함께 전문가들로부터 취합한 의견과 해당 의견에 대해 취한 조치 내역을 작성해야 하며 간사committee manager는 이 문서들을 ISO 중앙사무국에 제출하여 질의 단계인 DIS 단계로 진입하게 된다.

질의 단계에서 질의안, 즉 DIS는 중앙 사무국에 의해 ISO 내 모든 회원 기관에 회람되며, 12주에 걸쳐 투표를 진행한다. 회원 기관은 투표 시 찬성, 반대 또는 기권 의사를 명확하게 나타내야 하며, 반대할 경우 명확한 사유가 없다면 해당 투표는 반대 효력이 없는 것으로 간주된다.

질의 단계를 통과한 표준안에 대하여 기술적 변경 사항이 있는 경우, 승인 단계인 FDIS 단계를 거치며, 이 단계 역시 명확한 사유가 없는 반대는 효력이 없는 것으로 간주된다. 승인 조건을 충족하지 못하는 경우, 위원회 단계로 다시 돌아가거나, 표준안을 기술 사양(시방)서 Technical Specification, TS 또는 공공 사양(시방)서Publicly Available Specification, PAS로 발간하거나, 해당 아이템의 개발을 취소할 수도 있다.

표준이 승인 단계를 통과한 경우, 간사는 FDIS 단계에서 제시된 의견에 대한 프로젝트 리더의 답변을 ISO 중앙 사무국에 제출해야 한다. 최종 단계인 발행 단계에서는 국제표준을 발행함에 따라 프로젝트가 종료되며, 이후 매 5년마다 표준의 유효성을 검토하여, 개선 및 보완하는 Systematic Review가 진행된다.

표 4.11은 앞서 살펴본 국제 · 국가 · 단체 표준의 제정 절차를 비교한 것으로 절차들이 서로 이름은 다르지만 유사한 단계를 거쳐 표준이 제정된다는 것을 알 수 있다.

**표 4.11** 국제표준, 국가표준, 단체표준의 제정 절차 비교

| 국제표준 | 국가표준 | 단체표준 |
|---|---|---|
| 00 Preliminary stage(예비 단계) | KS 제정 제안 및 수요조사 | 단체표준 개발 |
| 10 Proposal stage(제안 단계) | 표준 개발 계획 수립 | 단체표준 제정 신청 |
| 20 Preparatory stage(준비 단계) | 분야별 표준 작업반 | 분야별 전문위원회 |
| 30 Committee stage(위원회 단계) | COSD 기술위원회 | |
| 40 Enquiry stage(질의 단계) | 예고 고시(60일) | 예고 고시(30일) |
| 50 Approval stage(승인 단계) | 산업표준심의회 | 단체표준심의회 |
| 60 Publication stage(발행 단계) | 제정 및 최종 고시 | 최종 고시 |

chapter 5

# 소재·부품 신뢰성

# 5.1 신뢰성

## 5.1.1 소재·부품 신뢰성의 중요성

### 가 신뢰성 사고 사례

신뢰성 관련 대표적인 사고 사례로 1986년 챌린저 우주왕복선 폭발, 1994년 성수대교 붕괴, 2003년 컬럼비아 우주선왕복선 공중분해 사고를 꼽을 수 있다.

챌린저 우주왕복선(1986)

성수대교(1994)

컬럼비아 우주왕복선(2003)

그림 5.1 신뢰성 관련 대표적 사고 사례

출처 : Shutterstock.com/서울지방검찰청/NASA

챌린저 우주왕복선 폭발사고는 챌린저 호가 발사된 지 73초 만에 폭발하여 우주비행사 전원이 사망한 참사였다. 사고발생 직후 폭발 파편을 찾는 수색작업이 진행되었으며, 파편 수거선들은 3개월 동안 50만 $km^2$ 면적의 해역을 수색하여 블랙박스를 수거할 수 있었다.

당시 미국의 대통령이던 로널드 레이건은 사고 규명을 위해 특별조사위원회를 구성하였으며, 특별조사위원회는 6천여 명을 동원해 사진, 비행기록, NASA 문서 등 약 17만 장에 달하는 서류를 조사하였다. 이러한 조사를 토대로 특별조사위원회는 사고 원인이 챌린저 호 로켓 부품 중 하나인 오링O-ring의 작동 불량이었다고 발표하였다.

제2차 세계대전 중의 원자폭탄 개발계획인 '맨해튼 프로젝트'에 참여하기도 했던 리처드 파인만은 청문회에서 사고 원인을 간단한 도구로 직접 시연해 보였다. 파인만은 고체연료 로켓부스터에 들어간 오링을 모든 사람들이 지켜보는 가운데 얼음물 속에 떨어뜨렸으며, 동네 철물점에서 파는 죔쇠를 통해 고무패킹인 오링이 저온에서 얼마나 약해지는지를 입증하였다. 오링은 내부 압력에 의한 팽창으로 발생하는 로켓 내부의 틈을 막는 기능을 해야 하지만, 발사 당일 온도가 −0.56℃로 이전 발사 최저 온도보다 12℃ 이상 낮아 오링이 탄성을 잃어 틈 사이로 고온의 연소가스가 새어 나와 폭발하였다.

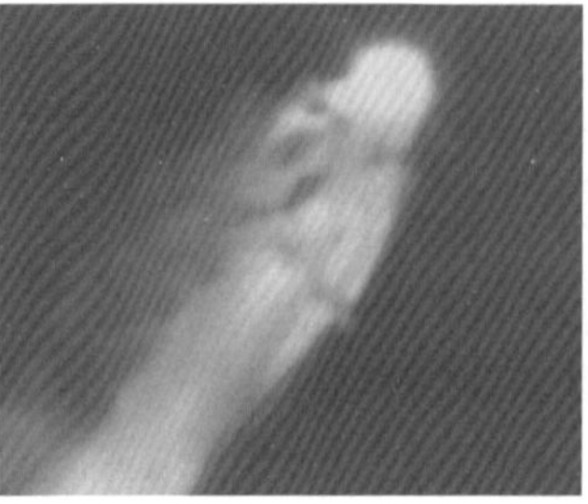

그림 5.2 챌린저 우주왕복선 폭발사고

출처 : Shutterstock.com

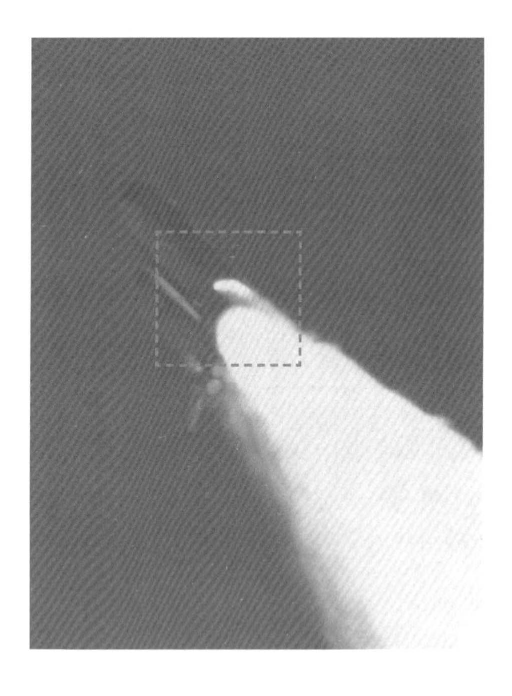

그림 5.3 챌린저 우주왕복선 연소가스 누출

출처 : Shutterstock.com

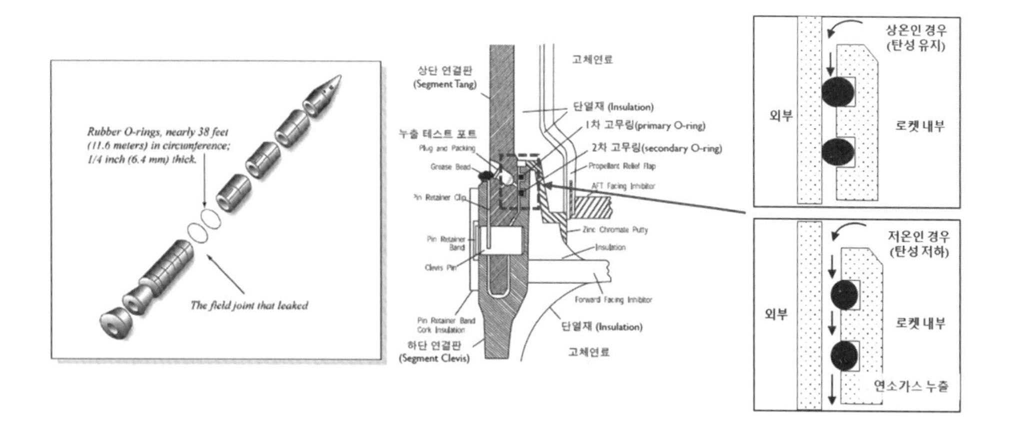


그림 5.4 챌린저 우주왕복선 고체추진로켓 구조 및 연료가스 누출 원인

출처 : MIT OCW, ESD 10 Intro. to Technology and Policy, Fall 2006 lecture note, NASA/History of the gap between the O-rings and verify whether the primary O-ring would seal, MSFC, Chap. 9

다음은 우리나라의 사고 사례로 성수대교 상부 트러스 일부가 붕괴한 사고이다. 성수대교는 서울의 교통난을 해소하기 위해 1977년 4월 9일 착공하여 2년 5개월의 공사기간을 거쳐 완성한 한강상의 열한 번째 교량으로 종래의 교량 형식에서 탈피하여 국내 최초의 게르버 트러스Gerber Truss 형식[1] 으로 건설되었다.

1994년 10월 21일 07시 40분 한강상에서 구조적으로 가장 안전한 교량으로 여겨지던 성수대교의 교량 일부 구간이 붕괴되었으며, 이 사고로 17명이 다치고 32명이 사망하여 총 49명의 사상자가 발생하였다. 사고 직후 대한토목학회에서 구성된 정밀안전진단팀에 의해 사고 원인 조사를 시행하였고, 성수대교 붕괴는 교각 10번과 11번 사이를 중심으로 한 양쪽 앵커 트러스 끝단에서 중앙부 현수 트러스를 매달아 주는 역할을 하던 연결 수직재hanger의 용접한 곳이 갈라지면서 발생한 것으로 판단하였다. 수직재의 주요부위는 반드시 X자형 용접을 하여 완전 용융 용접이 되도록 하게 되어 있으나, 공사기간 단축과 비용 절감을 위해 I자형 용접을 실시하여 재료 외부에만 용접이 되어 강도가 약하였다.

또 다른 붕괴 요인으로는 과적 차량의 통과로 인한 피로누적과 보수 관리 부실로 인한 부식으로 보고되었다. 붕괴 전의 성수대교는 최대 통과 하중이 18톤으로 설계되었으나 이후

1 독일인 엔지니어 하인리히 게르버(1832~1912)가 개발한 교량 건설 방식. 교각과 교각 사이에 힘을 지탱할 수 있는 경첩부위를 가지는 것이 특징이다.

그림 5.5 성수대교 붕괴사고

출처 : Wikipedia, 서울소방항공대

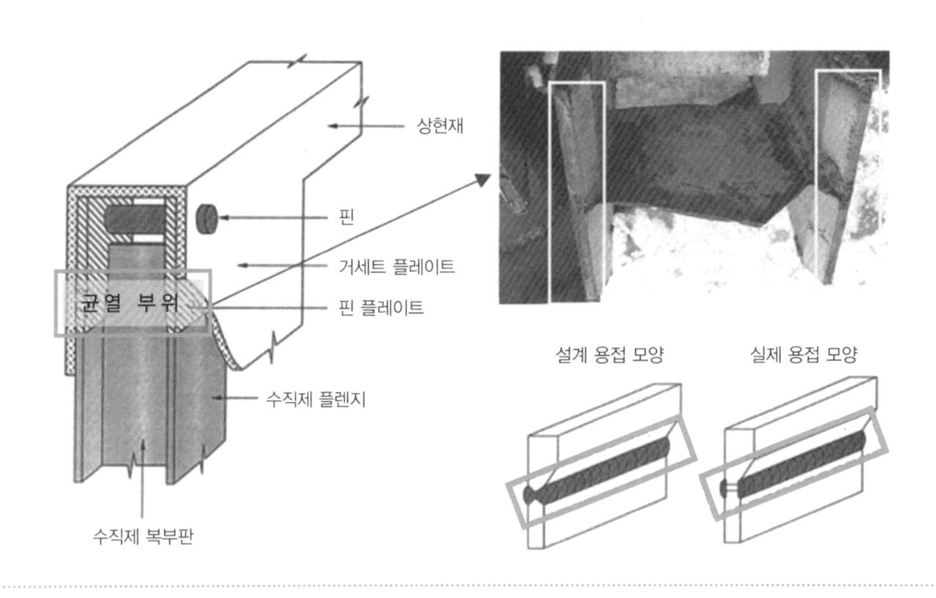


그림 5.6 상현재와 수직재 연결부 파단 원인

출처 : 서울지방검찰청, 성수대교붕괴사건 원인규명 감정단 활동백서. 서울: 서울지방검찰청, 1995년 6월

신설된 교량들의 통과하중이 24톤 이상으로 설계되어, 성수대교로 통행하는 18톤 이상 차량들을 통제하지 않아 교량에 장기간 피로가 가중되었다.

2003년도 컬럼비아 우주왕복선은 2주간의 임무를 마치고 지구로 귀환하던 중 미국 텍사

그림 5.7 상현재의 부식

출처 : 서울지방검찰청, 성수대교붕괴사건 원인규명 감정단 활동백서. 서울: 서울지방검찰청, 1995년 6월

스 주 상공 60km 지점에서 공중 분해되었다. 이 사고로 탑승했던 승무원 7명이 전원이 사망하였고, 1만 2천 개에 달하는 기체 파편이 3개 주에 걸친 7만 $km^2$의 지역에 비처럼 쏟아져 내렸다.

사고 원인을 조사한 결과, 이륙하는 과정에서 발생한 충격으로 외부 연료 탱크의 단열재가 떨어져 나와 왼쪽 날개와 충돌하여 손상을 입힌 것으로 밝혀졌다. 하지만 NASA는 발사 다음날 영상을 확인하였으나 단열재와 같은 비중이 가벼운 물체가 큰 손상을 준다고 판단하지 않았다. 우주에서의 임무 완수 후, 지구로 재진입할 때 이륙 과정에서 충돌로 생긴, 25cm의 구멍으로 1,400℃의 열기가 들어오면서, 플라즈마 토치를 쏘이는 것 같은 상태가 되었다. 이에 따라 공기와의 마찰이 계속해서 생기면서 국부적으로 4,400℃까지 올라가 내부 구조물이 녹아 내렸으며, 이로 인한 장비 고장으로 기체가 불안정해져 결국 공중에서 분해되었다.

이러한 세 가지 사고 사례를 통해서 신뢰성 사고가 주로 소재 · 부품으로부터 시작됨을 알 수 있다. 따라서 항공 · 우주뿐만 아니라 자동차, 반도체, 전기전자, 에너지 · 환경 등의 제품 설계 시 소재 · 부품 및 소재 · 부품 신뢰성에 대한 이해가 필수적이다.

그림 5.8 컬럼비아 우주왕복선 사고

출처 : NASA

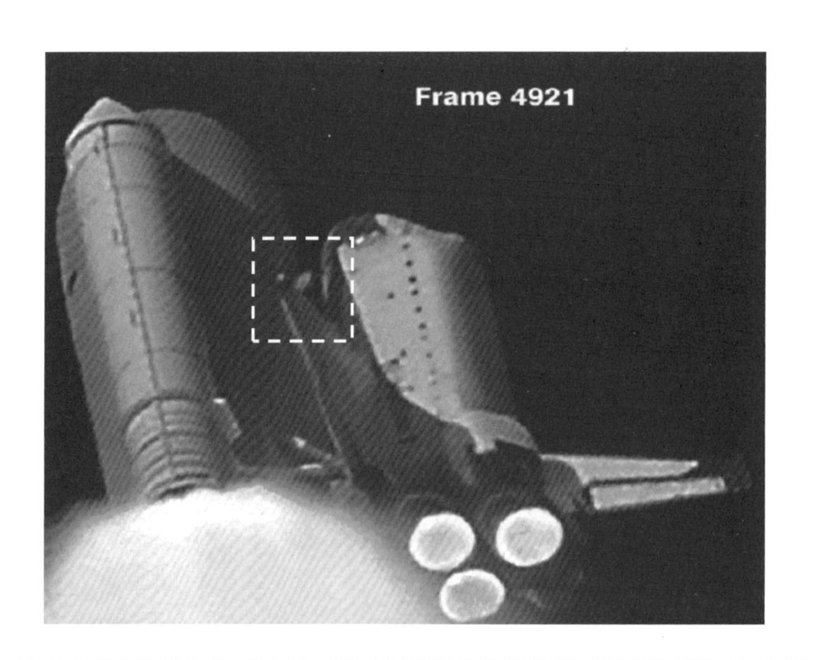


그림 5.9 컬럼비아 우주왕복선 단열재 이탈 문제

출처 : Wikipedia

## 나 신뢰성 기초

신뢰성이란 "아이템이 정해진 기능을 사용 조건에서 규정된 기간 동안 정상적인 상태를 유지하는 것"으로 정의되며, 또 다른 표현으로 미국의 글로벌 기업인 제너럴 일렉트릭General Electric Company, GE에서는 신뢰성을 '시간에 따른 품질'이라고 정의하고 있다. 또한 미국 국방 규격military standard에서는 신뢰성이란 "아이템이 명시된 조건에서 정해진 기간 동안 의도한 기능을 고장 없이 수행할 수 있는 확률"이라고 정의하였다. 품질과 신뢰성의 차이에 대해 알아보면, 품질은 특성에 초점을 맞추고 있는 반면 신뢰성은 수명에 초점을 맞추고 있다. 따라서 품질은 불량률을 통해 평가되지만, 신뢰성은 고장률 또는 수명으로 평가된다.

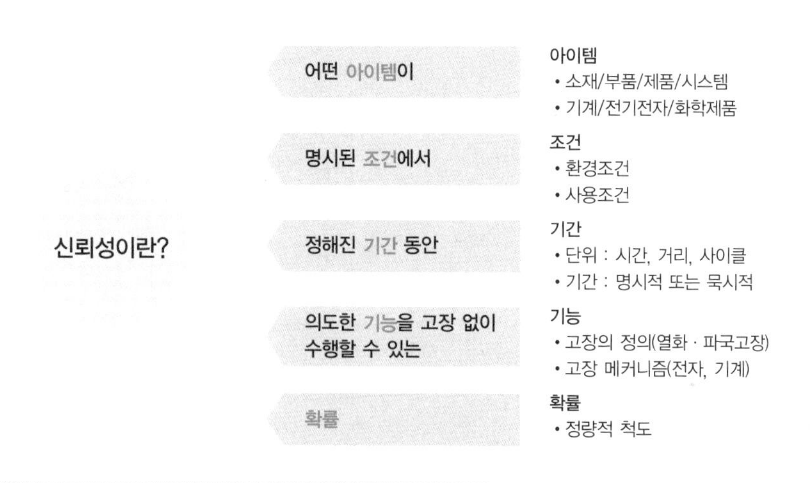


그림 5.10 신뢰성이란?

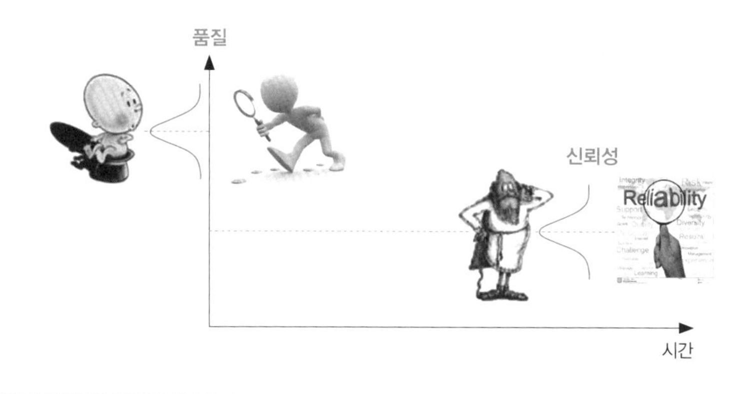


그림 5.11 품질과 신뢰성의 차이점

표 5.1 품질과 신뢰성의 차이점

| | 품질 | 신뢰성 |
|---|---|---|
| 시간 | 정적(현재의 특성) | 동적(미래의 성능과 고장) |
| 평가 대상 | 특성 | 수명 |
| 자료 | 완전 | 불완전(관측중단) |
| 평가 | 불량률(PPM) | 고장률/년, 수명(년) |
| 분포 | 정규분포를 주로 사용 | 지수, 대수 정규, 와이블 분포를 사용 |

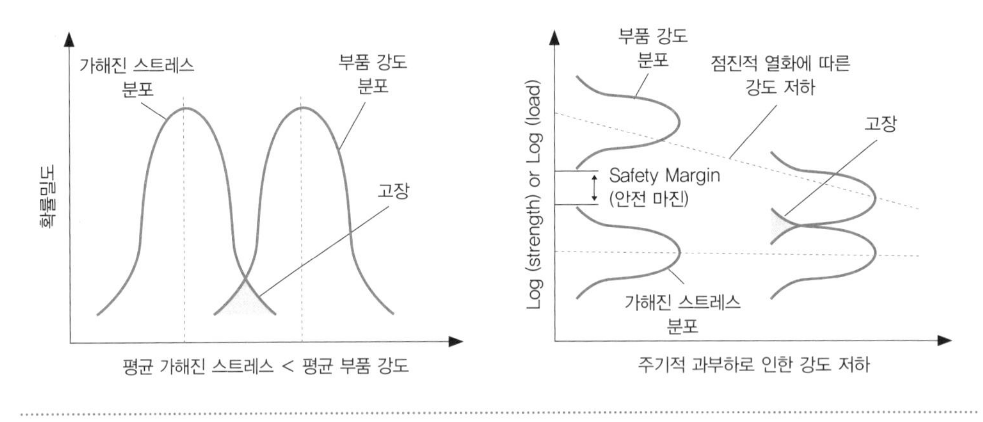


그림 5.12 파국고장과 열화고장 발생 개념도

고장은 신뢰성에서 중요한 키워드 중 하나로 "아이템이 특정 기능을 수행할 수 없는 상태"로 정의된다. 즉 기능이 완전히 정지하거나 불안정한 경우 또는 규정된 성능을 발휘하지 못할 때 이를 고장이라 판정하며, 고장은 일반적으로 파국고장과 열화고장 두 가지로 나누어진다. 일반적으로 파국고장은 과도한 스트레스, 사용자의 오용 등에 의해 아이템에 가해지는 스트레스가 일시적으로 높아져 아이템의 기능이 순간적으로 정지하는 고장이다. 열화고장은 아이템의 마모, 부식, 피로, 노화 등에 의해 성능이 스트레스와 시간에 따라 저하되어 발생하는 고장이다.

## 다 선진국 소재·부품 신뢰성

신뢰성은 선진국과 후진국 간의 기술 수준을 차별화하는 질적 척도 중 하나로 활용되고 있으며, 미국, 유럽, 일본 등 주요 선진국은 50년 이상의 신뢰성 역사를 통해 높은 신뢰성 수준을 보유하고 있다. 미국은 1940년대부터 군사 및 항공·우주 분야를 중심으로 신뢰성의 개념이 도입되어 현재 세계 최고의 신뢰성 평가기법을 보유 중인 반면, 우리나라의 경우 품질은 선진국 수준이나 원천설계기술 부족으로 고장 예측이 어렵고 시간이 지날수록 고장률이 증가하는 문제점이 있다.

소재·부품의 신뢰성 저하는 수요기업의 주요 구매기피 요인이기 때문에 글로벌 소싱이 가능한 소재·부품의 경우 신뢰성의 확보가 필수적이다. 미국, 유럽, 일본 등 선진국을 중심으로 소재·부품 신뢰성 연구가 활발히 진행 중이며, 표 5.2와 같이 국가 및 전문기관 주도로 특성, 성능, 수명 평가 방법 개발, 데이터 축적 및 공유 활동 등을 전개하고 있다.

**표 5.2** 신뢰성 관련 주요 기관과 연구 분야

| | 기관명 | 주요 연구 분야 |
|---|---|---|
| NIST National Institute of Standards and Technology | National Institute of Standards and Technology(NIST) | • 재료 분석 및 신뢰성 평가<br>• 관련된 시험방법 및 표준물질 개발 |
| wyle | Wyle Laboratories | • 우주항공, 군사 산업 분야 소재·부품 신뢰성 연구 및 평가 |
| calce | The Center for Advanced Life Cycle Engineering(CALCE) | • 전자부품 및 제품의 가속시험법 개발, 수명예측 및 신뢰성 연구<br>• 고장물리 연구 및 고장 메커니즘 규명 |
| NPL National Physical Laboratory | National Physical Laboratory(NPL) | • 전자재료의 신뢰성 연구<br>• 극한 환경에서의 재료의 신뢰성 평가 |
| JFCC | Japan Fine Ceramics Center(JFCC) | • 재료 분석 및 신뢰성 평가 |

미국은 소재·부품의 신뢰성 향상·보증을 위해 표준에 기반한 소재·부품을 개발 및 생산하여 경쟁력을 강화하고 있다. 미항공우주국NASA에서는 본주 및 센터에서 수행되는 모든 프로그램 및 프로젝트의 개발과 운용 단계에 신뢰성 프로그램을 의무화 하고 있으며, 미 국방부에서는 'Report of Reliability Improvement Group'을 통해 군수산업의 신뢰성 향상을 추진하고 있다. 개발 초기에 Reliability, Availability and Maintainability(RAM)[2] 목표와 요구 조건을 설정하고, 달성 여부를 검증할 수 있는 시험 계획을 제출하며, 신뢰성 성장 등 신뢰성 프

2 신뢰성, 가용성 그리고 정비이용성을 의미하는 말로 신뢰성을 기반으로 하는 유지보수를 의미한다.

로그램을 정립한 기업만을 대상으로 계약하고 있다. 뿐만 아니라 재료신뢰성과 관련하여 표준 및 신뢰성 관련 대표적인 연구기관인 미국 국립표준기술연구원NIST, 와일리 연구소Wyle Laboratories, 메릴랜드 대학 신뢰성 센터CALCE center는 소재기업을 대상으로 연구 개발 기획 단계에서부터 사용 조건 및 환경을 고려하여 전주기적 신뢰성 향상 · 보증 활동을 전략적으로 지원하고 있다.

그림 5.13 미국 R&D 기술 개발 추진 프로세스

출처 : 조영훈, 소재부품 신뢰성 확보를 위한 R&D 프로세스 개선방안 연구, 더비엔아이, 2015년 1월

## 5.1.2 소재·부품 신뢰성 시험

### 가 신뢰성 시험 목적

아이템, 즉 소재, 부품, 제품 등의 신뢰성과 안전성에 대한 소비자의 요구가 점차 높아짐에 따라 생산자가 신뢰성 정보를 획득할 수 있게 해주는 신뢰성 시험은 매우 중요해지고 있다. 신뢰성 시험은 아이템의 수명 또는 고장률을 평가하기 위한 시험으로 개발 및 제조 과정에서 신뢰성 평가 · 향상 · 보증을 위해 실시되는 모든 시험을 의미한다.

신뢰성 시험을 통해 아이템에 대한 수명을 예측하고, 발생 가능한 제품의 고장 원인을 찾아낼 수 있다. 또한 제품에 관련된 요구사항 및 관련 규제를 만족하기 위해 신뢰성 시험을 시행하며, 이를 통해 아이템 안전상의 문제점을 사전에 찾아내고 고장을 재현 및 해석하여 강건 설계를 구현하게 해준다.

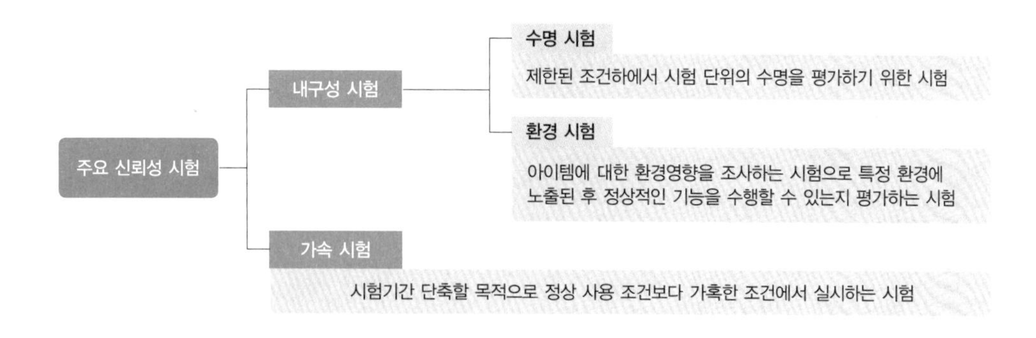


그림 5.14 신뢰성 시험의 분류

### 나 신뢰성 시험 평가 절차

최근에는 기술 개발 초기 단계에서부터 신뢰성 확보의 필요성이 대두됨에 따라 신뢰성 조기 확보를 위해 신뢰성 시험평가를 양산품만이 아닌 기술 개발 모든 단계에 걸쳐 수행하고 있다.

세 단계로 구분하여 단계별 신뢰성 평가 절차를 살펴보면 1단계에서는 최적 설계를 위한 신뢰성 평가가 진행되며, 개발 아이템에 대한 신뢰성 요구조건을 분석하고 잠재적인 고장 분석을 하여 최적 설계에 반영한다. 2단계는 설계 유효성 검증 신뢰성 평가로 상세 설계와 최적 설계를 바탕으로 시제품을 제작하여 시제품에 대한 수명 시험 및 환경 시험 등 내구성 시험이 수행되고 가속 시험을 개발한다. 3단계에서는 품질 개선을 위한 신뢰성 평가로 시제품 시험평가 결과를 토대로 제품을 상품화하여 시장에 출하하며, 출하된 제품의 고장 데이터를 수집 · 분석하여 고장 원인을 도출하고 부품 재설계를 통해 신뢰성을 향상시킨다.

이처럼 단계별 신뢰성 평가 절차를 수행함으로써, 개발 단계에서부터 제품의 출하 이후까지 신뢰성 시험을 통해 신뢰성을 평가 · 향상 · 보증하고 있다.

재료 신뢰성 시험 평가 절차는 다음과 같다. 첫 번째로 설계 및 제조 공정을 통해서 만들어진 재료를 다양한 시험방법으로 특성 평가한다. 이후 실환경 조건에서 재료가 받을 수 있는 스트레스 인자와 모드를 고려하여 내구성 시험을 진행하며, 고장 해석을 통해 고장 모드와 고장 기구(메커니즘)를 도출한다. 고장 해석 결과를 토대로 가속 시험이 설계, 수행되며 최종적으로 수명을 예측할 수 있다. 만약 아이템이 신뢰성 목표치에 도달하지 못하였다면 고장 해석 결과를 토대로 수정, 개선하여 신뢰성을 향상 시킬 수 있다. 기존 제품의 신뢰성 시험, 평가가 주로 보증, 인증을 목적으로 추진되는 데 비해 재료 신뢰성 시험은 기초 설계 단계에서 개선, 보완, 즉 강건 설계를 통한 신뢰성 향상에 초점을 맞추어 진행하는 것이 보다 바람직하다.

그림 5.15 단계별 신뢰성 평가 절차

출처 : 한국신뢰성인증센터, "신뢰성 개념", 한국신뢰성인증센터

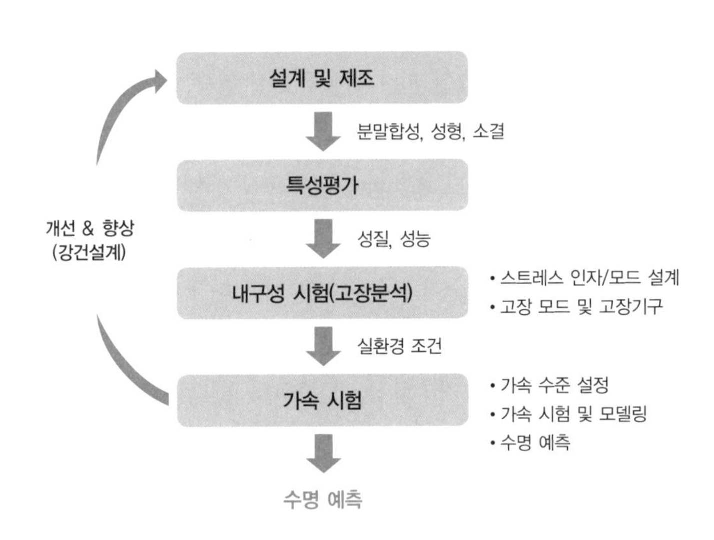


그림 5.16 재료 신뢰성 시험 평가 절차

### 다 내구성 시험

재료 신뢰성 시험에는 크게 내구성 시험durability test과 가속 시험accelerated test이 있다. 내구성 시험은 아이템의 성능이 환경인자(스트레스)와 시간의 경과에 따라 어떠한 영향을 받는가를 조사하는 시험으로 수명 시험, 환경 시험 등으로 구성된다. 수명 시험은 제한된 조건하에서 시험 단위의 수명을 평가하기 위한 시험이며, 환경 시험은 아이템에 대한 환경 영향을 조사하는 시험으로 특정 환경에 노출된 후 정상적인 기능을 수행할 수 있는지를 평가하는 시험이다. 예를 들어 그림 5.17과 같이 전기자동차 배터리는 운전 환경에서 발생할 수 있는 여러 가지 상황들을 고려하여 다양한 내구성 시험이 수행된다.

그림 5.17 배터리 내구성 시험

출처 : 삼성 SDI

다시 말해, 내구성 시험은 재료가 환경 스트레스에서 정상적인 기능을 수행하는가를 확인하거나 개선점을 찾기 위해 실시하는 것으로, 스트레스 유형에 따른 표준화된 시험 방법을 이용하는 것이 바람직하다. 표 5.3과 같이 스트레스 유형을 기계적, 열적, 화학적, 전기적 스트레스로 분류하여 적합한 환경 시험을 하며, 표준화된 시험 방법으로는 ISO, IEC, KS, ASTM 등의 표준이 주로 활용되고 있다. 재료 내구성 시험의 경우 일반적으로 환경적 요인에 따른 실사용 조건들을 모사하기 위해 그림 5.18과 같이 스트레스별로 특성에 맞는

**표 5.3** 스트레스 유형에 따른 내구성 시험의 종류

| 유형 | 기계적 스트레스 | 열적 스트레스 | 화학적 스트레스 | 전기적 스트레스 |
|---|---|---|---|---|
| 스트레스 인자 | • 외력<br>• 기계적 충격<br>• 진동 | • 온도<br>• 온도 충격<br>• 온도 구배 | • 습도<br>• 화학 약품 노출<br>• 방사선 | • 전압<br>• 전류 |
| 환경 시험 | • 충격 시험<br>• 낙하 시험<br>• 진동 시험 | • 고온 시험<br>• 저온 시험<br>• 온도변화 시험 | • 고온고습 시험<br>• 염수분무 시험<br>• 정상 방사선 조사 시험 | • 정전기 내성 시험<br>• 내전압 및 절연시험 |

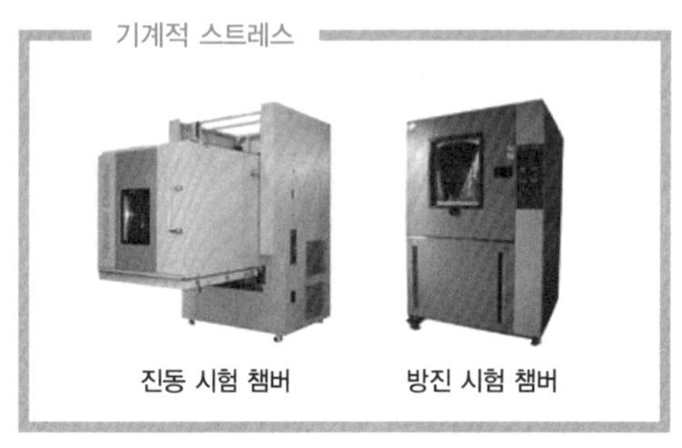


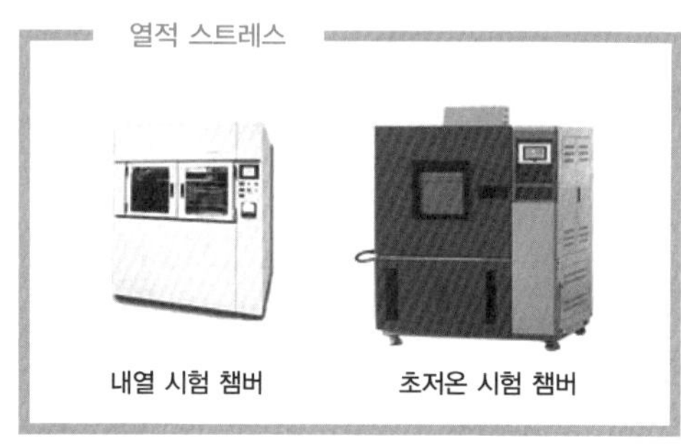


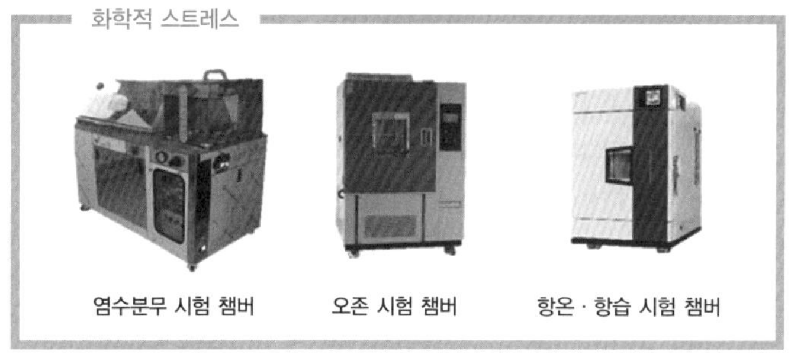

그림 5.18 스트레스 유형에 따른 재료 내구성 시험 챔버

시험 챔버를 이용하여 수행한다.

### 라 가속 시험

상당수의 제품은 수년, 수십 년 혹은 그 이상 고장이 없이 사용이 가능하도록 설계되기 때문에, 고 신뢰성 아이템의 고장시간 분포나 장기 성능에 대한 추정에는 많은 어려움이 존재한다.

이러한 경우 사용 조건에서 시험 기간 내에 고장 또는 성능 저하가 되는 제품은 거의 없기 때문에 정상 작동 조건하에서 발생한 고장 데이터는 얻기가 어려워 신뢰성 척도를 추정하기가 쉽지 않다. 이와 같이 고 신뢰성 아이템이 정상 작동 조건에서 작동할 때 아이템의 고장 데이터는 그 기대 수명 동안 얻지 못할 수 있는 경우가 있으며, 이러한 경우 신뢰성을 추정하기 위해 주로 가속 시험을 수행한다.

가속 시험은 시험 기간을 단축할 목적으로 실제 사용 조건보다 가혹한 조건에서 수행하는 시험으로, 가속 시험을 통하여 재료의 고장 모드, 고장 기구 등 고장 해석 자료를 얻어 수명과 고장률을 추정하고 최종적으로 아이템의 강건설계를 구현한다.

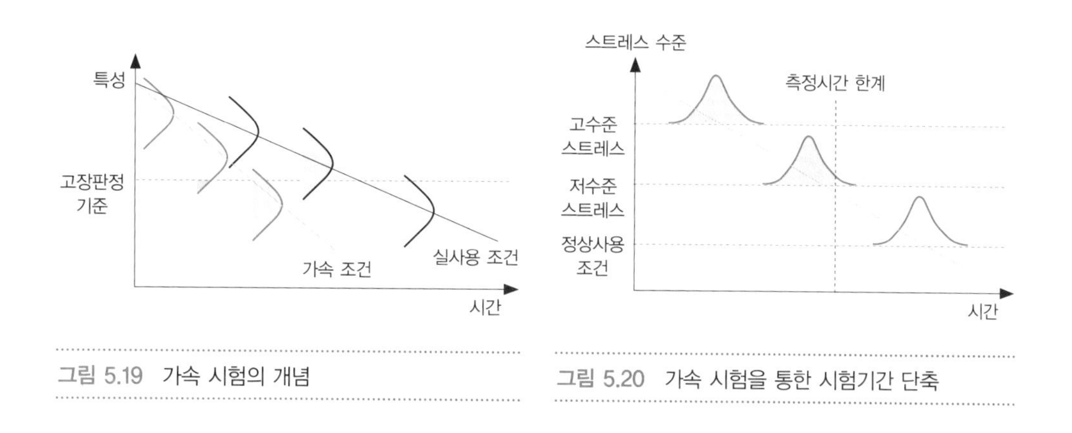


그림 5.19 가속 시험의 개념

그림 5.20 가속 시험을 통한 시험기간 단축

4차 산업 시대에 첨단 소재의 개발 기간 단축이 요구되고 있으며, 오랜 기간 동안 높은 신뢰성이 요구되는 자동차의 경우 개발 기간의 단축을 위해 가속 시험이 필수적이다. 따라서 선진 기업들은 가속 수명 시험, 가속 열화 시험, VQ method 등의 신뢰성 평가 기법에 대한 연구를 활발히 진행하고 있다.

| 소비자 | 기업 | 가속 시험 |
|---|---|---|
| 새로운 아이템 요구 | 아이템 개발기간 단축 | 시간 및 비용 절감 |
| 고품질 및 높은 신뢰성 요구 | 신뢰성 보증 시스템 마련 | 아이템 품질 및 신뢰성 평가 |

그림 5.21 가속 시험을 통한 아이템 개발 단축

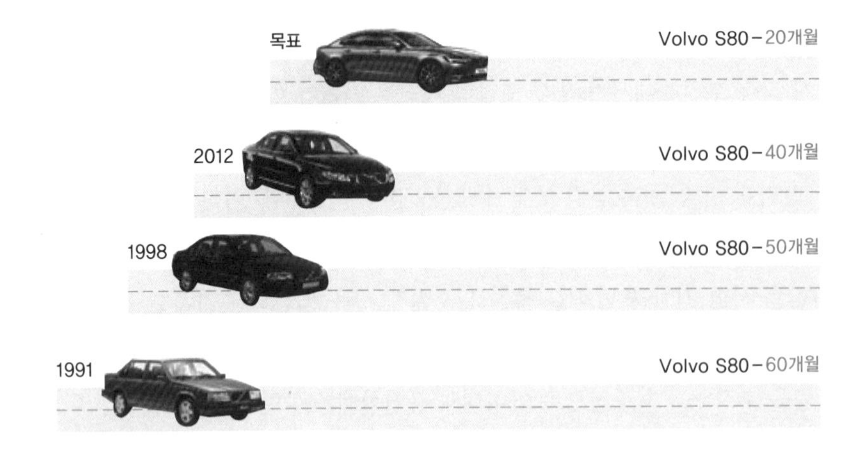


그림 5.22 신차 모델 개발 기간 : 1991년, 1998년, 2012년, 2020년 목표 – 3D 프린팅 기술의 적용

출처 : Nader Asnafi, "3D Metal Printing from an Industrial Perspective—Product Design, Production, and Business Models", BHM Berg- und Hüttenmännische Monatshefte, 164, 3(2019), 91-100, 10.1007/s00501-019-0827-z

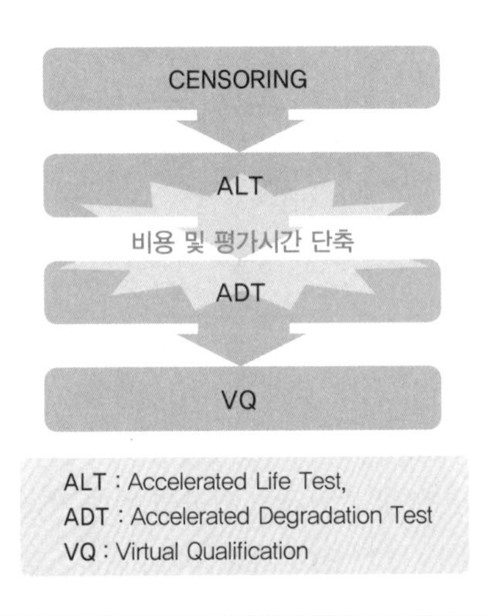


그림 5.23 가속 시험 절차

가속 시험 시 고려해야 할 사항은 실제 사용 조건과 가속 조건에서 아이템은 동일한 고장 모드와 고장 기구를 가져야 한다는 것이다. 또한 부과하는 스트레스 수준은 작동 한계를 넘지 않아야 하고, 가속 스트레스 인자를 제외한 다른 스트레스 인자들의 영향은 일정하게 유지되어야 한다. 그림 5.24와 같이 가속 시험 시 스트레스 인가 방법에는 일정형, 계단형, 점진형, 주기형, 랜덤형이 있다.

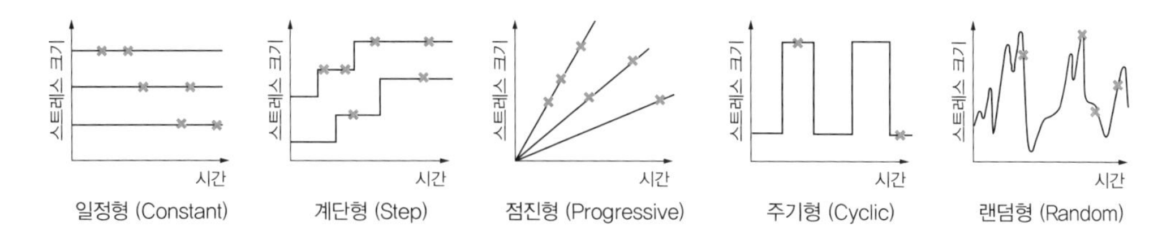


그림 5.24 스트레스 인가 방법

- 일정형constant 스트레스 시험 : 일정한 수준의 스트레스를 시험 종결 시간까지 유지
- 계단형step 스트레스 시험 : 스트레스 수준을 계단형으로 증가
- 점진형progressive 스트레스 시험 : 스트레스 수준을 연속적으로 증가
- 주기형cyclic 스트레스 시험 : 스트레스 수준을 사인 곡선 등과 같이 주기적으로 변화
- 랜덤형random 스트레스 시험 : 특정한 유형을 따르지 않고 임의로 스트레스 변화

가속 시험을 통해 얻어진 데이터를 분석하여 정상 조건에서 아이템의 수명을 예측할 수 있다. 실제 가속 범위, 즉 유효한 가속 범위에 있으면 가속 시험 시에도 정상 시험과 동일한 고장 모드와 고장 기구를 가지기 때문에 가속 시험과 정상 시험 데이터 간에 규칙성이 존재하게 되며, 이를 통해 가속 조건으로부터 정상 조건의 수명 분포를 수학적으로 유도할 수 있다. 가속 시험을 통해 얻어진 수명 분포를 외삽하여 정상 사용 조건의 수명 추정이 가능하며, 외삽은 스트레스와 수명의 관계를 설명할 수 있는 가속 모형을 통해 수행된다.

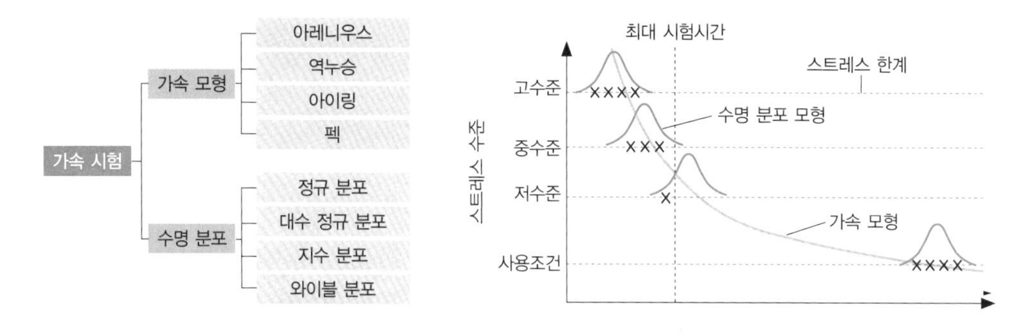


그림 5.25 가속 시험에서의 분포 모형과 가속 모형

가속 모형은 스트레스 가속 시에 적용할 수 있으며 시험 아이템의 수명과 스트레스 간의 관계를 나타낸 것으로 수명 분포의 모수(평균, 표준편차 등)를 스트레스 변수의 함수로 표현한 것이다. 표 5.4는 여러 가지 모형들 중에서 고장을 발생시키는 물리·화학적 과정에 대한 이론적 근거 없이 가용 자료와 잘 적합하는 경험적empirical 가속 모형을 제외한 고장유발 과

**표 5.4** 가속 모형의 수명-스트레스 관계식 및 적용

| 모형 | 가속 스트레스 인자 | 수명-스트레스 관계식 | 적용 |
|---|---|---|---|
| 아레니우스 (Arrhenius) | 온도 | $L = A \cdot \exp[\frac{E}{KT}]$<br>$L$: 수명, $A$: 상수, $E$: 활성화에너지<br>$K$: 볼츠만상수, $T$: 절대온도 | 반도체, 전자부품, 윤활유, 배터리, 고무, 필라멘트 등 |
| 역누승 (Inverse power law) | 전압, 진동, 온도 주기 | $L = A \cdot V^{-\gamma}$<br>$L$: 수명, $A$, $\gamma$: 상수, $V$: 스트레스(전압 등) | 절연재전압내구시험, 금속재료 피로시험, 베어링 등 |
| 아이링 (Eyring) | 온도, 습도 | $L = (\frac{A}{T}) \cdot \exp[\frac{B}{KT}]$<br>$L$: 수명, $A, B$: 상수,<br>$k$: 볼츠만상수, $T$: 절대온도 | 전기장에 의한 가속, 화학적 열화 등 |
| 펙 (Peck) | 온도, 습도 | $L = (\frac{A}{T}) \cdot \exp[\frac{B}{KT}] \cdot f(RH)$<br>$L$: 수명, $A$: 상수, $E$: 활성화에너지<br>$RH$: 상대습도, $k$: 볼츠만상수, $T$: 절대온도 | 반도체, 전자부품 등 |

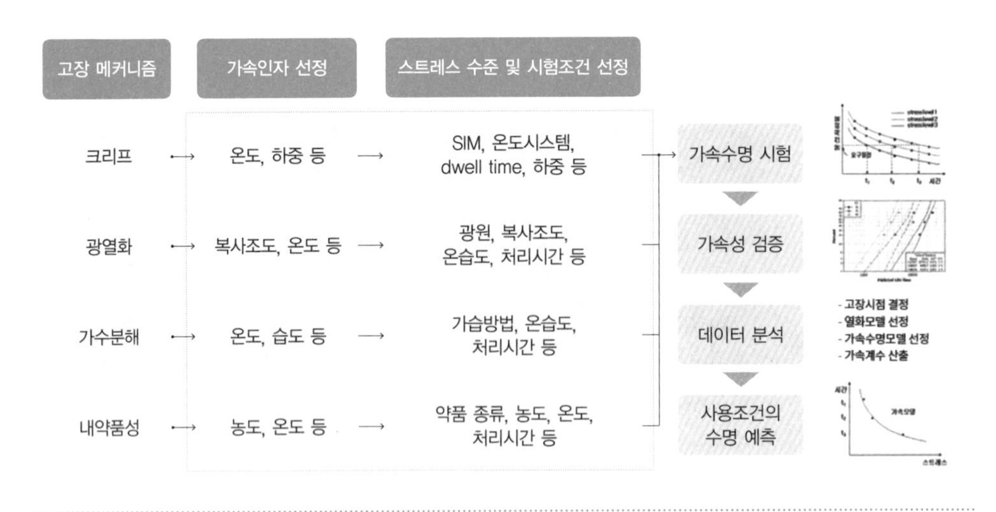


그림 5.26 가속 시험을 통한 수명 예측 절차

정을 기술하는 물리 · 화학적 이론에 기반한 물리적physical 가속 모형 중에서 활용도가 높은 가속 모형들이다.

가속 시험을 통한 수명 예측 절차는 실제 사용 현장에서 얻어진 기초 자료/고장 자료 또는 내구성 시험 결과를 토대로 고장 모드와 고장 기구를 파악하고, 이 고장 해석 결과로부터 주요 스트레스 인자main stress factor를 선정한다. 스트레스 수준과 시험 조건을 선정하여 가속 시험을 수행하고, 고장 기구가 동일한지, 즉 가속성이 성립하는지 유효성을 검증해야 한다. 가속성이 성립되면 가속 시험 데이터 분석을 통해 정상 사용 조건에서의 수명을 계산하여 예측할 수 있다.

## 5.2 신뢰성 척도와 수명 분포

### 5.2.1 신뢰성 척도

소비자, 즉 유저user 기업이 높은 신뢰성을 갖는 아이템을 요구함에 따라, 소재 · 부품 · 제품의 신뢰성 평가 · 향상 · 보증을 위하여 신뢰성을 정량적으로 평가할 수 있는 기준이 필수적으로 요구되고 있다.

신뢰성 척도는 신뢰성을 정량적으로 표현하고 측정하기 위한 척도로서 이를 이용하여 아이템의 신뢰성을 객관적이며 정량적으로 나타낼 수 있다. 일반적으로 척도는 평가하거나 측정할 때 의거하는 기준이며 측도는 측정이 되는 정도를 뜻하나, 신뢰성 공학에서 척도와 측도는 같은 의미로 사용되고 있다.

그림 5.27 신뢰성을 어떻게 측정할까?

그림 5.28 소재 · 부품, 신뢰성 및 척도

신뢰성 척도의 종류로는 수명, 평균 수명, 신뢰도, $B_p$ 수명, 고장률 등이 있으며 이에 대해 알아보겠다.

그림 5.29 주요 신뢰성 척도

### 가 수명

수명Life, Lifetime은 일반적으로 생물의 생명 존속 기간으로서 보통 사고나 병에 의하지 않는 자연사까지의 연한이다. 신뢰성 공학 관점에서 수명은 수리 불가능한 아이템이 고장 날 때까지의 시간 또는 수리 가능한 아이템이 더 이상 수리할 수 없는 고장이 발생할 때까지의 시간이다.

그림 5.30 여러 가지 아이템의 기대수명

수명의 단위는 일반적으로 시간이지만 아이템에 따라 사이클 수, 거리 등을 사용하기도 한다. 예를 들어 TV, 스마트폰, 일반 승용차의 수명은 시간이며, 전기 자동차 배터리의 수명은 충 · 방전 사이클 수, 자동차 타이어의 수명은 거리로 사용된다.

### 나 평균 수명

평균 수명Mean life은 수리 불가능한 아이템과 수리 가능한 아이템에 따라 다르게 적용된다. 수리 불가능한 아이템의 경우에 평균 수명은 평균 고장 시간mean time to failure, MTTF이며, 이는 수리 불가능한 아이템이 고장 나기까지 시간의 평균이다.

예를 들어 스마트 팩토리에는 온도, 빛, 가스 등 다양한 센서가 사용되는데, 전기 화학식 가스 센서는 소모품, 즉 수리 불가능한 아이템으로서 일정 시간이 지나면 교체해야 하며, 일반적으로 전기 화학식 가스 센서의 평균 수명은 약 2년이다.

그림 5.31 스마트 팩토리 내 센서의 종류

수리 가능한 아이템의 경우에 평균 수명은 평균 고장 간격mean time between failures, MTBF이며, 이는 수리 가능한 아이템의 고장들 사이 가동 시간들의 평균 또는 어떤 기간에서의 총 가동 시간을 고장 건수로 나눈 값이다.

반도체 저장 장치인 솔리드 스테이트 드라이브solid state drive, SSD의 평균 수명은 약 150

1,000개의 SSD를 1년(8,760 h) 동안 가동시켰는데
5.84개 고장
→ 평균수명 (MTBF) = $\frac{1,000 \times 8,760 \text{ h}}{5.84}$ = 1,500,000 h

그림 5.32 삼성 SSD 980 제품 및 스펙

출처 : 삼성전자

만 시간으로 이는 1,000개의 SSD를 1년 동안 가동시켰을 때 5.84개가 고장나는 것을 의미한다.

### 다 신뢰도

신뢰도Reliability는 규정 조건하에서 의도된 기간 동안 원하는 기능을 고장 없이 수행할 확률로서 이를 구하기 위한 함수는 고장밀도 함수, 신뢰도 함수, 누적분포 함수가 있다.

- 고장밀도 함수failure density function, f(t)
  - 단위 시간당 아이템의 고장이 발생하는 비율을 나타내는 함수로 누적분포 함수의 미분으로 표현
  - 수학적 정의 : $f(t) = \frac{dF(t)}{dt}$ ($F(x)$: 누적분포 함수)
- 신뢰도 함수reliability function, R(t)
  - 아이템이 특정 시간(t)까지 고장 나지 않을 확률(생존 확률)을 나타내는 함수
  - 수학적 정의 : $R(t) = P(T > t) = \int_t^\infty f(x)dx$ ($f(x)$: 고장밀도 함수)
- 누적분포 함수cumulative distribution function, F(t)
  - 아이템이 특정 시간(t)까지 고장 날 확률을 나타내는 함수로 불신뢰도 함수(unreliability function)라고도 함
  - 수학적 정의 : $F(t) = P(T \leq t) = \int_0^t f(x)dx$ ($f(x)$: 고장밀도 함수)

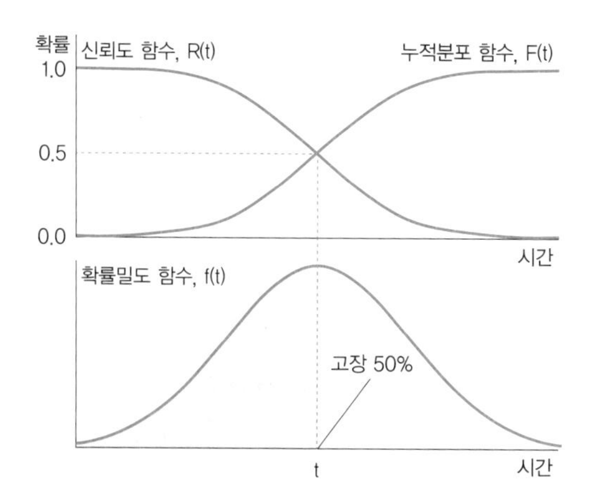


그림 5.33 고장밀도 함수, 신뢰도 함수, 누적분포 함수의 관계

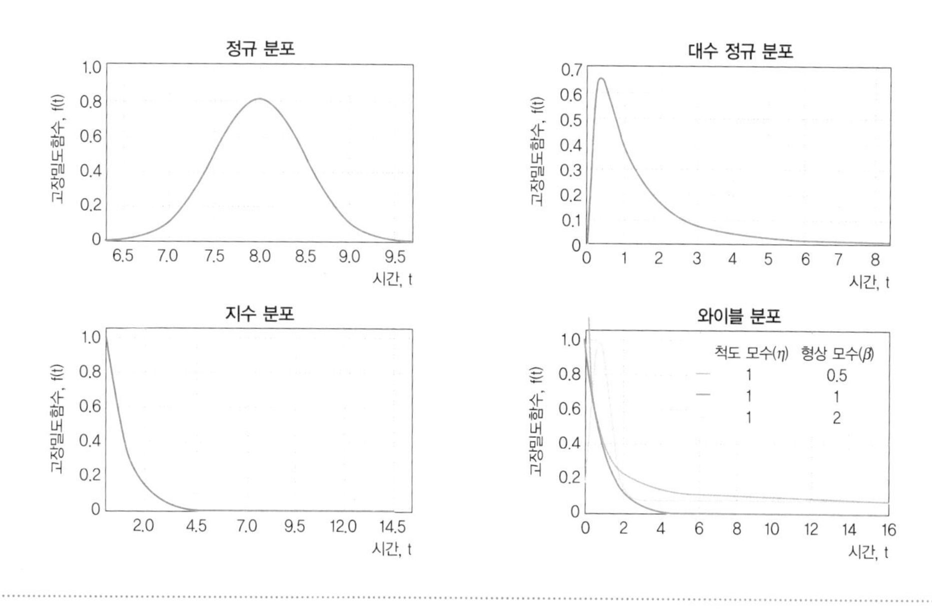


그림 5.34 분포 모양에 따른 여러 가지 고장밀도 함수

이 고장밀도 함수를 적분하면 구간에 따라 신뢰도 함수값과 누적분포 함수값을 얻을 수 있다.

$$R(t) = \int_{t}^{\infty} f(x)dx,\ F(t) = \int_{0}^{t} f(x)dx$$

고장밀도 함수를 다르게 표현하면 아이템의 수명 자료가 어떻게 분포되어 있는지 나타내는 그래프이고 분포 모양에 따라 정규 분포, 대수 정규 분포, 지수 분포, 와이블 분포 등으로 구분된다. 신뢰도 함수와 누적분포 함수는 각각 시간 t까지 생존할 확률과 고장날 확률을 의미하므로 다음 식의 관계를 갖게 된다.

$$R(t) + F(t) = 1$$[3]

### 라 $B_p$ 수명

$B_p$ 수명$B_p$ life은 전체 아이템 중 p%의 아이템이 고장나는 시점으로 정의하며, $B_{10}$ 수명은 전체 아이템 중 10%가 고장나는 시점이고 $B_{50}$은 50%가 고장나는 시점으로 이를 중앙 수명이라고도 한다.

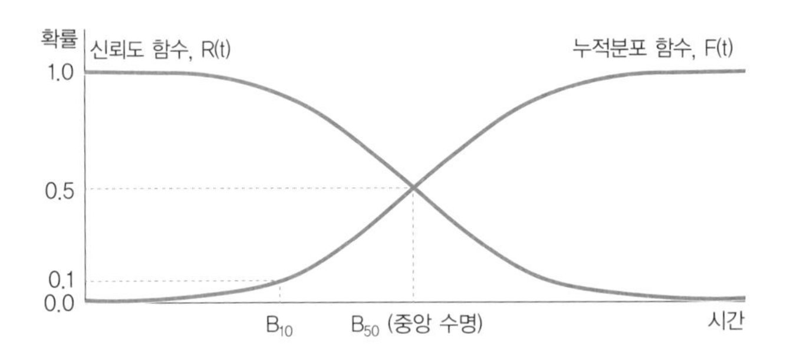


그림 5.35 누적분포 함수와 B 수명

$B_p$ 수명은 R 마크 등 소재 · 부품 신뢰성 인증에서 중요한 척도로 사용되고 있다. R 마크는 소재 · 부품의 신뢰성을 평가하여 우수한 소재 · 부품에 R 마크를 부여하는 인증제도로

표 5.5 R 마크 신뢰성 인증 기관 현황

| 소재 분야 | 인증기관 | 부품 분야 | 인증기관 |
|---|---|---|---|
| 금속 | 포항산업과학연구원 | 기계 | 한국기계연구원 |
| 화학 | 한국화학연구원<br>한국화학융합시험연구원<br>한국건설생활환경시험연구원 | 전기전자 | 전자부품연구원<br>한국산업기술시험원<br>한국기계전기전자시험연구원 |
| 섬유 | FITI 시험연구원 | 자동차 | 자동차부품연구원 |

3 확률의 총 합은 1이다.

그림 5.36 R 마크

출처 : FITI 신뢰성평가센터

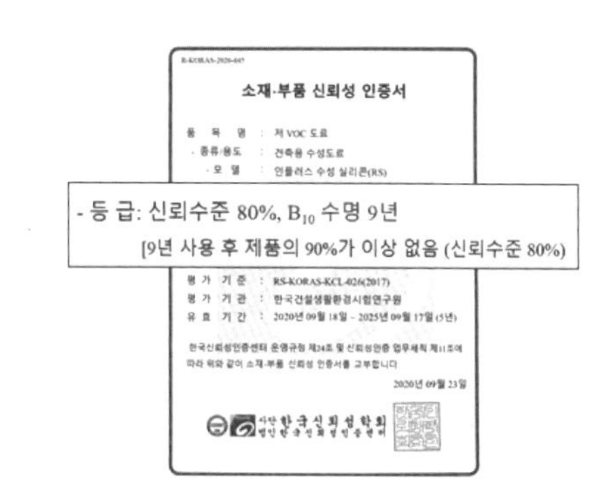

소재·부품 신뢰성 인증서

품 목 명 : 저 VOC 도료
- 종류/용도 : 건축용 수성도료
- 모 델 : 인플러스 수성 실리콘(RS)

- 등 급: 신뢰수준 80%, $B_{10}$ 수명 9년
[9년 사용 후 제품의 90%가 이상 없음 (신뢰수준 80%)

평 가 기 준 : RS-KORAS-KCL-026(2017)
평 가 기 관 : 한국건설생활환경시험연구원
유 효 기 간 : 2020년 09월 18일 - 2025년 09월 17일 (5년)

한국신뢰성인증센터 운영규정 제24조 및 신뢰성인증 업무세칙 제11조에 따라 위와 같이 소재·부품 신뢰성 인증서를 교부합니다

2020년 09월 23일

사단법인 한국신뢰성학회

그림 5.37 소재 · 부품 신뢰성 인증서에서의 Bp 수명

출처 : 삼화페인트

서, 국내에서 개발된 소재 · 부품의 수명, 고장률 등 신뢰성 문제를 해소할 수 있는 장비, 인력 등 기반을 구축하여, 수요자가 안심하고 사용할 수 있게 함으로써 핵심 소재 · 부품의 수입대체 및 내수촉진을 통한 무역역조[4] 개선을 목적으로 하고 있다.

### 마 고장률

고장률Hazard rate은 일정 시점까지 고장 나지 않는 아이템 ($R(t)$)이 순간적으로 고장 ($f(t)$) 날 조건부 확률로서 수학적 정의는 다음과 같다.

$$h(t) = \lim_{\Delta t \to 0} \frac{1}{\Delta t} \frac{F(t + \Delta t) - F(t)}{R(t)} = \frac{f(t)}{R(t)}$$

고장률 함수는 형태에 따라 감소, 일정, 증가형으로 구분하며, 일반적으로 아이템의 고장률은 그림 5.38과 같이 욕조 곡선bathtub curve을 따른다. 욕조 곡선의 초기 고장 기간은 고장률 감소 기간으로서 표준 또준 기준 이하의 원재료 사용, 설계나 제조상의 결함 등으로 고장이 발생하는 기간이다. 연구 개발에서는 초기 단계에 해당되며, 시행착오를 거치며 연구 개발이 진행됨에 따라 고장률이 감소하게 된다. 우발 고장 기간은 고장률 일정 기간으로서 과도한 스트레스, 사용자의 오용 등으로 인해 아이템에 가해지는 스트레스가 일시적으로 높아져 고장이 발생하는 기간이다. 마모 고장 기간은 고장률 증가 기간으로서 아이템의 마모, 부식, 피로, 노화 등으로 고장이 발생하는 기간이다.

4 한 나라의 수입액이 수출액보다 많은 상태이다.

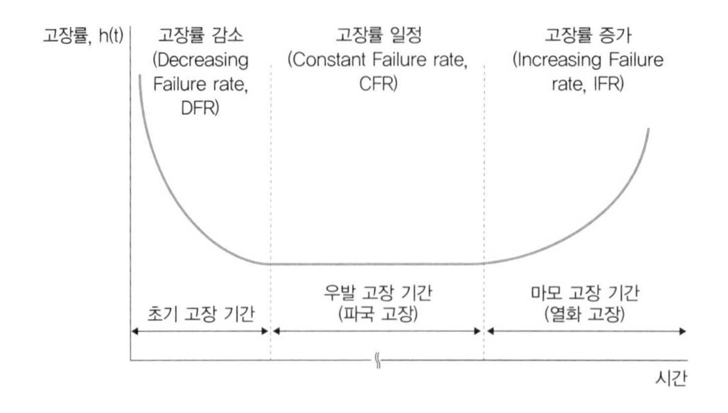


그림 5.38 욕조 곡선

**표 5.6** 주요 신뢰성 척도 요약

| 신뢰성 척도 | | 정의 |
|---|---|---|
| 수명 | | 수리 불가능 아이템이 고장 날 때까지의 시간 또는 수리 가능 아이템이 더 이상 수리할 수 없는 고장이 발생할 때까지의 시간 |
| 평균 수명 | 평균 고장 시간, MTTF | 수리 불가능한 아이템이 고장 나기까지의 시간들의 평균 |
| | 평균 고장 간격, MTBF | 수리 가능한 아이템의 고장들 사이 가동 시간들의 평균 또는 어떤 기간에서의 총 가동 시간/고장 건수 |
| 신뢰도<br>(고장밀도 함수, 신뢰도 함수, 누적분포 함수) | | 신뢰성 정도를 확률로 표시한 것으로, 규정 조건하에서 의도된 기간 동안 원하는 기능을 수행할 확률 |
| $B_p$수명 | | $B_p$수명은 p % 아이템이 고장 나는 시점 |
| 고장률 | | 단위 시간 동안 고장 나지 않은 아이템들이 순간적으로 고장 날 조건부 확률 |

## 5.2.2 수명 분포

가속 시험을 통한 수명 예측과 신뢰도, 고장률 등의 신뢰성 척도를 계산하기 위해서는 수명 분포가 필수적이다.

일반적으로 아이템 전체의 수명 자료를 얻기에는 시간, 비용 등 현실적 제한이 있어 표본을 추출하게 된다. 이후 가속 시험을 통해 얻은 수명 자료로 가속 조건에서의 수명 분포를 확인하고, 가속 모형을 이용하여 실사용 조건에서의 수명 분포로 환산한다. 이를 통해 아이템 전체, 즉 모집단의 수명을 추정·예측할 수 있다.

수명 분포는 아이템의 수명 자료를 설명하는 분포 형태로서 아이템의 고장 비율과 시간 사이의 관계를 그림과 수식으로 표현한 것이다. 수명 분포의 종류는 고장밀도 함수의 형태에 따라 정규 분포, 대수 정규 분포, 지수 분포, 와이블 분포 등이 있다.

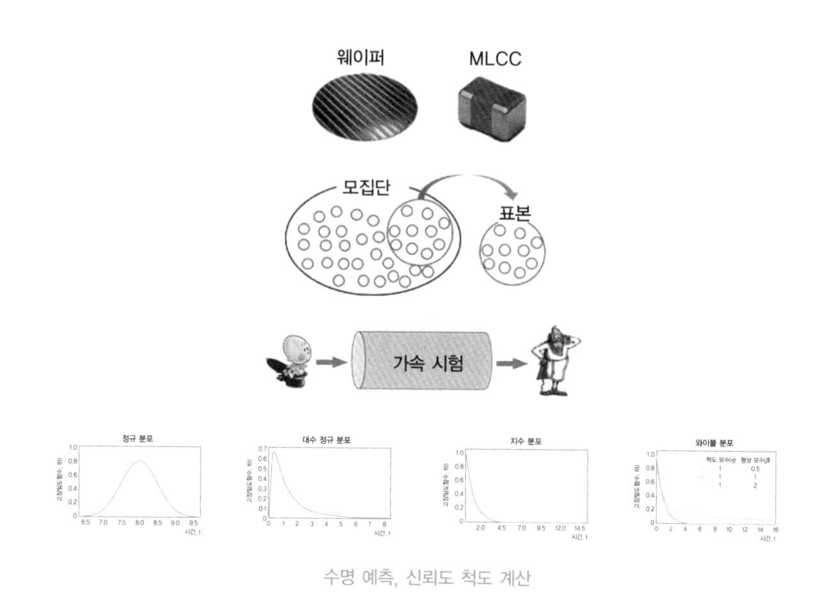


그림 5.39 신뢰성 분석에서 수명 분포의 필요성

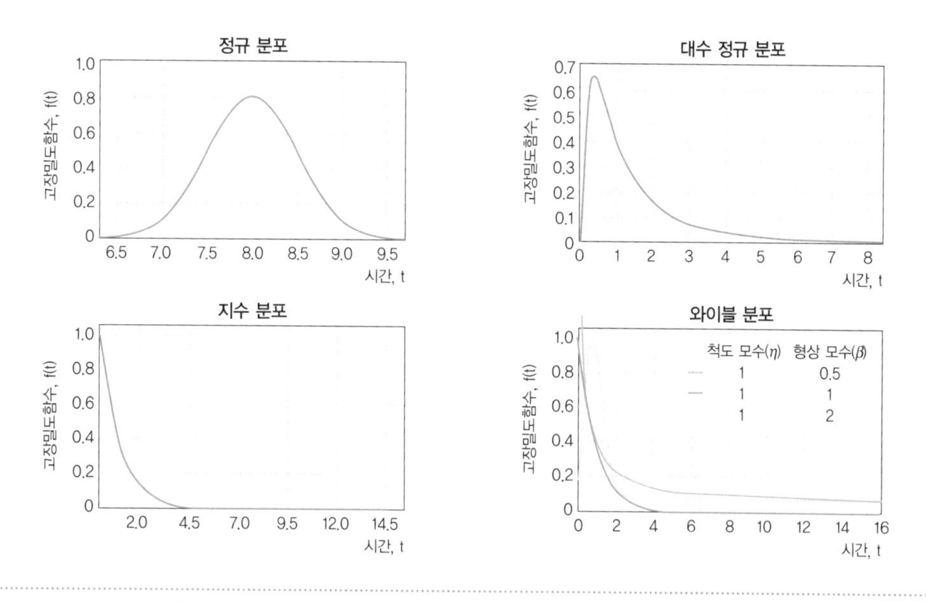


그림 5.40 주요 수명 분포

### 가 정규 분포

정규 분포Normal distribution는 통계학에서 가장 일반적이고 기본이 되는 분포로서 품질 관리에 널리 활용되고 있다. 일반적으로 자연 현상에 대한 관측 자료, 자연과학·공학 실험 자료, 사회·경제 현상에 대한 조사 자료, 간단한 구조를 갖는 전기 제품이나 기계 부품의 수명 분포는 일반적으로 정규 분포를 따른다.

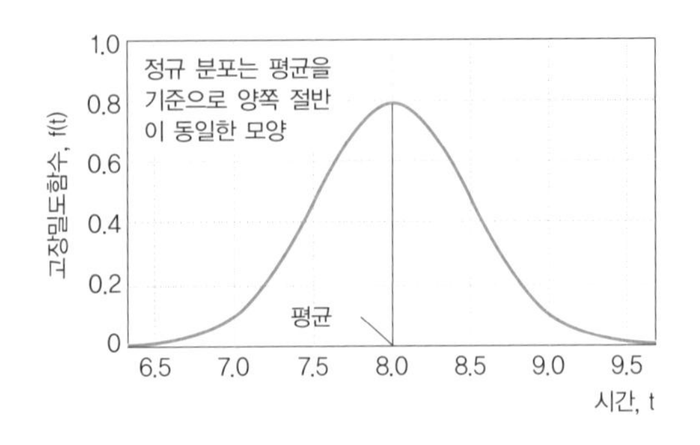


그림 5.41 일반적인 정규 분포의 형태

정규 분포는 평균을 중심으로 좌우 대칭의 형태를 가지며, 종 모양의 고장밀도 함수를 가진다. 정규분포는 평균이 $\mu$이고 표준편차가 $\sigma$인 연속 확률 분포로 평균은 분포의 중심을 나타내며, 표준편차는 수명 자료가 흩어

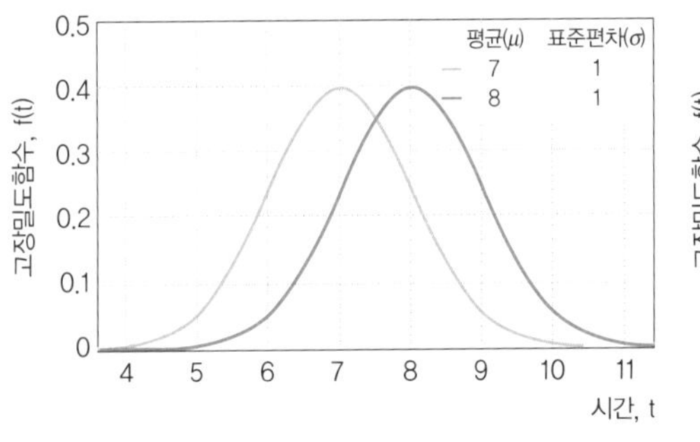


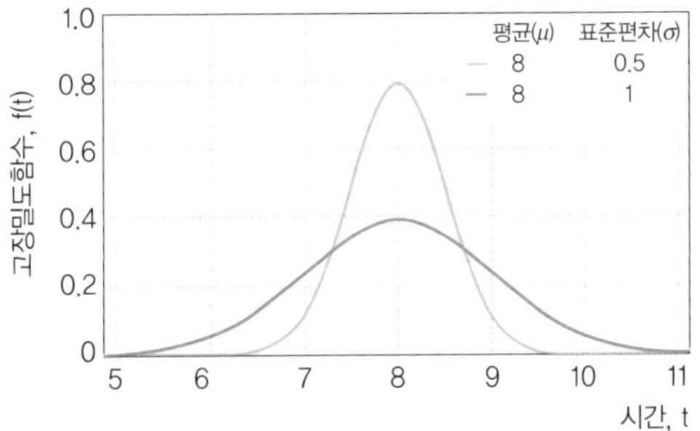


그림 5.42 표준편차가 일정하고 평균이 다른 경우와 평균이 일정하고 표준편차가 다른 경우

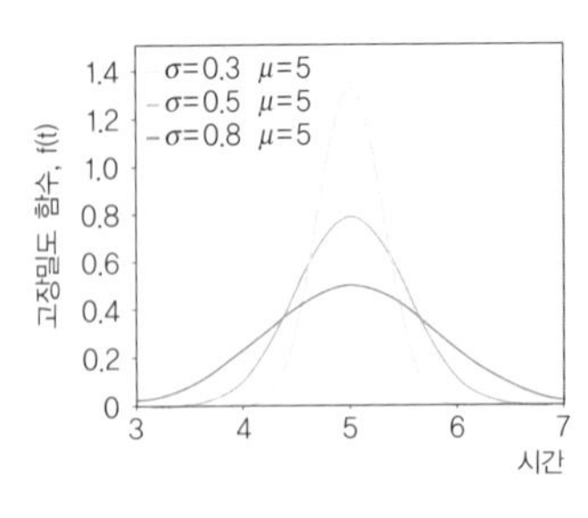


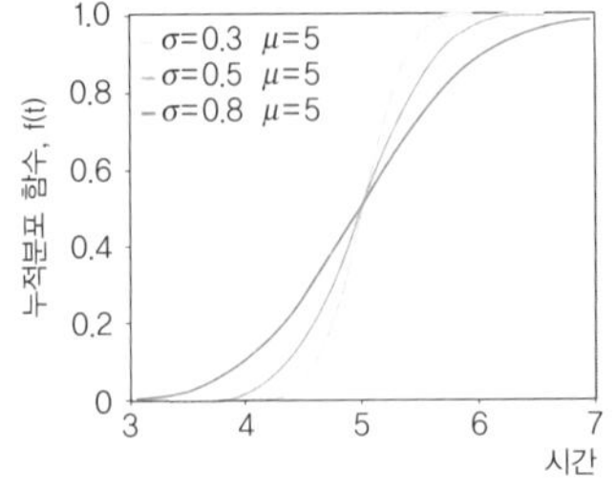


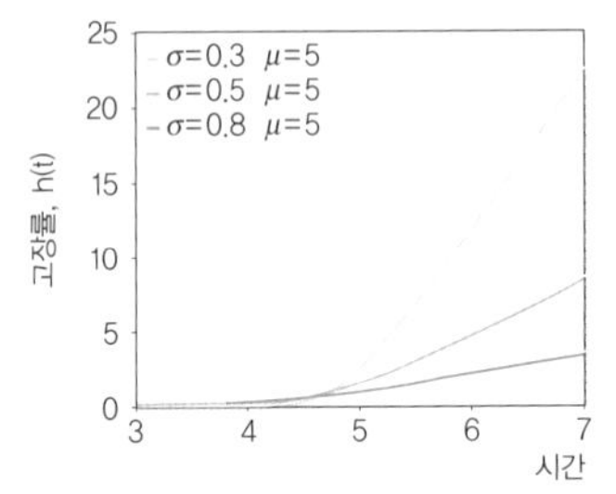


그림 5.43 정규 분포의 고장밀도 함수, 누적분포 함수, 고장률

진 정도를 나타낸다. 즉, 평균 값에 따라 분포의 위치가 변화하고, 표준편차 값에 따라 분포의 퍼짐 정도가 변한다.

정규분포를 따르는 고장밀도 함수, 누적분포 함수, 고장률의 식은 다음과 같다.

- 고장밀도 함수 : $f(t;\mu,\sigma) = \frac{1}{\sqrt{2\pi}\,\sigma} exp[-\frac{(t-\mu)^2}{2\sigma^2}]$
- 누적분포 함수 : $F(t;\mu,\sigma) = \Pr(T \le t) = \int_0^t f(x)dx$
- 고장률 : $h(t) = \frac{f(t)}{R(t)}$

## 나 대수 정규 분포

대수 정규 분포Lognormal distribution는 전기 절연체와 반도체의 수명, 금속 재료의 피로 수명 등 수명이 긴 아이템이 갖는 수명 분포로 어떤 아이템의 수명(T)의 자연로그 ln(T)가 정규분포를 따른다면, T는 대수 정규 분포를 따른다고 정의된다.

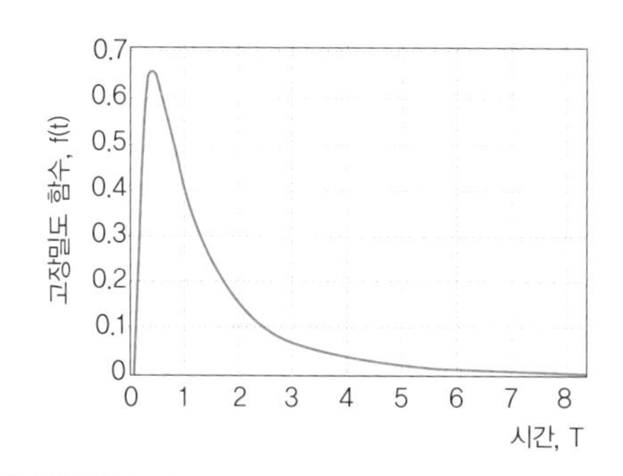


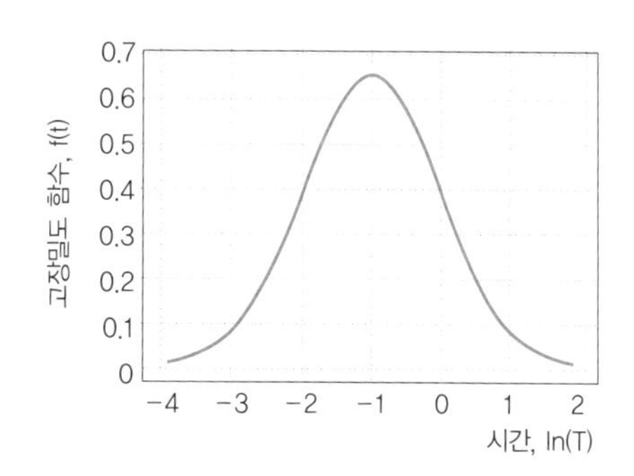


그림 5.44 일반적인 대수 정규 분포의 형태와 정규 분포를 따르는 ln(T)

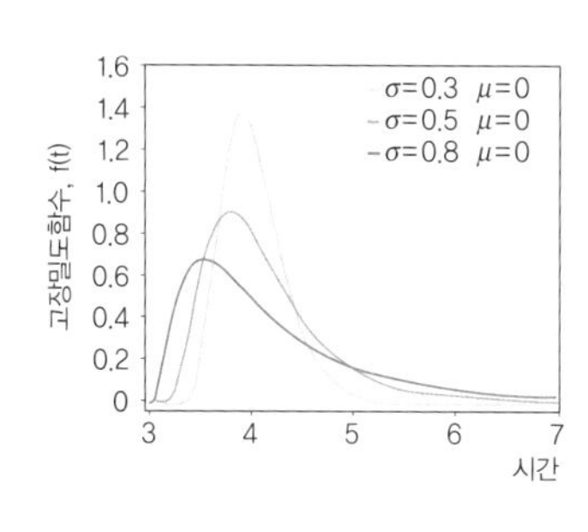


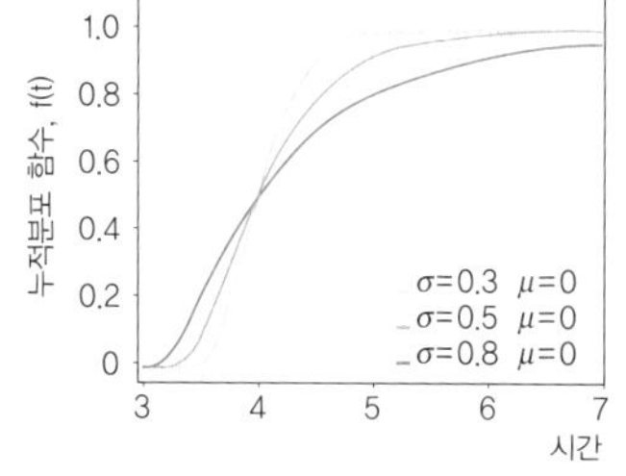


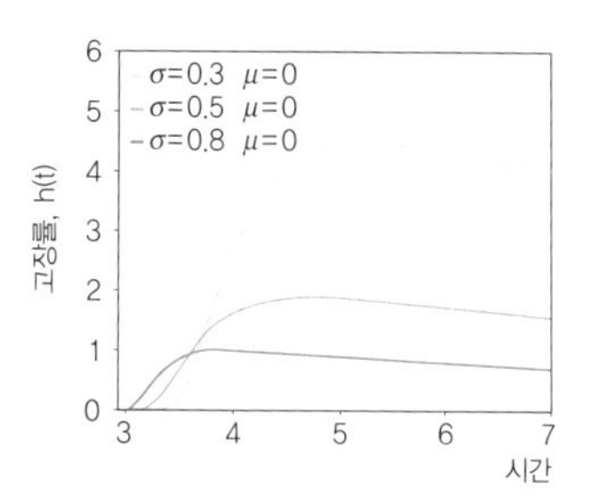


그림 5.45 대수 정규 분포의 고장밀도 함수, 누적 분포 함수, 고장률

대수 정규 분포를 따르는 고장밀도 함수, 누적분포 함수, 고장률의 식은 다음과 같다.

- 고장밀도 함수 : $f(t;\mu,\sigma) = \frac{1}{\sigma t}\Phi[-\frac{(\ln(t)-\mu)}{\sigma}]$
- 누적분포 함수 : $F(t;\mu,\sigma) = \Phi(\frac{\ln(t)-\mu}{\sigma}),\ \Phi(z)^* = \frac{1}{\sqrt{2\pi}}exp(-\frac{z^2}{2})^*$
- 고장률 : $h(t;\mu,\sigma) = \frac{f(t)}{R(t)} = \frac{\frac{1}{\sigma t}\Phi(\frac{\ln(t)-\mu}{\sigma})}{[1-\Phi(\frac{\ln(t)-\mu}{\sigma})]}$

### 다 지수 분포

지수 분포Exponential distribution란 고장률이 일정한 아이템의 수명 분포로 과도한 스트레스, 사용자의 오용 등에 의해 발생하는 우발 고장을 설명하는 데 적합한 분포이다.

지수 분포를 따르는 고장밀도 함수, 누적분포 함수, 고장률의 식은 다음과 같다.

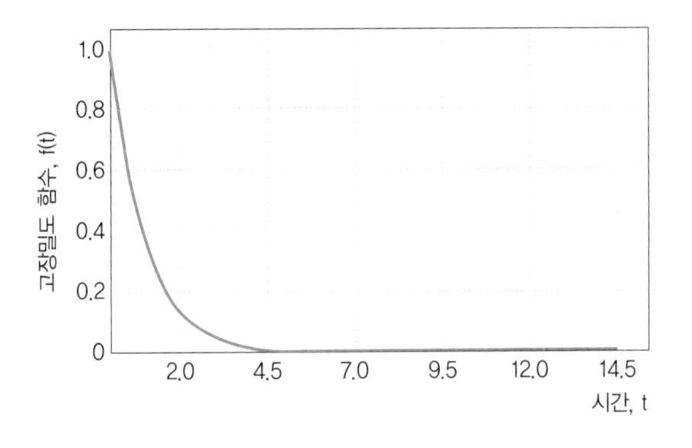


그림 5.46 일반적인 지수 분포의 형태

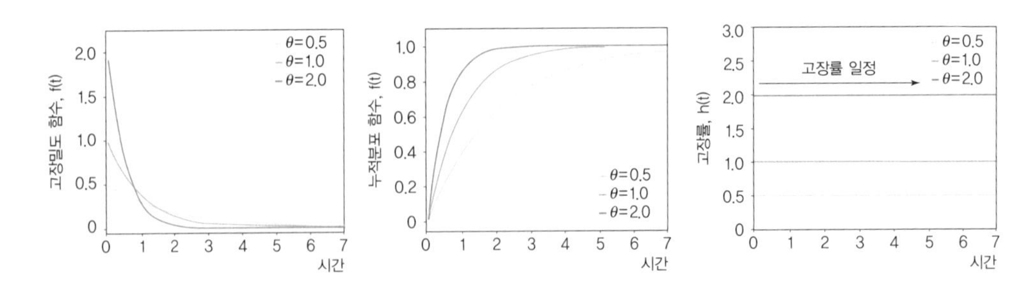


그림 5.47 지수 분포의 고장밀도 함수, 누적분포 함수, 고장률

- 고장밀도 함수 : $f(t;\lambda) = \lambda\exp(-\lambda t)$, $\lambda$=고장률
- 누적분포 함수 : $F(t;\lambda) = 1-\exp(-\lambda t)$, $\frac{1}{\lambda}$=지수 분포의 평균 (특성수명)
- 고장률 : $h(t) = \lambda$

### 라 와이블 분포

와이블 분포Weibull distribution는 고장률의 감소형, 일정형, 증가형을 모두 표현할 수 있어 신뢰성 분석에서 가장 널리 쓰이는 분포로 형상shape, β, 척도scale, η, 위치location, γ 모수 값에 따라 다양한 분포를 표현할 수 있다.

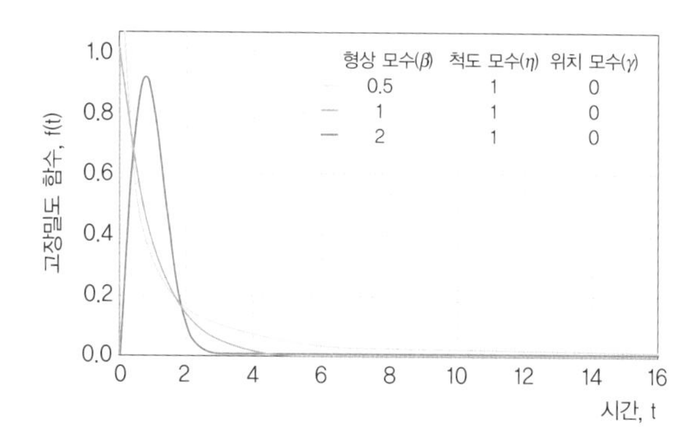


그림 5.48 일반적인 와이블 분포의 형태

그림 5.49와 같이 형상 모수 값에 따라 정규 분포, 대수 정규 분포, 지수 분포 형태가 결정되며, 고장률 감소, 일정, 증가형을 모두 표현할 수 있다. 척도 모수 값에 따라 분포의 퍼짐 정도가 달라지며, 위치 모수 값에 따라 분포의 시작하는 위치가 바뀌는 것을 알 수 있다.

와이블 분포를 따르는 고장밀도 함수, 누적분포 함수, 고장률의 식은 다음과 같다.

- 고장밀도 함수 : $f(t;\beta,\eta) = \frac{\beta}{\eta}(\frac{t}{\eta})^{\beta-1}\exp[-(\frac{t}{\eta})^{\beta}]$
- 누적분포 함수 : $F(t;\beta,\eta) = 1-\exp[-(\frac{t}{\eta})^{\beta}]$, $\frac{1}{\lambda}$=지수 분포의 평균 (특성수명)
- 고장률 : $h(t;\beta;\eta) = \frac{\beta}{\eta}(\frac{t}{\eta})^{\beta-1}$

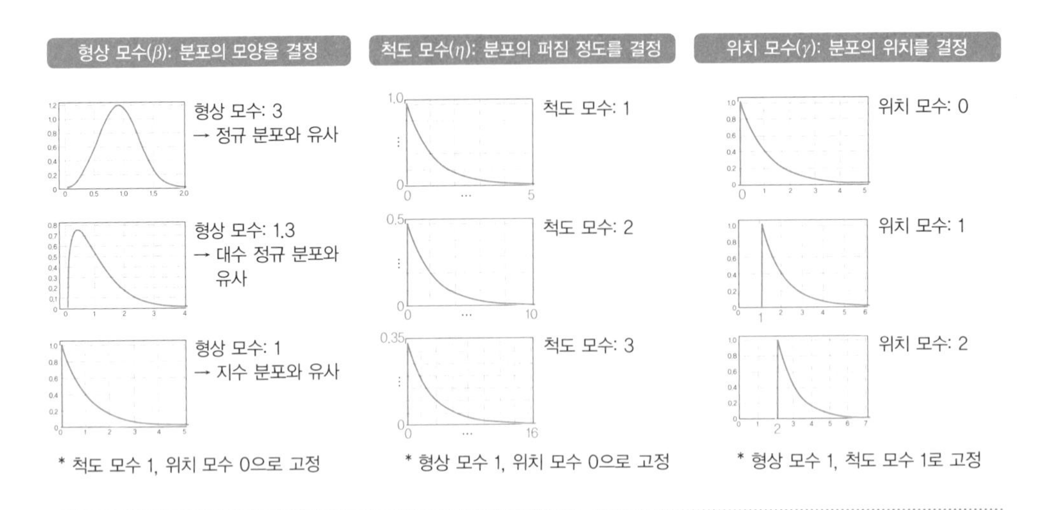


그림 5.49 형상, 척도, 위치 모수에 따른 와이블 분포의 형태

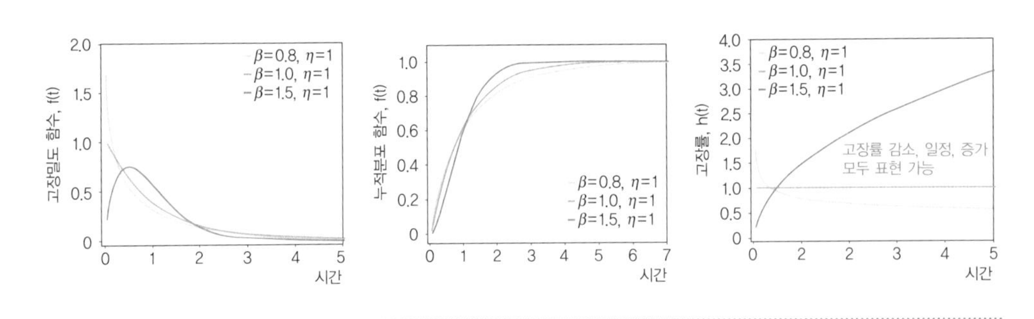


그림 5.50 와이블 분포의 고장밀도 함수, 누적분포 함수, 고장률

# 5.3 신뢰성·표준·인증

## 5.3.1 소재·부품 신뢰성·표준·인증

### 가 신뢰성·표준·인증이란?

신뢰성reliability이란 "소재 · 부품 · 제품이 명시된 조건에서 지정된 기간동안 의도한 기능을 고장없이 수행할 수 있는 확률 또는 시간에 따른 품질"이다.

표준standard이란 "합의에 의해 작성되고 인정된 기관에 의해 승인되며, 공통적이고 반복적인 사용을 위해 제공되는 규칙, 가이드 또는 특성을 제공하는 문서"이다.

인증certification이란 "소재 · 부품 · 제품 등과 같은 평가 대상이 정해진 표준이나 기술규정 등에 적합하다는 평가를 받음으로써 그 사용 및 출하가 가능하다는 것을 입증하는 행위, 즉 표준에 맞게 만들었는지 확인하는 과정"라고 할 수 있다.

그림 5.51 실생활에서 확인할 수 있는 국내 인증마크

출처 : Wikipedia

## 나 인증제도

주요 인증제도로 ISO 9001 품질경영시스템 인증이 있으며, 품질경영시스템quality management system, QMS이란 "최고경영자가 중심이 되어서 고객 요구사항 및 고객 만족, 품질 확보를 통해 기획, 설계, 구매, 생산, 납품, 서비스 등 경영활동 전반에 걸쳐 모든 조직 구성원이 참여하는 전사적 경영관리시스템"이다.

ISO 9001은 국가별, 산업별로 다르게 정해져 있는 품질시스템 요구사항을 통일하여 국제적 통상활동을 원활히 하기 위해 ISO 국제표준화기구에서 1987년도에 제정한 품질경영에 관한 국제표준이다. ISO 9001 인증은 "제품 또는 서비스의 시스템이 규정된 요구사항을 충족하고, 이를 유효하게 운영하고 있음을 제3자가 객관적으로 인증해주는 제도"로서 삼성전

그림 5.52 ISO 9001:2015 마크

출처 : ISO

그림 5.53 삼성전자 및 LG전자의 ISO 9001 인증서

출처 : 삼성반도체, "품질정책", 삼성반도체

자, LG 전자 등 다수의 기업이 ISO 인증을 획득하였다.

그림 5.54 KS 마크

출처 : 한국화학융합기술시험원

한국의 대표적인 인증제도로 KS 인증이 있으며, KS 인증은 한국산업표준Korean industrial standards, KS 이상의 제품에 대해 KS 마크를 표시할 수 있도록 하는 국가인증제도로서 KS 표시인증을 받은 업체는 대상 제품에 KS 마크(㉷)를 부착할 수 있다.

국가기술표준원에서 지정받은 KS 인증기관은 인증 시험을 실시하고, 제품 또는 서비스가 한국산업표준 및 KS인증심사기준에 적합한 경우에 인증서를 발급한다. KS 인증은 표준화와 품질경영의 도입을 의미하며, 생산 제품의 품질 개선 및 효율 향상을 도모하고 우수한 공산품을 생산 · 보급하여 소비자를 보호하기 위해 실시되고 있다.

그림 5.55 KS 제품인증제도 구성

출처 : 한국표준협회, "KS인증제도 개요", 한국표준협회

### 다 소재·부품 인증제도

우리나라 국가기술표준원은 신뢰성 인증 마크인 R마크를 도입하여, 국내 소재 · 부품 신뢰성 확보를 위한 기반을 구축하고 있다.

R마크는 소비자의 신뢰성 요구조건에 만족함을 보증하기 위한 신뢰성 평가기준으로, 국제 · 국가 · 단체 표준 등에 의거한 시험 평가를 수행하는 인증제도이다. 국내에서 개발된 부품, 소재의 신뢰성 문제를 원천적으로 해소할 수 있는 기반을 구축하여, 소비자가 안심하고 사용할 수 있게 함으로써 핵심 부품, 소재의 수입 대체 및 내수 촉진을 통한 무역역조 개선

을 도모하기 위해 시행되고 있다.

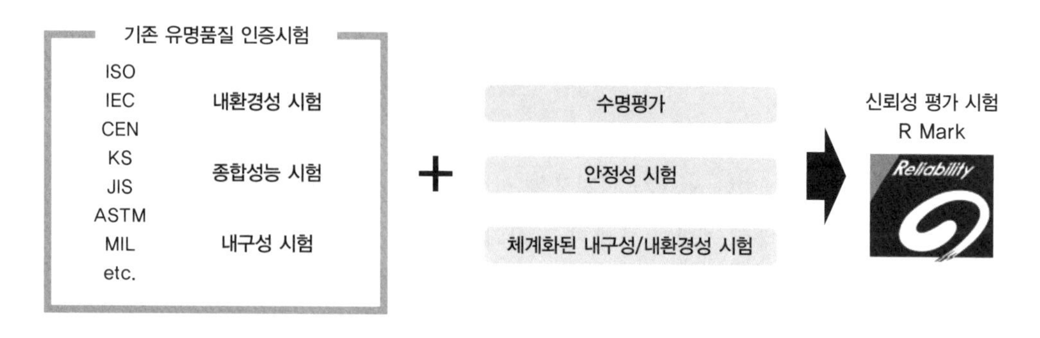


그림 5.56 신뢰성 평가 시험

한국산업기술시험원, 한국기계연구원 등 18개 공공연구기관을 소재 · 부품 신뢰성 평가 기관으로 지정하여 전문 인력, 관련 장비 등 인프라를 구축하였다. ISO 인증과 KS 인증의 경우에는 주로 제품, 서비스 등을 중심으로, R마크의 경우에는 소재보다는 하우징housing[5] 차원의 부품 신뢰성에 치중한 경향이 있다.

표 5.7 R마크 신뢰성 인증 기관 현황

| 소재 분야 | 인증기관 | 부품 분야 | 인증기관 |
|---|---|---|---|
| 금속 | 포항산업과학연구원 | 기계 | 한국기계연구원 |
| 화학 | 한국화학연구원<br>한국화학융합시험연구원<br>한국건설생활환경시험연구원 | 전기전자 | 전자부품연구원<br>한국산업기술시험원<br>한국기계전기전자시험연구원 |
| 섬유 | FITI 시험연구원 | 자동차 | 자동차부품연구원 |

## 라 신뢰성·표준·인증의 관계

신뢰성 · 표준 · 인증 간의 관계를 살펴보면 신뢰성은 소재가 주어진 조건에서 일정 기간 동안 기능을 발현하는 특성이다. 표준은 합의에 의해 설정되고 인정된 기관에서 승인된 문서

5 기계의 부품이나 기구를 싸서 보호하는 틀

이며, 표준을 토대로 적합한 평가를 통하여 소재가 사용이 가능함을 입증하는 것이 인증이다. 따라서 표준에 의거한 인증을 통하여 재료의 신뢰성을 확보할 수 있다.

다시 말해서 소비자, 즉 소재 · 부품 사용자user는 높은 신뢰성을 갖는 아이템을 요구함에 따라 생산자, 판매자는 이에 대한 신뢰성을 입증하기 위해 인증이 요구되며, 인증을 위해서는 기준이 요구되며 이 기준이 곧 표준이다.

따라서 핵심 소재 개발에 있어서 선진국형 신뢰성 기술에 맞춰 기획 단계에서부터 표준에 기반을 둔 재료 설계 및 개발과 함께 재료 신뢰성 · 표준 · 인증 시스템을 구축, 수입선 다변화, 국산화 촉진 및 해외시장 진출을 추진해야 한다. 나아가 4차 산업의 기반이 되는 첨단소재의 경우 선제표준화를 통한 미래시장 선점이 요구되고 있다.

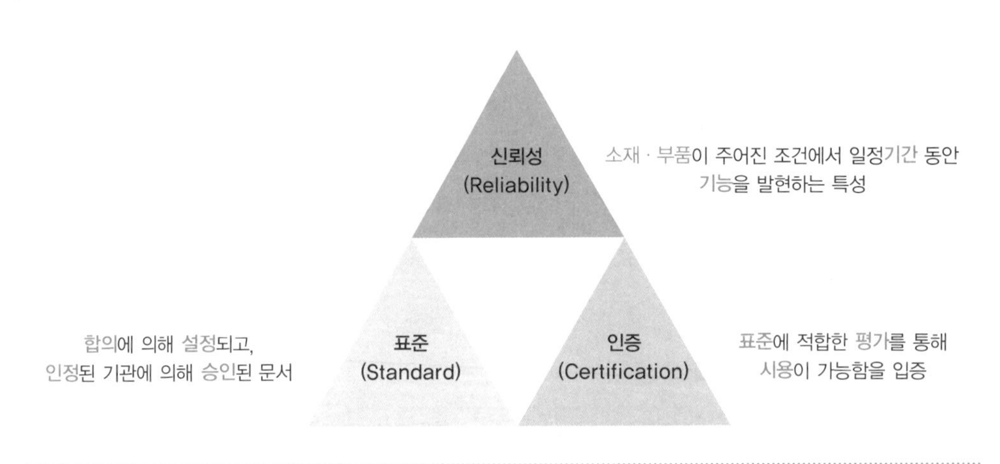


그림 5.57 신뢰성 · 표준 · 인증의 관계

chapter 6

# 첨단소재와 표준

# 6.1 반도체와 표준

## 6.1.1 다양한 메모리 반도체 소자의 이해

### 가 반도체 산업 현황 및 현대 컴퓨터 동작원리

시스템 반도체와 메모리 반도체의 정의

시스템 반도체란 데이터를 활용한 연산, 제어 등의 기능을 하는 반도체 소자의 총칭으로, 현재의 컴퓨팅 시스템인 폰 노이만 구조에서는 processing unit이 시스템 반도체에 포함된다. 한편 메모리 반도체는 데이터의 저장을 목적으로 하는 반도체 소자의 총칭으로, 삼성전자나 SK-하이닉스 등 국내 기업의 주력 생산품인 DRAM이나 Flash 등의 소자가 메모리 반도체에 포함된다. 이와 관련하여 표 6.1에 반도체의 분류, 표 6.2에 메모리 반도체와 시스템 반도체의 분류에 대한 내용을 정리하였다.

표 6.1 반도체의 분류

| 분류 | | | 기능 및 특성 | 품목 (예) |
|---|---|---|---|---|
| 메모리반도체 | | | 데이터 저장 | D램, 낸드플래시 |
| 비메모리 반도체 | 시스템 반도체 | 마이크로컴포넌트 | PC 및 그 응용 기기의 두뇌역할 | 마이크로프로세서[1], 마이크로컨트롤러 |
| | | 로직 IC | 논리회로(NOT-OR-AND)로 구성, 제품의 특정 부분을 제어 | AP[2], DDI[3] |
| | | 아날로그 IC | 아날로그 신호 ↔ 디지털 신호 변환 | 전력관리반도체[4] |
| | 광개별소자 | 개별소자 | 개별 부품으로 단순 기능 수행 | 트랜지스터 |
| | | 센서 | 정보의 습득, 변환, 증폭(빛 · 물리적 신호 → 전기적 신호) | 이미지센서 |

주: 1) 마이크로프로세서는 CPU와 거의 동일 의미로 사용되며, CPU는 주변장치 없이 단독 구동이 불가함
2) AP(Application Processor)는 스마트폰의 두뇌로 운영체제 등을 구동함
3) DDI는 디스플레이 구동칩(Display Driver IC)으로 화소를 조정하여 색을 구현함
4) 기기의 전력소모를 최소화하는 반도체

출처 : 이미혜 선임연구원, 뉴딜산업분석보고서, 한국 수출입 은행 해외 경제 연구소

**표 6.2** 메모리 반도체와 시스템 반도체의 비교

| | 메모리 반도체 | 시스템 반도체 |
|---|---|---|
| 시장구조 | 소품종 대량생산 | 다품종 맞춤형 |
| 생산방식 | 설계 업체가 대부분 양산 | 대부분 설계와 생산의 분업 구조 |
| 경쟁력 | 자본력, 기술력, 규모의 경제 | 설계기술, 우수 인력 |
| 참여 기업 수 | 소수 | 다수 |
| 대표 기업 | 삼성전자, SK하이닉스 | 인텔(IDM), 퀄컴(팹리스) |

출처 : 이미혜 선임연구원, 뉴딜산업분석보고서, 한국 수출입 은행 해외 경제 연구소

## 시스템 반도체와 메모리 반도체 시장규모와 전망

시스템 반도체 시장은 그림 6.1과 같이 2019년 2,269억 달러에서 2025년 3,389억 달러로, 연평균 7.6% 성장할 것으로 전망된다. 특히 AI 반도체의 시장규모는 2018년 70억 달러에서 2030년 1,179억 달러로 연평균 26.5% 성장이 기대되고 있다. 메모리 반도체 역시 현재 삼성전자, SK-하이닉스 등 대한민국 기업들이 압도적인 점유율을 차지하고 있다.

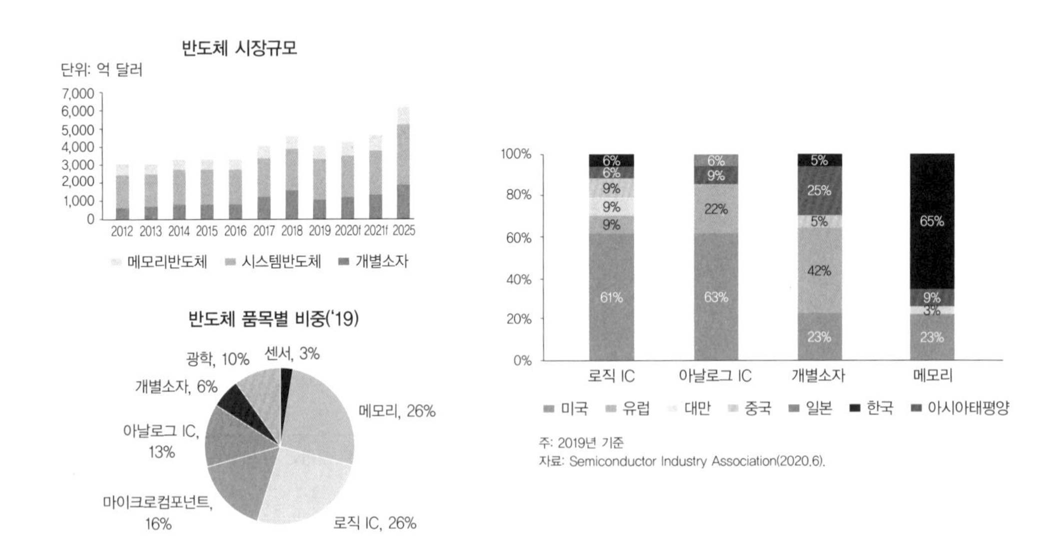


그림 6.1 반도체 시장규모 및 품목별 비중과 주요 국가별 반도체 시장 점유율

출처 : 이미혜 선임연구원, 뉴딜산업분석보고서, 한국 수출입 은행 해외 경제 연구소

## 폰 노이만 구조

폰 노이만 구조Von Neumann Architecture는 John von Neumann이 1945년에 개발한 컴퓨팅 구조를 지칭하는 용어로, 현재까지도 컴퓨터의 표준 구조로 활용되고 있다. 폰 노이만 구조의 컴퓨팅 시스템 내에서 연산을 담당하는 processing unit과 저장을 담당하는 memory unit이 구분되어 있으며, 두 unit 사이에서 데이터, 주소 등의 교환을 위해 몇 가지 종류의 Bus[1]가 활용된다.

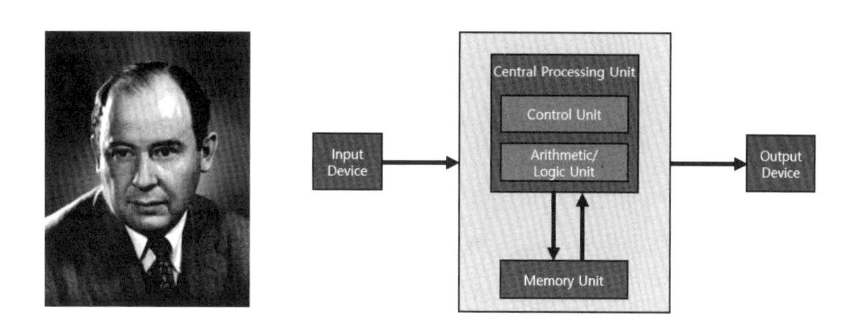


그림 6.2 존 폰 노이만과 폰 노이만 구조의 모식도

출처 : Wikipedia

## 컴퓨터 메모리의 계층 구조

컴퓨터 내부의 메모리는 그림 6.3과 같이 피라미드형 계층 구조를 가진다. 정보 처리의 역할을 담당하는 CPUCentral Processing Unit와 가장 근거리에서 SRAMStatic Random Access Memory

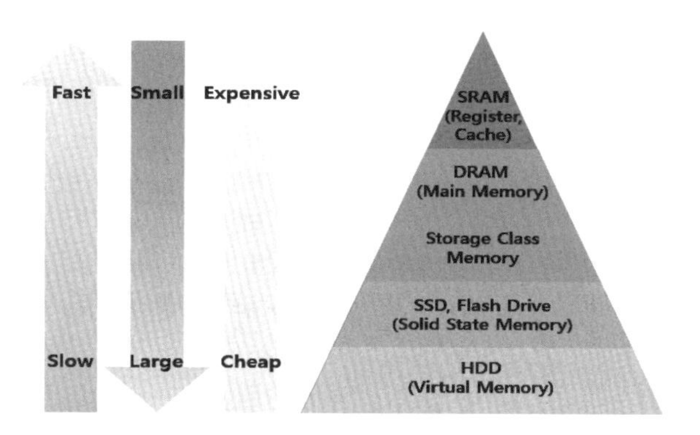


그림 6.3 컴퓨터의 계층 구조 모식도

1 메모리와 CPU를 이어주는 통로이다.

가 Register, Cache 등의 역할을 하며, 그 아래에 주메모리 역할을 하는 DRAMDynamics Random Access Memory이 비휘발성으로 동작한다. 장시간 저장되는 대량의 정보의 경우 storage memory가 담당하며 과거에는 HDDHard Disk Drive가 사용되었고, 현재에는 SSDSolid State Disk가 많이 활용되고 있다. 또한 DRAM과 SSD/HDD 사이에 emerging memory를 활용해 Storage Class Memory라는 신규 계층을 활용하기 위한 연구도 활발히 진행되고 있다.

## 나 DRAM

### DRAM의 구조

DRAM cell은 기본적으로 transistor 1개와 capacitor 1개로 구성되어 있다. Transistor는 스위치와 같은 역할로 write와 read 과정에서 cell capacitor를 charging/discharging 시킬 때에 gate 전압을 제어하여 동작시킨다. Capacitor는 program, erase 등의 상황에서 충분한 양의 전하를 저장하여 read 과정에 Bit Line(BL)의 전압변화를 충분히 유도하기 위한 역할을 하게 된다. 또한 Word Line(WL)은 transistor의 게이트 전극에 연결되고, BL은 transistor의 drain 쪽에 연결되어 있다. 그리고 cell capacitor는 transistor의 source 쪽에 연결되어 있어, transistor의 on/off 여부에 따라 BL과 cell capacitor가 연결될 수 있다.

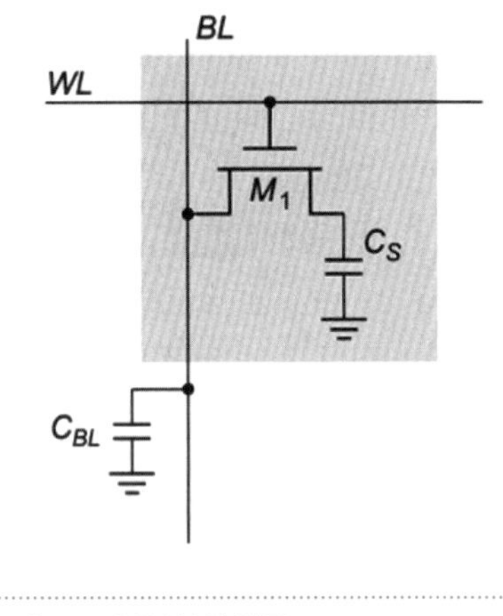


그림 6.4 DRAM의 구조

### DRAM의 동작 원리

– Writing process

① BL은 평상시 $V_{DD}$[2]/2의 전압 상황이나 Write 시 $V_{DD}$로 전압 상승한다.

② WL에 $V_{DD}$를 가해 Cell transistor를 turn on 시킨다.

③ BL와 Cell capacitor가 같은 전압을 가지도록 Cell capacitor가 charging되며, capacitor 상단의 전압이 $V_{DD}$가 된다.

2 Drain 전압을 의미한다.

④ WL의 $V_{DD}$ 전압을 제거하여 Cell transistor를 turn off 시킨다.

⑤ BL의 전압이 $V_{DD}/2$로 원래 상태로 돌아간다.

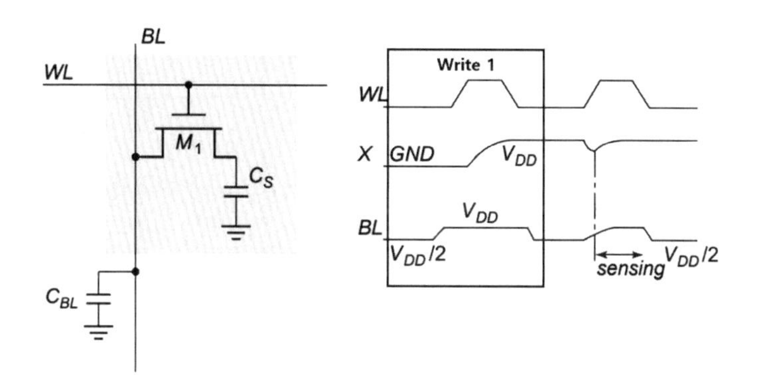


그림 6.5 DRAM의 구조와 "1"을 쓰는 과정에서의 전압 변화

– Reading process

① BL의 전압은 "1"을 쓸 때와 다르게 $V_{DD}/2$ 상태로 유지한 상태이다.

② WL에 $V_{DD}$를 가해 cell transistor를 turn on 시킨다.

③ BL와 cell capacitor가 같은 전압을 가지도록 cell capacitor가 discharging 되며 capacitor 상단의 전압이 감소한다. 최종 전압은 $C_{BL}$[3], $C_S$[4], $V_{DD}$ 값에 따라서 결정된다.

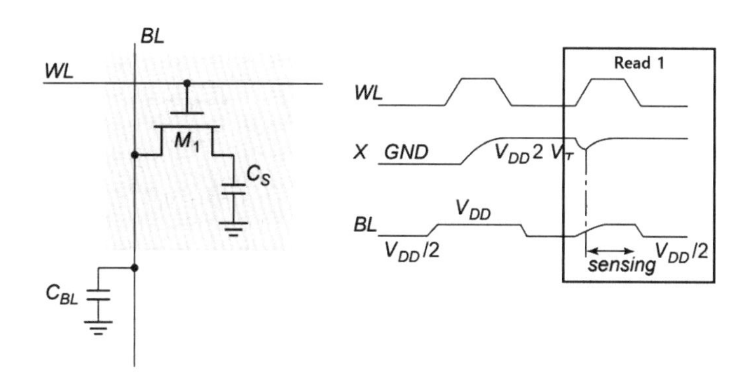


그림 6.6 DRAM의 구조와 "1"을 읽는 과정에서의 전압 변화

3 Bit Line의 커패시턴스를 의미한다.

4 Source의 커패시턴스를 의미한다.

④ Sense Amplifier가 동작하며 Read와 동시에 Refresh 과정이 일어나 cell capacitor의 전압이 read 이전의 상태로 돌아가게 된다. (자세한 과정은 이 책에서는 다루지 않는다.)

### "1"을 읽는 과정의 전압 변화

– Cell transistor를 켜기 직전의 상황
  - Cell capacitor의 전하량 : $Q_S = C_S * V_{DD}$
  - Bit line capacitor의 전하량 : $Q_{BL} = C_{BL} * V_{DD}/2$
  - 총 전하량 : $Q_T = Q_S + Q_{BL} = C_S * V_{DD} + C_{BL} * V_{DD}/2$

– Cell transistor를 켠 후의 상황
  - $C_{BL}$과 $C_S$가 병렬 연결된 상황으로 두 capacitor에 걸리는 전압이 같아진다. 따라서 두 capacitor에 걸리는 전압은 총 전하량을 총 capacitance로 나눈 값과 같다.
  - Cell transistor가 켜진 후의 BL의 전압을 $V'_{BL}$이라 하면 BL의 전압변화 ΔV는 $\Delta V = V'_{BL} - V_{BL} = Q_T/(C_S + C_{BL}) = (C_S * V_{DD} + C_{BL} * V_{DD}/2)/(C_S + C_{BL}) - V_{DD}/2 = V_{DD} * C_S/2(C_S + C_{BL})$

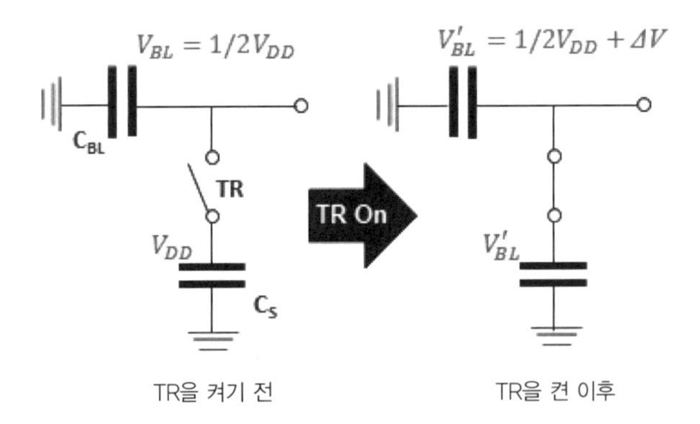


그림 6.7 Transistor를 켜기 전후의 모식도

### DRAM의 발전 방향과 과제

그동안 DRAM cell을 구성하는 transistor와 capacitor를 각각 개선하면서 적절히 배치하는 것을 통해 DRAM 성능의 발전이 이루어졌다. 이 장에서는 DRAM cell 발전의 방향과 당면 과제에 대해 확인하며, 각각 transistor와 capacitor로 나누어 설명한다.

– DRAM cell transistor

Transistor 미세화를 방해하는 가장 큰 문제는 'short channel effect'이며, Transistor에서 channel이란 gate 전압에 의해 source와 drain 사이의 전류를 제어하는 영역을 말한다. Transistor의 미세화에 따라 channel의 물리적인 길이가 짧아지게 되면서 소자의 on/off 상태를 구분하는 것이 어려워지는 문제가 발생하게 되며, 이를 short channel effect라고 한다.

그림 6.8은 short channel effect에 의해 발생하는 대표적인 3가지 문제를 요약한 모식도이며, 우선 그림 6.8(a)는 punch through 문제를 보여주고 있다. 기판이 p-type이고 source(S)와 drain(D)이 n-type이기 때문에 그 사이 계면에서는 depletion region, 즉 charge carrier가 존재하지 않는 영역이 형성된다. 그런데 channel이 점점 짧아지게 되면 depletion region 간에 겹치는 영역이 생기게 되고, 이를 통해 gate의 전압과 관계없이 source와 drain 간의 전류가 흐르게 된다.

그림 6.8(b)는 DIBLDrain Induced Barrier Lowering 현상으로, Source(S)와 Drain(D), 그리고 둘 사이 channel의 conduction band를 나타내는 band 구조를 보여주고 있다. Channel 길이가 충분히 긴 경우에는 source와 drain 사이의 높은 에너지 장벽이 존재하여, gate 전압을 인가해 에너지 장벽의 높이를 제어해주지 않으면 channel에 전류가 흐르지 않는다. 그러나 channel의 물리적인 길이가 감소하게 되면 gate 전압이 아닌 drain에 인가해주는 전압으로도 에너지 장벽이 변화하게 되기 때문에 원치 않는 경우에도 전류가 흐르는 현상이 발생한다.

그림 6.8(c)는 GIDLGate Induced Drain Leakage 현상으로, gate에 음의 전압을 인가한 경우에 일어날 수 있다. 음의 전압이 인가되면 gate와 drain 사이에서 기울어진 band 구조가 형성되고 electron-hole pair가 발생되며, 이는 drain에서 누설 전류가 관찰되는 문제를 야기한다.

결국 short channel effect란 짧아진 channel 길이로 인해 gate 전압으로 channel을 완벽하

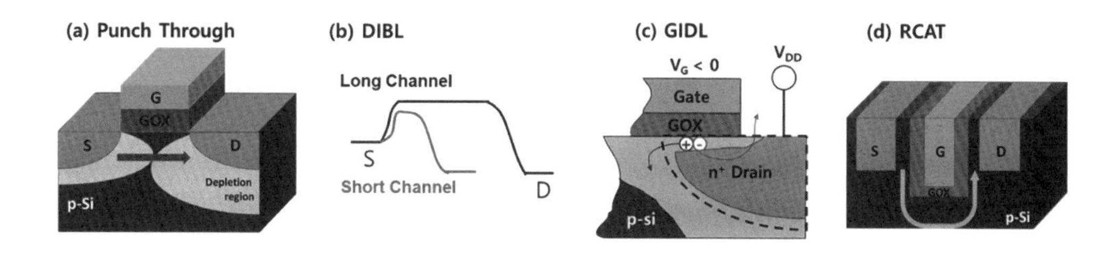


그림 6.8 Short channel effect로 인한 transistor issue. (a) punch through (b) DIBL (c) GIDL 모식도 및 이를 극복하기 위한 개선 방안 (d) RCAT

게 통제하지 못하는 데에서 기인한다. 이를 극복하기 위해 여러 방안이 제시되고 있으며, 대표적인 예시로 그림 6.8(d)는 RCATRecessed Channel-Array Transistor의 모식도로, 기존의 형태와 달리 gate 부분을 channel 중간에 삽입한다. 이로 인하여 source와 drain을 지나는 전하들은 gate 전극 및 산화물 영역을 돌아서 흐르게 되며, 이를 통해 실제보다 channel이 더 긴 효과를 얻을 수 있다. 더 나아가서는 S-FInFET 등 다양한 구조의 소자가 제안 및 제작되어, short channel effect를 억제하는 방안이 시도되고 있다.

– DRAM cell capacitor

Capacitor가 충분한 capacitance를 가져야, read 과정에서 0과 1을 명확하게 구분할 수 있다. 기본적으로 capacitance(C)는 아래 식 6.1로 구할 수 있다.

$$C = \varepsilon_0 \varepsilon \frac{A}{t} \quad \text{[식 6.1]}$$

여기서 $\varepsilon_0$, $\varepsilon$, $A$, $t$는 각각 진공의 유전율, 유전 물질의 유전율, 소자의 면적, 유전 물질의 두께에 해당한다. Capacitance를 증가시키려면 소자의 구조를 개선하거나 유전 물질의 유전상수를 증가시키는 것이 전략이 될 수 있다.

우선 소자 구조의 개선을 위해서는 등가산화막 두께(Equivalent Oxide Thickness, EOT 혹은 $t_{ox}$)의 개념을 이해할 필요가 있다. 등가산화막 두께의 정의는 미지의 유전 물질과 동일한 면적에서 같은 capacitance를 나타내는 $SiO_2$의 두께에 해당한다. 그림 6.9는 등가산화막 두께의 개념에 대한 모식도와 식을 함께 보여주고 있으며, $C_{DE}$, $C_{SiO_2}$, $t_{phy}$, $\varepsilon_{DE}$, $t_{ox}$는 각각 유전 물질과 $SiO_2$의 capacitance, 유전 물질의 두께 및 유전 상수($SiO_2$의 유전 상수는 약 3.9임에 유의한다.), $SiO_2$의 두께이자 등가산화막 두께를 의미한다. 등가산화막 두께의 정의에 따라 $C_{DE}$와 $C_{SiO_2}$가 같으므로 등가산화막 두께는 식 6.2와 같이 나타낼 수 있다. 등가산화막 두께는 일종의 성능 지수figure of merit 개념으로 활용되어, cell capacitor의 성능 향상의 지표로 활용되고 있다.

$$t_{ox} = 3.9 \frac{t_{phy}}{\varepsilon_{DE}} \quad \text{[식 6.2]}$$

기존 DRAM에서는 높은 band gap 등을 바탕으로 $SiO_2$를 활용하여 왔으나 $SiO_2$는 3.9에 불과한 유전 상수와 최근 소자 미세화로 매우 얇아진 유전층 두께로 인해 양자 역학적으로 전류가 흐르는 tunneling effect 등의 문제가 발생한다.

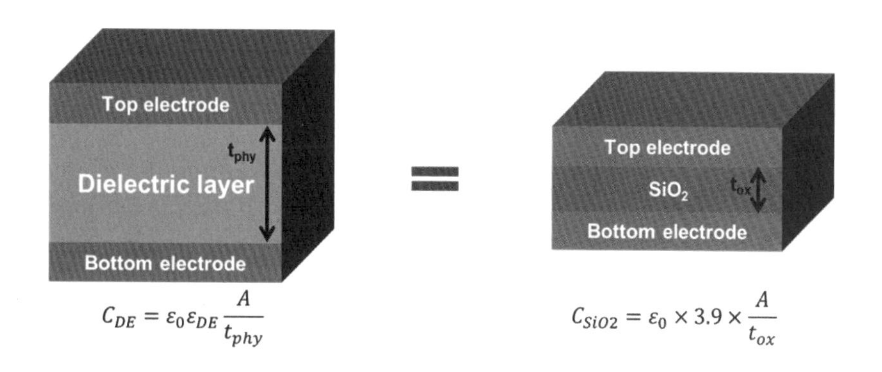


그림 6.9 미지의 유전 물질과 $SiO_2$의 비교를 통한 등가산화막 두께를 구하는 모식도

이러한 한계를 극복하기 위해 소재 및 공정 측면에서 다양한 개선이 이루어지고 있고, 대표적인 내용을 표 6.3에서 소개하고 있다. 우선 고유전율 물질high-k materials을 활용할 수 있다. 현재 $SiO_2$를 대체하여 사용되고 있는 유전 물질인 $ZrO_2$-$Al_2O_3$-$ZrO_2$(일명 ZAZ) 구조는 약 ~40의 유전율을 보인다. 미래에는 rutile 구조의 $TiO_2$나 페로브스카이트 계열의 $SrTiO_3$, (Ba,Sr)$TiO_3$ 등, 초고유전율 소재를 도입하는 것이 고려되고 있다. 다만 본 소재들은 호환되는 전극 물질이 제한적이기에 상용화까지는 많은 연구가 필요할 것으로 판단된다.

한편 유전 물질에 접하는 전극 물질도 중요하다. 기존에는 poly-Si를 전극으로 사용하였는데, 유전 물질과 Si 계면에서 저유전율Low-k $SiO_X$ 층이 형성되어 전체 유전층의 capacitance가 감소하는 문제가 있었다. 이에 계면 특성을 개선할 수 있는 금속 물질의 연구가 진행되고 있고, 현재는 TiN 전극이 활용되고 있다. 더 나아가 앞서 언급된 초고유전율 물질의 사용을 위해 Ru, $RuO_2$, $SrTiO_3$ 등 다양한 전극 물질이 연구되고 있다.

마지막으로 앞서 여러 차례 언급된 바와 같이, 평면 구조로 capacitor를 제작하는 방식은 이미 한계에 도달한 상황이기 때문에 capacitor의 구조를 바꾸는 방향도 활발히 연구되고 있

표 6.3 DRAM cell capacitor 개선을 위한 방안

| High-k materials | Electrode | 3D-structure capacitor |
|---|---|---|
| Metal / ZAZ / Metal; $ZrO_2$ / $Al_2O_3$ / $ZrO_2$ | Poly-Si / Low-k layer / Dielectric / Low-k layer / Poly-Si → Metal / Dielectric / Metal | Metal / Dielectric / Metal |

다. 이에 높이가 있는 3차원 구조의 capacitor가 제안되어 현재 산업에서 활용되고 있다. 이러한 구조물에서 aspect ratio, 흔히 종횡비라고 부르는 폭 대비 높이가 매우 높은 형태로의 발전을 위해 연구가 진행 중이다. 다만 aspect ratio가 너무 높으면 기계적 결함이 발생할 수 있어, 적절한 소재와 구조를 선택하는 것이 중요할 수 있다.

## 다 Flash Memory

### Flash memory의 발명

Flash memory란 컴퓨터의 계층구조 중 가장 아래쪽에 있는 소자로, 전원을 제거하였을 때에도 대량의 정보를 저장할 수 있는 비휘발성 메모리에 해당한다. Flash memory에서는 더 저렴한 비용으로 더 많은 정보를 저장하는 것이 중요한 논점이며, 이를 cost per bit이라고 표현하고 cost per bit을 계속해서 낮추는 것이 flash memory 발전의 핵심이다.

Flash memory는 1967년에 개발되었으며, Floating gate(FG)를 가지는 구조이다. Floating gate에 저장된 charge에 의한 $V_{th}$(threshold voltage) shift를 만들 수 있는 변형된 MOSFET 구조가 제안되었다. Floating Gate를 가지는 것이 flash memory의 대표적인 특징이며, 그림 6.10은 Flash memory의 gate stack의 band 구조를 나타낸 모식도이다. Band 구조에서 좌측은 전류가 흐르는 Si channel 쪽이며 우측은 전압을 가해주는 gate 전극이다. 일반적인 transistor는

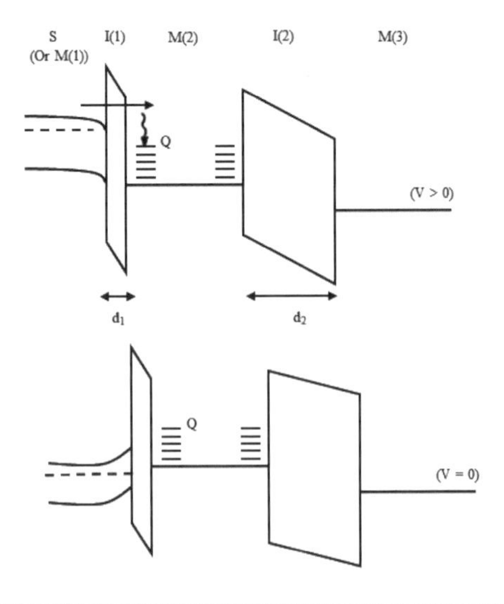


그림 6.10 Flash memory의 gate stack의 band diagram

gate oxide만 존재하는 반면, flash memory는 gate oxide가 2개 나뉘어 존재하고 gate oxide 사이에 floating gate(metal 물질)가 존재한다.

### Flash memory cell의 동작 원리

– MOSFET

휘발성을 가져 전원을 끄면 정보가 사라진다. Gate와 channel 사이에 insulating한 gate oxide 층이 1개만 존재한다.

– Flash memory

Floating gate의 charge 상태가 이전의 Program/Erase pulse에 의해 제어되어 $V_{th}$가 shift 된다. Field가 제거되어도 상태가 유지되는 비휘발성이며, Gate oxide 층 사이에 floating gate가 존재한다. MOSFET은 정보를 저장할 수 없지만 flash memory는 floating gate에 어떤 형태의 전하를 넣어줌에 따라서 다른 형태의 transistor transfer curve가 나타나게 되며, 이런 형태를 통해서 정보의 저장이 가능하다. Floating gate의 charge state에 따라 $V_{th}$의 shift가 나타난다, 즉 Floating gate에 charge를 넣어주게 되면 transfer curve가 오른쪽 혹은 왼쪽으로 shift하게 된다. Erased/programed state를 활용해서 memory 소자의 0, 1로 정보 저장이 가능하다.

① Initial state : Floating gate에 charge가 없는 상태, 그래프 가운데의 중간 값의 $V_{th}$를 가진다.
② Erased state : Floating gate에 (+) charge가 존재하는 상태로, Initial state에 비해 낮은 $V_{th}$를 가진다. Transistor가 더 낮은 전압에서 작동이 된다는 것을 의미한다.

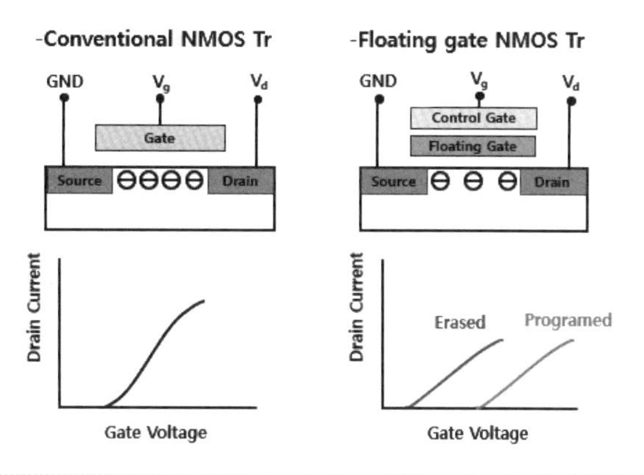


그림 6.11 NMOS와 Floating gate NMOS의 비교

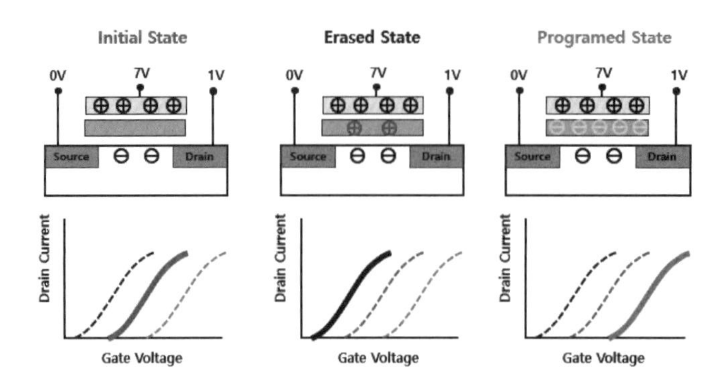


그림 6.12 FG Flash memory의 initial, erased, programed state의 모식도와 transfer curve

③ Programed state : Floating gate에 (−) charge가 존재하는 상태로, Initial state에 비해 높은 $V_{th}$를 가진다.

NAND and NOR Flash Memory

— NAND Flash

Bit line과 source line은 cell string의 한 쪽만 연결되어 있어 cell size가 $4F^2$로 고집적 Storage Memory에 적합한 상태이다.

- Low cost and high density
- Page mode program

— NOR Flash

각 transistor마다 모두 Source line이 연결되어 있어 Cell size가 $10F^2$로 집적도면에서는 NAND보다 낮다는 단점이 있지만 고속 random access 동작에 더 적합하다는 장점이 존재한다.

- Fast random access
- Fast read speed

Floating gate Flash와 charge trap Flash

— Floating gate

Flash Floating gate에 charge를 넣어주는 것에 따라 erased/programed state로 구분하여 정보를 저장할 수 있다. Floating gate는 metal이기 때문에 전자가 자유롭게 이동할 수 있으므로,

표 6.4 NAND Flash와 NOR Flash의 비교

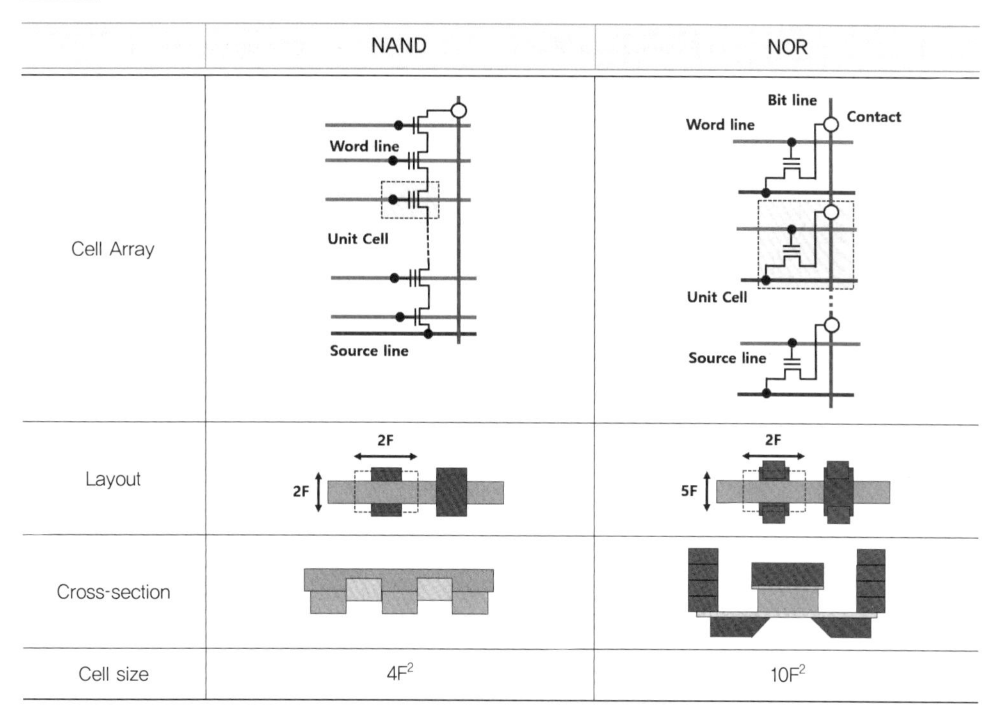

| | NAND | NOR |
|---|---|---|
| Cell Array | | |
| Layout | | |
| Cross-section | | |
| Cell size | $4F^2$ | $10F^2$ |



floating gate에 결함이 생기게 되면 전자가 자유롭게 움직일 수 있어 floating gate 전체의 전자가 결함에 의해 영향을 받을 수 있다.

– Charge trap Flash(CTF)

Charge를 trap 시킬 수 있는 silicon nitride와 같은 물질을 gate oxide 사이에 활용한다. Charge trap 층에 charge의 trap 유무에 따라서 전체 flash memory 소자의 transfer curve를 shift 시켜 정보를 저장한다. Trap된 charge는 자유롭게 움직일 수 없고 고정되어 있으므로, charge trap 층에 결함이 존재하면 결함에 인접한 전자만 영향을 받고 전체 전자는 큰 영향을 받지 않는다는 장점이 있다. Floating gate에 비해 낮은 높이를 가지며, CTF가 Tunnel oxide에 누설전류 path가 생기더라도 더 안정적인 저장이 가능하며 상대적으로 낮은 cell profile이 가능하다.

### Multi-bit operation

하나의 transistor 소자가 몇 개의 상태를 만들 수 있는가도 중요하며, 한 개의 transistor로 여러 상태의 동작을 하는 것을 multi-bit operation이라고 한다. 하나의 Cell에서 $V_{th}$ shift를 여

**표 6.5** Floating gate와 charge trap Flash의 비교

| | Floating gate Flash | Charge trap Flash |
|---|---|---|
| Device structure | Control Gate / Floating Gate (thick) / High | Trap / Control Gate / Nitride (thin) / Low |
| Storage area | Floating gate(conductor) | Charge trap in SiN film(insulator) |
| Storage node | Single node | Multi node(discrete) |
| Influence of defect | All of the stored charges are lost through the defect | Only limited charges located near the defect are lost |
| Integration with CMOS Process | Will see difficulties (due to high cell profile) | Very Good (by low cell profile) |

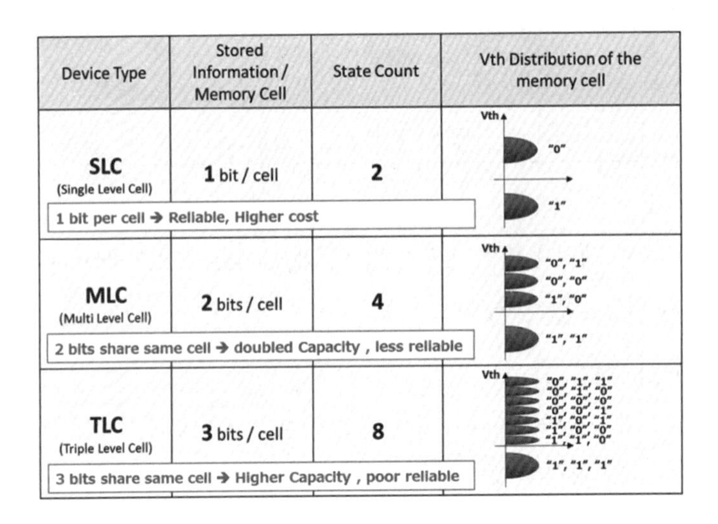

| Device Type | Stored Information / Memory Cell | State Count | Vth Distribution of the memory cell |
|---|---|---|---|
| **SLC** (Single Level Cell) | 1 bit / cell | 2 | "0", "1" |
| 1 bit per cell → Reliable, Higher cost | | | |
| **MLC** (Multi Level Cell) | 2 bits / cell | 4 | "0", "1" / "0", "0" / "1", "0" / "1", "1" |
| 2 bits share same cell → doubled Capacity , less reliable | | | |
| **TLC** (Triple Level Cell) | 3 bits / cell | 8 | "1", "1", "1" |
| 3 bits share same cell → Higher Capacity , poor reliable | | | |

그림 6.13 SLC, MLC, TLC의 비교

러 단계로 제어함으로써 $4(=2^2)$개, $8(=2^3)$개 state를 각각 구현하면 2 bit, 3 bit의 동작이 가능해지면서 집적도를 2~3배 증가시킬 수 있다.

### 3D NAND and 3D Flash

96단 3세대까지 FG cell을 사용한 3D flash를 Intel, Micron, SK-Hynix 등에서 활용하였으나

현재는 major 업체들에서 CTF cell을 활용한 p-BICS와 TCAT 구조를 활용하며 128층, 앞으로 176층까지 발전이 되고 있다. 기본적인 idea는 평면 구조에서 집적할 수 있는 것은 한계에 부딪혀 3차원 형태로 memory cell을 제작하는 것이며 이를 통해 같은 면적에서 평면에 비해 훨씬 큰 용량의 cell을 집적할 수 있다.

Flash memory의 동작을 위한 주변회로Peri를 Cell stack 하부에 배치함으로 추가적인 면적 감소로 집적도를 향상시킬 수 있다. 3차원 구조를 도입하면서 Peri의 면적이 차지하는 비율이 높아지기 때문에 2D일 때에 비해서 Peri의 적층이 더 효율적인 면적 감소를 가져온다.

**표 6.6** p-BICS vs TCAT

| | 모식도 | 공정 | Cell gate stack | Key Issues |
|---|---|---|---|---|
| p-BICS (pipe-shaped bit-cost sca | 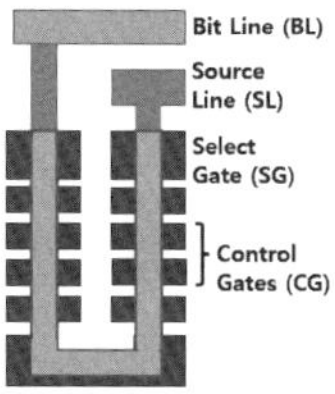 | 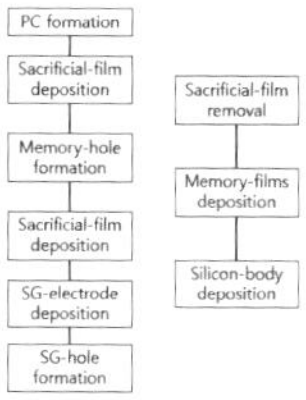 | −p+ SONOS Cell/gate 1st: Poly-Si/$SiO_2$/SiN/$SiO_2$/Si 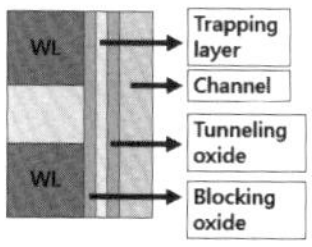 | • Large cell size<br>• Reliability |
| TCAT (terabit cell array transistor) | 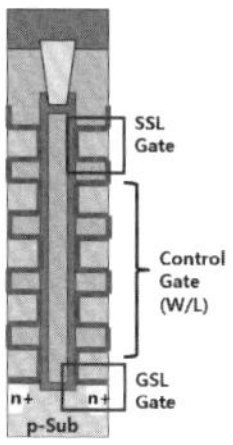 | 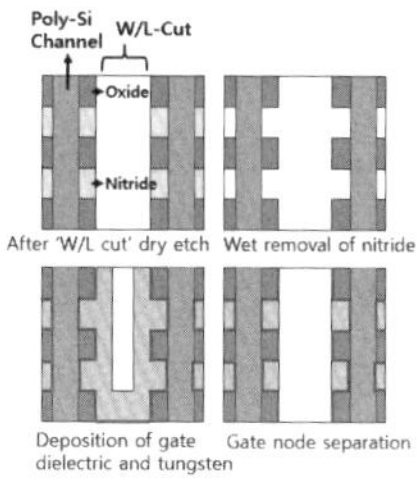 | TANOS Cell/gate last: TaN/$A_2O_3$/SiN/$SiO_2$/Si 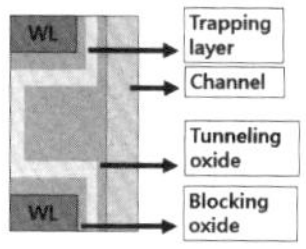 | • Large cell size<br>• SL resistance |

3D NAND Roadmap

2021년 NAND는 128단에서 176단으로 전환되는 단계에 있으며, 삼성전자, Kioxia, SK-Hynix, Micron 등의 업체가 치열하게 경쟁을 하고 있다. 2021년 SK-Hynix의 Intel의 NAND 사업 인수가 진행 중이며, Micron의 Kioxia(과거 Toshiba의 Flash memory 사업부) 인수 루머 등 상위권 업체들의 인수 합병도 활발히 진행 중이다.

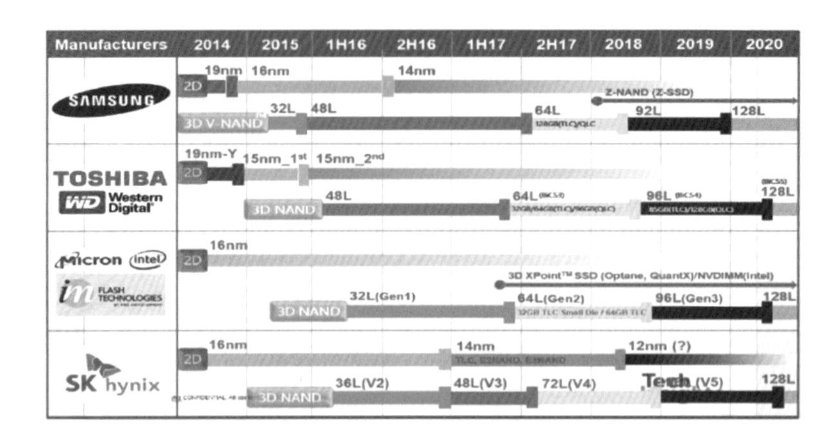


그림 6.14 Flash memory roadmap

출처 : Dick James, Jeongdong Choe, 2019, TechInsights memory technology update from IEDM18

## 라 Ferroelectric Random Access Memory

### Ferroelectric materials

미래에 DRAM을 대체할 것으로 기대되는 차세대 반도체 소자로 강유전체 메모리Ferroelectric Random Access Memory, FeRAM, 저항 변화 메모리Resistive Random Access Memory, RRAM, 자기 저항 메모리Magnetic Random Access Memory, MRAM 등이 많은 관심을 받고 있다. 특히 FeRAM은 강유전체ferroelectric materials에서 나타나는 강유전성ferroelectricity을 기반으로 저장의 역할을 수행할 수 있는 차세대 메모리로 많은 관심을 받고 있다.

강유전성이란 소재의 외부에서 전기장을 가해주지 않더라도 자발적인 분극polarization을 가지면서, 그 분극의 방향이 외부 전기장의 방향을 조절하여 제어될 수 있는 특성을 말한다.

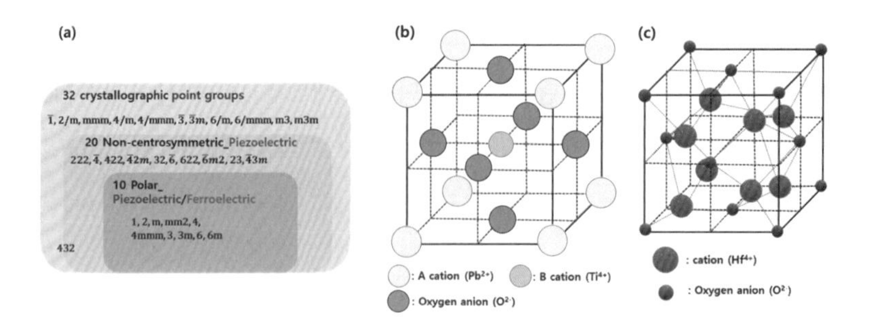


그림 6.15 (a) 강유전성을 나타내는 점군, (b) 페로브스카이트, (c) $HfO_2$ 기반 강유전체의 단위정 모식도

이러한 강유전성을 나타내는 물질을 강유전체라고 명명한다. 강유전성의 기원은 재료의 결정성에 있으며, 이러한 특성을 발현하기 위한 결정학적인 조건이 있다. 기본적으로 이온성 결정인 강유전체 물질들은 양이온과 음이온이 비대칭적으로 위치할 때 에너지적으로 안정한 상태가 된다. 또한 안정한 상태가 2가지 이상이 존재하여, 2가지의 전기적 분극 상태를 보일 수 있다. 이와 같은 조건 중 일부 조건만 만족한다면 압전성이나 초전성 등을, 모든 조건을 만족한다면 강유전성을 보이게 된다. 그림 6.15(a)는 각각 압전성, 초전성, 강유전성을 나타내는 점군point group을 요약한 것이며, 그림 6.15(b)와 (c)는 대표적인 강유전체 물질의 단위정 모식도이다.

### Ferroelectric memory

강유전성을 활용하면 다양한 구조와 동작 원리를 가지는 강유전체 메모리를 구현할 수 있으며, 그림 6.16은 대표적인 강유전체 메모리로 알려져 있는 3가지 종류의 전자 소자를 소개하고 있다.

그림 6.16(a)는 하나의 cell이 transistor 1개와 capacitor 1개로 구성된 1T-1C 구조의 FeRAM이다. DRAM과 유사한 구조이지만, capacitor 자리에 일반적인 산화물이 아닌 강유전체 물질을 도입한 것이다. 그림 6.16(b)는 1개의 transistor로 구성된 1T 구조의 FeFETFerroelectric Field Effect Transistor으로, MOSFET과 유사한 형태를 가진다. 다만, 기존 MOSFET의 gate oxide 자리에 강유전체 물질을 도입한다. Gate와 channel 사이의 강유전체 층이 어떤 방향의 분극을 보이는지에 따라 하부 channel의 conductance 제어가 가능하기에 메모리 소자로서의 거동을 보일 수 있다. 마지막으로 그림 6.16(c)는 1개의 resistance로 구성된 1R 구조의 FTJferroelectric tunnel junction이다. 앞서 FeRAM과 FeFET에서는 전하가 직접적으로 흐르지 않고 분극 상태의 변화를 통해 기능을 구현한다면, FTJ는 강유전체 물질이 저

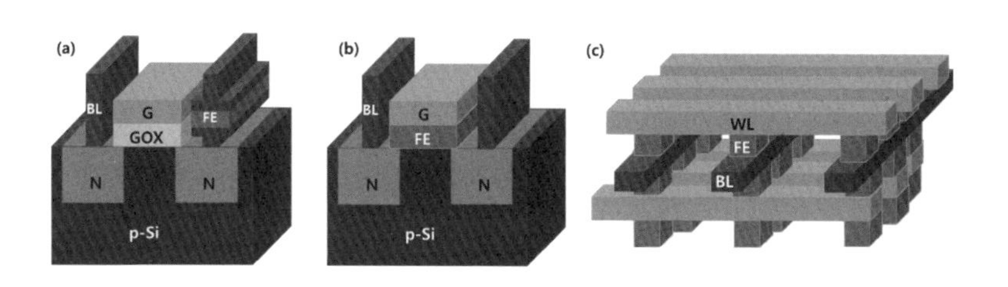


그림 6.16 (a) FeRAM (b) FeFET (c) FTJ의 구조를 나타내는 모식도

항과 같이 거동한다. 강유전체의 분극 상태에 따라 저항이 변화하며, 결과적으로 0과 1을 저장할 수 있다. 이는 휘발성 메모리인 DRAM과 달리 비휘발성 메모리로 활용이 가능할 수 있다. 이러한 차세대 메모리 소자의 구현을 위해 다양한 강유전체 물질들이 연구되고 있으며, 대표적으로 $HfO_2$ 및 $ZrO_2$ 기반 강유전체가 많은 관심을 받고 있다.

### $HfO_2$ 기반 강유전체

2011년에 $HfO_2$ 기반 박막에서 강유전성이 발견된 이후, 강유전체로서 많은 연구가 이루어지고 있다. 특히 $ZrO_2$를 첨가한 $HfO_2-ZrO_2$ 박막은 넓은 조성 범위에서 안정적인 고용체를 형성함과 동시에, 조성의 비율에 따라 dielectric ~ ferroelectric ~ antiferroelectric의 다양한 특성을 보이는 것이 확인되었다. $HfO_2$ 기반 박막의 강유전성의 결정학적 기원은 극성 상인 orthorhombic $Pca2_1$ 상으로 알려져 있으며, 해당 상은 일반적으로 $HfO_2$와 $ZrO_2$가 약 1:1의 조성을 가질 때 관찰될 수 있다. 그리고 $HfO_2$가 지배적인 분율에서는 비강유전성의 monoclinic $P2_1/c$ 상을, $ZrO_2$가 지배적인 분율에서는 반강유전성의 tetragonal $P4_2/nmc$ 상을 나타낸다. 그림 6.17(a)~(c)는 $HfO_2$와 $ZrO_2$의 분율에 따른 $HfO_2-ZrO_2$ 박막의 분극-전기장 그래프를 보여주고 있다. 또한 그림 6.17(d)~(f)는 각각 monoclinic, orthorhombic,

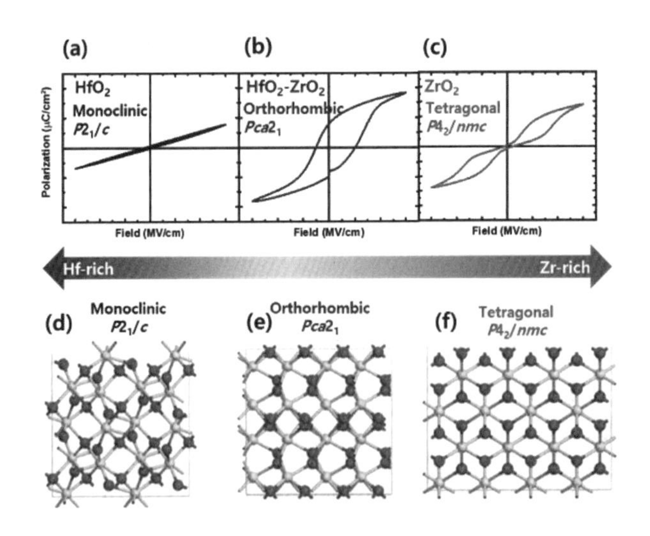


그림 6.17 (a) $HfO_2$, (b) $HfO_2-ZrO_2$, (c) $ZrO_2$의 분극-전기장 그래프, (d) monoclinic $P2_1/c$, (e) orthorhombic $Pca2_1$, (f) tetragonal $P4_2/nmc$ 상의 단위정 모식도

출처 : Laudadio, Emiliano, et al., 2022, Phase Properties of Different $HfO_2$ Polymorphs: A DFT-Based Study, Crystals 12.1: 90./

tetragonal phase의 unit cell 모식도이다.

$HfO_2$ 기반 강유전체는 전통적인 페로브스카이트 강유전체와 비교해 여러 장점을 가질 수 있다. 우선 페로브스카이트 강유전체는 100nm 이하 두께로 얇게 제작되면 강유전성이 열화되기에, 이를 활용한 소자는 ~90nm 수준의 두께 이하로는 제작할 수 없었다. 반면 $HfO_2$ 기반 강유전체는 수 nm 수준의 매우 얇은 두께에서도 강유전성을 나타낸다. 이에 10여 년의 매우 짧은 연구 역사에도 ~28nm 수준의 선폭을 가지는 FeFET 소자가 보고된 바 있으며, 이를 활용하면 소자의 물리적인 gate length를 획기적으로 감소시킬 수 있다.

더불어 매력적인 점은 $HfO_2$와 $ZrO_2$라는 소재는 이미 실제 반도체 산업에서 널리 활용되고 있는 물질이라는 것이다. $HfO_2$는 Intel에서 생산 중인 "Penryn" 프로세서의 MOSFET gate oxide에 고유전율 물질로 활용되고 있다. 더불어 $ZrO_2$는 앞서 언급한 것처럼 ZAZ 구조로 DRAM capacitor 내의 유전층으로 사용되고 있다. 이는 해당 물질들이 산업적으로 접근하기 용이한 물질임을 시사한다. 또한 페로브스카이트 강유전체 물질들의 대부분은 귀금속 전극을 요구하는 반면, $HfO_2$ 및 $ZrO_2$ 기반 강유전체는 반도체 산업의 표준 전극 물질인 TiN을 비롯하여 W, Mo, Pt, Ru 등 매우 다양한 전극 물질과의 호환성을 가진다. 또한 수 nm 수준의 두께를 매우 정밀하게 조절할 수 있으면서 3차원 구조의 증착을 가능하게 하는 성숙한 증착 공정인 원자층 증착법으로 제작할 수 있다는 점은 차세대 반도체 소자용 물질로 사용되기에 매우 유리한 이점이 될 수 있다. 표 6.7은 $HfO_2$ 박막 기반 강유전체와 페로브스카이트 강유전체의 주요한 특징을 요약 및 비교하고 있다.

**표 6.7** 페로브스카이트 및 $HfO_2$ 박막 기반 강유전체의 주요 특징 요약 및 비교

| | 페로브스카이트 | $HfO_2$ 박막 기반 |
|---|---|---|
| Thickness | > 50 nm | > 1 nm |
| Band Gap | ~ 3.5 eV | ~ 5.7 eV |
| Coercive Field | ~ 0.1 MV/cm | ~ 1.0 MV/cm |
| Remanent Polarization | ~ 30–70 $\mu C/cm^2$ | ~ 10–45 $\mu C/cm^2$ |
| 3D capacitor | Challenging | Possible |
| Electrode | Noble metal | TiN, W, Mo, etc. |
| Si compatibility | Poor | Good |

출처 : I.Boscke, T. S., 2011, *Ferroelectricity in hafnium oxide thin films*, Applied Physics Letters 99.10. / Muller, Johannes, 2012, *Ferroelectricity in simple binary* $ZrO_2$ and $HfO_2$, Nano letters 12.8. / Materlik, R, 2015, The origin of ferroelectricity in $Hf1–xZrxO_2$: A computational investigation and a surface energy model, Journal of Applied Physics 117.13

## 차세대 반도체 소자와 강유전체

현재의 컴퓨팅 시스템인 폰 노이만 구조는 최근 근본적으로 가진 구조상의 한계점에 봉착하고 있다. 대표적으로 반도체 집적 회로의 성능이 일정 주기마다 급증한다는 무어의 법칙Moore's Law이 한계에 도달한 점을 언급할 수 있다. 기존에는 새로운 공정의 도입을 통해 회로 및 소자의 소형화와 집적화를 이룰 수 있었다. 그러나 최근 소자의 소형화가 물리적인 한계에 도달하여, 전자의 tunneling과 같은 양자 역학적인 문제가 발생하게 되었다.

한편 폰 노이만 구조의 분리된 계층 구조로 인해 processing unit(연산 담당)과 memory unit(저장 담당)이 분리되어 있다는 점 역시 단점으로 작용한다. 두 unit이 분리되어 있기에 unit 간 데이터 전송이 필수적이다. 이 때 두 unit의 동작 속도의 차이가 문제가 된다. 현재 CPU와 같은 processing unit 속도의 발전이 memory 등의 memory unit 속도의 발전보다 월등히 빠르며, 이로 인해 processing unit의 연산 속도가 memory unit의 속도에 의해 제한되는 현상이 발생한다. 이는 데이터의 병목 현상 등의 부정적인 결과를 유발한다. 마지막으로 processing/memory unit의 분리로 인해 데이터의 전송이 요구되는데, 최근 데이터 양의 증가와 소자 소형화로 인해 에너지 효율 저하가 문제점으로 떠오르고 있다.

이러한 문제의 해결을 위해 다양한 방안이 제시되고 있다. 우선 기존의 폰 노이만 구조를 유지하면서, 메모리 소자의 성능 향상을 꾀하는 방향이 있다. 현재의 1T-1C DRAM을 1T DRAM의 형태로 대체하거나, FeRAM, PRAM, RRAM 등 차세대 메모리 소자의 도입을 통해 메모리 소자 자체의 성능을 개선할 수 있을 것으로 예상된다. 한편으로 processing unit과 memory unit 간의 구조적 분리로 인한 데이터 전송에서 기인하는 issue를 해결하기 위한 방향도 연구되고 있다. 두 unit을 아주 가까이 위치시킴으로써 물리적인 거리를 줄이는 near-memory computing, 혹은 아예 연산과 저장의 unit을 하나의 chip 위에 제작하는 in-memory computing 등이 있다. 이를 통해 데이터의 전송 시에 문제가 되는 병목 현상과 에너지 효율의 저하를 개선할 수 있다.

마지막으로 미래의 컴퓨팅 기술로 기존의 폰 노이만 방식과 완전히 다른 개념의 신경모방Neuromorphic computing system 구조의 방식이 최근 많은 관심을 받고 있다. 이는 인간의 뇌를 비롯하여 생물의 신경계에서 아이디어를 얻은 방식으로, 신경계의 뉴런과 시냅스의 거동을 전기적인 신호로 구현한다. 신경모방 컴퓨팅 구조는 미래를 위한 차세대 컴퓨팅 구조로 아직 연구되어야 할 부분이 많지만, 에너지 효율의 측면에서 폰 노이만 방식에 비해 1만 배 이상 효율적일 수 있어 많은 연구가 진행되고 있다.

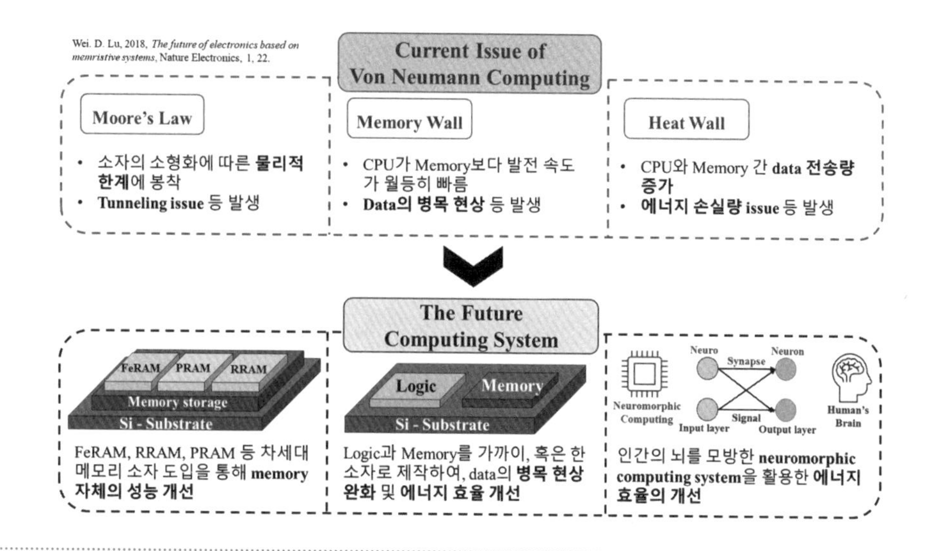


그림 6.18 현재의 폰 노이만 구조의 컴퓨팅 시스템이 가지는 단점과, 이를 개선할 수 있는 차세대 메모리 구조 및 신경모방 컴퓨팅 시스템의 모식도

이러한 차세대 컴퓨팅 시스템에 강유전체 물질 기반의 메모리 소자가 유용하게 활용될 수 있다. 강유전체 메모리는 현재의 flash memory를 대체하기 위한 방향으로 연구되는 것과 더불어, 더 나아가 미래를 위해 RRAM이나 PRAM, FeRAM 등의 차세대 메모리, 그리고 이들을 활용한 in-memory computing이나 신경모방 컴퓨팅을 위해서도 활발하게 연구되고 있다. 예를 들어 In-memory computing에 FeFET을 활용하는 것이 가능한데, 이는 기본적으로 FeFET이 스위치와 같은 역할을 할 수 있는 transistor와 함께 gate oxide 부분에 데이터의 저장을 할 수도 있기 때문이다. 또한 신경모방 컴퓨팅을 구현하기 위해서는 뉴런과 시냅스 사이의 거동을 전기적 신호로 구현할 필요가 있으며, 이를 강유전체 물질을 활용하여 실험적으로 확인한 연구가 지속적으로 보고되고 있다. 이는 $HfO_2$ 기반 박막을 포함하는 여러 강유전체 물질들이 차세대 메모리 소자 및 computing system에 활용할 수 있는 유망한 차세대 소자임을 시사한다. 그림 6.18은 현재의 폰 노이만 구조가 가지는 단점과 이를 개선할 수 있는 차세대 memory 구조 및 신경모방 컴퓨팅 구조의 내용을 요약한 모식도이다.

## 6.1.2 반도체 관련 표준

### 가 반도체 기술 표준화 동향

#### 4차산업에서 반도체

반도체는 4차 산업의 핵심기술로, 데이터 저장, 빅데이터 기반의 학습, 추론 등을 위한 데이터 센터의 핵심이다. 특히, 최근에는 온라인 강의, 재택근무 등 기존의 사회활동이 온라인 활동으로 대체됨에 따라 트래픽이 급증하고 있다. 언제 어디서든 인터넷에 접속하기만 하면 데이터의 접속, 교환과 저장이 가능한 클라우드 서비스가 확대됨에 따라 반도체의 수요가 급격히 증가하고 있는 추세이다.

양질의 데이터를 대량으로 수집, 저장, 처리하고, 이를 활용하여 서비스를 공급하는 데이터 가치 사슬에서 클라우드는 중요한 연결 고리이다. 클라우드 서비스의 데이터 저장에는 메모리 반도체가 이용되며, 클라우드 자원을 활용한 학습에는 비메모리 반도체, 즉 시스템 반도체 또는 지능형 반도체가 이용된다.

#### 반도체 표준의 발자취

1970년대 초반, 반도체 산업이 급격히 팽창함에 따라 약 2000 개 이상의 각기 다른 치수 사양을 갖는 실리콘 웨이퍼가 생산되었다. 웨이퍼 제조업체들은 생산 효율을 높이기 위하여

**언택트 수단 (원격근무, 화상회의 등)**

- 사람과 사람의 접촉(contact)을 최소화
- 원활한 비대면 업무를 위해 클라우드 서비스를 이용

**급증하는 트래픽 관리 (코로나맵, 온라인 강의 등)**

- 재택교육, 질병정보제공으로 인한 네트워크 폭주에 대응하기 위한 인프라로 클라우드 이용

그림 6.19 최근 국내 클라우드 이용 사례

출처 : 정보통신산업진흥원 재구성

그림 6.20 AI 서비스의 가치사슬

출처 : 정보통신산업진흥원 재구성

웨이퍼의 직경, 평면, 두께 등에 대한 통일된 치수 사양의 필요성을 제기하였다. 이에 따라 웨이퍼의 치수 사양에 대한 표준화가 시작되었으며, 표준화는 주로 웨이퍼 제조업체들에 의해 수행되었다.

웨이퍼 치수 사양에 대한 표준화를 위하여, 1973년 국제 반도체 장비 · 재료 협회 내에 표준화 위원회가 설립 되었다. 이 표준화 위원회는 반도체 웨이퍼 치수 사양에 대하여 공급 업체와 함께 웨이퍼의 표준 규격을 개발하였다. 표준화된 웨이퍼 크기로 장비 회사는 생산 비용을 낮추고, 성능을 향상시킬 수 있었으며, 반도체 제조업체는 장치 제조 프로세스와 비용에 대한 부담을 낮추게 됨에 따라 제품 차별화와 품질 향상에 집중할 수 있게 되었다.

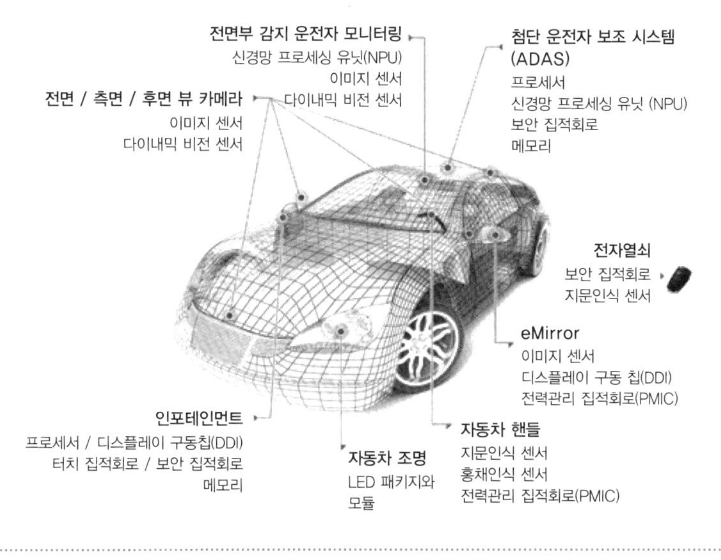


그림 6.21 자율주행차 내의 차량용 반도체

출처 : 삼성전자

Part 1. 용어집
Part 2. 기능 안전 관리
Part 3. 컨셉 개발
Part 4. 시스템 레벨에서의 제품 개발
Part 5. 하드웨어 레벨에서의 제품 개발
Part 6. 소프트웨어 레벨에서의 제품 개발
Part 7. 생산 및 운용
Part 12. 2륜 자동차
Part 8. 지원 프로세스
Part 9. ASIL 지향 및 안전 지향 분석
Part 10. ISO 26262 가이드라인
**Part 11. 반도체 가이드라인**
2nd Edition에서 추가된 부분

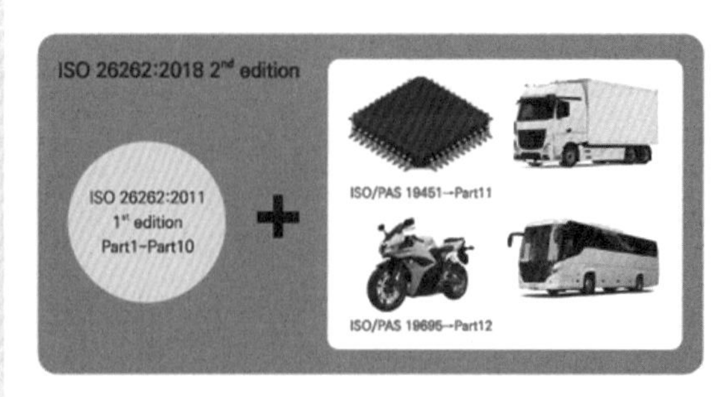


그림 6.22 ISO 26262 $2^{nd}$ edition 개요

출처 : ISO

반도체 웨이퍼 치수 사양으로 시작되었던 반도체 관련 표준은 반도체 소재, 소자, 장비까지 확장되어 왔으며, 현재 자율주행차에 필수적인 차량용 반도체에까지 이어지고 있다. 차량의 고기능화에 따라 자동차에 사용되는 부품이 기계 중심에서 전기 · 전자 시스템 중심으로 변화하고 있으며, 자동차 부품에 집적 회로 반도체(차량용 반도체)가 전기 · 전자 시스템의 주요 부품으로 활용되고 있다. 차량 내에 반도체를 포함한 전기 · 전자 시스템 사용 증가와 복합화에 따라, 차량 개발에서 전기 · 전자 시스템의 기능 안전이 중요한 문제로 부각되었다. 이러한 문제점을 해결하기 위하여, 전기 · 전자 시스템에 관련한 자동차 기능 안전 표준인 ISO 26262[5]가 ISO/TC 22에서 개발되어, 2011년에 제정되었다.

4차 산업 시대를 대표하는 산업 중 하나인 자율주행차에는, 통신, 안전, 모니터링, 운전자 보조시스템 등의 복잡한 기능을 수행하기 위하여 지능형 반도체가 필수적으로 사용되고 있다. 이에 따라 자율주행차에 탑재되는 지능형 반도체와 관련한 국제표준의 필요성이 대두되었고, ISO/TC 22에서 2015년부터 자동차 기능 안전 표준의 개정 작업이 시작 되었다. 그 결과, 2018년에 ISO 26262의 개정판이 개발 및 발간되었으며, 이 개정판에는 반도체 가이드라인으로 part 11이 새로이 포함되어 반도체 수준에서 기본 고장률 예측을 위한 가이드 등이 추가되었다. ISO 26262 part 11은 자율 주행차 등에 탑재되는 반도체 소자의 개발 시에 적용할 수 있는 권장 사항, 모범 사례 등을 제공하고 있다.

5 ISO 26262 - Road vehicles - Functional safety

## 나 반도체 소자 관련 표준화기구

반도체 기술의 표준은 다양한 표준화기구에서 다루고 있으며, 그림 6.23과 같이 네트워크, 장비 · 부품 · 소자, 그리고 소재를 다루는 표준화기구로 구분할 수 있다. 반도체와 관련된 주요 국제 및 단체 표준화 기구의 주요 역할에 대해서는 그림 6.24에 나타내었다.

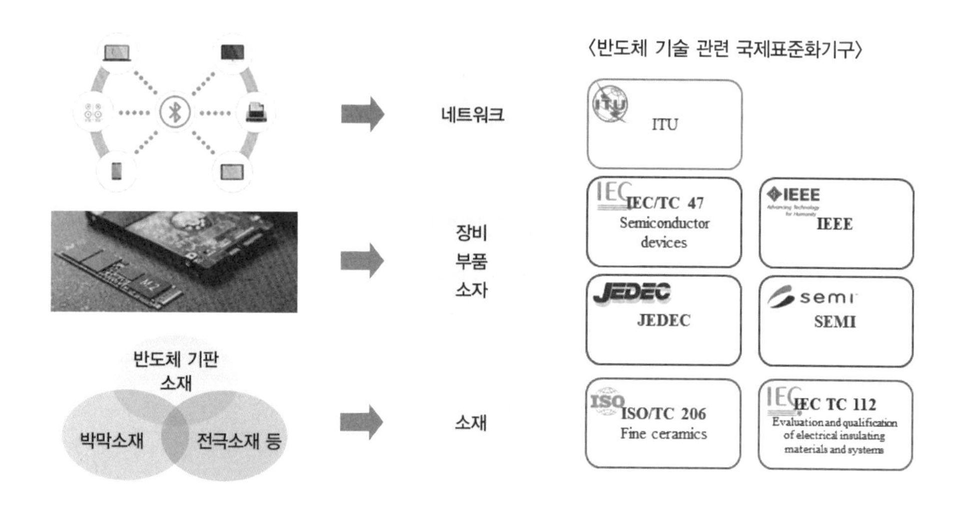


그림 6.23 반도체 관련 국제표준화기구

그림 6.24 반도체 산업과 표준화기구

### 반도체 소자 관련 국제표준화기구 기술위원회 : 반도체 소자 IEC/TC 47

반도체 소자와 관련된 대표적인 국제표준화기구 기술 위원회는 IEC/TC 47(Semiconductor devices)로 개별 반도체 장치, 집적 회로, 센서 등에 대한 국제표준을 개발하고 있다. TC 47은 1959년에 제안 되어, 1960 년에 설립 되었으며, 15 개국으로 구성된 P-멤버와 21 개국으로 구성된 O-멤버가 참여하고 있다. 2022년 기준 한국이 간사국을, 미국이 의장국을 각각 맡고 있다. 이 기술 위원회는 6개의 WG과 4개의 소위원회subcommittee로 구성되어 있으며, SC 47 E는 개별 반도체 소자로, 한국이 간사국으로 활동하고 있다. 이 기술 위원회에서는 2021년 8월 기준 129건의 표준이 제정되었고, 20건의 표준이 개발 중에 있으며, 제정된 주요 표준들은 표 6.8과 같다.

IEC/TC 47에서 발간된 주요 표준인 IEC 60749 series는 다양한 산업과 환경에서 사용되는 반도체 장치에 대한 시험방법들을 다루고 있다.

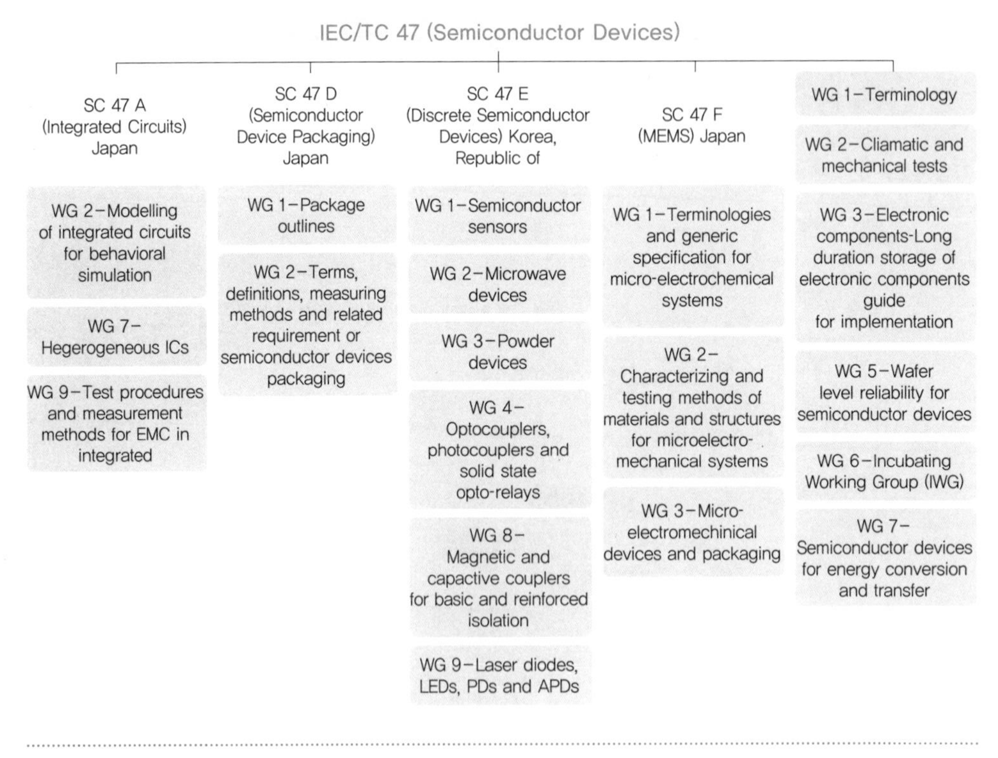


그림 6.25 IEC/TC 47 구성도

출처 : IEC/TC 47 Strategic Business Plan

표 6.8 IEC/TC 47 주요 표준 분류

| 분야 | 세부분류 | 표준번호 |
|---|---|---|
| Semiconductor devices | Mechanical and Climatic test methods | IEC 60749 series |
| | Micro-electromechanical devices | IEC 62047-28: 2017 |
| | Bias-temperature stability test for metal-oxide, semiconductor, field-effect transistors(MOSFET) | IEC 62373-1: 2020 |
| | Time-dependent dielectric breakdown (TDDB) test for intermetal layers | IEC 62374: 2007, IEC 62374-1: 2010 |
| | Constant current electromigration test | IEC 62415: 2010 |
| | Hot carrier test on MOS transistors | IEC 62416: 2020 |
| | Mobile ion tests for metal-oxide semiconductor field effect transistors | IEC 62417: 2020 |
| Electronic components | Long-term storage of electronic semiconductor devices | IEC 62345 series |
| Semiconductor die products | Part 1. Procurement and use | IEC 62258 series |

표 6.9 IEC 60749 series part 일부

| 구분 | 표준명 |
|---|---|
| Part 1. | General |
| Part 2. | Low air pressure |
| Part 3. | External visual |
| Part 4. | Damp heat, steady state, highly accelerated stress test (HAST) |
| Part 5. | Steady-state temperature humidity bias life test |
| Part 6. | Storage at high temperature |
| Part 7. | Internal moisture content measurement and the analysis of other residual gases |
| Part 8. | Sealing |
| Part 9. | Permanence of marking |
| Part 10. | Mechanical shock |
| Part 11. | Rapid change of temperature-Two-fluid-bath method |
| Part 12. | Vibration, variable frequency |
| Part 13. | Salt atmosphere |
| Part 14. | Robustness of terminations (lead integrity) |
| ... | ... |
| Part 42. | Temperature and humidity storage |

### 반도체 소자 관련 단체표준화기구 기술위원회 : 국제반도체표준협의회(JEDEC)

국제반도체표준협의회Joint Electron Device Engineering Council, JEDEC는 1958년에 설립되어 300개가 넘는 회원사를 보유하고 있으며, 우리나라가 의장국을 맡고 있다. JEDEC에서는 반도체 패키지의 전기적 특성, 신뢰성 등의 표준을 다루며, 이 기구에서 제정된 규격이 국제표준으로 채택될 가능성이 높기 때문에 사실상 반도체 분야의 국제표준화기구로 통하고 있다. 주요 이사회는 아래 표 6.10과 같으며, 우리나라의 삼성전자, SK 하이닉스, 미국의 구글, 인텔 등의 기업들이 주도하고 있다. 11개의 위원회committee와 38개의 소위원회subcommittee로 구성되어 있으며, JC 42, JC 45, JC 64 에서 삼성전자와 SK 하이닉스가 위원회와 소위원회의 의장(chair) 또는 부의장(vice chair)을 수임하여 활발히 활동하고 있다.

표 6.10 주요 board of directors

| Board of directors | |
|---|---|
| Samsung Semiconductor | Huawei Technologies Co. Ltd |
| SK Hynix | IBM Corporation |
| Google | Intel Corporation |
| Hewlett Packard Enterprise Company (HP) | Lenovo |
| Qualcomm Inc. | Microsoft Corporation 등 |

표 6.11 JEDEC committee

| Committees | Title |
|---|---|
| JC-11 | Mechanical Standardization |
| JC-13 | Government Liaison |
| JC-14 | Quality and Reliability of Solid State Products |
| JC-15 | Thermal Characterization Techniques for Semiconductor Packages |
| JC-16 | Interface Technology |
| JC-40 | Digital Logic |
| JC-42 | Solid State Memories |
| JC-45 | DRAM modules |
| JC-63 | Multiple Chip Packages |
| JC-64 | Embedded Memory Storage & Removable Memory Cards |
| JC-70 | Wide Bandgap Power Electronic Conversion Semiconductors |

반도체 소자 관련 단체표준화기구 기술위원회 : 국제반도체장비재료협회(SEMI)

국제반도체장비재료협회Semiconductor Equipment and Materials International, SEMI는 1970년에 설립되었고, 현재 세계 반도체 장비, 재료 및 평판 디스플레이 산업을 대표하는 표준화 단체이다. IEC/TC 47에서 주로 패널 분야의 시험 및 측정 방법, 용어 등을 다루는 것과는 달리 SEMI에서는 반도체 장비와 LCD 글래스 기판, 컬러필터, 백 라이트 등 주로 부품 · 소재 관련 표준이 제정되어 있으며, SEMI에서 발간한 표준은 다음의 표 6.12와 같다.

표 6.12 SEMI standards(일부 발췌)

| Standards | Title |
|---|---|
| SEMI E 30 | 제조장비제어와 커뮤니케이션을 위한 일반적인 모델 |
| SEMI E 90 | 기판 추적 사양 |
| SEMI E 94 | 컨트롤 잡 관리 사양 |
| SEMI E 132 | 장비클라이언트 인증과 권한 부여야 대한 사양 |
| SEMI S 2 | 반도체 제조장비에 대한 환경안전보건 가이드라인 |
| SEMI S 10 | 위험성 평가 및 위험성 검토 절차 안전 가이드라인 |
| SEMI S 14 | 반도체 제조 장비의 화재 위험성 평가 및 완화 안전 가이드라인 |
| SEMI S 21 | 작업자 보호 안전 가이드라인 |

## 다 반도체 소자 관련 국제표준화 사례

IEC 62374-1:2010

Semiconductor devices-Part 1 : Time-dependent dielectric breakdown(TDDB) test for inter-metal layers[6]

최근 반도체의 집적도를 높이기 위하여, 반도체 소자에 포함되는 모든 요소들이 수백 nm 수준으로 소형화 되고 있다. 그림 6.26과 같이 절연막(게이트 산화막) 또한 수 nm로 그 두께가 더욱 얇아지고 있다. 반도체 칩을 이루고 있는 수십억 개의 반도체 소자 중에 하나라도 고장나게 되면 반도체 칩이 동작하지 않게 되므로, 반도체 소자의 신뢰성은 매우 중요한 요소로 작용한다. 따라서, 우수한 성능과 높은 신뢰성을 갖는 반도체 박막소재를 제조하여 사용하

6 IEC 62374:2010
반도체 소자-파트 1 : 금속간 층에 대한 TDDB(Time-Dependent Dielectric Breakdown) 테스트

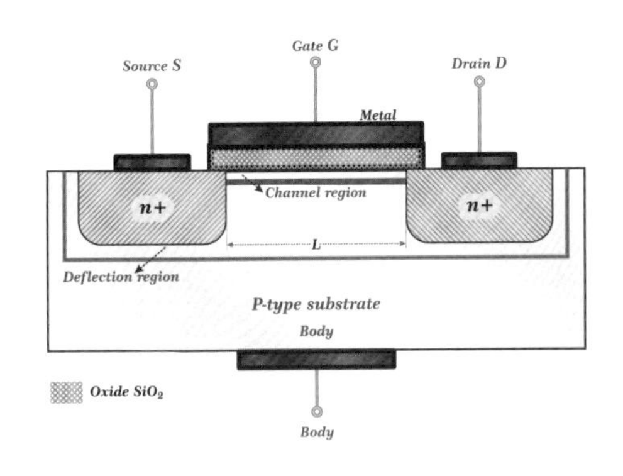

그림 6.26 MOSFET 모식도

출처 : shutterstock.com

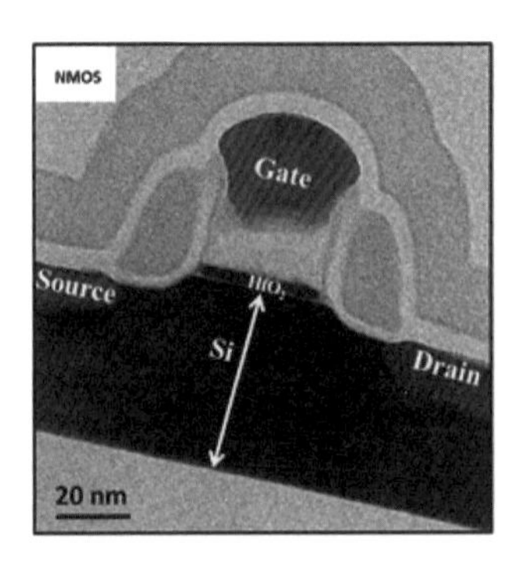


그림 6.27 실제 MOSFET의 전자현미경 사진

출처 : Science Reports, Leaky Integrate and Fire Neuron by Charge-Discharge Dynamics in Floating-Body MOSFET, DOI: 10.1038/s41598-017-07418-y

는 것이 필수적이다.

반도체 소자의 신뢰성 평가에 관련된 표준 중 IEC 62374:2014[7]는 TC 47에서 제정된 표준으로, MOSFET이나 capacitor의 특성을 결정짓는 핵심 물질인 절연막에 대한 시간 의존적 유전체 파괴에 관한 내용을 다룬다. 일정한 전압이 절연막에 지속적으로 인가되면 절연막 내의 결함이 점차 증가하여, 이 결함들이 그림과 같이 게이트와 기판 사이를 연결하여 전류가 흐르게 된다. 쇼트short[8]로 인해 게이트 산화막이 기능을 상실하여, 고장이 일어나는 것을 시간 의존성 파괴Time-dependent dielectric breakdown, TDDB라 한다. IEC 62374 표준은 고유전체 박막의 게이트 절연막과 capacitor 절연막의 신뢰성 평가 방법으로, 절연막의 두께가 점점

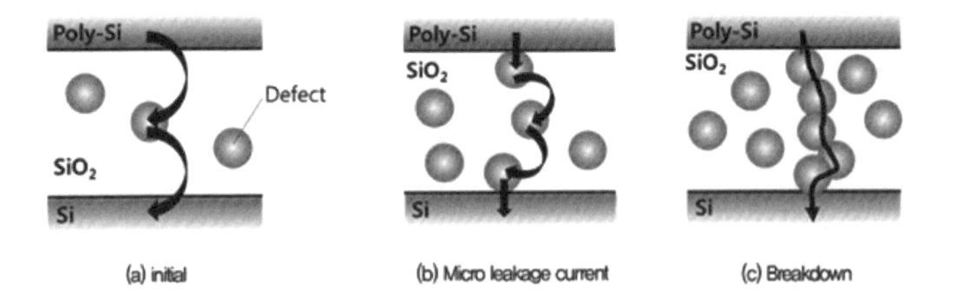


그림 6.28 TDDB breakdown 개념도

출처 : IEC 62374

7 IEC 60749-42:2014
Semiconductor devices - Mechanical and climatic test methods - Part 42: Temperature and humidity storage

8 전기 회로의 두 점 사이의 절연이 잘 안 되어서 두 점 사이가 접속되는 일

더 얇아짐에 따라 시간 의존성 파괴 시험이 더욱 중요해 지고 있다.

IEC 60749-42:2014

Semiconductor devices-Mechanical and climatic test methods-Part 42: Temperature and humidity storage[9]

다음은 반도체 소자의 환경시험에 관한 표준 사례로, IEC 60749-42의 온도 및 습도 저장 시험 조건과 관련된 표준이다. 이 표준은 고온 및 고습 환경에서 반도체 소자의 내구성을 평

**표 6.13** 온도 및 습도 저장 시험조건

| 시험조건 | 온도(℃) | 습도(%) | 시험지속시간(h) | 증기압력(aPa) |
|---|---|---|---|---|
| A | 40±2 | 90±5 | $8000^{+168}_{-24}$ | 7.4×10$^{3}$ |
| B | 60±2 | 90±5 | $4000^{+168}_{-24}$ | 1.9×10$^{4}$ |
| C | 85±2 | 85±5 | $1000^{+168}_{-24}$ | 5.0×10$^{4}$ |
| D | 110±2 | 85±5 | $264^{+8}_{-0}$ | 1.2×10$^{5}$ |
| E | 120±2 | 85±5 | $168^{+4}_{-0}$ | 1.7×10$^{5}$ |
| F | 130±2 | 85±5 | $96^{+2}_{-0}$ | 2.3×10$^{5}$ |

* 참고 값
출처 : KS C IEC 60749-42

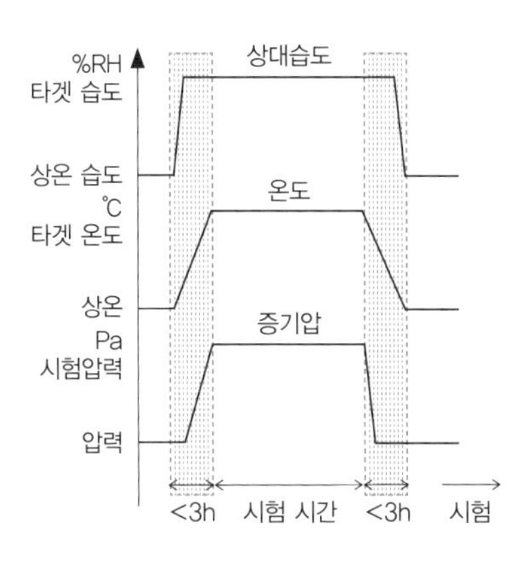


그림 6.29 불포화 가압증기 시험 조건 프로파일

출처 : KS IEC 60749-42

9 IEC 60749-42:2014
반도체 소자 - 기계적 및 기후적 시험방법: 온도 및 습도 저장

가하는 시험방법으로, 반도체 신뢰성 시험에 널리 이용되는 85/85 시험법을 다루고 있다. 이 시험법의 자세한 내용은 다음 표 6.13과 그림 6.29와 같으며, 아울러 국제표준은 한국 산업 표준 KS로 부합화되어 KS C IEC 60749-42로 검색하여 활용할 수 있다.

# 6.2 센서와 표준

## 6.2.1 센서의 이해

### 가 4차 산업에서 센서

사물인터넷, 인공지능, 자율주행 자동차, 로봇 등으로 대표되는 4차 산업혁명이 도래함에 따라 기기의 실시간 상태 감지 및 변화 상황에 대한 빠른 대응이 요구되고 있다. 일상생활에서 사용하는 스마트폰의 내부에는 이미지 센서, 청각 센서, 촉각 센서, 가속도 센서 등 수많은 센서가 기기의 성능을 향상시키고 사용자에게 유용한 정보를 제공하고 있다. 이러한 점에서 센서에 대한 관심이 점차 증가하고 있으며 수요 또한 더욱 많아질 것으로 예상된다.

예를 들어, 일반적인 자동차의 경우 한 대당 약 100개의 센서가 요구되나, 자율주행 자동차의 경우에는 약 300~400개의 센서가 필요하며 앞으로 5년 내에 연간 1조 개의 센서가 생산되는 시대(Trillion 센서 시대)를 예측하고 있다. 더불어 기존의 고정된 형태의 센서가 유연하

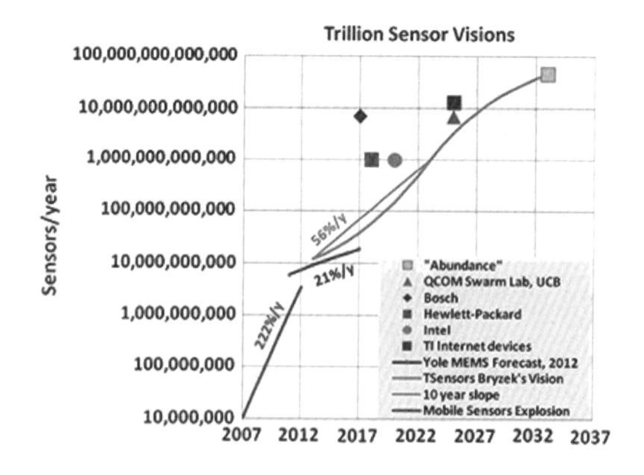


그림 6.30 글로벌 센서 시장의 현황 및 동향

출처 : Bogue, R. (2014), "Towards the trillion sensors market", Sensor Review, Vol. 34 No. 2, pp. 137-142, 12월 27일

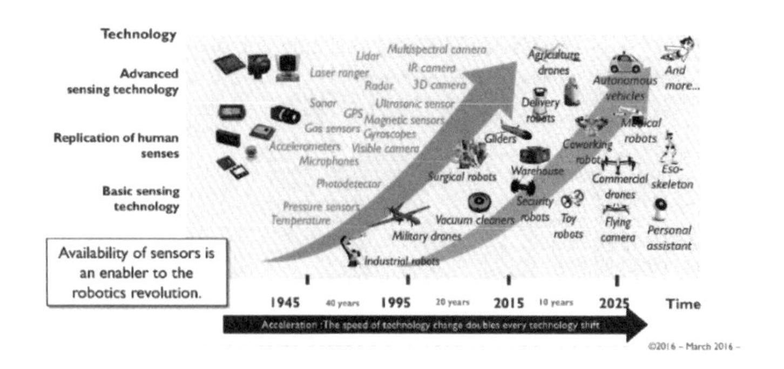


그림 6.31 시간에 따른 기술 발달과 그에 따른 센서의 성장

출처 : IoT Sensor: From embedded to pervasive, Ned Hayes, 2020

고 착용 가능한 형태로 변화하면서 사람의 신체 상태를 감지하고 정보를 제공하는 스마트 워치 또는 패치 형태의 센서도 등장하고 있다. 이에 따른 전세계 센서 시장은 2020년 366억 5000만 달러에서 연평균 성장률 19.0%로 증가하여 2025년에는 875억 8000만 달러에 달할 것으로 예측되고 있다.

## 나 센서란?

센서라는 용어는 'sens(-us)'라는 라틴어에서 시작되었으며, 감각을 느낀다는 의미의 'sense'와 '~하는 것'의 의미를 가지는 접미사 'or'이 합쳐져 만들어졌다. 이 용어는 1960년대 헨드릭 웨이드 보데H. W. Bode가 최초의 레이더를 '센싱장치'로 명명하면서 처음 등장하였으며, 그 이후로 1970년대부터 일상생활에서도 사용하게 되었고, 초판 Dictionary of Scientific and Technical Terms(1974, McGraw-Hill)에서 사전류 최초로 센서를 정의하였다.

센서의 정의는 '측정하고자 하는 대상 또는 시스템의 물리량, 화학량을 변환하여 우리가 읽을 수 있는 신호로 변환하는 장치'이다. 이러한 센서는 인간의 감각기능을 인위적으로 구현하여 자연계에 존재하는 여러 정보를 높은 신뢰도로 제공하는데 그 목적이 있다.

### 사람 vs. 센서

사람은 기본적으로 오감(시각, 청각, 후각, 촉각, 미각)을 통해 외부 상태 및 변화를 인지한다. 센서는 이러한 사람의 오감을 인공적으로 재현할 장치의 필요성에 의해 개발되었으며, 그렇기 때문에 센서의 동작 과정은 사람의 감각기관이 감각 정보를 변환하는 과정과 유사하다.

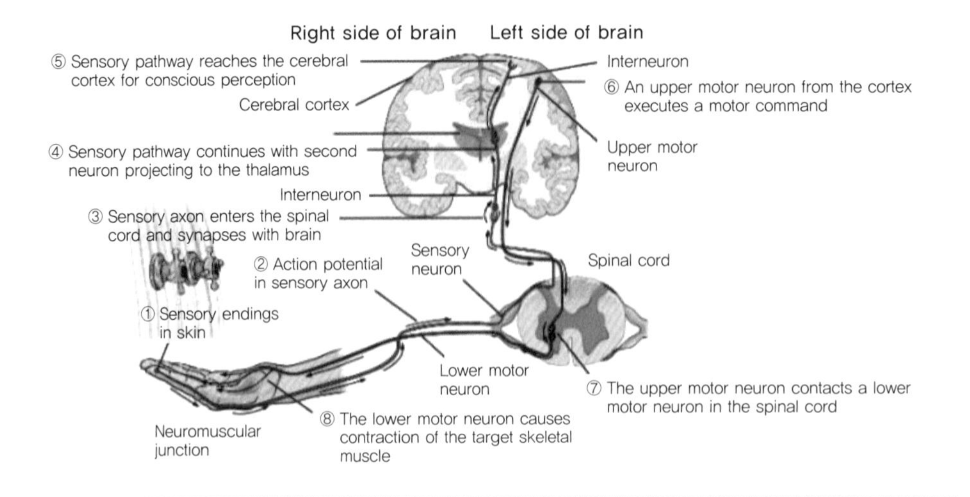


그림 6.32 인간의 신경계 구조 및 기능

출처 : Wikipedia

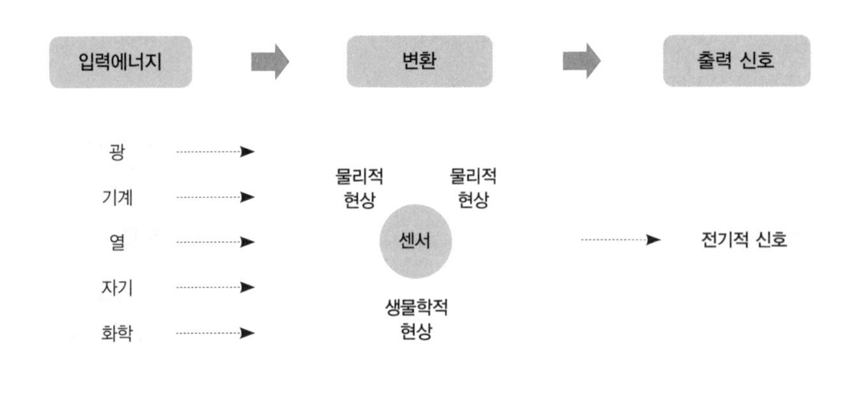


그림 6.33 센서의 인공계 모식도

인간의 생체계는 감각기관을 통해 감지되는 외부 입력 신호를 중간 신호처리 기관인 뇌로 전달하여 판단한 후, 신경기관이 반응하는 과정을 가지는 반응 시스템이다. 센서의 작동 시스템인 센서의 인공계는 일반적으로 센서가 입력 정보를 감지하여 전기 신호의 형태로 지능화 시스템으로 전달하여 처리 후, 최종적으로 액추에이터가 반응하는 프로세스로 진행된다.

따라서 센서는 이러한 인간의 오감을 대신하는 하는 것으로부터 발전되어왔으며, 돌고래와 박쥐가 초음파를 감지할 수 있고 개가 아주 미세한 냄새에도 반응하듯이, 최근에는 특정 변화에 대해 인간의 한계를 넘어서는 센서를 개발하는 것에 많은 사람들이 관심을 갖고 있다.

### 다 센서의 필요성

그렇다면 센서는 왜 필요할까? 센서가 단지 사람의 오감을 대행하는 것이라면 사람이 직접 느끼고 그에 대한 판단을 하면 될 것이다. 하지만 사람이 감지하지 못하는 영역이나 사람이 직접적으로 활동할 수 없는 매우 위험한 환경에서는 센서가 반드시 필요하다.

예를 들어, 철강 제조 시 용광로 온도의 정확한 제어가 중요하게 작용하나 사람이 직접 용광로의 온도를 측정할 수 없다. 또한, 스마트 팩토리를 가동할 경우, 팩토리 내부의 기기가 안정적으로 작동하는지에 대한 모니터링이 필요하나 사람이 24시간동안 계속적인 모니터링을 진행하기는 어렵다. 이와 같이 센서는 여러 상황에서 사람을 대신해 관심있는 정보를 신뢰성 있게 안정적으로 제공해준다.

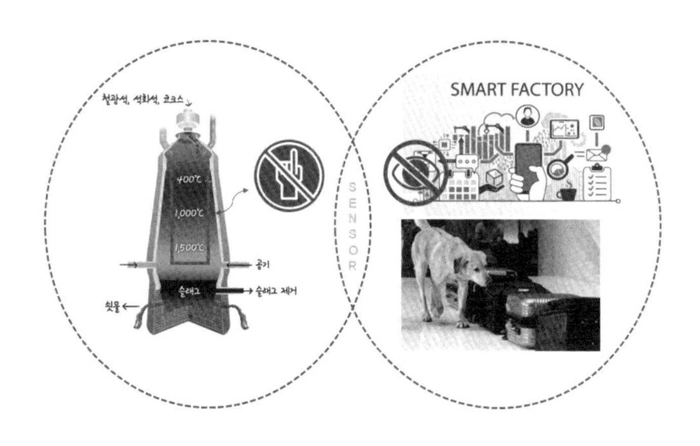


그림 6.34 센서의 필요성

## 6.2.2 센서의 성능지표와 구분

### 가 센서의 성능지표

우리가 특정 목적을 위해 다양한 센서 중 적절한 센서를 선택할 때 고려해야 될 사항들은 경제적인 부분, 센서의 성능 부분 등 매우 많이 존재한다. 그 중에서도 센서는 본질적으로 외부로부터의 자극을 감지하는 기능과 이를 전기적인 신호로 변환하여 유용한 정보를 제공하는 기능을 모두 갖추어야 하므로 이러한 기능을 센서의 성능 지표로 삼아 적절한 센서를 선정한다. 그 기준으로는 민감도, 정확도, 정밀도 등이 있고 이러한 지표를 통해 센서의 성능을 비교, 판단하게 된다.

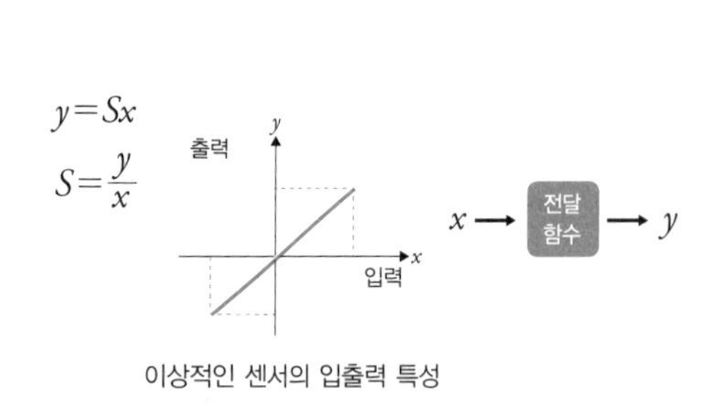


그림 6.35 이상적인 센서의 전달함수

출처 : Bruno de Meyer, 광전자 공학 센서 일반론

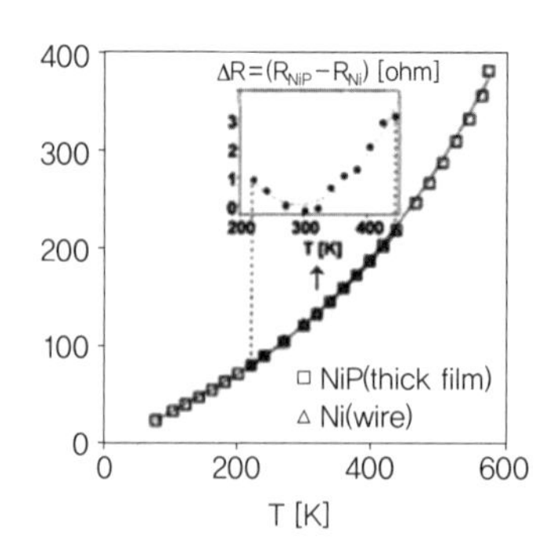


그림 6.36 실제 온도 센서의 전달함수

출처 : Andrzej Dziedzic, Thick-film resistive temperature sensors, Meas. Sci. Technol. 8 78, 1997

### 전달함수

전달함수transfer function란 '측정하고자 하는 물리량이나 화학량과 그것을 읽을 수 있게 변환된 출력 신호 사이의 관계를 나타낸 식 또는 그래프'이다. 즉, 그래프의 x축은 입력 신호, y축은 출력 신호를 의미하며, 이 때 이상적인 전달함수의 경우는 선형적인 관계를 나타내지만, 실제적으로 대부분의 경우 비선형적인 관계를 나타내게 된다. 이 전달함수는 앞으로 설명할 다른 지표들을 설명하는데 기본이 되는 개념이다.

### 민감도

민감도sensitivity는 일반적으로 '입력 신호 변화량에 따른 출력 신호 변화량의 비율'을 의미하며, 작은 양의 입력 신호가 있을 때 출력 신호 변화가 얼마나 큰 지를 기울기로 나타낸 것이다. 민감도는 전달함수의 그래프로부터 도출 가능하며, 전달함수 그래프에서 특정 입력 신호 값에 대해 큰 미분 값을 갖는 경우 센서가 큰 민감도를 가진다고 할 수 있다. 이는 작은 입력 신호 변화에도 큰 출력 신호 변화가 있어 측정하고자 하는 입력 값의 뚜렷한 식별이 가능함을 의미한다.

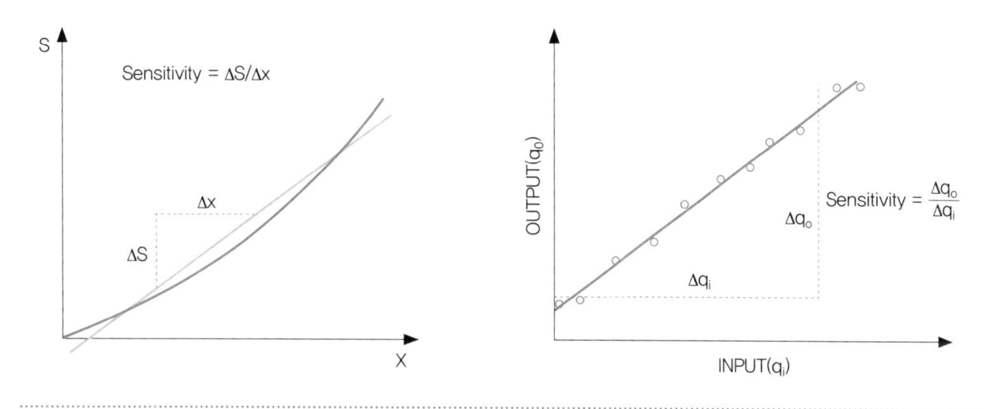


그림 6.37 전달함수에서의 민감도

출처 : Michael J Mcgrath, Sensing and Sensor Fundamentals / Lawrence A. Freeman, USE OF SUBMERSIBLE PRESSURE TRANSDUCERS IN WATER-RESOURCES INVESTIGATIONS

## 정확도

정확도accuracy란 '센서의 입력 신호 값에 대해 출력 신호 값이 예상치에 얼마나 근접한 지를 나타내는 척도'이다. 대부분의 경우 기준reference 센서 또는 수치가 있어 이를 기준으로 센서의 성능을 판별하거나 교정calibration을 하게 된다.

측정하고자 하는 센서와 기준 값이 얼마나 다른 지, 즉 각각의 전달함수가 얼마나 차이가 나는 지를 의미하는 것이 정확도이며, 정확도가 낮을 경우 이상적인 기준 센서의 전달함수와 측정하고자 하는 센서의 전달함수의 차이가 크게 나타나게 된다.

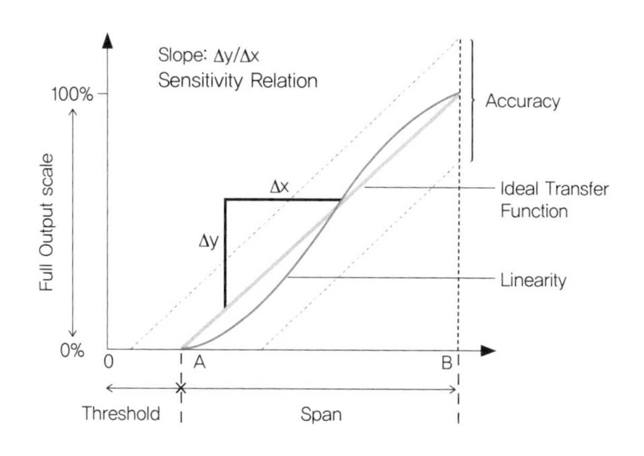


그림 6.38 전달함수에서의 정확도

출처 : João E. M. Perea Martins, Teaching general concepts about sensors and transfer functions with a voltage divider

### 정밀도

정밀도precision란 '동일한 양을 동일 조건, 동일 방법으로 단기간에 연속으로 측정했을 때 센서의 출력값의 변화'로 정의된다. 즉, 센서를 매일 사용했을 때 1년 동안 특정 물리량 또는 화학량에 따른 출력 신호 값의 변화가 얼마나 작은 지, 측정값들의 분포 정도를 알 수 있는 지표이다. 기준 값과 차이가 크면 정확도는 낮아지지만, 정밀도의 경우 기준 값과의 차이가 있더라도 측정할 때마다 같은 값을 일정하게 나타내면 높은 정밀도를 가진다고 할 수 있다.

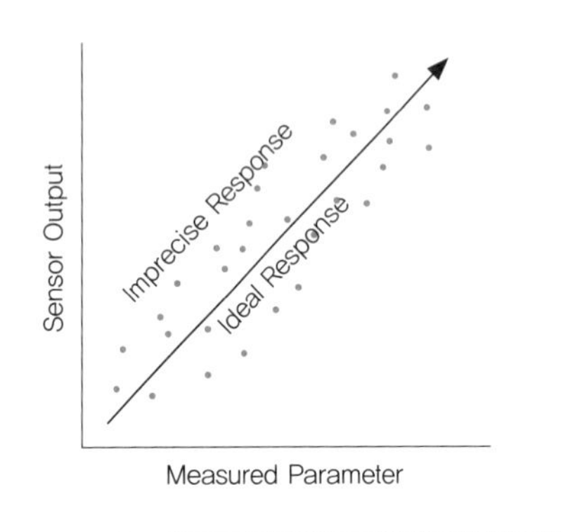


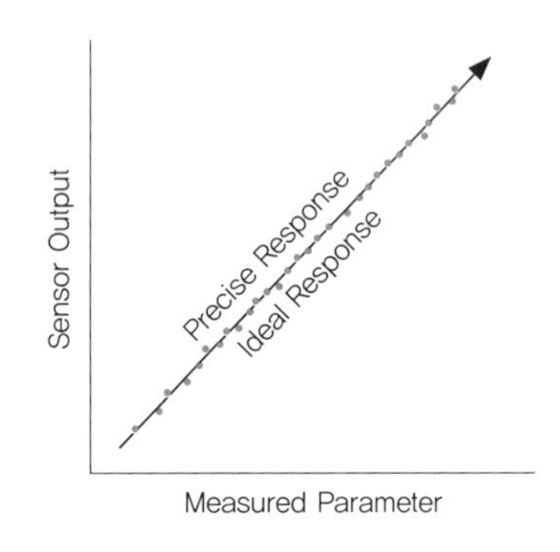


그림 6.39 동일 조건에서의 측정값들의 분포

출처 : Why Calibrate?, learn.adafruit

### 분해능

분해능resolution이란 '센서 측정 범위 내의 최소 크기 단위를 뜻하며, 센서가 얼마나 작은 차이의 물리량 또는 화학량을 구분할 수 있는 지를 나타내는 척도'이다.

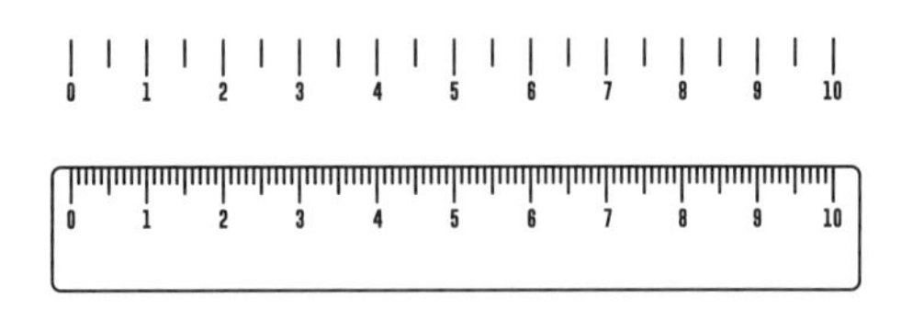


그림 6.40 분해능 0.5cm(상), 1mm(하) 예시

출처 : shutterstock.com

예를 들어 길이를 측정하는 자의 눈금이 1cm 간격일 경우, 이 자의 분해능은 1cm이며 그보다 작은 변화는 측정할 수 없다. 다시 말해, 이 자로는 20cm와 21cm는 구별이 가능하지만, 5mm 차이의 20cm와 20.5cm는 구별을 할 수 없으며, 분해능이 작을수록 정밀한 측정이 가능하게 된다.

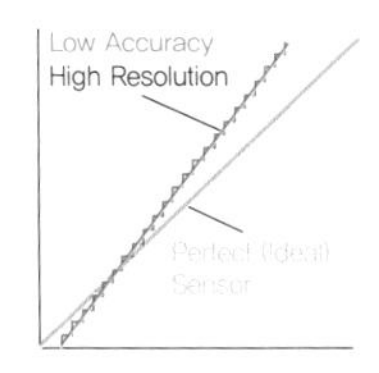


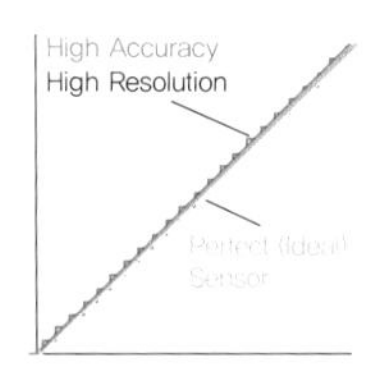


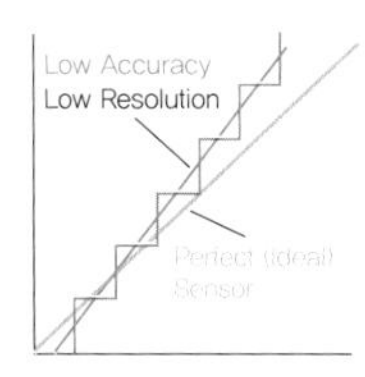


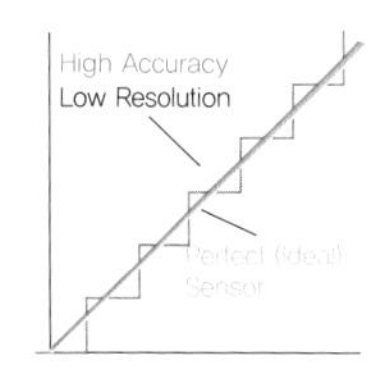


그림 6.41 전달함수에서의 정확도와 분해능

출처 : Pressure Point 2: Understanding Accuracy and Precision for MEMS Pressure Sensors, ALL SENSORS

### 선택성

센서는 측정하고자 하는 물리량, 화학량에 대해서만 반응을 해야 이상적이지만 실제는 그렇지 않다. 예를 들어 수소센서라면 수소 가스의 변화에만 반응을 해야 하지만, 다른 기체의 농도가 변화하면 출력 신호 값이 변화할 수 있다.

이처럼 센서는 측정 대상 뿐만 아니라 다른 요소에 의해서도 출력이 변화하게 되는데, '다른 요소보다 측정 대상에 대해 얼마나 더 민감하게 반응하는 지에 대한 정도'를 선택성 selectivity이라고 한다. 예를 들어 다른 가스에는 변화하지 않고 수소 가스의 농도에 대해서만 출력이 변하는 센서라면 '그 센서의 수소에 대한 선택성이 높다'라고 말할 수 있다.

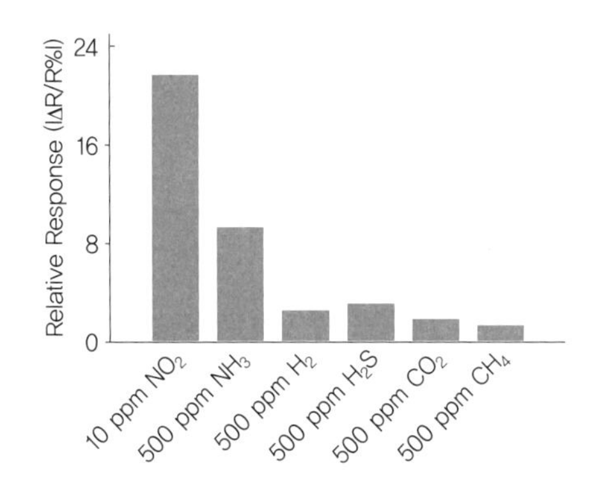

그림 6.42 $NO_2$ 센서의 선택성 히스토그램

출처 : Rahul Kumar et al. UV-Activated MoS2 Based Fast and Reversible NO2 Sensor at Room Temperature, ACS Sens, 2, 11, 2017

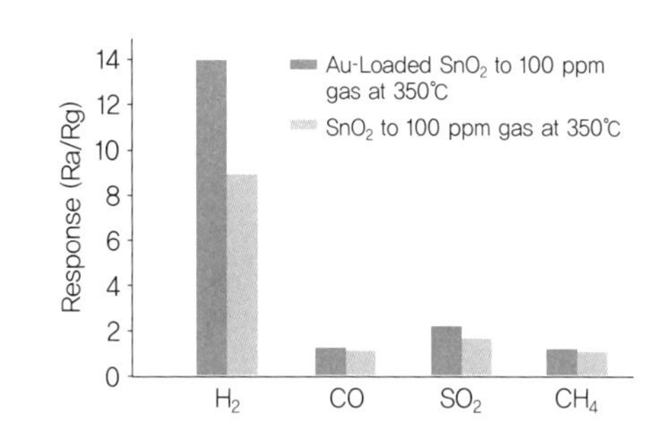


그림 6.43 $H_2$ 센서의 선택성 히스토그램

출처 : Yin, XT., Zhou, WD., Li, J. et al. Tin dioxide nanoparticles with high sensitivity and selectivity for gas sensors at sub-ppm level of hydrogen gas detection. J Mater Sci: Mater Electron 30, 2019

## 동작범위

동작범위span란 '센서가 어느 정도의 입력 신호 범위에서 동작을 하는 지, 즉 출력 신호를 나타내는 지'를 의미한다. 예를 들어, 온도계가 0℃에서 1000℃ 정도까지는 측정 가능하지만 그 이외의 범위에서는 동작하지 않는 경우 이 온도계의 동작범위는 0℃에서 1000℃라고 말할 수 있다. 일반적으로 넓은 동작범위를 가지는 센서가 요구되지만, 응용분야에 따라 그렇지 않은 경우도 많이 있다. 예를 들어 체온계의 경우 동작범위는 35~42℃ 정도면 충분할 것이다.

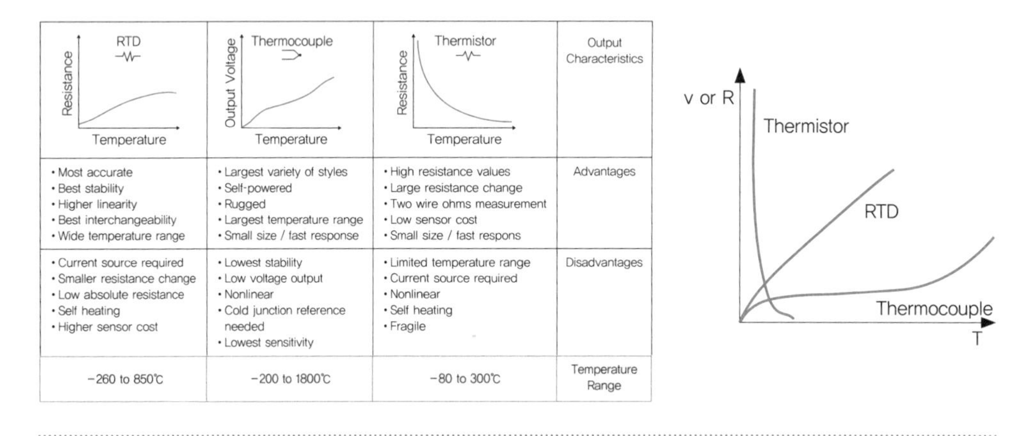

| RTD<br>Resistance / Temperature | Thermocouple<br>Output Voltage / Temperature | Thermistor<br>Resistance / Temperature | Output Characteristics |
|---|---|---|---|
| • Most accurate<br>• Best stability<br>• Higher linearity<br>• Best interchangeability<br>• Wide temperature range | • Largest variety of styles<br>• Self-powered<br>• Rugged<br>• Largest temperature range<br>• Small size / fast response | • High resistance values<br>• Large resistance change<br>• Two wire ohms measurement<br>• Low sensor cost<br>• Small size / fast respons | Advantages |
| • Current source required<br>• Smaller resistance change<br>• Low absolute resistance<br>• Self heating<br>• Higher sensor cost | • Lowest stability<br>• Low voltage output<br>• Nonlinear<br>• Cold junction reference needed<br>• Lowest sensitivity | • Limited temperature range<br>• Current source required<br>• Nonlinear<br>• Self heating<br>• Fragile | Disadvantages |
| −260 to 850℃ | −200 to 1800℃ | −80 to 300℃ | Temperature Range |



그림 6.44 온도센서 종류에 따른 입력 동작 범위

출처 : instrumentationtools, Thermocouple Questions and Answers

## 오프셋

일반적으로 센서는 온도, 습도, 진동 등 주변 환경에 따라 영향을 많이 받게 되는데, 이로 인해 원래 센서가 나타내야 하는 출력 신호 값이 이동하게 된다. 이와 같이 '입력 값이 0일 때 외부의 환경적 변수들이 센서의 성능에 영향을 끼쳐 출력 값이 이동하여 0이 되지 않는 것'을 오프셋offset이라고 하며, 정확한 센싱을 위해서는 오프셋 보정과정이 필요하게 된다.

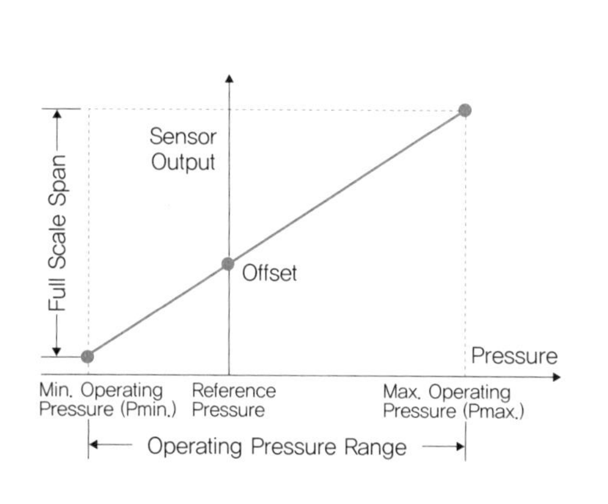


그림 6.45 압력센서의 오프셋

출처 : Honeywell

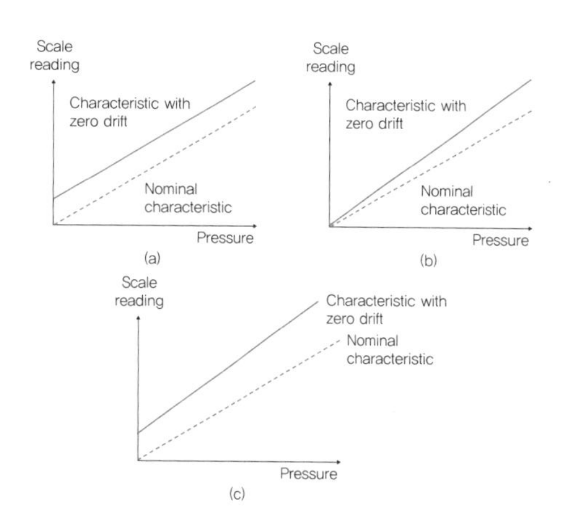


그림 6.46 선택성 드리프트와 오프셋

출처 : Alan s. Morris et al., Measurement and Instrumentation, 2012

## 선형성

앞서 설명한 것처럼, 이상적인 센서의 경우 입력 신호 변화와 출력 신호 변화 사이의 관계는 선형성linearity을 가지며, 선형성이 높을 경우 교정calibration을 쉽고 정확하게 할 수 있다는 장점이 있다.

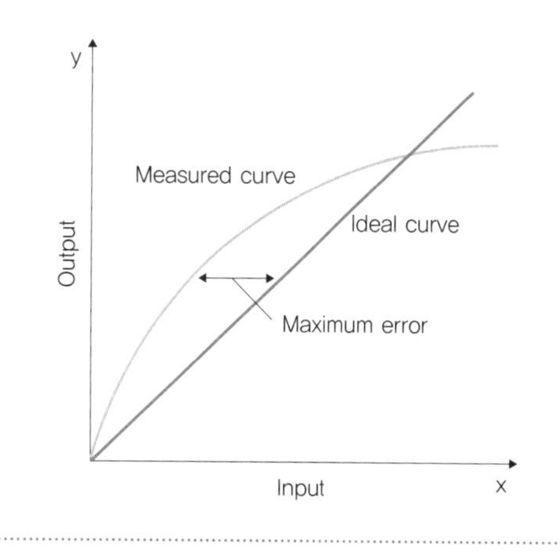


그림 6.47 비선형성 에러

출처 : "Sensor or Transducers Specifications", Engineers Community

전달함수에서 입력 신호와 출력 신호의 관계가 선형적으로 나오는 경우 출력 신호 값을 통해 입력 신호 값을 쉽게 예측할 수 있는 반면, 선형성이 낮아 비선형적인 응답 특성을 보이는 경우는 교정이 어려워진다. 실제 센서의 경우 선형성을 완벽하게 가질 수는 없지만, 특정 구간에서 선형성을 갖는다 가정하고 계산을 하거나, 부가적인 전자장치 도입 등의 방법을 통해 비선형적인 임의의 함수에 선형성을 부여할 수 있다.

## 응답속도

응답속도response time란 '측정하는 입력 신호가 변화할 때 출력 신호가 그에 따라 얼마나 빨리 변화할 수 있는가'를 나타내는 지표이다. 또는 일반적으로 입력이 갑자기 변화했을 때 센서의 출력이 최종값의 90% 또는 95%에 도달하는 시간으로 나타내는 경우가 많다.

예를 들어, 자동차가 주행 중 사고가 발생해서 급정거를 하게 되었을 때, 탑승자의 안전을 위해 빠른 시간 내에 에어백을 터뜨려야 한다. 이 경우 가속도계가 속도 변화를 모니터링을 하고 있기 때문에 급정거에 대한 빠른 응답속도가 매우 중요하게 된다.

Response times (*) Temperature sensors
acc. VDE/VDI3511

| | Thermocouple mineral insulated | Thermocouple with protection tube and insert | Resistance-element mineral insulated | Resistance-element with protection tube and insert |
|---|---|---|---|---|
| Diameter | 0.5~6 mm | 9 mm | 3~6 mm | 9 mm |
| Insertion length | 100~500 mm | 100~400 mm | 100~500 mm | 100~150 mm |
| Response time in water (sec.) | 0.06~4.0 | 7 | 0.6~4.0 | 30 |
| Response time in air (sec.) | 1.8~60 | 92 | 26~55 | 140 |

(*) Response times of Temperature sensors: The time it takes to run up to 63% of final measurement value. Values are for indication only, actual process situations are determining.

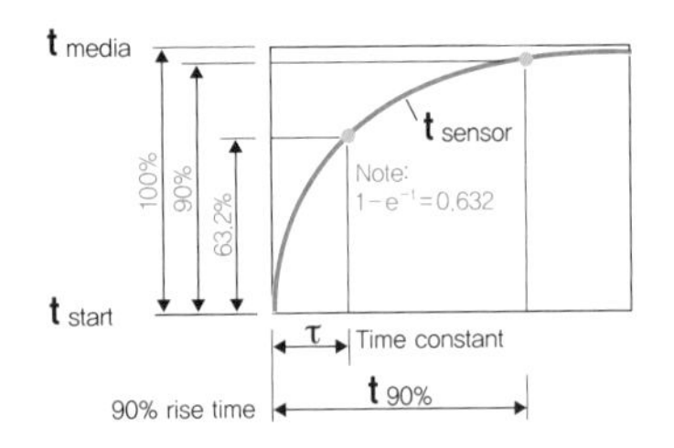


그림 6.48 온도센서의 응답속도

출처 : thermo-electra, Pt100, Thermocouple Response time

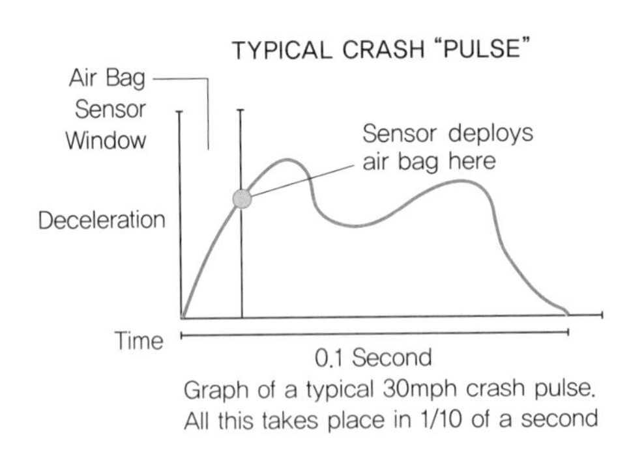


그림 6.49 가속도 센서를 이용한 에어백의 응답속도

출처 : Medines Collision Center, How Poor Quality Repairs Affect Air Bag Timing

## 안정성

안정성stability은 '센서가 오랜 시간 동안 변화없이 안정적으로 동작을 할 수 있는 지'를 나타낸다. 측정대상이나 다른 요소가 일정할 경우 센서의 출력은 일정해야 하지만 시간에 따라 출력값이 약간씩 변화하는 경우가 있다. 변화를 주는 요인들은 단기적으로는 온도, 습도, 압력, 전자기장 등이 있고, 장기적으로는 센서 구성소재의 상태 변화와 같이 물리적, 화학적 변형이 생기는 경우가 있다.

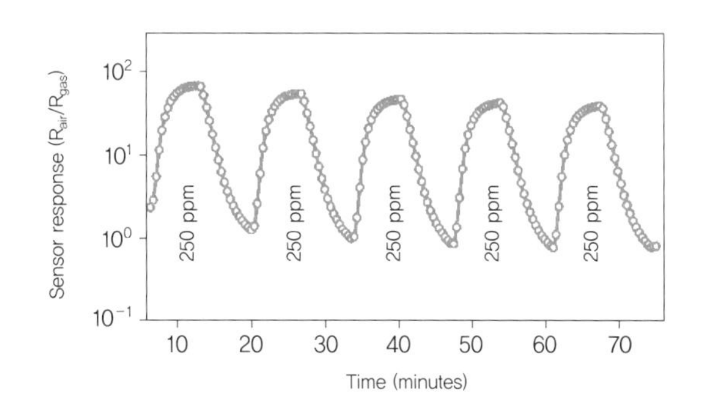


그림 6.50 반복적인 input에 대한 센서의 안정성

출처 : Azhar Ali Haidry et al. Hydrogen sensing and adsorption kinetics on ordered mesoporous anatase $TiO_2$ surface, Applied Surface Science, Vol. 500, 2020

## 노이즈

노이즈noise란 '센서의 출력에서 나타나는 원하지 않는 불규칙적인 신호'를 의미하며, 센서 소자나 변환회로 등으로부터 전자기파, 온도, 진동의 형태로 발생하게 된다.

센서의 경우 고품질의 정보를 측정대상으로부터 얻기 위해 이러한 노이즈가 없어야 한다. 특히 센서는 민감도가 우수할수록 아주 작은 미세한 입력 신호까지 감지할 수 있지만, 입력에 대한 노이즈가 증가하면 민감도가 높더라도 실제 입력 신호에 대한 측정이 어렵게 된다. 따라서 측정하고자 하는 입력 신호 대비 노이즈가 얼마나 큰 지 signal to noise ratio 값의 개선을 통해 측정 하한치를 낮출 수 있다.

$$\mathrm{SNR} = \frac{P_{signal}}{P_{noise}} = \left(\frac{A_{signal}}{A_{noise}}\right)^2, \quad \mathrm{SNR_{dB}} = 10\log_{10}\left(\frac{P_{signal}}{P_{noise}}\right)$$

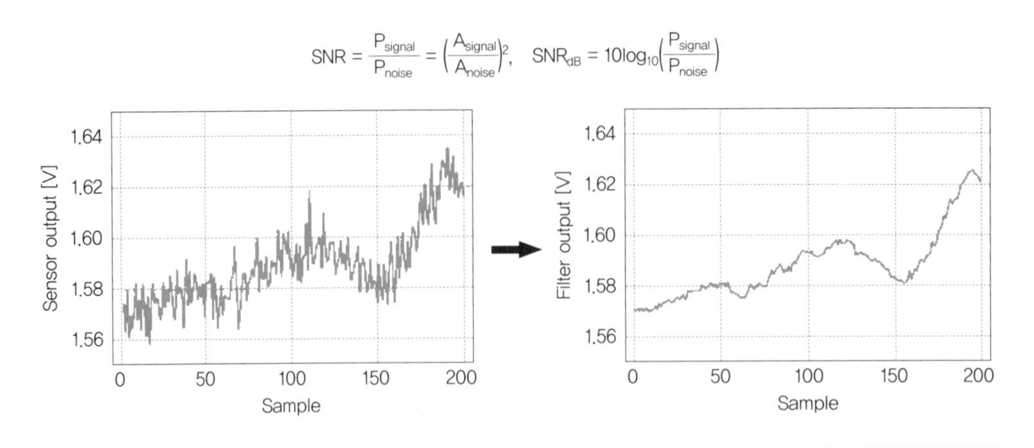


그림 6.51 필터링 전(좌)과 후(우) 노이즈가 포함된 센서 신호

출처 : Bong-Won Cheon et al. Noise Removal of Acceleration Sensor Output using Digital Filter, Kicsp, Vol. 19, No. 4 : 186~191 December. 2018

### 센서의 성능지표 사용 예시

실제 센서들에 대해 앞서 설명한 지표들이 어떻게 적용되어 있는 지를 예시를 통해 알아보자면, 그림 6.52는 센서를 구매하게 되면 판매한 회사에서 기준 데이터reference data를 제공

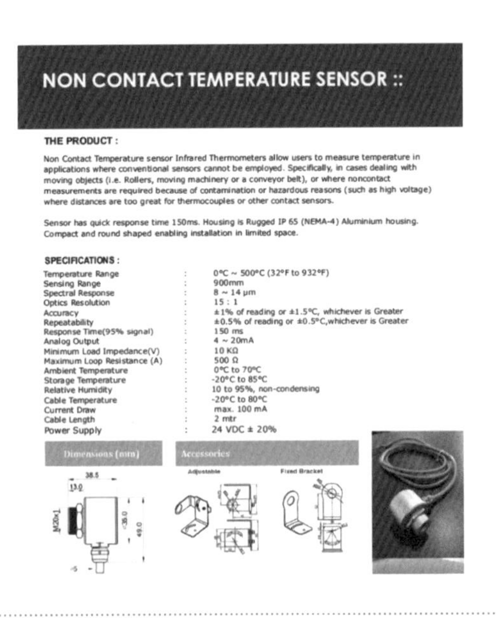

NON CONTACT TEMPERATURE SENSOR ::

THE PRODUCT :

Non Contact Temperature sensor Infrared Thermometers allow users to measure temperature in applications where conventional sensors cannot be employed. Specifically, in cases dealing with moving objects (i.e. Rollers, moving machinery or a conveyor belt), or where noncontact measurements are required because of contamination or hazardous reasons (such as high voltage) where distances are too great for thermocouples or other contact sensors.

Sensor has quick response time 150ms. Housing is Rugged IP 65 (NEMA-4) Aluminium housing. Compact and round shaped enabling installation in limited space.

SPECIFICATIONS :

| | | |
|---|---|---|
| Temperature Range | : | 0°C ~ 500°C (32°F to 932°F) |
| Sensing Range | : | 900mm |
| Spectral Response | : | 8 ~ 14 μm |
| Optics Resolution | : | 15 : 1 |
| Accuracy | : | ±1% of reading or ±1.5°C, whichever is Greater |
| Repeatability | : | ±0.5% of reading or ±0.5°C,whichever is Greater |
| Response Time(95% signal) | : | 150 ms |
| Analog Output | : | 4 ~ 20mA |
| Minimum Load Impedance(V) | : | 10 KΩ |
| Maximum Loop Resistance (A) | : | 500 Ω |
| Ambient Temperature | : | 0°C to 70°C |
| Storage Temperature | : | -20°C to 85°C |
| Relative Humidity | : | 10 to 95%, non-condensing |
| Cable Temperature | : | -20°C to 80°C |
| Current Draw | : | max. 100 mA |
| Cable Length | : | 2 mtr |
| Power Supply | : | 24 VDC ± 20% |

Dimensions (mm)

Accessories

Adjustable

Fixed Bracket

38.5

13.0

M20x1

35.0

49.0

그림 6.52 온도센서 데이터시트(data sheet)

출처 : Automotto Global(AmG), AmG0500, Temperature sensor

하는 데이터시트data sheet이다. 이 데이터시트를 통해 측정할 수 있는 동작범위, 민감도, 분해능, 오프셋 등에 대한 정보들을 알 수 있다. 이런 정보들을 통해 센서의 성능을 비교, 평가하여 최종적으로 측정하고자 하는 센서를 선택할 수 있을 것이다.

### 나 센서의 분류

일반적으로 센서를 분류하는 기준은 변환원리, 제조소재, 기능방식, 측정대상, 구성방법 등이 있다. 그중 센서에서 측정하는 입력 신호에 따라 분류할 수 있는데 이는 물리, 화학, 생물에 대한 현상으로 나누어지며 물리 현상에 대한 변환이 가장 많이 활용된다.

시각, 청각, 촉각에 대한 물리량을 수용하는 센서는 물리센서이며, 후각과 미각에 대한 센서는 화학센서이다. 또한 기능에 대해 분류할 경우에는 역학센서, 전자기센서, 광센서, 온도센서, 음향센서, 화학센서, 생체센서로 구분할 수 있다.

#### 센서 기능 구분 : 역학센서

역학센서는 측정하는 물리량인 기하학량, 운동학량, 역학량을 기준으로 나눌 수 있다. 물체의 변위, 거리, 위치 등이 기하학량에 해당되고, 기하학량에 시간 개념이 포함된 속도, 가속도, 각속도 등이 운동학량에 해당된다. 역학량의 경우는 질량, 토크, 힘, 압력 등이 해당되며 이러한 물리량을 측정하는 다양한 역학센서가 존재한다.

예를 들어 그림 6.53에서 보이는 수소 압력센서는 다이아프램diaphragm[10]으로 구성되어 있고 압력 변화에 따라 다이아프램이 변형되는데 이에 따른 정전 용량을 측정하여 가스 압력을 알 수 있게 해준다. 이와 같이 역학센서는 자동제어, 환경제어, 전기용품 등 용도가 다양하며 가장 폭넓게 사용되는 센서로 볼 수 있다. 특히, 최근에는 반도체 기술 및 제품 소형화 기술의 성장으로 다기능의 스마트센서 적용에 대한 관심이 증가하고 있다.

#### 센서 기능 구분 : 전자기센서

전자기센서는 일반적으로 전류, 전압, 출력, 전기장, 자기장, 파장, 주파수, 유전율 등에 해당하는 전기적 및 자기적 정보를 활용하는 센서이다.

그림 6.54는 홀 센서Hall sensor를 나타낸 것으로, 홀 센서에 전류를 흘리고 외부에서 자기

10 탄성을 가지고 있는 박막으로 천연고무, 합성고무, 내열고무 등을 사용하여 만들며, 각종 조절기 또는 밸브 등에 사용한다.

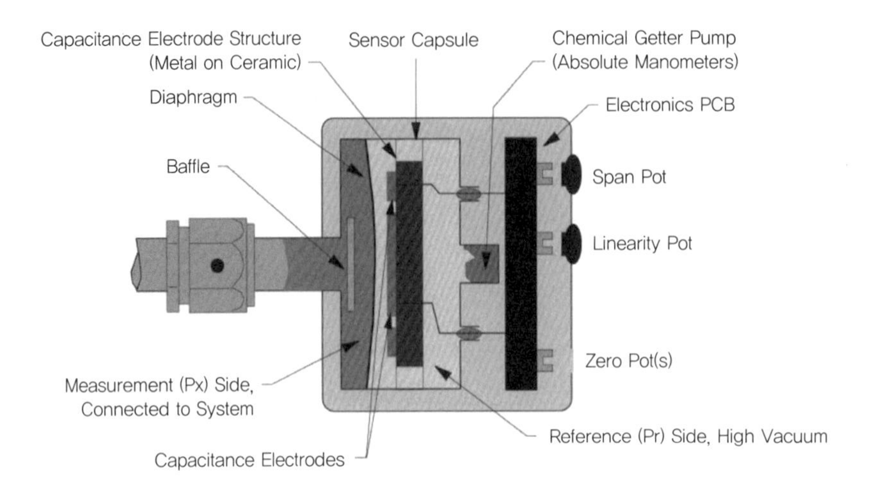


그림 6.53 수소 압력센서의 구조

출처 : MKS, "The Basics of Pressure Measurement and Capacitance Manometers"

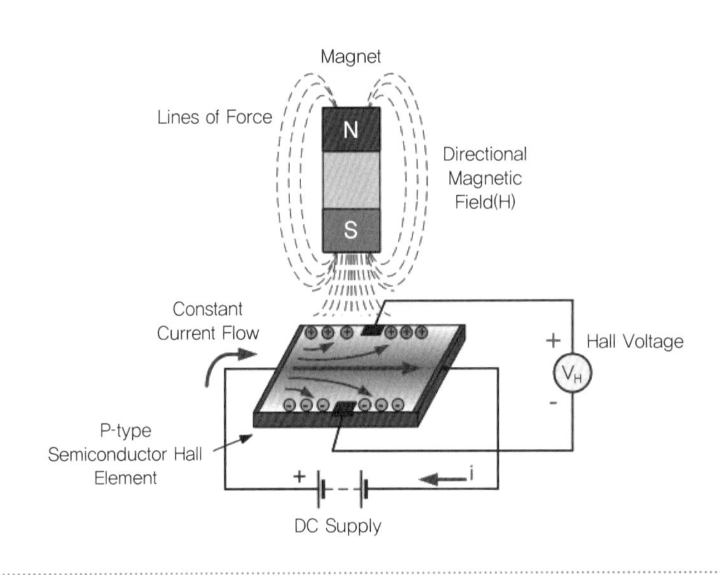


그림 6.54 전자기센서의 작동 원리

출처 : Electronics-Tutorials

장 방향을 전류에 직각으로 인가하면 로렌츠 힘에 의해 센서에 홀 전압Hall voltage이 발생하고, 이를 측정함을 통해 자기장의 세기를 알 수 있다. 그 외에도 마이크로파 센서, 전압/전류 센서, 강자성체 자기센서 등이 있다.

### 센서 기능 구분 : 광센서

광센서는 특히 눈으로 감지할 수 있는 가시광 영역을 중심으로 자외선, 적외선을 검출하여 전기적인 신호로 출력하는 센서이다. 이런 광센서를 활용하여 빛의 세기나 파장, 편광, 반사, 회절 등의 광학적 특성을 측정할 수 있다.

그림 6.55는 광센서를 어레이 형태로 구현한 스마트폰 카메라에 들어가는 CMOS complementary metal-oxide-semiconductor 이미지 센서인데, 각 픽셀에 해당되는 RGB 수광소자가 어떤 피사체에 대한 빛을 받아들여 스마트폰에서 이미지를 얻을 수 있게 해준다.

그림 6.55 CMOS 광센서

출처 : shutterstock.com

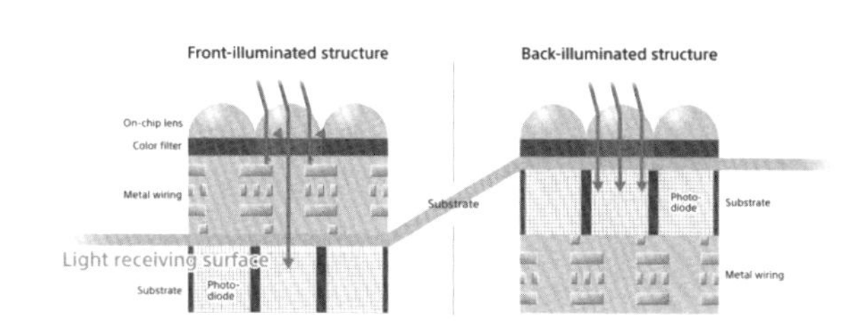


그림 6.56 광센서의 작동 원리

출처 : Sony Semiconductor

### 센서 기능 구분 : 온도센서

온도는 물체의 차고 따뜻한 정도를 나타내는 수치이며, 원자 혹은 분자의 평균적인 운동 에너지 크기와 자유도에 의해 정의된다. 온도센서는 전도, 대류, 복사에 의해 전달된 열에너지를 전기에너지로 변환하여 온도를 감지하며, 측정하는 방식은 접촉식과 비접촉식으로 나누어진다.

그림 6.57은 접촉식 온도센서 중 대표적인 열전대thermocouple로서, 열전대는 두 종류의 금속선 양단을 접합시켜 양단접점에 온도차를 주면 온도차에 따른 기전력이 발생하게 되고, 이 기전력을 전위차계

그림 6.57 열전대

출처 : shutterstock.com

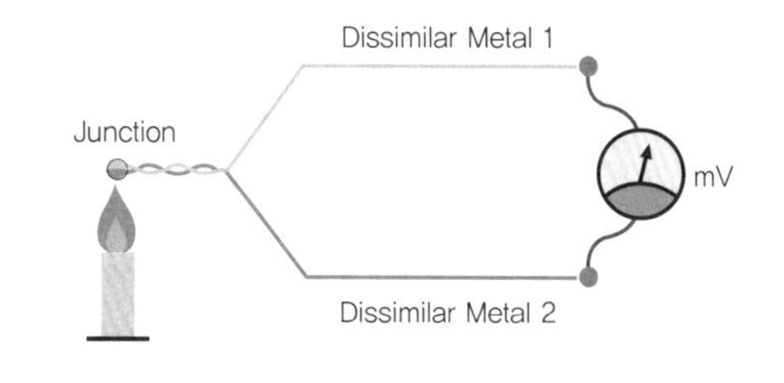


그림 6.58 온도센서의 작동 원리

로 측정하여 온도를 표시하는 온도센서다.

비접촉식 온도센서의 예로는 적외선 온도계가 있으며, 해당 온도계는 측정 대상에 접촉하지 않고도 먼 거리에서 적외선 방사율로 온도를 측정할 수 있다. 비접촉식 온도센서의 경우는 접촉식 온도센서가 사용될 수 없거나 정확한 데이터를 산출할 수 없는 환경에서 유용하게 사용될 수 있다.

### 센서 기능 구분 : 음향센서

음향센서는 Hz 단위부터 kHz 단위까지의 가청주파수 영역대의 음파를 측정하거나 20kHz 이상의 주파수 영역대인 초음파를 검출하는 센서이다. 일반적으로 이러한 음향을 전기적인 신호로 변환하는 센서를 수신기 혹은 마이크로폰이라고 하며, 음파, 초음파의 세기, 주파수 속도, 회절, 간섭 등에 대한 특성을 측정할 수 있다.

그림 6.59는 압전형 초음파센서로, 강유전체인 압전재료가 전극 사이에 놓여 있고 압전체는 한쪽 방향으로 분극되어 있다. 외부 응력이 가해지지 않은 경우에는 전극에 출력전압이 생성되지 않지만, 외부 응력이 압축되는 경우 좌, 우 전극에서 양, 음으로 전압이 발생하여 이를 측정함을 통해 초음파를 측정할 수 있다.

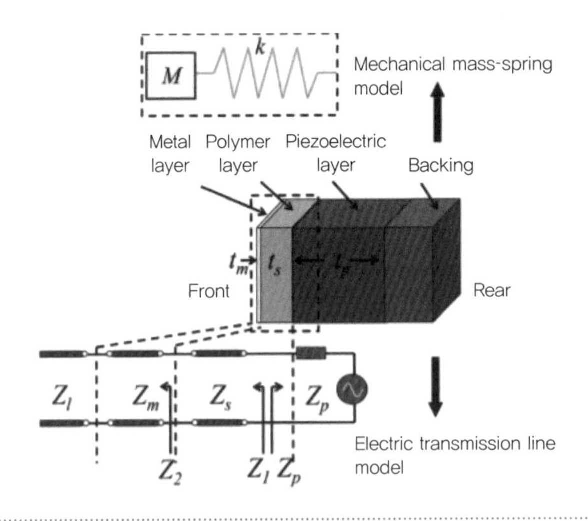


그림 6.59 음향센서의 작동 원리

출처 : Vivek T. Rathod, A Review of Acoustic Impedance Matching Techniques for Piezoelectric Sensors and Transducers

### 센서 기능 구분 : 화학센서

용액 내부 각종 이온의 농도, 공기 중의 가스 농도 등 다양한 화학물질 또는 생물에서 유래한 물질을 감지하는 화학센서는 두 가지 방식으로 작동한다. 첫째는, 화학반응을 통해 얻어지는 화학량을 전기신호로 변환하는 방식이며, 두번째는 화학량을 무게와 같은 물리량으로 변환한 후 전기 신호로 다시 변환하는 방식이다.

그림 6.60은 대표적인 화학센서 중 하나인 습도센서로, 센서의 표면에 공기 중에 존재하는 물 분자를 흡착할 수 있는 화학적인 작용기를 통해 흡착정도에 따른 저항, 정전용량, 표면 전도도, 표면 색의 변화를 측정하여 습도를 알 수 있게 해준다.

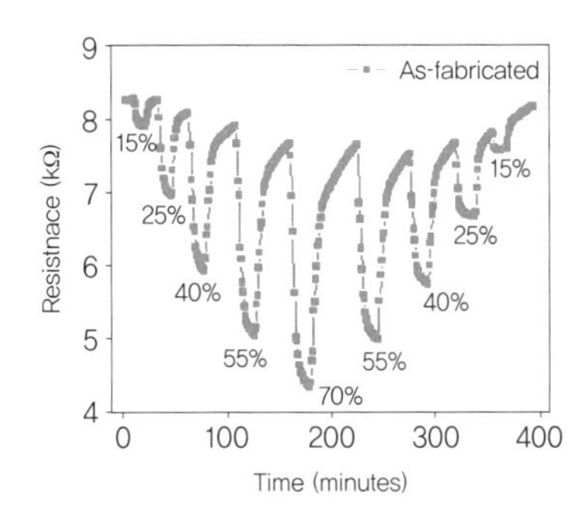


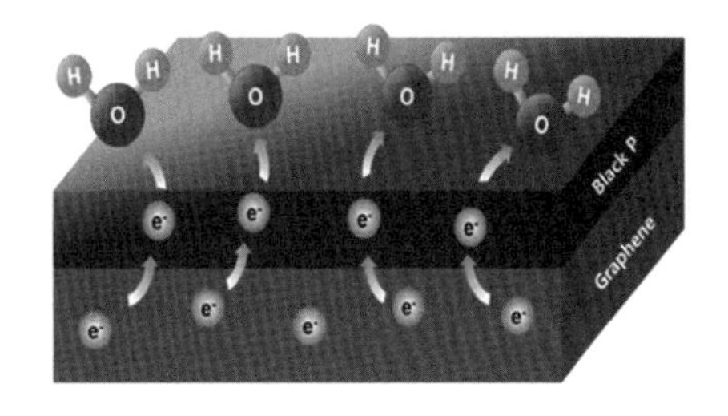


그림 6.60 습도센서 활용 예시 및 작동 원리

출처 : Duy-Thach Phan et al. Black P/graphene hybrid: A fast response humidity sensor with good reversibility and stability

### 센서 기능 구분 : 생체센서

생체센서는 여러 생리적 요인들을 측정하여 개인의 건강 상태를 파악할 수 있는 센서이다. 심박, 호흡, 혈압, 체온, 피부 전도도, 체성분 같은 생체 신호를 측정하기 위해 다양한 센서들이 사용되고 있으며, 광학측정 및 생체전위 측정, 임피던스 측정 등의 기술이 활용되고 있다.

그림 6.61은 뇌파 측정 센서로, 대뇌 피질에서 활성화된 시냅스로 인해 세포간 이온 이동으로 전류가 발생하게 된다. 이로 인해 최종적으로 발생하는 대뇌 피질에서의 전압 변화를 두피에서 측정할 수 있게 해주는 센서이다.

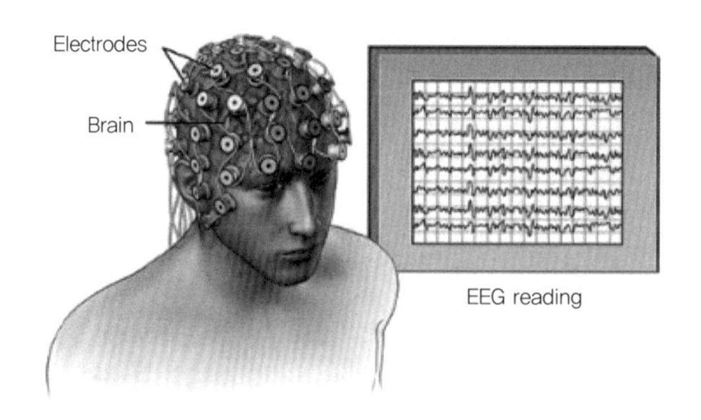


그림 6.61 생체 센서 활용 예시: Electroencephalogram(EEG)

출처 : Siuly et al. Electroencephalogram (EEG) and Its Background

### 센서의 소재 구분 : 금속, 세라믹, 고분자 등

센서의 기능에 따른 구분 외에 센서에 사용되는 소재에 따라 분류해보면 주로 금속, 반도체, 세라믹, 고분자, 복합재료 등의 소재로 구분할 수 있다. 같은 목적을 가지는 센서임에도 불구하고 소재에 따라 원리나 성능 및 특성이 다르게 나타나게 된다.

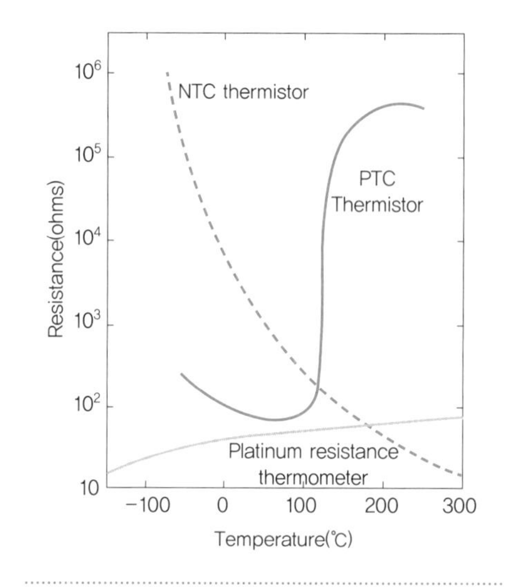


그림 6.62 소재 특성에 따른 저항-온도 그래프

출처 : Shigeyuki Somiya, Ceramics, 2003

온도를 감지하기 위한 센서에 금속을 사용한 경우는 소재 내부에 자유전자가 많아 온도가 증가할수록 자유전자에 의한 산란으로 전기전도도가 감소하는 PTCpositive temperature coefficient의 특성을 나타낸다. 그러나 반도체를 사용한 경우에는 온도가 증가할수록 자유전자의 개수가 지수함수적으로 많아져 전기전도도가 증가하는 현상을 보이며, NTCnegative temperature coefficient의 특성을 가진다.

결과적으로, 온도센서에 반도체를 사용한 경우가 금속을 사용한 경우보다 특정 온도 범위내에서 더 큰 민감도를 가질 수 있다. 이와 같이 측정하려는 대상에 따라 센서의 성능은 사용되는 재료의 특성에 의해 크게 좌우된다.

### 6.2.3 웨어러블 헬스 모니터링 기술

과거의 사회에서는 컴퓨터가 복잡한 연산처리를 빠르게 계산하였고, 사람은 이 결과를 바탕으로 판단과 결정을 내려왔다. 오늘날 우리가 컴퓨터 프로그래밍 언어에 익숙하지 않을지라도 자유롭게 핸드폰이나 컴퓨터를 활용하여 빠르게 연산 작업을 할 수 있었던 것은 복잡하고 난해한 디지털 신호를 우리가 알아보기 쉬운 글자 또는 그림으로 표현해 주는 '디스플레이'라는 출력 장치 덕분이었다.

하지만, 다량의 데이터를 기반으로 기계가 스스로 학습하고 추론까지 할 수 있는 인공지능 기술이 사회 과학기술의 기반이 되는 4차 산업혁명 시대에는 이러한 출력 장치보다는 입력 장치의 중요성이 커지고 있다.

즉, 많은 양의 데이터를 확보할수록 기계학습의 정확도가 높아지기 때문에 사람이 일일이 입력하는 기존의 수동 입력장치로는 다수의 데이터를 입력하는데 한계가 존재한다. 따라서, 컴퓨터가 연산할 수 있도록 다양한 형태의 정보를 디지털 신호로 변화하여 자동으로 입력해 주는 장치가 필수적인데, 이 입력 장치가 바로 우리가 알고 있는 '센서'이다.

과거의 센서는 단순한 ON과 OFF의 기능이 요구되었다면, 사물 인터넷IoT이 우리의 일상에 적용되어 서로 정보를 주고받는 초연결사회에서는 인간 주변의 모든 환경에서 발생하는 다양한 현상들을 감지할 수 있는 기능이 요구되고 있다.

가까운 예로, 우리가 현재 사용하고 있는 스마트 워치와 같은 웨어러블 기기를 보면 가볍고 작으면서도 각종 정보를 측정할 수 있는 다양한 센서들이 내재되어 있어 우리의 일상을 과거와 다른 형태로 바꾸어 놓았다. 즉, 우리 몸에서 발생하는 생체 신호들을 지속적으로 수집, 정리하여 우리에게 제공함으로써 가정에서도 현재의 건강상태를 모니터링 할 수 있게 된 것이다.

이렇듯 센서의 첨단화는 우리 생활의 편의를 개선하는데 직접적으로 영향을 줄 수 있기 때문에 기능적으로 보다 정밀하면서도 유연성까지 가지고 있어 부담 없이 착용할 수 있는 첨단 센서의 개발을 위해 끊임없이 노력을 하고 있다. 이러한 맥락에서, 본 절에서는 미래의 웨어러블 헬스 케어 기술의 초석이 될 플렉서블 센서를 구현하기 위한 소재와 소자 기술에 대해 다루어 보고자 한다.

### 가 헬스 케어 기술의 진화 및 센서 기술의 변천사

헬스 케어란 질병의 치료를 목적으로 하는 의료 서비스 및 기술의 전체를 의미한다. 최근 정보 통신 기술information and communication technology, ICT과 다양한 전자기기의 폼팩터form factor[11]가 접목되면서 기존에 발전해 오던 헬스 케어 기술 중에서 웨어러블 또는 디지털 헬스 케어 기술이 급속도로 발전되고 있다.

초기의 헬스 케어는 우리 인간의 수명 연장과 건강에 대한 관심 증대로 시작하였기 때문에 질병의 발생 이후에 이를 치료하는 것에 중심을 두고 있었으나, 웨어러블 헬스 케어 기술은 고도로 발전된 센서 기술을 기반으로 우리 일상의 영양, 근력, 생활패턴 등의 건강과 관련된 데이터를 수집하고 의료정보를 제공함으로써 심각한 질병으로 확대되지 않도록 건강의 유지 및 질병 예방에 중심을 둔 기술이라 할 수 있다.

시대적 도표와 함께 웨어러블 헬스 케어 기술의 발전단계를 살펴보면 1980년만 해도, 우리의 건강을 다루는 의료 진단 기술들은 질병 진단의 정밀화, 첨단화를 키워드로 발전해 왔기 때문에 규모와 형태 보다는 정확한 질병의 진단을 목표로 개발되었다. 이로 인해, 우리가 대형 병원에서 볼 수 있는 크고 의리 의리한 장비들이 등장하였고, 당연히 병원에서만 질병을 진단하고 치료 할 수 있는 공급자 중심의 기술이었다.

하지만 초기의 대형 컴퓨터가 우리의 손 안에 들어오는 핸드폰으로 작아졌듯이 전자기기가 소형화됨에 따라, 2000년도에 들어서면서부터 꼭 병원이 아니더라도 평소에 가지고 다니면서도 간단한 검진을 할 수 있는 포터블 디바이스가 초기 형태로 등장하게 된다. 병원이

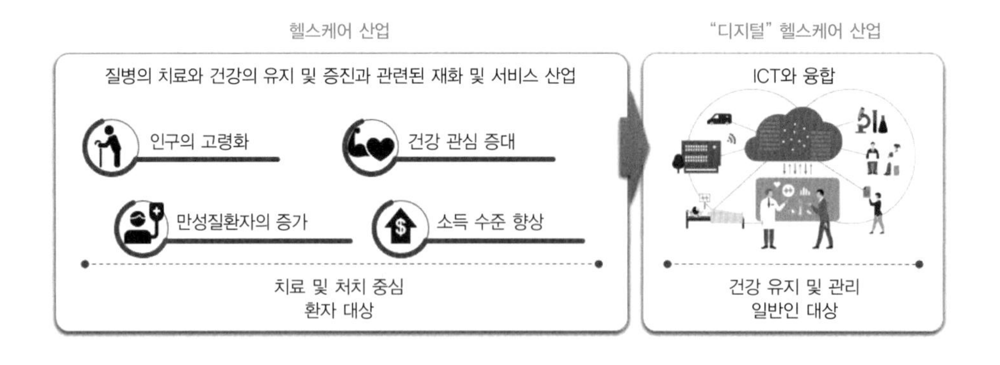


그림 6.63 헬스 케어 산업의 패러다임 변화

11 하드웨어 또는 하드웨어 부품의 크기, 모양, 실제 사양 등 제품의 구조화된 형태를 의미한다.

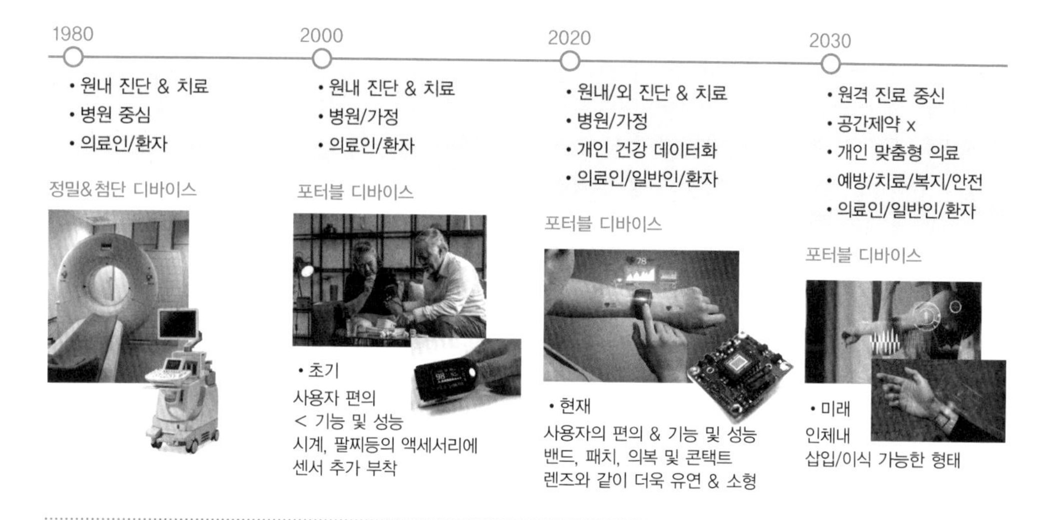


그림 6.64 건강을 모니터링 하는 헬스 케어 디바이스의 변천사

중심이었던 진단 기술이 가정에서도 진단이 가능한 패러다임의 변화가 시작하는 시점이라고 할 수 있다.

반도체 공정 기술이 발전함에 따라 전자기기의 크기와 형태는 갈수록 작아짐에도 불구하고 그 기능은 점점 정밀해졌기 때문에, 가지고 다니기에 다소 거추장스러운 초기의 형태가 아닌 우리가 착용할 수 있는 시계나 밴드 내부에 인체의 생체 신호를 감지할 수 있는 센서를 탑재한 것이 오늘날의 웨어러블 디바이스의 형태이다.

공상과학 영화에서도 볼 수 있듯이 우리 인체에 부착 또는 삽입되어서 사용함에 있어 이질감 없이 보다 편리한 형태의 센서를 개발하기 위해 소재 개발에서부터 소자 디자인까지 다방면의 폭넓은 연구가 수행되고 있다.

이러한 차세대 형태의 센서는 사용자의 측면에서도 거부감이 없고 편의성이 개선될 수 있을 뿐만 아니라 기능적 측면에서도 우리 신체와 긴밀히 접촉 할 수 있기 때문에, 노이즈를 줄이고 정밀도의 개선, 안정적인 모니터링과 진단의 지속성까지 확보 할 수 있어 웨어러블 헬스 케어 기술이 궁극적으로 추구하는 공간의 제약 없이 각각의 개인에 맞춤화 된 예방, 진료, 치료 기술을 달성할 수 있게 된다.

### 나 웨어러블 센서 기술 : 소재기술

차세대 웨어러블 센서를 구현하기 위해서는 인체의 신호를 정확하게 감지할 수 있는 기능성 소재의 발굴이 중요하다. 우리의 몸은 쉽게 접히거나 늘어지는 피부로 감싸져 있기 때문에 당연히 딱딱한 소재가 아닌 피부에 스티커처럼 달라붙어서 과격한 운동을 하는 경우에도 떨어지거나 부서지지 않고 말랑말랑한 특성을 가지면서도 본연의 센싱 기능을 유지할 수 있는 소재가 되어야 한다.

다소 질긴 특성을 가진 반창고는 움직이면 떨어지거나 활동에 불편함을 주지만 부드럽고 연질의 소재를 사용한 파스를 부착한 경우, 사용 시간 후 떼어버리는 것을 잊어버리고 한참을 붙였던 경험은 누구나 있을 것이다. 이렇듯 기계적으로 연질의 물성을 가지면서도 전기적으로 인체의 미세한 신호를 검출할 수 있는 기능성 소재개발이 웨어러블 센서의 1차적인 핵심 기술이다.

초기의 웨어러블 센서에 사용된 소재는 우리가 알고 있는 고무와 같은 특성을 가지면서도 전도성을 가지는 '전도성 고분자'이다. 일반적인 고분자는 전기를 흘릴 수 없는 절연체적 성질을 가지고 있어 전선의 피복과 같은 곳에 사용되고 있었지만, 1977년 일본의 시라카와 히데키Hideki Shirakawa, 미국의 앨런 맥더미드Alan MacDiarmid, 앨런 J 히거Alan J. Heeger 연구자들에 의해 불순물 첨가를 통하여 전기를 흘릴 수 있는 전도성 고분자가 알려진 이후로 유연 전자기기에 활발히 적용되었다. 전기 전도성은 금속에 비해 다소 떨어지지만, 가볍고 가공이 쉬우며 우수한 유연성을 가지고 있었기 때문에 유연 전극은 물론 유연 센서의 핵심소재로 사용되게 된 것이다.

이 외에도 전도성이 우수한 금속 나노 입자를 탄성체 고분자와 혼합하여 전도성을 가지면서도 신축성을 가지는 복합소재도 있다. 이러한 복합소재의 경우, 금속 나노 입자를 필러filler, 탄성 고분자 기재를 매트릭스matrix라고 부르는데, 흔히 빵집에서 찾을 수 있는 밤식빵과 유사한 구조이다.

필러 역할을 하는 밤 알갱이는 중요한 맛을 내는 역할을 하는데 만약 밤 알갱이가 독립적으로 있다면 외부의 변형에 의해 쉽게 부서지겠지만 빵(매트릭스)속에 혼합되어 있기 때문에 외부에서 빵을 당기면 전체 형태는 늘어나지만 밤 덩어리는 부서지지 않는 것을 우리는 알고 있다. 즉, 전기적 기능을 금속 나노 필러를 통해, 기계적 유연성은 고분자 매트릭스를 통해 확보하는 것이다.

이와 같은 원리로 전도성 필러를 혼합한 복합소재가 웨어러블 센서의 핵심 소재로 활용되고 있다. 밤 알갱이의 개수에 따라 식빵 맛이 달라지듯, 금속 나노 필러의 모양과 농도에 따라 복합소재의 물성을 제어할 수 있다.

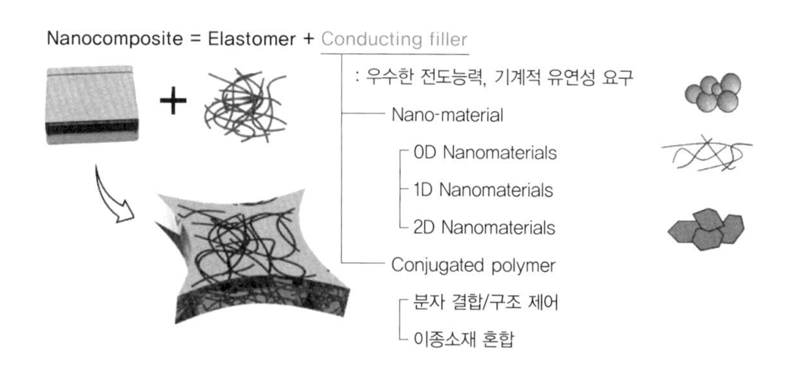


그림 6.65 금속나노 필러와 고분자 매트릭스기반의 센서용 복합소재

금속 나노 필러는 원소의 결합 형태에 따라 각각 독특한 모양을 갖는데, 공과 같이 구형을 가지는 0차원 구조(0D), 케이블과 같이 한 방향으로 길이가 긴 1차원 구조(1D), 그리고 종이와 같이 판상의 형태를 가진 2차원 구조(2D)가 있다. 필러 각각의 형태는 보유한 고유 물성과 서로 접촉 시 형성하는 접촉 면적이 다르기 때문에, 구현하고자 하는 기능에 따라 한 가지 형태의 금속 나노 필러를 혼합하는 경우도 있고 혼합하여 사용하는 경우도 있다.

복합소재의 기능성은 필러의 형태뿐만 아니라, 혼합하는 필러의 농도 조절을 통해서도 제어 가능하다. 그림 6.65에서 보여준 예와 같이 필러를 매트릭스 내부에 다량 섞어주게 되면, 금속 나노 필러간의 접촉 수와 면적이 넓어져 복합소재의 전기전도도가 향상된다. 이러한 복합소재의 경우 외부에서 기계적으로 잡아당기더라도 전기전도도의 변화가 적기 때문에, 유연 센서의 전극으로 사용될 수 있다.

반면에 필러의 함침량을 줄이게 되면, 필러 간의 접촉 수와 면적이 감소하기 때문에 전기전도도는 취약해진다. 하지만, 복합소재를 외부에서 당기게 된다면 나노 입자간의 거리가 멀어져 서로 접촉하여 전기를 통할 수 있는 면적이 줄어들기 때문에 외부 응력에 대한 저항의 변화율이 큰 특징을 가지게 된다. 이러한 물성을 가진 복합소재는 기계적 변화량을 전기적 신호로 환산하여 검출할 수 있기 때문에 우리 인체의 움직임을 감지 할 수 있는 센서의 검출 소재로 활용되고 있다.

### 다 웨어러블 센서 기술 : 소자기술

차세대 웨어러블 센서를 위해 새로운 소재를 개발할 수도 있지만, 기존에 사용해 왔던 우수한 물성이 검증된 소재를 이용하여 웨어러블 센서 소자로 적용하는 방법도 있다. 우리가 알고 있는 나무는 딱딱하지만 나무를 얇게 슬라이스를 낸 종이는 유연하다는 것을 우리는 알고 있다. 이렇듯 모든 물질은 얇아지게 되면 굽히더라도 부서지지 않는 굽힘성이 좋아지게 되는데, 이러한 원리를 이용하여 기존 소재의 형상을 제어하면 유연한 소재처럼 활용할 수 있게 된다.

반도체 공정에서 가장 많이 사용되고 있는 실리콘은 유리처럼 딱딱하고 쉽게 깨어지는 특성을 가지고 있다. 하지만 수 마이크로미터 이하의 두께로 얇게 만들면 쉽게 휘어질 수 있어 주름이 생겨도 깨어지지 않을 만큼 유연해지게 되며, 주름을 주었다 폈다 하면서 신축성 기능을 부여할 수 있게 된다.

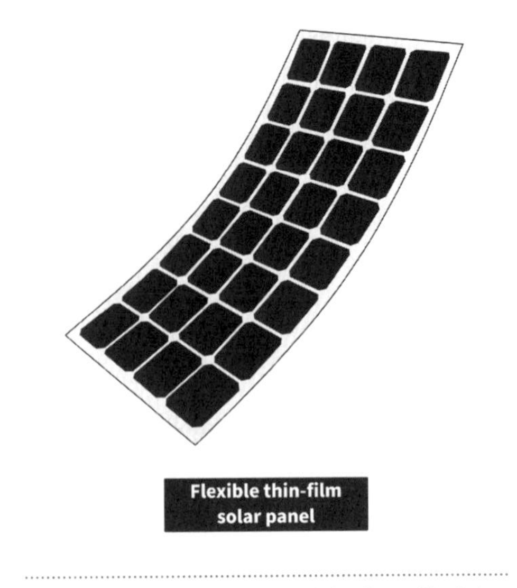


그림 6.66 박막화를 통한 유연성 기능 구현 예시

출처 : shutterstock.com

종이를 예로 다시 들면, 종이를 구겨서 주름을 만들고 당겼다 놨다를 반복하면 종이가 찢어지지는 않지만 신축성이 있는 거동을 보이는 것과 같은 원리다. 이러한 소재의 설계로 비록 딱딱한 물질이지만 우리 인체와 같이 곡면으로 이루어진 표면에서도 밀착될 수 있는 고성능 센서 소자를 만들 수 있게 된다.

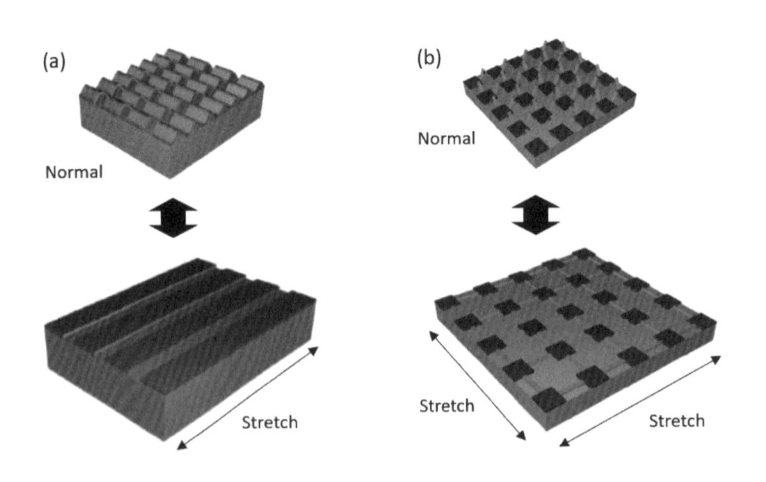


그림 6.67 주름 또는 패턴 제어를 통한 신축성 센서 소자 구현 기술

대표적인 소자 기술로는 먼저 미세한 주름들을 인위적으로 형성하는 것으로, 고무처럼 신축성이 있는 기판을 잡아당긴 상태에서 초박막의 반도체 필름을 전사한 후 다시 기판을 놓아 원래 상태로 돌려놓게 되면 미세 주름을 가진 반도체 필름을 만들 수 있다. 이러한 형태의 반도체 필름은 본연의 우수한 기능을 발현하면서도 외부에서 당기거나 비틀어도 아코디언처럼 주름을 펴거나 구부리면서 부서지지 않게 된다.

또 다른 방법은 구불구불한 패턴을 통해 신축성을 부여하는 것으로, 일정한 곡률을 가진 패턴을 형성한 경우 외부에서 인장응력을 가하면 그 형태를 변형시켜 가면서 늘어나는 것처럼 보인다. 이는 실제로 외부에서 소재가 부서지는 파괴응력 이상의 힘이 가해지더라도 그 형태를 뒤틀거나 일부 변형시킴으로써 실제 소재에 인가되는 유효응력을 파괴응력 이하로 완화시키는 원리이다.

유사한 원리로 태엽과 같은 형태를 사용하거나 3차원 형태의 패턴을 설계하여 신축성의 극대화하는 방법도 있다. 이러한 기술은 보통 웨어러블 센서의 신축 전극에 주로 활용되는 기술이며, 탄성 인장률이 수 %인 금속에 이 기술을 적용할 경우 수백 %의 변형에서도 안정적으로 전극의 기능을 수행할 수 있게 된다.

## 6.2.4 스마트 센서 관련 표준

### 가 센서 산업에서 표준의 중요성

4차 산업에서 스마트 센서는 단순 센싱 기능 외에 데이터 처리, 의사 결정, 통신 기능 등이 결합되어 필요한 정보를 얻고, 스스로 의사 결정 및 정보 처리가 가능한 지능화된 센서로서, 단일 센서 모듈에서 복합 센서 모듈로 그리고 One-Chip 센서로 복합화 · 지능화되고 있다.

최근 10년 사이에 첨단 센서의 비중이 19%에서 49%까지 확대되어 온 것과 같이, 아날로그 시대의 단순 센서에서 디지털 시대의 반도체 · MEMS 센서를 거쳐 현재 IT 융합 시대의 로봇, 자동차, 의료, 에너지 산업 등에 지능형 스마트 센서가 활용되고 있다.

차세대 스마트 센서 산업은 4차 산업혁명의 기반이 되는 기술로, 4차 산업혁명의 핵심인 지능 정보 기술의 가장 일차적인 기능을 담당한다. 스마트 센서는 자동차 · 교통, 건축 · 토목, 제조, 환경, 보안, 생활, 의료 · 보건 등 산업 전반에 녹아들어 있으며, 스마트 센서가 사용되는 곳은 레이더 및 라이다, 스마트 태그, 유해가스 · 광학 · 산소센서, 안면인식 · 웨어러블 · 반도체 센서, MLCC 등이 있다. 이와 같이, 센서는 아주 다양한 영역에 활용되기 때

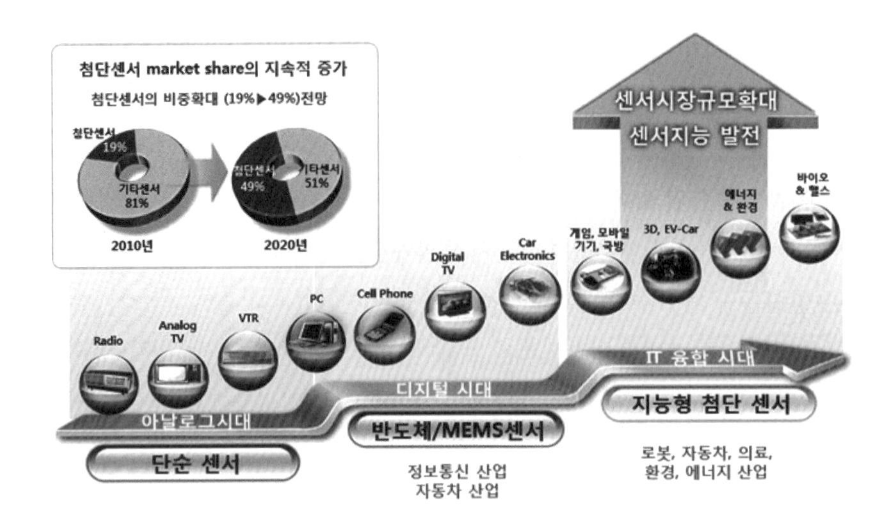


그림 6.68 센서기술 발전 추세

출처 : 4차산업혁명 초연결 기반을 만드는 기술, 스마트 나노센서 산업동향(한국산업기술평가관리원, 2018).

문에 센서를 활용한 데이터 생성 · 수집 · 분석 활동의 부가가치가 높아짐에 따라 센서 역할은 더욱 중요해지고 있다.

4차 산업에서 센서의 역할이 중요해짐에 따라 표준화의 중요성 역시 강조되고 있으며, 특히 스마트 센서는 사물 인터넷IoT의 핵심 기반 기술로 주목받고 있다. 즉, 사물 인터넷이 성장함에 따라 서로 다른 시스템과 플랫폼 간의 상호 운영성이 구현되어야 하며, 이는 표준화를 통해서 해결될 수 있다.

그림 6.69 지능형 센서 플랫폼 구조

출처 : 스마트 IT 융합 플랫폼을 위한 지능형 센서 기술 동향(ETRI, 2019)

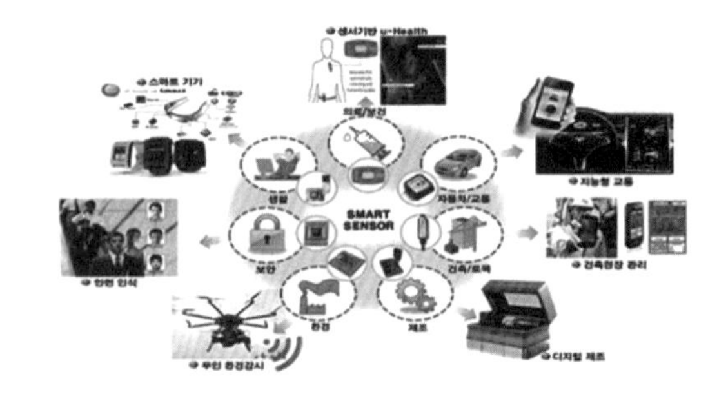


그림 6.70 스마트 센서의 활용

출처 : 미래부, 사물인터넷 시범사업 추진…11개 과제 선정 (ZDNet, 2014)

사물 인터넷의 출발점은 센서이며, 센서를 통해 수집된 데이터의 신뢰성이 담보되어야 하기 때문에 센서 및 관련 평가기술에 대한 표준화의 중요성은 더욱 증가하고 있다. 앞서 설명하였듯이 센서는 종류가 매우 다양하고 산업 전반에 활용되고 있기 때문에 센서 기술 관련 표준화는 독립적인 기술위원회(TC)가 아닌 각 분야의 다양한 기술위원회에서 작업반WG 별로 세분화하여 다루고 있다.

### 나 센서 기술 관련 표준화기구

센서 기술은 Wi-fi, Bluetooth 등의 네트워크, $CO_2$ 센서, MLCC 등의 디바이스, 그리고 다양한 센서 소재로 구분된다. 이에 따라, 센서 기술 관련 국제표준화기구 및 기술위원회를 네트워크, 디바이스, 소재로 구분하여 나타낼 수 있다.

| | | | |
|---|---|---|---|
| 네트워크 | ISO/IEC JTC1<br>Information Technology | | |
| 디바이스 | IEC/TC 124<br>Wearable electronic devices and technologies | IEC/TC 47<br>Semiconductor devices | IEC/TC 21<br>Secondary cells and batteries |
| | IEC/TC 62<br>Electronic equipment in medical practice | IEC/TC 91<br>Electronic assembly technology | IEC/TC 119<br>Printed electronics |
| 소재 | ISO/TC 229<br>Nanotechnologies | ISO/TC 206<br>Fine ceramics | ISO/TC 38<br>Textiles |

그림 6.71 센서 기술 관련 국제표준화기구 및 기술위원회

#### 센서 기술 관련 국제표준화기구 기술위원회 : ISO/IEC JTC 1

ISO/IEC JTC 1Information technology은 IoT 및 센서 네트워크 기술과 관련한 국제표준화기구 기술위원회로 2012년부터 본격적인 IoT 분야 표준화를 추진하고 있다.

이 기술위원회는 1987년 ISO/TC 97(정보처리시스템 분야)과 IEC/TC 83(정보기기, 마

그림 6.72 ISO/IEC JTC 1

출처 : ISO

이크로프로세서 시스템 분야)을 통합하여 ISO와 IEC 간 공동 기술위원회로 설립되어, 정보기술 분야의 표준을 다루고 있다. 이 기술위원회에서는 정보 시스템과 도구 및 인터페이스 관련 규격, 적합성 평가 및 기준 등에 대한 표준을 개발하고 있다.

### 센서 기술 관련 국제표준화기구 기술위원회 : ISO/IEC JTC 1 SC 41

ISO/IEC JTC 1 SC 41Internet of Things and Digital Twin은 센서 네트워크, 즉 IoT와 관련된 표준을 다루는 기술위원회로, 간사국인 한국, 의장국인 캐나다를 포함하여 미국, 독일, 중국 등 30개의 P-멤버와 10개의 O-멤버로 구성되어 있으며, 우리나라는 SC 41의 간사국과 함께 WG 5IoT Applications와 WG 7Maritime, underwater IoT and digital twin applications의 컨비너를 수임하고 있다.

이 기술위원회는 2021년 8월 기준, ISO/IEC 20005 지능형 센서 네트워크 서비스 및 인터페이스 등 21개의 센서 관련 표준을 포함하여 총 34개의 표준을 제정하였으며, 20개의 표

**표 6.14** ISO/IEC JTC 1 SC 41 WG 구성(2021. 8. 기준)

| 구분 | 분야 | 컨비너 (국가) |
|---|---|---|
| WG 3 | IoT Architecture | Ms. Erin Nicole Bournival (US) |
| WG 4 | IoT Interoperability | Mr. Quan Wang (CN) |
| WG 5 | IoT Applications | Mr. Younjin Kim (KR) |
| WG 6 | Digital Twin | Ms. Sha Wei (CN) |
| WG 7 | Maritime, Underwater IoT and Digital Twin applications | Mr. Soo Hyun Park (KR) |

**표 6.15** ISO/IEC JTC 1 SC 41에서 제정한 표준 중 센서 네트워크 관련 분야 발췌(2021. 8. 기준)

| 분야 | 세부 분류 | 표준 번호 |
|---|---|---|
| Information technology | Sensor network | ISO/IEC 19637, ISO/IEC 20005, ISO/IEC TR 22560, ISO/IEC 29182, ISO/IEC 30101, ISO/IEC 30128, ISO/IEC 30144 |
| | Underwater Acoustic Sensor Network (UWASN) | ISO/IEC 30140, ISO/IEC 30142, ISO/IEC 30143 |
| Internet of Things (IoT) | Sensor network | ISO/IEC TR 30148, ISO/IEC 31063 |

준을 개발 중에 있다.

센서 기술 관련 국제표준화기구 기술위원회 : IEC/TC 124(Wearable electronic devices and technologies)

유연 전자 소자 및 기술은 센서, IoT, 반도체, 디스플레이, 섬유 등 다양한 기술을 사용하며, 다양한 신흥 시장에도 활용되어 전 세계적으로 확장되고 있다.

이와 관련한 국제표준화기구 기술위원회는 IEC/TC 124로 부착 · 인식 · 섭취가 가능한 재료 및 소자, 전자 섬유 재료 및 소자 등 웨어러블 기술에 대한 표준을 개발하고 있다. 우리

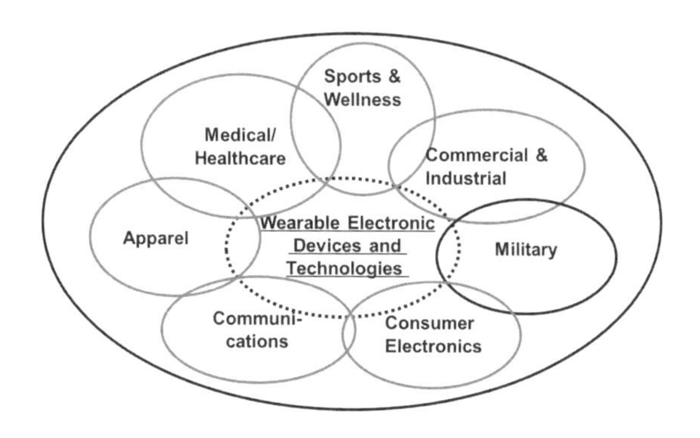


그림 6.73 IEC/TC 124 관련 산업 영역

출처 : IEC/TC 124

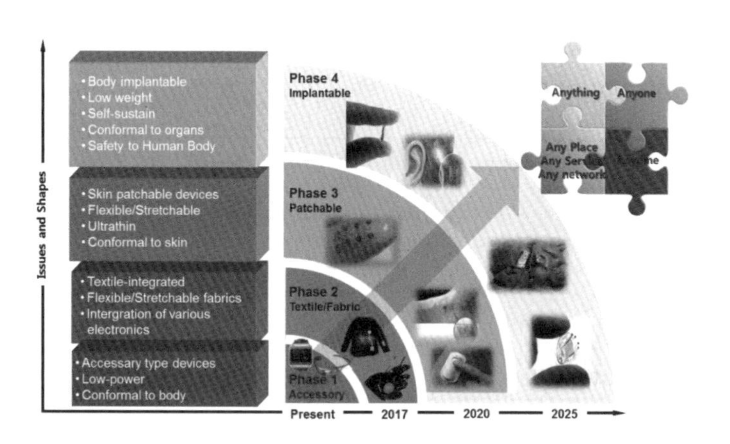


그림 6.74 웨어러블 전자 소자 및 기술의 발전과 로드맵

출처 : IEC/TC 124, Strategic business plan, 2019

나라에서 제안하여 2017년에 설립되었으며, 간사국인 한국을 포함하여 13개국으로 구성된 P-멤버와 10개국으로 구성된 O-멤버가 회원국으로 참여하고 있다.

우리나라는 간사국임과 동시에 WG 3(Materials), WG 4(Devices and Systems) 등의 컨비너를 수임하고 있으며, WG 3에서 웨어러블 소재의 표준화를 다루고 있다. 2021년 8월 기준, 4개의 표준이 제정되었으며, 14개의 표준이 개발 중에 있다.

표 6.16 IEC/TC 124 구성(2021. 8. 기준)

| 구분 | 분야 | 컨비너(국가) |
|---|---|---|
| WG 1 | Terminology | Mr. Laurent Houillon (FR),<br>Ms. Veronica A. Lancaster (US) |
| WG 2 | E-textiles | Mr. Satoshi MAEDA (JP),<br>Mr. Henry YI LI (GB) |
| WG 3 | Materials | Mr. Seong-Deok Ahn (KR) |
| WG 4 | Devices and Systems | Mr. Deok-kee Kim (KR) |
| AG 1 | Advisory Group on Strategy and Coordination | Mr. Jae Yeong Park (KR) |
| JAHG 5 | Wearable communication systems linked to ISO/IEC JTC 1/ SC 6 | Mr. Yun Jae Won (KR),<br>Mr. Henry Yi Li (GB) |
| JAG 8 | SyC AAL Joint Advisory Group Communication with TC 100 and TC 124 Managed by SyC AAL | Mr. Hirokawu TANAKA (JP) |

표 6.17 IEC/TC 124에서 제정한 표준(2021. 8. 기준)

| 표준 번호 | 표준 명 |
|---|---|
| IEC 63203-101-1 | Wearable electronic devices and technologies–Part 101-1: Terminology |
| IEC 63203-201-3 | Wearable electronic deivces and technologies–Part 201-3: Electronic textile –Determination of electrical resistance of conductive textiles under simulated microclimate |
| IEC 63203-204-1 | Wearable electronic deivces and technologies–Part 204–1: Electronic textile–Test method for assessing washing durability of leisurewear and sportswear e-textile systems |
| IEC TR 63203-250-1 | Wearable electronic deivces and technologies–Part 250-1: Electronic textile–Snap fastener connectors between e-textiles and detachable electronic devices |

센서 소재 관련 국제표준화기구 기술위원회 : ISO/TC 229 (Nanotechnologies)

나노 기술은 스마트 센서의 핵심 기술로, ISO/TC 229에서는 나노 스케일에서의 물질과 공정을 이해하고 제어하여, 새로운 특성을 가지는 물질과 장치 및 시스템에 대한 표준화를 추

**표 6.18** ISO/TC 229 구성(2021. 8. 기준)

| 구분 | 분야 | 컨비너 |
|---|---|---|
| CAG | Chairman Advisory Group | Mr. Denis Koltsov |
| JWG 1 | Terminology and nomenclature | Dr. Bernadette Quemerais |
| JWG 2 | Measurement and characterization | Mr. Naoyuki Taketoshi |
| TG 2 | Sustainability, consumer and societal dimensions of nanotechnologies | Ms. Jennifer Marshall |
| WG 3 | Health, Safety and Environmental Aspects of Nanotechnologies | Dr. Vladimir Murashov |
| WG 4 | Material specifications | Mr. Guanglu Ge |
| WG 5 | Products and Applications | Mr. Tae Geol Lee |

**표 6.19** ISO/TC 229 WG 4의 주요 표준

| 표준 번호 | 표준 명 |
|---|---|
| ISO/TS 23362 | Nanotechnologies–Nanostructured porous alumina as catalyst support for vehicle exhaust emission control–Specification of characteristics and measurement methods |
| ISO/TS 19808 | Nanotechnologies–Carbon nanotube suspensions–Specification of characteristics and measurement methods |
| ISO 17200 | Nanotechnologies–Nanoparticles in powder form–Characteristics and measurement |
| ISO/TS 21236-1 | Nanotechnologies–Clay nanomaterials |
| ISO/TS 21975 | Nanotechnologies–Polymeric nanocomposite films for food packaging with barrier properties–Specification of characteristics and measurement methods |
| ISO/TS 19807 | Nanotechnologies–Magnetic nanomaterials |
| ISO/TS 11937 | Nanotechnologies–Nanoscale titanium dioxide in powder form–Characteristics and measurement |
| ISO/TS 21412 | Nanotechnologies–Nano-object-assembled layers for electrochemical bio-sensing applications–Specification of characteristics and measurement methods |
| ISO/TS 11931 | Nanotechnologies–Nanoscale calcium carbonate in powder form–Characteristics and measurement |

진하고 있다. 39개국으로 구성된 P-멤버와 18 개국으로 구성된 O-멤버가 참여 중이며, 한국은 WG 5(Products and applications)의 컨비너를 수임하고 있다.

이 기술위원회에서는 2021년 8월 기준 92개의 표준이 제정되었고 30개의 표준을 개발하고 있으며, 특히 WG 4(Material specification)에서는 센서 소재와 관련한 나노 재료에 대한 표준을 표 6.19와 같이 다양하게 개발하고 있다.

### 센서 소재 관련 국제표준화기구 기술위원회 : ISO/TC 206 (Fine ceramics)

ISO/TC 206은 스마트 센서를 구성하는 핵심 재료 중 하나인 파인 세라믹스와 관련된 표준을 개발하고 있다. 특히, 파인 세라믹스 공정은 스마트 센서 제조의 출발점으로 원료 분말, 슬러리, 코팅 등의 특성은 센서의 성능을 제어하는 중요한 요소이다.

한국은 TC 206의 의장국임과 동시에 WG2(Powders)와 WG10(Coatings)의 컨비너를 수임하고 있으며, 산소 센서 등과 관련한 분체 특성 평가, 칩 부품용 슬러리 특성 평가 등의 표준을 제정하였다.

**표 6.20** IEC/TC 124 구성(2021. 8. 기준)

| 표준 번호 | 표준 명 | 적용분야 |
|---|---|---|
| ISO 14629 | Fine ceramics(advanced ceramics, advanced technical ceramics)-Determination of flowability of ceramic powders | 산소센서 등 분체과립 특성평가 |
| ISO 17860 | Fine ceramics(advanced ceramics, advanced technical ceramics)- Determination of drying loss of ceramic granules | |
| ISO 18591 | Fine ceramics(advanced ceramics, advanced technical ceramics)-Determination of compressive strength of ceramic granules | |
| ISO 23145-1 | Fine ceramics-Determination of bulk density of ceramic powders-Part 1: Tap density | |
| ISO 23145-2 | Fine ceramics-Determination of bulk density of ceramic powders-Part 2: Untapped density | |
| ISO 19613 | Fine ceramics(advanced ceramics, advanced technical ceramics)-Measurement of viscosity of ceramic slurry by use of a rotational viscometer | 칩 부품용 슬러리 특성평가 |
| ISO 20379 | Fine ceramics(advanced ceramics, advanced technical ceramics)-Measurement of thixotropic behavior of ceramic slurry by use of a rotational viscometer | |

### 다 센서 기술 관련 국제표준화 사례

ISO/IEC 30101:2014

Information technology – Sensor networks: Sensor network and its interfaces for smart grid system[12]

ISO/IEC 30101은 발전, 배전, 네트워크, 에너지 저장, 부하 효율성, 제어 및 통신 그리고 이와 관련된 환경 문제를 해결하기 위한 스마트 그리드 기술을 지원하는 센서 네트워크용 표준이다.

센서 네트워크는 스마트 그리드의 모든 영역에서 중요한 역할을 하며, 센서 데이터는 수집, 전송, 게시 및 처리되어 다양한 시스템과 하위 시스템을 효율적으로 조정하는 것을 보장한다. 센서 네트워크를 통해 파생된 인텔리전스(정보)는 동기화, 모니터링 및 응답, 명령 및 제어, 데이터/정보 처리, 보안, 정보 라우팅[13], 인간-그리드 디스플레이/그래픽 인터페이스를 지원한다.

이 표준은 스마트 그리드에 대한 센서 네트워크의 요구 사항을 특성화하며, 스마트 그리드 시스템 적용을 위한 센서 네트워크과 기타 네트워크 간의 인터페이스, 스마트 그리드 시스템을 지원하는 센서 네트워크 아키텍처, 스마트 그리드 시스템과 센서 네트워크 간의 인터페이스, 그리고 스마트 그리드 시스템을 지원하기 위한 센서 네트워크 기반의 새로운 적용 및 서비스에 대한 것을 다룬다.

## 6.3 수소와 표준

### 6.3.1 수소 경제 현황

우리나라 산업통상자원부는 2019년 1월 17일에 '수소 경제 활성화 로드맵'을 발표하였고, 이 로드맵은 2040년까지 국내에 종합적인 수소 인프라를 조성하는 것을 계획하고 있다.

---

12 ISO/IEC 3010:2014
정보 기술 – 센서 네트워크: 스마트 그리드 시스템을 위한 센서 네트워크 및 인터페이스

13 라우팅은 어떤 네트워크 안에서 통신 데이터를 보낼 때 최적의 경로를 선택하는 과정이다.

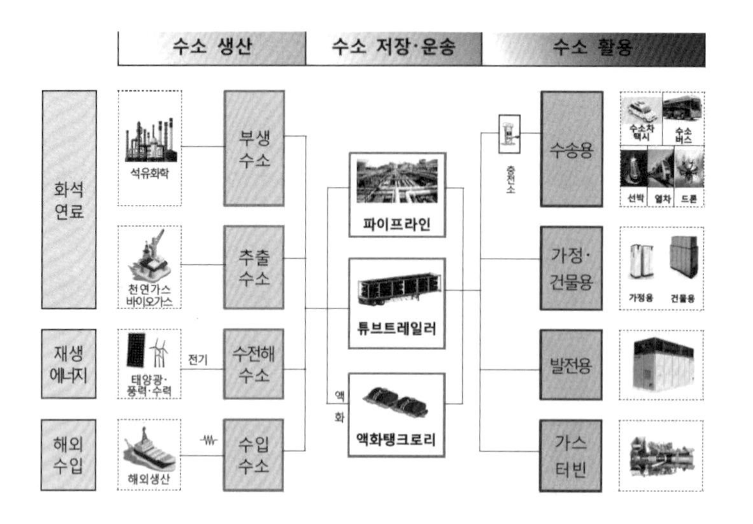


그림 6.75 수소 경제 활성화 로드맵-수소 경제 개념도

출처 : 산업통상자원부, 수소경제 활성화 로드맵 발표, 2019년

최근 국내에서의 수소 관련 정책을 추진하기 위한 최근 발전 사항을 중점적으로 다루며 수소 에너지 분야 수소 생산 및 공급, 안전하고 경제적인 운송 및 저장, 수소 연료 전지 자동차, 고정형 연료 전지 발전 플랜트 등의 3가지 핵심 요소를 이용해 새로운 세계 수소 경제의 선도국으로 도약하는 것을 목표로 하고 있다.

## 가 수소 생산 및 공급

화석 연료로부터 수소 에너지로의 전환의 핵심은 바로 수소의 생산과 공급으로, 국내에서는 다양한 기업들이 수소를 공급해오고 있다. 2020년 한국가스공사는 3,193만 톤을 수입하여 국내 전체 수입량의 80%를 차지하였고, 나머지 20%는 민간 전력 · 도시 가스 회사인 SK E&S, 국내 최대 철강업체인 포스코 등이 수입해오고 있다.

정부는 우리나라의 수소 에너지 수요가 2030년 194만 톤에서 2040년에는 526만 톤까지 크게 늘어날 것으로 예상하고 있기 때문에 장기적 관점에서 새로운 수소 에너지 공급원이 필요해질 것이다. 이와 관련한 정부의 공약은 2030년 국내 수소 에너지의 50%를 수입 수소로 공급하고, 2040년에는 국내 수소 공급량의 70%까지 단계적으로 늘리는 것이다.

초기에는 수소 에너지를 주로 석유화학 플랜트나 천연가스의 개질을 이용하여 생산하였으나, 최근에는 일산화탄소와 수소 가스의 혼합물을 생성하는 수증기메탄개질steam methane

표 6.21 수소 공급 및 가격 목표

| | 2018년 | 2022년 | 2030년 | 2040년 |
|---|---|---|---|---|
| 공급량 | 10,000 톤/year | 470,000 톤/year | 1,940,000 톤/year | > 5,260,000 톤/year |
| 생산 방법 | (1) 부생수소<br>(2) SMR | (1) 부생수소<br>(2) SMR<br>(3) 전기분해 | (1) 부생수소<br>(2) SMR<br>(3) 전기분해<br>(4) 수입<br>(1)+(3)+(4): 50%<br>(2): 50% | (1) 부생수소<br>(2) SMR<br>(3) 전기분해<br>(4) 수입<br>(1)+(3)+(4): 70%<br>(2): 30% |
| 비용 | – | KRW 6,000/kg<br>(US$ 5.18/kg) | KRW 4,000/kg<br>(US$ 3.46/kg) | KRW 3,000/kg<br>(US$ 2.59/kg) |

reaction, SMR도 적용되어 수소 가스를 생산하고 있다. 아울러, 정부는 석유화학 및 천연가스를 사용하여 수소를 생산하는 방법 뿐만 아니라, 2022년부터 수전해를 기반으로 청정 수소를 생산하는 것을 목표로 하고 있다.

## 나 수소 인프라 및 저장

수소 운송 및 저장과 관련한 수소 경제 활성화 로드맵에는 전국에 걸친 수소 전용 파이프라인 건설, 수소 안전관리법 제정, 그리고 수소 인프라 개발을 위한 안전 절차 구축 및 평가 기관 설치 등 안전과 경제적인 수소 운송에 관련된 계획이 포함되어 있다.

우리나라 정부는 수소 에너지를 주요 교통 · 주거수단에 사용하며 지역에 특화된 산업 및 혁신 기술 개발 등을 시험하는 프로젝트를 발표하였다. 국토교통부는 2019년 12월 경기도 안산시, 울산광역시, 전북 전주, 완주를 수소 에너지 시범 도시로 지정하였고, 수소 연구 · 개발 특화 도시로는 강원도 삼척을 선정하여 도시의 냉 · 난방, 교통 및 전기 공급을 위해 수소를 사용하는데 필요한 인프라를 구축하는 등 다양한 프로젝트[14]를 실시하고 있다.

인천(바이오수소 및 부생수소 생산), 전북(그린수소), 울산(수소모빌리티), 경북(수소 연료 전지), 경남(액화수소 생산), 강원도(액화수소 저장 및 운송) 등 지자체도 지역별로 수소복합단지 조성을 위한 타당성 조사를 신청할 계획이다. 인천공항 제2 터미널에는 지난 2021년 7월 하루 수소

14 세부 프로젝트 내용으로는 안산시: LNG 개질과 조력발전소의 전기를 사용한 그린수소 생산, 울산광역시: 수소 공급 및 수소 부산물을 사용하는 플랜트용 수소 파이프라인 설치, 전주, 완주: FCEV 버스, 지게차 배치와 수소 연료 전지 주택 건설 및 공급, 삼척: 액화 수소 저장 및 수송 시설 구축이 있다.

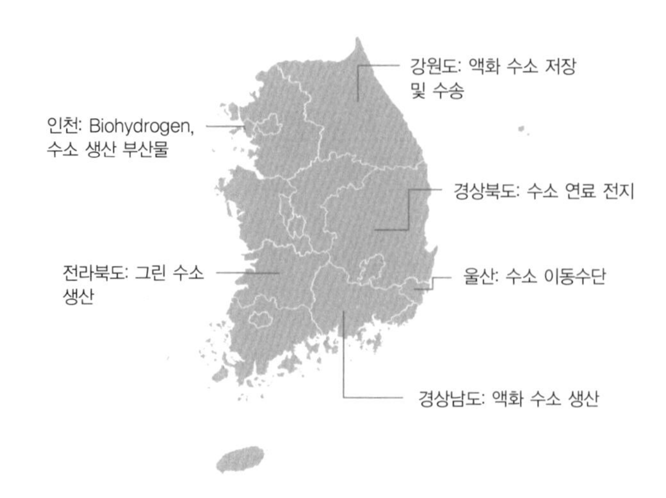


그림 6.76 수소복합단지

1톤 용량의 수소충전소가 설치되었으며, 승용차의 경우 하루 평균 180여 대, 버스의 경우 40여 대의 충전이 가능하다.

아울러, 산업통상자원부는 수소 충전 인프라 구축을 주도하기 위해 특수목적기업인 '수소 에너지 네트워크Hydrogen Energy Network, HyNet'를 설립하였으며 한국가스공사, 현대자동차, 에어리퀴드 코리아, Woodside, Ecobio Holdings, 코오롱 인더스트리, 효성중공업, Nel 코리아, 범한산업, 제이엔케이히터, SPG 수소, 덕양과 Valmax Technology Corporation의 13개의 기업이 함께 1350억 원을 투자하였다. HyNet은 2022년까지 수소 충전소 100개를 건설하는 것을 목표로 하고 있으며, 이는 전국에 총 310개의 수소 충전소를 건설한다는 정부 목표의 약 33%를 차지한다. 수소 충전소를 준공하는데 사용되는 비용은 주요 문제점 중 하나였지만, 환경부에서 새로운 충전소 1개 당 15억 원의 보조금을 지원하기로 하였다.

### 다 수소 연료 전지 자동차 및 발전 플랜트

우리나라는 연료 전지 자동차fuel cell electrical vehicles, FCEVs와 고정형 연료 전지의 경쟁력을 기르기 위해 수소 에너지 운송 기술과 전지 분야에 주력해 오고 있다. 우리나라의 '수소 경제 활성화 로드맵'에 따르면, 연료 전지 자동차뿐만 아니라 연료 전지 열차, 선박 등 다양한 수송기기를 대상으로 세계 시장 진출을 추진하고 있으며, 2040년까지 국내 시장용 290만 대, 수출용 330만 대로 총 620만 대의 연료 전지 자동차 생산을 목표로 하고 있다.

**표 6.22** 연료 전지 자동차(FCEV), 운송 시스템, 고정형 연료 전지 및 수소 충전소의 구체적인 목표 (괄호 안은 국내 소비량을 나타낸다.)

| | | | 2018 | 2022 | 2040 |
|---|---|---|---|---|---|
| 연료 전지 | FCEVs | 승용차 | 1,800(900) | 79,000(65,000) | 5,900,000(2,750,000) |
| | | 택시 | – | – | 120,000(80,000) |
| | | 버스 | 2(all) | 2,000(all) | 60,000(40,000) |
| | | 트럭 | – | – | 120,000(30,000) |
| | | 총량 | 1,800 | 81,000(67,000) | > 6,200,000(2,900,000) |
| | 발전량 | | 307.6MW | 1.5GW | > 15GW (8GW) |
| | 주택/건물 | | 7MW | 50MW | > 2.1GW |
| 수소 충전소 (HRSs) | | | 14 | 310 | > 1,200 |
| 열차/선박/드론 | | | 상업적 운영 및 연구 · 개발을 통해 2030년까지 수출 가능 | | |

출처 : 남영태, "수소차 620만대, 발전용 연료전지 15GW규모로 확대", 가스신문, 2019년 1월 17일,
http://www.gasnews.com/news/articleView.html?idxno=85825

연료 전지를 이용한 전력 생산에 있어서는 2040년까지 총 15GW 이상의 전력 생산을 목표로 하고 있다. 고정형 연료 전지가 주택과 빌딩 등에 적용되면 2022년에는 50MW, 2040년에는 2.1GW 이상으로의 생산량 증가가 예상된다. 수소 가스 터빈의 경우, 2035년 상업적 운영을 목표로 활발히 연구 · 개발을 추진하고 있으며, 수소 충전소는 2021년 14곳에서 2022년까지 310곳, 아울러 2040년에는 1200곳까지 늘어날 것으로 전망된다.

국내 기업들은 수소 경제 활성화 로드맵 발표 이전부터 수소 관련 기술에 적극적으로 투자해왔으며, 최근 주목할 만한 연구 · 개발로 현대자동차는 'FCEV 비전 2030'에서 수소 연료 전지 자동차 50만 대와 발전 플랜트, 선박, 열차용 연료 전지 시스템 20만 대를 생산할 계획이라고 발표, 한화에너지는 2020년 7월 대산석유화학단지에 50MW 급 수소 연료 전지 발전소를 준공하였으며, 이 발전소는 인근 한화토탈 석유화학 공장에서 공급받은 부생수소를 사용, 두산퓨얼셀은 한화에너지가 완공한 50MW 급 수소 연료 전지 발전 플랜트에 투자했으며 수주가 증가함에 따라 2023년까지 10억 달러의 매출을 목표, SK E&C는 세계적인 연료 전지 제작사인 Bloom Energy와 합작하여 2020년 9월 화성 연료 전지 발전소(19.8MW 급), 파주 연료 전지 발전소(8.1MW 급)를 준공하였다.

## 6.3.2 수소 생산 현황

### 가 수소 생산 기술

수소 에너지는 석유화학 및 천연가스를 개질한 그레이수소grey hydrogen, 천연가스 또는 메탄 수증기 개질 공정에서 생산된 탄소를 포집 · 활용 · 저장하는 기술인 CCScarbon capture and storage를 적용하여 생산하는 블루수소blue hydrogen, 재생 에너지를 사용하여 탄소 발생 없이 생산되는 그린수소green hydrogen 등 다양한 자원을 이용하여 생산될 수 있다.

그레이수소는 가장 일반적인 수소 에너지로, 천연가스 등의 개질을 통해 생산되지만 그 과정에서 이산화탄소 및 온실 가스가 배출된다. 블루수소는 그레이수소와 같은 과정을 거쳐 생산되지만, 생성된 이산화탄소는 포집되어 지하에 저장되어 대기 중에 방출되지 않기 때문에 탄소 중립 수소 생산 방법으로 분류되기도 한다. 마지막으로 청정수소라고 불리는 그린수소는 태양이나 풍력 등과 같은 재생 에너지원에서 나오는 깨끗한 에너지를 사용하여 수전해를 통해 물을 수소와 산소로 분해함으로써 생산된다.

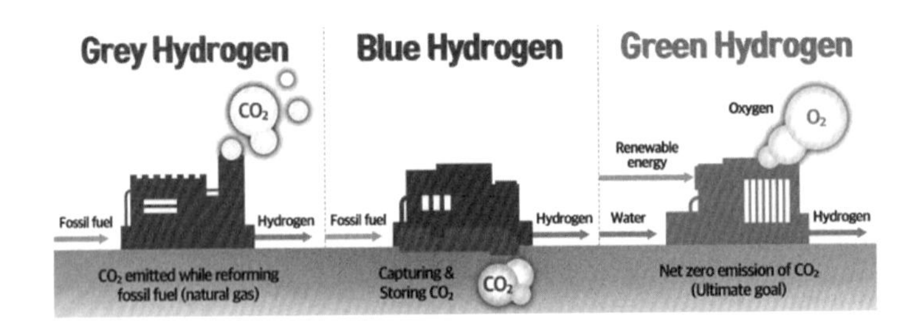


그림 6.77 그레이수소, 블루수소, 그린수소의 정의

출처 : 포스코, 수소사업화 전략, 2021년

### 나 국내 수소 생산 현황

현재 수소 생산에 대한 정부의 전략은 석유화학 공장의 부산물이나 천연가스 개질과 관련이 있다. 국내 수소 생산량의 약 90%가 석유화학 공장의 나프타 분해로 생산되었는데, 울산(SK에너지, S오일), 여수(GS칼텍스), 서산(현대오일뱅크) 등에 위치한 대형 정유사를 중심으로 생산되었다. 이때 수소 가스와 이산화탄소 가스를 포함한 부산물은 탄소 포집 및 저장 기술CCUS[15]

15 이산화탄소를 포집·저장하는 CCSCarbon Capture, Storage 기술과, 포집하여 활용까지 수행하는 CCUCarbon Capture, Utilization 기술이다.

표 6.23 국내 주요 수소 공급업체 및 점유율

| 회사명 | | 용량(Nm³/h) | 시장 점유율(%) |
|---|---|---|---|
| 1 | 덕양 | 150,000 | 50.1 |
| 2 | SPG 수소 | 65,000 | 27.1 |
| 3 | Air Liquide | 53,000 | 17.7 |
| 4 | SDG | 21,300 | 7.1 |
| 5 | 창신 | 5,200 | 1.7 |
| 6 | 린데 | 3,200 | 1.1 |
| 7 | 대성 | 2,000 | 0.7 |

출처 : 고봉길, "국내 수소시장을 진단한다", 투데이에너지, 2006년 10월 10일

을 통해 정화되어 대기 중으로의 온실가스 배출을 줄이고 있다.

국내에서 가장 큰 수소 공급 업체인 덕양은 국내 다른 수소 공급업체와 마찬가지로 3개의 산업단지 중 한 곳에서 공급되는 부산물 가스를 채취하여 PSApressure swing adsoption기술[16]을 통해 정화시켜 파이프라인이나 튜브 트레일러를 이용하여 사용자에게 공급하는 방식으로 수소 공급의 많은 부분을 차지한다. 국내 수소 공급 2위 업체인 SPG 수소는 안산시와 함께 기존 튜브 트레일러 수소 공급 방식이 아닌 수소 생산 시설과 스마트 배관을 갖춘 수소 충전소를 활용하여 수소 공급 인프라를 구축하는 협약을 적극 추진하고 있다. 세계적인 산업용 가스 회사인 에어리퀴드는 1996년부터 여수시에 3개의 산업용 가스공장을 가동 중이며, 최근에는 폴리우레탄으로 수소를 생산하는 4번째 공장 건설을 시작하였다.

### 다 블루수소 및 그린수소 공급

2020년 7월, 우리나라 정부는 탄소 경제의 의존성을 낮추기 위하여 한국판 뉴딜을 발표하였고, 이 협정에서 수소는 필수적인 역할로 그 중요성이 언급되었다. 한국판 뉴딜과 탄소 중립 추진 계획은 수소 생산에 관한 국가 핵심 기술 개발을 포함하며, 소규모 수증기메탄개질(블루수소)과 수전해(그린수소) 기술 분야에서 세계적인 경쟁력을 갖추는 것을 핵심 목표로 하고

16 분자 특성 및 흡착제 물질에 대한 친화성에 따라 압력 하에서 가스 혼합물로부터 일부 가스 종을 분리하는 데 사용되는 기술이다.

있다. 현재 정부의 전략은 기존의 광범위한 천연 가스 파이프라인을 수소의 주요 공급책으로 사용하는 것이다.

단기적으로는 2020년부터 2025년까지 중 · 소규모 시스템 설계 및 시범 단계로, 수증기 메탄개질을 통한 천연가스 개질이 시행되며 2030년까지 최대 약 78%의 시스템 효율로 운영되는 것을 목표로 한다. 중 · 장기적인 수소 에너지 전략은 재생 에너지를 사용하는 수전해를 통해 그린수소 생산을 지향할 계획이고, 2040년까지 수소의 70%를 국내에서 생산하거나 해외에서 수입한 그린수소를 사용하는 것을 목표로 한다. 한국가스공사는 2030년까지 총 103만 500톤의 수소 생산을 목표로 하고 있으며, 연간 천연가스를 개질하여 발생하는 그레이수소 66만 8000톤, 블루수소 116만 7000톤, 그린수소 220만 톤의 생산을 목표로 한다. 현재 알칼라인 수전해와 양성자 교환막 수전해의 설계를 진행 중이며, 2030년에는 상용화가 가능한 산업화 규모만큼 커질 것으로 예상된다.

P2GPower to Gas는 태양광 · 풍력 등의 잉여 재생 에너지를 수전해에 이용하여 수소 에너지로 변환하는 기술로, 가변 전력망에 요구되는 수요를 만족시킬 수 있는 잠재력이 높은 솔루션이다. 정부는 P2G 기술을 사용하여 MW급 그린수소를 생산할 수 있는 에너지 시스템을 여러 개 갖출 계획이며, 2030년까지 고효율(50kWh/kg) · 대규모(최대 100MW) 수전해 기술을 보유하는 것을 목표로 하고 있다.

이와 관련해 민간 기업도 블루 및 그린수소 생산의 비중을 높이기 위하여 노력하고 있다. 포스코는 글로벌 업체와 협업하여 2030년까지 50만 톤의 블루수소 생산 능력을 달성하는

**표 6.24** 단 · 장기적 수소 공급 목표

<table>
<tr><th rowspan="2">기술</th><th rowspan="2">현재 단계</th><th colspan="6">단기</th><th colspan="2">장기</th><th rowspan="2">목표</th></tr>
<tr><th>2020</th><th>2021</th><th>2022</th><th>2023</th><th>2024</th><th>2025</th><th>~2028</th><th>~2030</th></tr>
<tr><td rowspan="2">SMR</td><td rowspan="2">시스템 설계, 소규모 시스템 실증 단계</td><td colspan="6">소규모 SMR 시스템 개발</td><td colspan="2"></td><td rowspan="2">2030년까지 시스템 효율 78% (HHV)</td></tr>
<tr><td colspan="2"></td><td colspan="4">중간규모 SMR 시스템 개발</td><td colspan="2"></td></tr>
<tr><td rowspan="3">수전해</td><td rowspan="3">1MW 원천기술, 스택기술 개발 및 설계</td><td colspan="7">알칼라인 수전해 시스템 개발</td><td></td><td rowspan="3">100MW 급 시스템 효율 50kWh/kgH$_2$; 신재생 에너지 연계 수십 MW 급의 P2G 기술 개발</td></tr>
<tr><td colspan="7">PEM 수전해 시스템 개발</td><td></td></tr>
<tr><td colspan="2"></td><td colspan="6">신재생 에너지 연계 P2G 기술 개발</td></tr>
</table>

출처 : 산업통상자원부, 수소경제 활성화 로드맵 발표, 2019년

것은 물론 2040년까지 200만 톤, 2050년까지는 500만 톤으로 생산량을 더욱 확대할 계획이다.

### 6.3.3 그린수소 생산을 위한 수전해

#### 가 수전해의 역사

수전해란 물에 전류를 가하여 수소 가스와 산소 가스로 분해하는 과정을 의미하는데, 사용하는 전해질의 종류에 따라 각 전극에서의 전기화학적 반응은 다르지만, 전체적인 반응은 동일하며 반응식은 다음과 같다.

$$H_2O\ (\ell) \rightarrow H_2\ (g) + 1/2\ O_2\ (g)$$

이론적으로 물($H_2O$) 1몰을 수소 가스($H_2$) 1몰과 산소 가스($O_2$) 0.5몰로 분해하려면 1.23V의 전위차가 필요하다.

전기를 이용한 수소의 생산은 1789년 정전 발전기를 직류 전원으로 이용한 판 트루스크베이크Van Troostwijk와 데이만Deiman에 의해 처음으로 실행되었다. 20세기 초, 암모니아 비료를 생산하는데 필요한 수소를 만들기 위해 상용 알칼라인 수전해 전해조가 개발되었지만, 이 기술은 곧 비용 측면에서 더 효율적인 수증기 개질법steam reforming으로 대체되었다.

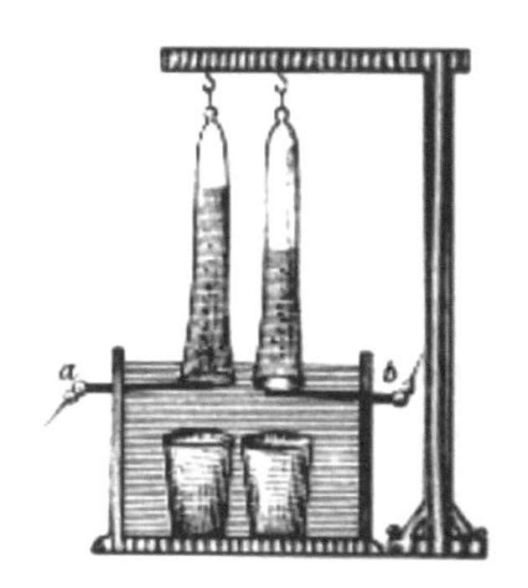

그림 6.78 수전해 발명가(왼쪽) driaan Paets van Troostwijk(1752~1837), (중간) Jan Rodolph Deiman (1743~1808), (오른쪽) 1800년 Ritter의 수전해 실험 설정

출처 : Wikipedia

1960년대 후반, General Electric에서 산성 불소화 이오노머[17]를 고체 전해질로 사용하여 양성자 교환막proton exchange membrane, PEM을 개발하였다. 하지만 양성자 교환막은 비싼 재료를 필요로 하기 때문에 양성자 교환막 수전해는 주로 실험용, 군용, 우주 어플리케이션 등의 용도로만 사용되었다.

1990년대 수소가 재생 에너지를 위한 친환경 에너지 운반체로 인식되기 시작하면서 수전해에 대한 관심이 다시 생겨났다. 수전해 수소 생산은 $CO_2$ 배출량 감소에 중요한 기여를 할 것으로 기대되어 섹터 커플링power to X, P2X[18]을 위한 중심 요소로 간주된다.

### 나 수전해 전지(분류)

알칼라인 수전해 전지Alkaline water electrolysis cell, AEC

알칼라인 수전해는 알칼리성 전해질을 사용하여 격막에 의해 분리된 한 쌍의 전극에 직접 전기를 흘려 물을 수소 가스와 산소 가스로 분해하는 것으로, 일반적으로 전해질은 25~30% 농도의 수산화칼륨KOH이 이용된다.

앞서 언급한 전기화학적 반응에 기초하여 수전해 시 캐소드cathode에서는 수소 가스($H_2$)를 생성하고 수산화 음이온($OH^-$)을 생성한다. 반면에 애노드anode에서는 격막을 통과한 $OH^-$ 음이온이 재결합하여 산소 가스($O_2$)를 생성한다. 캐소드 및 애노드에서 각각의 반응은 다음과 같다.

$$\text{Cathode: } 2H_2O\ (\ell) + 2e- \rightarrow H_2\ (g) + 2OH^-\ (aq)$$
$$\text{Anode: } 2OH^-\ (aq) \rightarrow 1/2O_2\ (g) + 2e- + H_2O\ (\ell)$$

일반적으로 알칼라인 수전해를 위한 전극 및 촉매 물질로는 니켈 또는 전이 금속이 사용되고, 격막은 0.05~0.5mm의 얇은 두께를 가지며 두 전극을 분리하는 동시에 전기적 단락을 방지하여 전극 간의 거리를 좁힐 수 있게 한다. 또한 격막은 수산화 이온과 물 분자의 투과성을 가져야 하며 각 전극에서 생성된 수소 가스와 산소 가스의 혼합을 방지한다. 알칼라인 수전해 전해조의 모식도를 그림 6.79에 나타내었다.

17 이온ion 전도성이 있는 고분자polymer를 말하며, 카복시기가 들어있는 에틸렌의 혼성 중합체이다.

18 섹터커플링의 가장 큰 특징은 Power-to-X로 나타낼 수 있으며, 이는 가변적인 재생 에너지 전력을 다른 에너지의 형태로 변환하여 사용, 저장하고 부문 간 결합하는 시스템을 의미한다.

알칼라인 수전해는 가장 일반적인 수소 생산 방법으로 기술 성숙도가 가장 높고 상업적으로도 가장 널리 보급되었으며, 정제 공정 후 수소 가스의 순도는 99%에 달하며, 전해조의 최대 압력 및 작동 온도는 각각 30bar, 60~80℃로 0.45A/cm 이하의 낮은 전류밀도에서 작동한다. 알칼라인 수전해 전해조의 일반적인 사양을 표 6.25에 나타내었다.

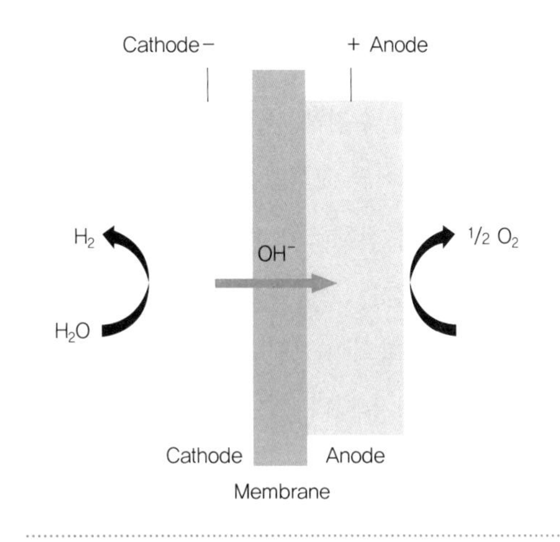


그림 6.79 알칼라인 수전해 셀 모식도

표 6.25 알칼라인 수전해 전해조 사양

| 알칼라인 수전해 전해조 | 단위 | 사양 |
|---|---|---|
| 전해셀 온도 | ℃ | 60~80 |
| 전해셀 압력 | Bar | < 30 |
| 전류 밀도 | A $cm^{-2}$ | < 0.45 |
| 셀 전위 | V | 1.8~2.4 |
| 전압 효율 | % | 62~82 |
| 스택 효율 | kWh $Nm^{-3}$ | 4.2~4.8 |
| 전해셀 면적 | $m^2$ | 3~3.6 |
| 스택당 수소 발생량 | $Nm^3h^{-1}$ | < 1400 |
| 스택 수명 | kh | 55~120 |
| 시스템 수명 | year | 20~30 |
| 수소 순도 | % | > 99.8 |
| 투자비 | € $kW^{-1}$ | 800~1500 |

출처 : Martin David, "Advances in alkaline water electrolyzers: A review", Journal of Energy Storage, 23, 2019, 392-403, doi.org/10.1016/j.est.2019.03.001

### 양이온 교환막 수전해 전지Proton exchange membrane water electrolysis cell, PEMEC

양이온 교환막 수전해는 고체 고분자 양이온 교환막proton exchange membrane, PEM을 사용한다. 고분자 양이온 교환막은 General Electric사가 연료 전지용으로 처음으로 고안하였고, 이후에 수전해용 전해조에 적용되었다. 양이온 교환막 수전해 기술은 알칼라인 수전해 기술과 달리 산성을 갖는 고분자 교환막을 이용하므로 양이온($H^+$)의 교환이 가능하다. 물은 애노드에서 $O_2$로 산화되어 교환막을 통해 양이온을 전달하며 이는 캐소드에서 $H_2$로 환원된다. 각 전극에서의 반응은 다음과 같다.

$$\text{Cathode: } 2H^+ (aq) + 2e^- \rightarrow H_2 (g)$$

$$\text{Anode: } H_2O (\ell) \rightarrow 1/2\ O_2 (g) + 2H^+ (aq) + 2e^-$$

고분자 양이온 교환막 전해조의 모식도는 그림 6.80과 같으며, 애노드는 다공성 티타늄 및 귀금속 산화물 혼합촉매($IrO_2$, $RuO_2$ 등)로 구성되고 셀 작동을 위해 애노드에 초순수가 공급된다. 캐소드에는 백금 촉매가 얇게 코팅된 다공성 카본 집전체가 이용되고, 교환막은 수화된 양성자를 애노드로부터 캐소드로 이동시키는 역할을 하며 양이온 교환막 전해조용 표준 교환막 재료는 DuPont사에서 제조하는 Nafion™ 117(두께 20~300μm)이 주로 사용된다.

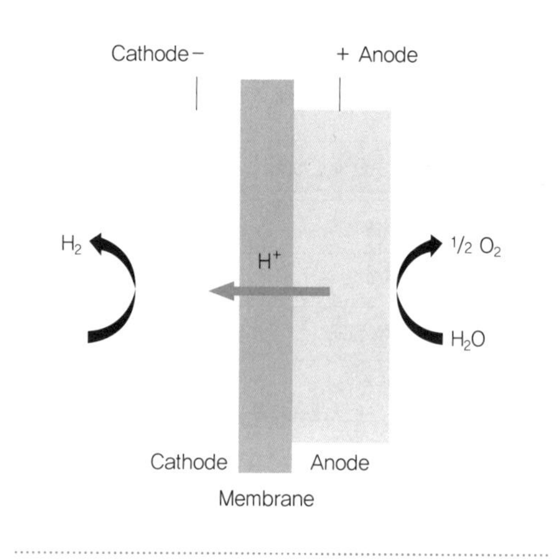


그림 6.80 PEM 수전해 셀 모식도

고분자 양이온 교환막 수전해는 알칼라인 수전해에 비해 1~2A/cm²의 높은 전류밀도로 작동할 수 있으며, 수소 생산량이 높고 시스템이 더 단순하다는 장점이 있다. 하지만 양 극판에 티타늄 플레이트 및 귀금속 촉매(Ir, $RuO_2$, Pt)가 필수적으로 요구되기 때문에 수소 생산 비용이 알칼라인 수전해에 비해 상대적으로 더 높고, 시스템의 수명 또한 알칼라인 수전해 전해조보다 약간 짧다.

표 6.26 PEM 수전해 전해조 사양

| PEM 수전해 전해조 | 단위 | 사양 |
|---|---|---|
| 전해셀 온도 | ℃ | 50~80 |
| 전해셀 압력 | Bar | < 30 |
| 전류 밀도 | A $cm^{-2}$ | 1.0~2.0 |
| 셀 전위 | V | 1.8~2.2 |
| 전압 효율 | % | 67~82 |
| 스택 효율 | kWh $Nm^{-3}$ | 4.4~5.0 |
| 전해셀 면적 | $m^2$ | < 0.13 |
| 스택당 수소 발생량 | $Nm^3h^{-1}$ | < 400 |
| 스택 수명 | kh | 60~100 |
| 시스템 수명 | year | 10~20 |
| 수소 순도 | % | > 99.999 |
| 투자비 | € $kW^{-1}$ | 1400~2100 |

출처 : Martin David, "Advances in alkaline water electrolyzers: A review", Journal of Energy Storage, 23, 2019, 392-403, doi.org/10.1016/j.est.2019.03.001

### 음이온 교환막 수전해 전지Anion exchange membrane water electrolysis cell, AEMEC

음이온 교환막 수전해는 알칼라인 수전해와 고분자 양이온 교환막 수전해의 특징을 결합한 새로운 기술로, 고분자 양이온 교환막 전해조와 동일한 구조를 가지며 교환막이 양성자인 $H^+$대신 음이온인 $OH^-$를 전달한다는 차이가 있다. 전기화학 측면에서는 전극에서 일어나는 반응이 기존의 알칼라인 수전해와 동일하고, 그림 6.81에 PEM 및 AEM 수전해의 캐소드, 애노드에서의 생성물의 차이를 모식적으로 비교하였다.

음이온 교환막 수전해는 기존의 알칼라인 수전해보다 높은 전류 밀도와 보다 간단한 시스템에서 수소 생산이 가능하다는 장점을 갖고 있다. 음이온 교환막 수전해는 염기성 전해질을 사용하기 때문에 귀금속 촉매를 필요로 하지 않아 비싼 귀금속 촉매를 사용하는 양이온 교환막 수전해에 비해 저렴하고 좋은 성능의 전이 금속 촉매의 사용이 가능하다. 예를 들어, 니켈과 니켈 합금은 음이온 교환막 수전해 전해조의 애노드 촉매로 사용 가능하며, 다른 전이 금속 산화물(NiO, $Fe_2O_3$, $Co_2O_3$)은 캐소드에서 사용 가능한 활성 상태를 보여준다.

하지만 음이온 교환막 수전해는 알칼리성 교환막의 낮은 전도도와 내구성의 문제 때문에

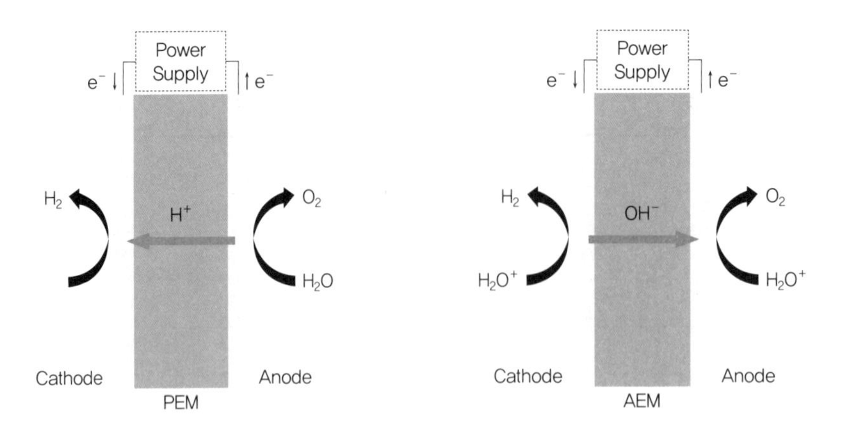


그림 6.81 PEM 수전해(좌)와 AEM 수전해(우)의 생성물 비교

표 6.27 AEM 수전해 전해조 사양

| AEM 수전해 전해조 | 단위 | 사양 |
|---|---|---|
| 전해셀 온도 | ℃ | 50~60 |
| 전해셀 압력 | Bar | 1~30 |
| 전류 밀도 | $A\ cm^{-2}$ | 0.2~.0 |
| 셀 전위 | V | 1.8~2.2 |
| 전압 효율 | % | 60~70 |
| 스택 효율 | $kWh\ Nm^{-3}$ | N/A |
| 전해셀 면적 | $m^2$ | lab-scale |
| 스택당 수소 발생량 | $Nm^3h^{-1}$ | < 1 |
| 스택 수명 | kh | N/A |
| 시스템 수명 | year | N/A |
| 수소 순도 | % | > 99.99 |
| 투자비 | $€\ kW^{-1}$ | N/A |

출처 : Martin David, "Advances in alkaline water electrolyzers: A review", Journal of Energy Storage, 23, 2019, 392-403, doi.org/10.1016/j.est.2019.03.001

고효율, 저비용, 높은 내구성의 음이온 교환막 수전해 시스템을 개발하기 위해 전극 촉매, 교환막, 전해조 시스템, 메커니즘 등에 초점을 맞춘 연구가 활발히 이루어지고 있다.

### 고체 산화물 수전해 전지Solid oxide water electrolysis cell, SOEC

위에서 언급한 알칼라인, 양이온, 음이온 교환막 수전해 시스템을 통해 수소를 생산할 때 전해질은 80℃ 이하의 저온 범위에서 작동되는 반면, 고체 산화물 수전해의 전해질은 800~1000℃의 고온에서 수증기를 전기 분해하여 작동된다.

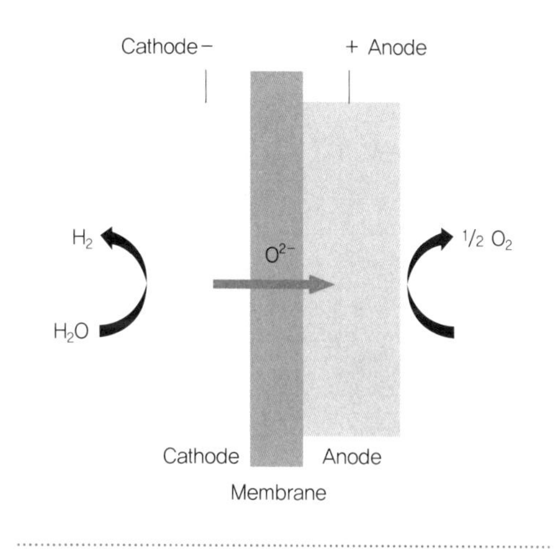


그림 6.82 SOEC 모식도

열역학적 관점에서 수전해는 전기와 열이 혼합된 상태의 에너지가 공급되어 이루어지기 때문에 고온에서 진행되는 것이 더욱 효율적이다. 따라서, 고체 산화물 수전해에서는 전해 공정에 필요한 에너지의 상당 부분이 열로 공급되어 전기 에너지보다 저렴하게 수소 생산이 가능하다는 것이 가장 큰 장점이다. 또한, 고온은 반응속도를 가속화하여 분극에 의한 에너지 손실을 감소시켜 전체 시스템의 효율을 약 90%까지 증가시킨다. 각 전극에서의 반응은 다음과 같고, 고체 산화물 수전해 전해조의 모식도는 그림 6.82와 같다.

$$\text{Cathode: } H_2O\ (g) + 2\ e^- \rightarrow H_2\ (g) + O^{2-}$$
$$\text{Anode: } O^{2-} \rightarrow 1/2\ O_2\ (g) + 2\ e^-$$

고체 산화물 수전해 전해조의 전해질은 고체인 산소 이온 전도성 세라믹이 사용되며, 이 전해조에서 물은 200℃에서 증기로 공급된다. 이 증기는 800~1000℃까지 가열된 후 캐소드로 이동하여 수소가스와 산소 이온($O^{2-}$)으로 분해되고, 여기서 생긴 산소 이온은 세라믹 고체 전해질을 통하여 애노드로 이동되어 산소 가스가 생성된다. 일반적으로 이트리아 안정화 지르코니아yttria-stabilized zirconia, YSZ라고 불리는 산화이트륨($Y_2O_3$)이 도핑된 이산화지르코늄($ZrO_2$)으로 구성된 고밀도 이온 전도체를 전해질로 사용한다. 캐소드에는 니켈이 도핑된 YSZ 또는 페로브스카이트 산화물인 란타늄 스트론튬 망간 산화물Lanthanum strontium manganite, LSM이 사용될 수 있으며 LSM은 애노드에서도 사용 가능하다.

표 6.28 SOEC 사양

| SOEC 전해조 | 단위 | 사양 |
|---|---|---|
| 전해셀 온도 | ℃ | 800~1000 |
| 전해셀 압력 | Bar | 〈 30 |
| 전류 밀도 | $A\ cm^{-2}$ | 0.3~1.0 |
| 셀 전위 | V | 0.95~1.3 |
| 전압 효율 | % | 81~86 |
| 스택 효율 | $kWh\ Nm^{-3}$ | 2.5~3.5 |
| 전해셀 면적 | $m^2$ | < 0.06 |
| 스택당 수소 발생량 | $Nm^3h^{-1}$ | < 10 |
| 스택 수명 | kh | 8~20 |
| 시스템 수명 | year | N/A |
| 수소 순도 | % | N/A |
| 투자비 | $euro\ kW^{-1}$ | > 2000 |

출처 : Martin David, "Advances in alkaline water electrolyzers: A review", Journal of Energy Storage, 23, 2019, 392-403, doi.org/10.1016/j.est.2019.03.001

## 다 국내 수전해 기술 개발 현황

수전해로 생산되는 그린수소는 정부의 장기적인 안건으로 거론되었고, 제주도는 국내 그린수소 생산에 있어 가장 적극적이다. 제주도는 탄소제로섬 실현을 목표로 상업용 수전해 전해조 1곳을 설치했으며 연구 · 개발 사업으로 2개소를 운영하고 있고, 안산시(경기), 나주(전북), 보령(충남) 등 다른 3개 도시 또한 대규모 수전해 설비 도시로 선정되었다. 그러나 국내 재생 에너지 생산 비용이 높아 2022년 기준으로 전국 5곳에서 수전해를 통해 생산되는 수소는 1% 미만으로 극히 일부에 불과하다. 최근, 전북에 새만금 그린수소 생산 클리스터 프로그램(2022~2031년)으로 3GW 급의 신재생 에너지 발전소와 함께 타당성 조사를 진행 중이다.

또한, 나주의 한국전력공사, 보령의 한국중부발전KOMIPO 등 공기업들이 재생 에너지원과 연계한 수전해 설비 연구 · 개발 사업을 진행하고 있다. 국내 최대 전해 분야 기업 중 하나인 에너지&마린 솔루션은 전국 수소 충전소에 다양한 용량(5~60Nm³/h)의 수전해 전해조를 선보였고, 현대자동차, 한화 등 대기업들도 수전해 기술을 개발하고 있다. 한화솔루션은 2020

표 6.29 현재 한국에서 가동 중인 그린수소 생산시설

| | 수소 생산 용량(Nm³/h) | 위치 | 비고 |
|---|---|---|---|
| 제주도/제주에너지공사 | 5 | 제주도 | 1. 상업용<br>2. R&D용 |
| EM solution | 15 | 대구 | 1. 상업용 |
| | 12 | 부안 | |

출처 : 현대차증권, 수소 산업 수소경제의 새벽, 2020년 3월 10일

년 12월 강원도, 한국가스기술공사와 함께 연간 290톤의 수소를 생산할 수 있는 풍력과 연계한 수전해 복합단지 조성을 위한 MOU를 체결하였다. 아크로랩스, 웨스페 등 다른 투자자들은 2022년까지 상업용을 목적으로 PEM, AEM 수전해 기술을 개발하고 있다.

### 6.3.4 그린수소 생산의 미래 전망

#### 가 재생 에너지를 연계한 수전해 기술

우리나라의 수소 에너지는 석유 화학 정제로 천연 가스 개질 등으로 생산되는 것이 대부분으로, 아직까지는 그레이수소 및 블루수소 생산에 비해 수전해를 통한 그린수소 생산에 에너지와 비용이 많이 든다는 한계가 있다.

국제에너지기구는 수전해를 통해 생상되는 그린수소가 천연 가스 개질 수소인 블루수소와 경쟁력을 갖추기 위해서는 재생 에너지 전력 비용이 50원/kWh 미만으로 낮아야 한다고 발표하였고, 이를 통해 국내에서 경제적으로 그린수소를 생산하기 위해서는 재생 에너지 발전 비용의 대폭적인 절감이 반드시 필요함을 알 수 있다. 다행히도, 국제에너지기구는 재생 에너지의 발전 비용 감소와 수소 생산의 확대로 인해 2030년까지 그린수소의 생산 비용이 평균 30% 감소할 수 있다는 것을 밝혔다.

#### 나 다양한 물을 이용한 수전해 기술

수십 년 동안, 수전해는 알칼리 또는 산을 포함하는 고순도 증류수를 전해질로써 사용해왔다. 바닷물은 전체 물의 양의 약 96.5%를 차지하여 지구상에서 지리적으로 균일하게 분포되어 있어 쉽게 사용할 수 있다. 따라서 수전해의 전해질을 담수에서 바닷물로 대체할 수 있

다는 것은 (1) 전해질 비용 절감 및 부족한 담수 소비량 감소, (2) 섬이나 바다와 같이 쉽게 바닷물을 활용 할 수 있는 영역의 확대, (3) 담수보다 더 많은 양이온($Na^+$, $Mg^{2+}$, $Ca^{2+}$, $K^+$ 등)을 포함하고 있어 전해질의 전도성 증가라는 장점을 가지고 있어 수소 생산율이 높아질 수 있다.

해수전해는 여러 장점이 있지만, 염화이온($Cl^-$)의 존재로 인한 단점 또한 존재한다. 염화이온은 애노드에서 $OH^-$와 경쟁 반응을 일으키며, 이로 인해 산소 가스 대신 차아염소산염($OCl^-$)를 생성함으로써 염화이온이 대부분의 금속 또는 합금에 부식을 일으킨다. 따라서 해수전해 시 전극 재료를 선택할 때는 염화이온에 대한 내부식성을 고려해야 하며, 전극 표면에 $Mg(OH)_2$ 및 $Ca(OH)_2$와 같은 백색 불용성 침전물이 생성될 수 있어 장기적으로 해수전해를 시행하기 위해서는 정기적인 유지 · 보수가 필요하다.

해수전해 이외에 그린수소를 생산하는 방법으로는 폐수, 즉 마실 수 없는 물을 사용하여 수소를 생산하는 것이 있다. 또한 재생 바이오매스와 폐수를 포함한 유기물을 미생물 전기분해 전지microbial electrolysis cell, MEC를 이용하여 수소를 생산하는 기술이 있다.

### 미생물 전기분해 전지

미생물 전기분해 전지Microbial electrolysis cell, MEC는 폐수나 다른 유기물에 전류를 흘려주어 수소를 생산하며, 미생물 전기분해 공정에서 폐수 속의 유기물들은 미생물에 의해 산화되어

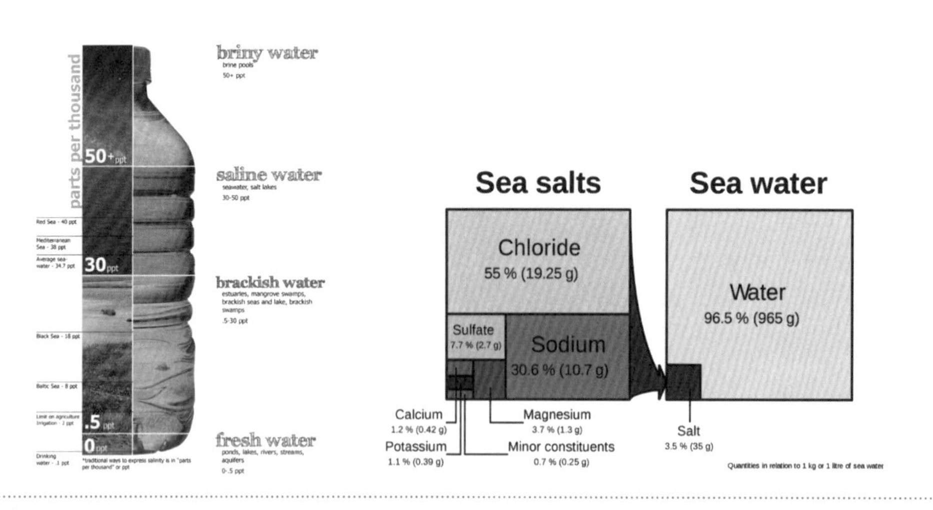


그림 6.83 염분에 따른 물의 정의(좌)와 바닷물 조성(우)

출처 : Wikipedia

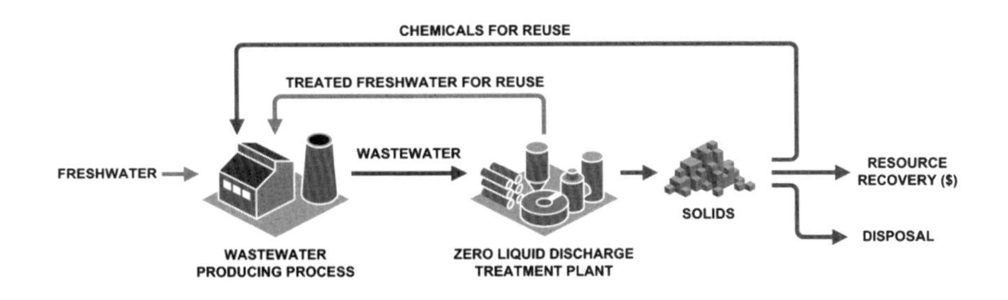


그림 6.84 그린수소 생산을 위한 폐수의 재사용 가능성

출처 : Saltworks Technologies at Wikipedia.org

애노드에서 $CO_2$, 양성자, 전자를 생성한다. 전자는 외부 회로를 통하여 캐소드로 이동하고 양성자는 양성자 교환막을 통해 캐소드로 이동하고, 수소는 양성자와 전자가 결합할 때 캐소드에서 생산된다.

미생물 전기분해 전지는 고체 양성자 교환막을 사용하지만, 전기화학적 반응은 양이온 교환막 수전해와 다르다. MEC를 이용한 수전해에서는 애노드에 물 뿐만 아니라 유기물을 적용하므로 반응이 더 복잡하고 폐수의 품질에 따라 필요한 전압도 달라진다는 것과 MEC 기술은 더 적은 양의 외부 에너지가 필요하다는 것이 양성자 교환막 수전해 기술과의 차이점이다. 하지만 MEC 기술은 아직 개발 단계이며, 상용화를 위해서는 낮은 생산 수율과 순도, 전극 재료의 측정 요건, 복잡한 시스템 설계 등의 문제를 해결하여야 한다.

### 다 미래 전망

우리나라의 수소 전략은 주로 경제 성장과 산업 경쟁력에 의해 추진되고 있고, 지속 가능한 수전해를 통해 그린수소 생산을 실현하기 위해서는 전해조에 전력을 공급할 수 있는 충분한 재생 에너지와 전기 비용의 감소가 반드시 필요하다. 또한, 수전해에 비음용 수자원을 이용하는 것은 환경적, 경제적 측면 모두에 추가적인 이점이 된다. 그러나 바닷물과 폐수의 많은 문제들은 이러한 사항을 매우 어렵게 만들기에 재생 에너지를 연계한 수전해 및 다른 전해 시스템에 관한 사항 등의 연구 · 개발을 활발히 하는 것은 향후 지속 가능한 그린수소 생산을 위해 매우 중요하리라 생각된다.

## 6.3.5 수소 관련 표준

### 가 수소 기술 표준화 동향

4차 산업과 수소 경제 시대

산업의 고도화에 따라 각종 환경 문제와 자원 고갈 문제 등이 야기되고 있으며, 이를 극복하기 위해 각국은 탄소중립Net-Zero을 선언하며 수소 경제 시대로 태동하고 있다.

수소 경제 사회에서는 화석 연료 대신 수소가 주 에너지원으로 사용되는 사회로, 탈탄소화를 위해 석유, 석탄, 가스 등 탄소자원 중심의 에너지 패러다임에서 수소 중심의 에너지 패러다임으로 전환되는데, 여기서 에너지는 우리가 맞이하고 있는 4차 산업에서 공통적으로 활용되고 안정적으로 공급받아야 할 필수 인프라이다.

4차 산업에는 다양한 기술이 융 · 복합되어 활용되며, 이를 위해 안정적으로 공급되어야 할 핵심 에너지 인프라로써 청정 에너지인 수소가 주목받고 있다. 이렇듯 수소 에너지를 이용하여 4차 산업의 가속화와 함께 탄소 중립 실현이 가능하므로 수소 기술은 필수 인프라로 그 중요성이 더욱 강조되고 있다.

수소 기술

수소 기술은 물, 화석 연료 등 화합물 형태로 존재하는 수소를 분리 · 생산하여 이용하는 기술로 수소 제조, 분리, 저장 및 운반과 응용 기술로 나눌 수 있다. 일반적으로 물의 전기분해를 이용한 수전해와 석유, 천연가스 등 화석 연료로부터 수소를 생산하는 개질이 수소 생산에 활용되고 있으며, 낮은 단위 부피당 수소저장밀도가 갖는 한계를 극복할 수 있는 수소 저장 기술을 현재 개발 중에 있다. 수소 제조 기술과 저장기술을 바탕으로 가정에서도 수소 에너지의 활용이 증가할 전망이며, 반도체, 전자, 철강 등 산업 현장과 중대형 운송수단으로의 활용을 목표로 수소 응용 기술이 개발 중이다.

그림 6.85는 수소 제조 방법과 국내 수소 생산 현황을 보여주는 자료로, 현재 생산되는 수소의 약 96%를 화석 연료에 의존하고 있는 실정이기 때문에 청정 수소 생산 기술이 요구되고 있고, 청정 수소 생산 기술로써 물의 전기 분해 반응을 이용한 친환경 수소 생산 공정인 수전해 기술이 주목받고 있다.

우리나라 정부의 '수소 경제 활성화 로드맵'에서는 수전해 등 수소 기술을 통해 2022년까

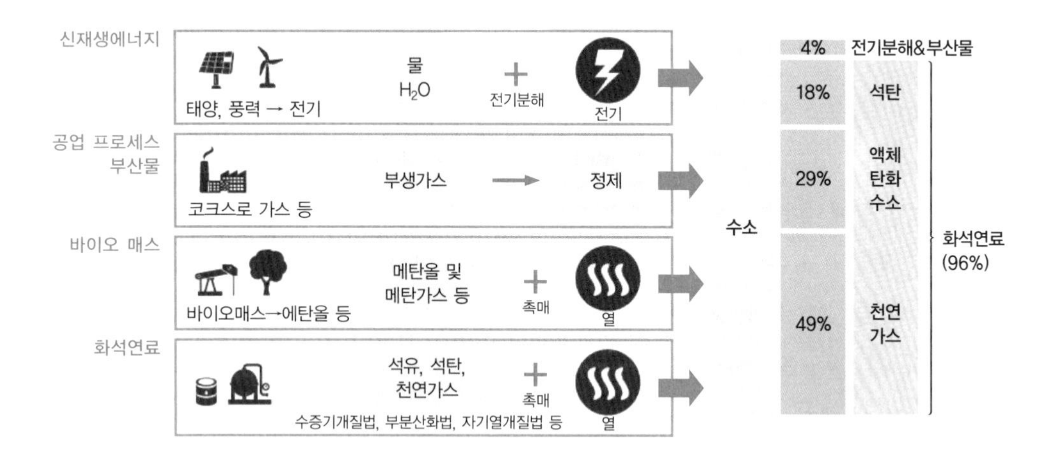


그림 6.85 수소 제조 방법 및 국내 수소 생산 현황

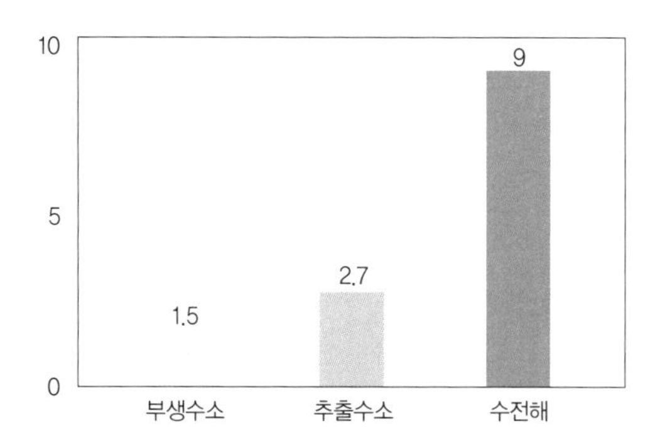


그림 6.86 수소 생산 방법에 따른 수소 생산 비용(단위 : 천원/kg)

출처 : 산업연구원, 한국 수소산업 생태계 분석과 발전과제, 2019년

지 47만 톤의 수소를 공급하는 것을 목표로 하고 있으나, 현재 수전해를 이용한 수소 생산은 부생수소와 추출수소 방법에 비해 각각 약 6배와 4배 많은 비용이 소요되고 있다.

수전해에 가장 널리 사용되는 알칼리 수전해 시스템의 핵심 부품인 스택의 비용 구조를 살펴보면, 전극 재료가 약 50%의 비중을 차지하고 있다. 전극 재료의 비용을 낮춤과 동시에 수전해 시스템의 효율적인 상용화를 위하여 전극 재료로써 페로브스카이트 소재 개발이 활발히 진행되고 있다.

### 수소 사회에서 표준의 중요성

우리가 맞이할 수소 사회에서 표준화는 국가적으로 중요한 의미를 갖고 있다고 할 수 있으며, 현재 수소 산업은 시장 형성 초기 단계로 수소 기술 개발과 함께 선제 표준화를 추진하여 글로벌 시장에서 우위를 점하는 것이 매우 중요하다.

정부는 세계 최고 수준의 수소 경제 선도 국가로 도약하기 위하여 2019년에 '수소 경제 표준화 전략 로드맵'을 발표하였고, 2030년까지 수소 생산 기술을 포함하여 15건의 수소 기술 관련 국제표준을 제안하는 것을 목표로 하였다. 수소 경제 표준화 전략 로드맵과 연계하여 수소 기술에 대한 표준화도 함께 진행하는 일체형 개발을 추진하여 글로벌 수소 시장의 경쟁력을 강화할 수 있기 때문에 수소 사회에서 표준은 핵심적이라고 할 수 있다.

표 6.30 수소 경제 표준화 전략 로드맵 분야별 요약

| 분야 | 2022년(5건) | 2030년(15건) |
|---|---|---|
| 수소 모빌리티 | 충전소, 드론 · 선박 · 기계연료 전지 국제표준(2건) | 선박 연료 전지 표준 등으로 확대(8건) |
| 수소 에너지 | 복합발전시스템, 마이크로 연료 전지 국제표준(2건) | 세부 표준으로 확대(4건) |
| 수소 공급 | 수전해(물 전기분해로 수소 추출) 국제표준(1건) | 액체설비 표준 등으로 확대(3건) |

## 나 수소 기술 관련 표준화기구

수소 기술과 관련한 국제표준화기구를 살펴보면, 수소 기술에 대한 표준은 주로 ISO와 IEC의 각 기술위원회에서 작업반별로 다루고 있다. 각각의 기술 위원회들은 시스템, 디바이스,

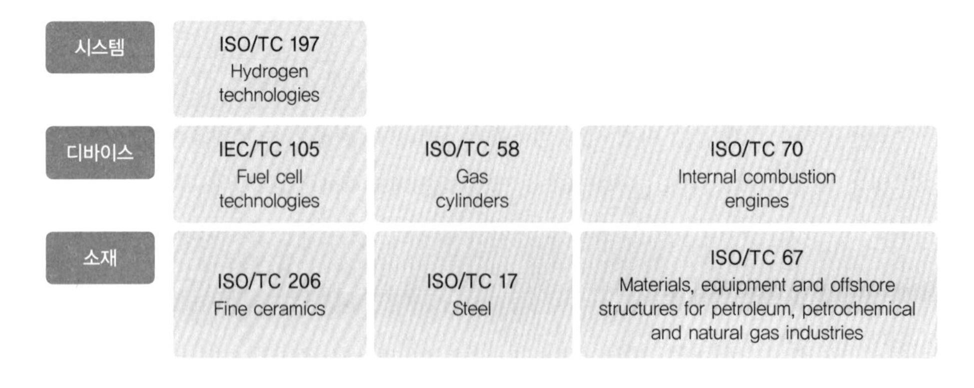


그림 6.87 수소 기술 관련 국제표준화기구

소재로 구분할 수 있으며, 수소 기술 및 시스템, 수소 관련 디바이스 및 모듈은 주로 ISO/TC 197과 IEC/TC 105에서 다루고 있고, 수소 소재는 ISO/TC 206 등에서 다루고 있다.

### 수소 기술 관련 국제표준화기구 기술위원회 : ISO/TC 197

ISO/TC 197(Hydrogen technologies)은 수소 기술의 표준화를 다루는 대표적인 기술 위원회로, 수소 생산, 저장, 수송, 측정 및 사용을 위한 시스템과 부품에 대한 국제표준을 개발하고 있다. 간사국은 캐나다이며, 한국을 비롯한 24개국의 P-멤버와 12개국의 O-멤버가 참여하고 있다.

해당 기술 위원회는 연료 전지 등 수소의 최종 이용기술, 재생 에너지원을 이용한 수소 제조 기술, 수송과 저장 기술, 용도별 수소 품질 등에 대한 표준화를 추진하고 있다.

이 기술 위원회는 그림 6.88과 같이 구성되어 있으며, 기술 위원회 집행부 산하에 4개의 기술 프로그램 관리자가 있고, 각 기술 프로그램 관리자에 작업반과 liasons[19]을 두고 있다. 작업반 중 WG 5, 18, 19, 20 등은 hydrogen fueling family로 주로 수소 충전소 설비 표준을 다루고 있으며, WG 27과 28은 IEC/TC 105와 함께 연료 전지와 수소 품질에 대한 표준화를 진행하고 있다.

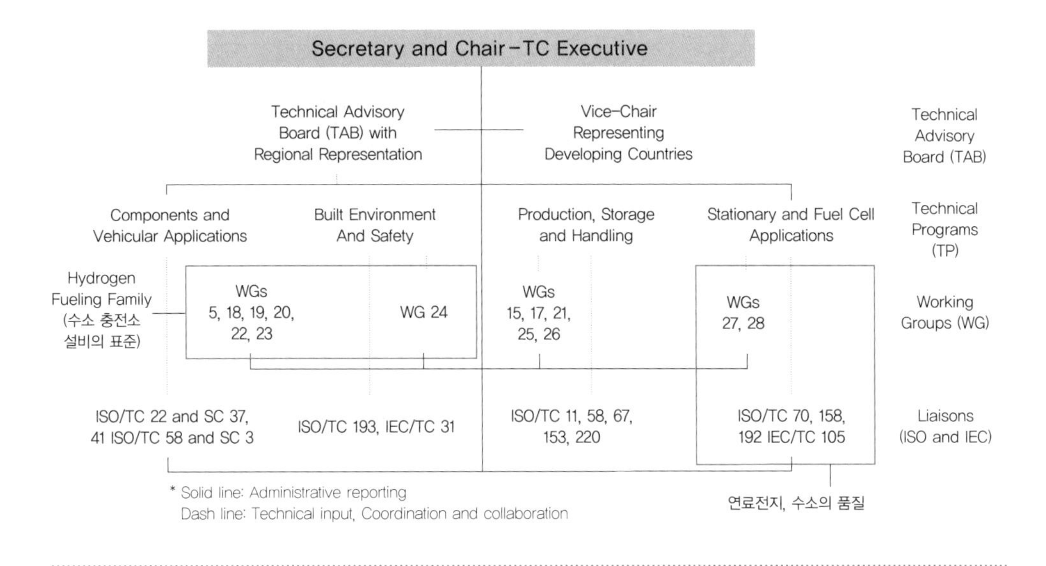


그림 6.88 ISO/TC 197 구성도

19 기술위원회 또는 분과위원회의 작업에 기여하려는 모든 조직과 이해관계자들을 말한다.

표 6.31 ISO/TC 197 WG 현황

| 구분 | WG 명칭 |
|---|---|
| AHG 1 | Permanent editing committee |
| JGW 30 | Joint ISO/TC 197-ISO/TC 22/SC 41 WG: Gaseous hydrogen land vehicle fuel system components |
| TAB 1 | Technical Advisory Board |
| WG 5 | Gaseous hydrogen land vehicle refuelling connection devices |
| WG 15 | Cylinders and tubes for stationary storage |
| WG 18 | Gaseous hydrogen land vehicle fuel tanks and TPRDs |
| WG 19 | Gaseous hydrogen fueling station dispensers |
| WG 21 | Gaseous hydrogen fueling station compressors |
| WG 22 | Gaseous hydrogen fueling station hoses |
| WG 23 | Gaseous hydrogen fueling station fittings |
| WG 24 | Gaseous hydrogen-Fuelling protocols for hydrogen-fuelled vehicles |
| WG 27 | Hydrogen fuel quality |
| WG 28 | Hydrogen quality control |
| WG 29 | Basic considerations for the safety of hydrogen systems |
| WG 31 | O-rings |
| WG 32 | Hydrogen generators using water electrolysis |

Hydrogen fueling family 그룹은 활발히 활동하고 있는 작업반들로, 이 그룹은 수소 충전소의 시스템, 설비, 안전의 표준을 제정하는 것이 주요 역할이다. 표 6.31은 작업반 현황을 정리한 것으로, 2021년 8월을 기준으로 수소 생산, 저장 및 측정에 대한 17건의 표준이 제정되어 있으며, 16건이 개발 중에 있다. 수소 생산과 관련하여, ISO 22734가 제정되었고, ISO 22734-2가 개발 중에 있다. ISO 22734-2는 수전해를 이용한 수소 발생기의 적용과 시험 평가 가이드 라인에 관한 것이다.

### 수소 기술 관련 국제표준화기구 기술위원회 : IEC/TC 105

또 다른 수소 기술 관련 기술 위원회로써 IEC/TC 105(Fuel cell technologies)가 있고, 대표적인 수소 이용 기술인 연료 전지와 관련된 표준화가 수소 기술과 함께 활발히 진행 중에 있다. 이 기술 위원회에서는 발전용, 휴대용 등의 분야에서 연료 전지 시스템과 소자의 이용 시 안전, 성능 시험방법 등에 대한 국제표준을 다루고 있다.

**표 6.32** 수소 기술 관련 ISO/TC 197 국제표준 현황

| 표준 번호 | 표준명 |
|---|---|
| ISO 13984 | Liquid hydrogen–Land vehicle fuelling system |
| ISO 13985 | Liquid hydrogen–Land vehicle fuel tanks |
| ISO 14687 | Hydrogen fuel quality–Product specification |
| ISO TR 15916 | Basic considerations for the safety of hydrogen systems |
| ISO 16110-1 | Hydrogen generators using fuel processing technologies–Part 1: Safety |
| ISO 16110-2 | Hydrogen generators using fuel processing technologies–Part 2: Test methods for performance |
| ISO 16111 | Transportable gas storage devices–Hydrogen absorbed in reversible metal hydride |
| ISO 17268 | Gaseous hydrogen land vehicle refuelling connection devices |
| ISO 19880-1 | Gaseous hydrogen–Fuelling stations–Part 1: General requirements |
| ISO 19880-3 | Gaseous hydrogen–Fuelling stations–Part 3: Valves |
| ISO 19880-5 | Gaseous hydrogen–Fuelling stations–Part 5: Dispenser hoses and hose assemblies |
| ISO 19880-8 | Gaseous hydrogen–Fuelling stations–Part 8: Fuel quality control |
| ISO 19881 | Gaseous hydrogen–Land vehicle fuel containers |
| ISO 19882 | Gaseous hydrogen–Thermally activated pressure relief devices for compressed hydrogen vehicle fuel containers |
| ISO/TS 19883 | Safety of pressure swing adsorption systems for hydrogen separation and purification |
| ISO 22734 | Hydrogen generators using water electrolysis–Industrial, commercial, and residential applications |
| ISO 26142 | Hydrogen detection apparatus–Stationary applications |

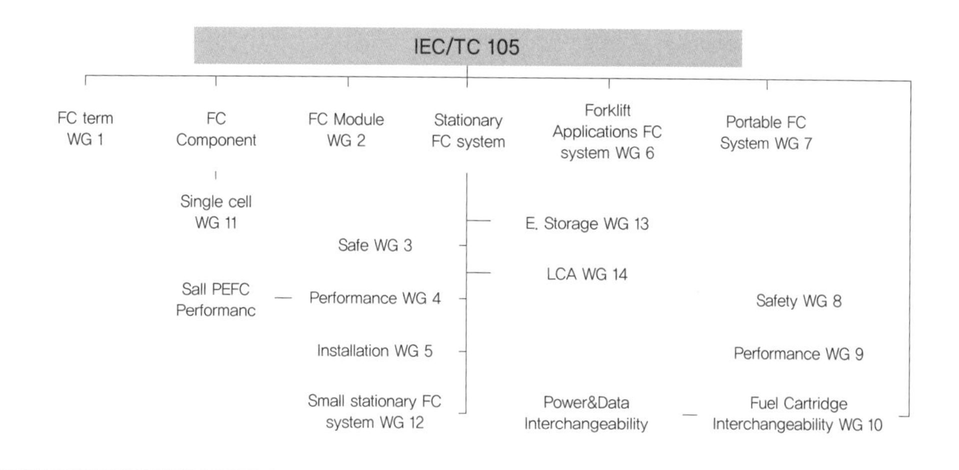


그림 6.89 IEC/TC 105 구성도

표준 개발 주도국은 한국을 비롯해, 독일, 미국, 프랑스, 일본 등으로, 18개국의 P-멤버와 14개국의 O-멤버가 참여하고 있다. 그림 6.89는 IEC/TC 105의 구성도를 나타낸 것으로, 용어, 모듈, 휴대용 연료 전지 분야 등을 포함한 18개의 작업반이 운영되고 있다. WG 2는 연료 전지 모듈을 다루고 있으며, 2021년을 기준으로 우리나라에서는 WG 10과 16의 컨비너를 수임하였다.

표 6.33은 IEC/TC 105에서 개발된 수소 기술과 연료 전지 기술 관련 국제표준에 관한 것으로, 고체 산화물 및 고분자 전해질 연료 전지와 관련된 25건의 표준이 개발 · 제정되었으며, 연료 전지 모듈의 안전성, 수소 생산을 위한 연료 전지의 수전해 모드 및 가역 반응 성능 평가 등이 있다.

**표 6.33** IEC/TC 105 작업반 현황

| 구분 | WG 명칭 |
|---|---|
| WG 1 | Terminology |
| WG 2 | Fuel cell modules |
| WG 3 | Stationary fuel cell power systems–Safety |
| WG 4 | Performance of Fuel Cell Power Systems |
| WG 5 | Stationary Fuel Cell Power Systems–Installation |
| WG 6 | Fuel cell system for propulsion and auxiliary power units (APU) |
| WG 7 | Portable fuel cell power systems–Safety |
| WG 8 | Micro fuel cell power systems–Safety |
| WG 9 | Micro fuel cell power systems–Performance |
| WG 10 | Micro fuel cell power systems–Interchangeability |
| WG 11 | Single cell test methods for PEFC and SOFC |
| WG 12 | Stationary fuel cell power systems–Small stationary fuel cell power systems with combined heat and power output |
| WG 13 | Fuel cell technologies–Energy storage systems using fuel cell modules in reverse mode |
| WG 14 | Life cycle assessment |
| WG 16 | Fuel cell power systems for propulsion other than road vehicles and auxiliary power units (APU) –Fuel cell and battery hybrid power pack systems for performance test of industrial truck |
| WG 17 | Fuel cell power systems for unmanned aircraft systems |
| WG 18 | Power to methane energy systems based on solid oxide cells including reversible operation |
| WG 19 | Performance requirements and test methods for fuel cell power systems for rolling stock |

표 6.34 수소 기술 관련 대표적인 IEC 국제표준 현황

| 표준 번호 | 표준명 |
|---|---|
| IEC 62282-2-100 | Fuel cell technologies–Part 2: Fuel cell modules–Safety |
| IEC 62282-3-100 | Fuel cell technologies–Part 3: Stationary fuel cell power systems |
| IEC 62282-3-201 | Fuel cell technologies–Part 3: Stationary fuel cell power systems–Performance test methods |
| IEC 62282-3-300 | Fuel cell technologies–Part 3-300: Stationary fuel cell power systems–Installation |
| IEC 62282-3-400 | Fuel cell technologies–Part 3-400: Stationary fuel cell power systems–Small stationary fuel cell power system with combined heat and power output |
| IEC 62282-4-102 | Fuel cell technologies–Part 4-102: Fuel cell power systems for industrial electric trucks–Performance test methods |
| IEC 62282-5-100 | Fuel cell technologies–Part 5-100: Portable fuel cell power systems–Safety |
| IEC 62282-6-100 | Fuel cell technologies–Part 6-100: Micro fuel cell power systems–Safety |
| IEC 62282-6-200 | Fuel cell technologies–Part 6-200: Micro fuel cell power systems–Performance test methods |
| IEC 62282-6-300 | Fuel cell technologies–Part 6-300: Micro fuel cell power systems–Fuel cartridge interchangeability |
| IEC 62282-6-400 | Fuel cell technologies–Part 6-400: Micro fuel cell power systems–Power and data interchangeability |
| IEC TS 62282-7-1 | Fuel cell technologies–Part 7-1: Test methods–Single cell performance tests for polymer electrolyte fuel cells (PEFC) |
| IEC TS 62282-7-2 | Fuel cell technologies–Part 7-2: Test methods–Single cell and stack performance tests for solid oxide fuel cells (SOFC) |
| IEC 62282-8-101 | Fuel cell technologies–Part 8-101: Energy storage systems using fuel cell modules in reverse mode–Test procedures for the performance of solid oxide single cells and stacks, including reversible operation |
| IEC 62282-8-102 | Fuel cell technologies–Part 8-102: Energy storage systems using fuel cell modules in reverse mode–Test procedures for the performance of single cells and stacks with proton exchange membrane, including reversible operation |
| IEC 62282-8-201 | Fuel cell technologies–Part 8-201: Energy storage systems using fuel cell modules in reverse mode–Test procedures for the performance of power-to-power systems |

### 다 수소 기술 관련 소재 표준화기구

ISO/TC 197에서 다루고 있는 수소 기술과 관련한 주요 재료의 기술 위원회로는 ISO/TC 11(Boilers and pressure vessels), TC 67(Materials, equipment and offshore structures for petroleum, petrochemical and natural gas industries), TC 17(Steel), TC 206(Fine ceramics) 등을 꼽을 수 있다.

TC 11은 압력 용기 및 보일러의 표준화, TC 67은 파이프 라인을 통한 기체 운송 처리에

사용되는 재료의 표준화를 다루고 있다. TC 17은 저장 및 운송, 생산 등에 사용되는 강철의 주조, 단조 및 냉간 가공 분야의 표준화를 추진하고 있고, TC 206은 수소 생산용 파인 세라믹 전극소재 등의 시험 평가 방법에 대한 표준화를 진행하고 있다.

### 수소 기술 관련 소재 국제표준화기구 기술위원회 : ISO/TC 11

ISO/TC 11(Boilers and pressure vessels)은 에너지 인프라를 지원하는데 필수적인 압력 용기의 재료, 설계, 제작, 검사 및 적합성 평가에 대한 표준화를 표 6.35와 같이 다루고 있으며, 이 기술 위원회의 목표는 보일러 및 압력 용기의 재료, 설계, 제작 등의 성능 요구사항과 이를 달성할 수 있는 절차에 대한 표준 사용을 촉진하는 것이다.

**표 6.35** ISO/TC 11의 국제표준 발간 현황

| 표준 번호 | 표준명 |
|---|---|
| ISO 16528-1 | Boilers and pressure vessels－Part 1: Performance requirements |
| ISO 16528-2 | Boilers and pressure vessels－Part 2: Procedures for fulfilling the requirements of ISO 16528-1 |

### 수소 기술 관련 소재 국제표준화기구 기술위원회 : ISO/TC 67

ISO/TC 67(Materials, equipment and offshore structures for petroleum, petrochemical and natural gas industries)은 석유 및 천연 가스 산업 내에서 파이프 라인을 통한 기체 운송에 사용되는 재료 및 장비의 표준화를 다루고 있다.

2021년 8월 기준, 35개국의 P－멤버와 27개국의 O－멤버가 참여하여 225건의 표준을 제정하였고, 31건의 표준을 개발하고 있다. TC 67에서는 8개의 분과위원회와 6개의 작업반이 운영되고 있는데 이 중 재료 관련 표준은 WG 5, 7, 8, 13에서 다루고 있다.

### 수소 기술 관련 소재 국제표준화기구 기술위원회 : ISO/TC 17

ISO/TC 17(Steel)은 저장 및 운송, 생산 등에 사용되는 강철의 주조, 단조 및 냉간 가공 분야의 표준화를 다루고 있다. 2021년 8월을 기준으로 27개국의 P－멤버와 40개국의 O－멤버가 참여하고 있으며, 320건의 표준이 제정되고, 22건의 표준이 개발되고 있다.

### 수소 기술 관련 소재 국제표준화기구 기술위원회 : ISO/TC 206

ISO/TC 206(Fine ceramics)은 파인세라믹스 분말, 단일체, 복합체, 코팅 등의 특성 및 내구성에 관한 평가 기술 정립에 필요한 표준을 개발하고 있으며, 이를 위해서 12개의 작업반이 운영되고 있다. TC 의장과 함께 WG 2와 WG 10의 컨비너를 한국에서 수임하고 있으며, 수소 생산 및 연료 전지용 핵심소재는 WG 11과 WG 12에서 다루고 있다.

ISO/TC 206는 파인세라믹스 관련 표준 개발을 활발히 전개하고 있는 기술 위원회로 수소 생산 기술과 관련하여 표 6.37과 같이 수전해 및 연료 전지용 전도성 세라믹에 대한 표준을 개발 · 제정하고 있다.

2021년 8월 기준, 141개의 표준이 개발 · 제정되었고, 수전해 및 연료 전지용 핵심소재와 관련한 표준은 ISO 11894-1과 ISO 23331로 WG 11에서 개발 · 제정되었다.

표 6.36 파인 세라믹의 응용과 구성

| Classification of application types | Typical products |
|---|---|
| Active electrical application | |
| Ohmic electrical conductors | Heating element, Electrodes |
| Ionic conductors | Gas detectors, Oxygen sensors |
| Capacitor applications | Multilayer chip capacitors |
| Non-ohmic electrical conductors | Varistors, Thermistors |
| Piezoelectric applications | Force and pressure transducers |
| Chemical and biomedical applications | |
| Laboratory chemical equipments | Crucibles and boats, Funnels |
| Chemical paint applications | Vessels and pipes, ball valves |
| Catalysts and catalyst support | Catalysts, Catalyst supports |
| Biomedical applications | Dental implants |
| Magnetic applications | Components for transducers |

**표 6.37** ISO/TC 206의 대표적인 국제표준 현황

| 표준 번호 | 표준명 |
|---|---|
| ISO 11894-1 | Fine ceramics–Test method for conductivity measurement of ion-conductive fine ceramics–Part 1: Oxide-ion-conducting solid electrolytes |
| ISO 23331 | Fine ceramics–Test method for total electrical conductivity of conductive fine ceramics |
| ISO 13124 | Fine ceramics–Test method for interfacial bond strength of ceramic materials |
| ISO 13383-1 | Fine ceramics–Microstructural characterization–Part 1: Determination of grain size and size distribution |
| ISO 14572 | Fine ceramics–Mechanical properties of ceramic composites at high temperature–Determination of tensile properties |
| ISO 14604 | Fine ceramics–Methods of test for ceramic coatings–Determination of fracture strain |
| ISO 14629 | Fine ceramics–Determination of flowability of ceramic powders |
| ISO 18754 | Fine ceramics–Determination of density and apparent porosity |
| ISO 18757 | Fine ceramics–Determination of specific surface area of ceramic powders by gas adsorption using the BET method |
| ISO 19613 | Fine ceramics–Measurement of viscosity of ceramic slurry by use of a rotational viscometer |
| ISO 23145-1 | Fine ceramics–Determination of bulk density of ceramic powders–Part 1: Tap density |
| ISO 23145-2 | Fine ceramics–Determination of bulk density of ceramic powders–Part 2: Untapped density |
| ISO 26443 | Fine ceramics–Rockwell indentation test for evaluation of adhesion of ceramic coatings |

### 라 수소 생산용 핵심 소재 관련 국제표준화 사례

ISO 11894–1:2013

Test method for conductivity measurement of ion-conductive fine ceramics–Part 1: Oxide-ion-conducting solid electrolytes[20]

ISO 11894-1은 수소 생산용 수전해 및 연료 전지 핵심 소재인 이온 전도성 고체 산화물의 전도성 측정 방법에 대한 표준으로, 0.99 보다 높은 이온 전이 수ionic transference number[21]를 갖는 고체 전해질에 적용되며, 적용 가능한 전도도 범위는 1~1000 S/m$^2$이다.

이 표준은 그림 6.90과 같이 교류 전류를 이용한 4-단자법을 통해 이온 전도성 산화물의 전도도를 측정하기 위한 시험 평가 방법에 관한 것이다. 이 표준에서 다루고 있는 이온 전도

20 ISO 11894 - 1:2013
이온 전도성 파인세라믹스의 전도도 측정을 위한 시험 방법-제1부: 이온 전도성 고체 전해질

21 전자 전도도와 이온 전도도의 합인 총 전도도에 대한 이온 전도도의 비율이다.

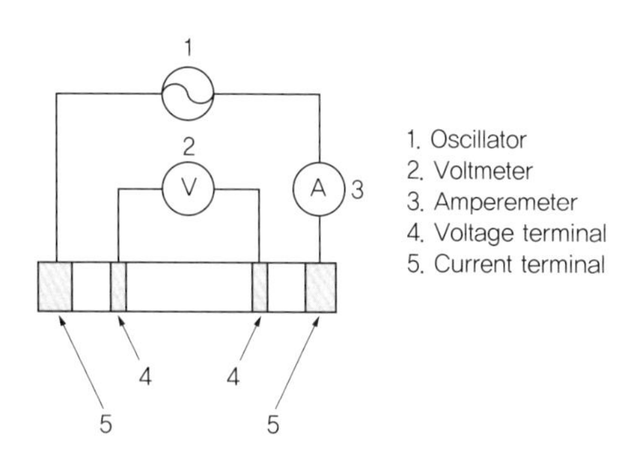


그림 6.90 교류 4-단자법의 구성

성 고체 산화물의 전도도 측정 방법은 수소 생산용 수전해와 연료 전지용 전해질 소재 개발에 적용 가능하다.

ISO 23331:2021

Test method for total electrical conductivity of conductive fine ceramics[22]

ISO 23331은 직류 4-단자법을 통한 전도성 파인 세라믹의 전기 전도도 측정 방법에 관한 표준으로, 4개의 단자가 있는 직류를 이용하여 총 전기 전도도total electrical conductivity[23]를 측정하는 방법을 다루고 있다. 그림 6.91과 같이 4개의 전극을 시험편에 감고, 전류 단자라고 하는 두 개의 외부 전극은 시험편에 직류를 공급하고, 전압 단자라고 하는 두 개의 내부 전

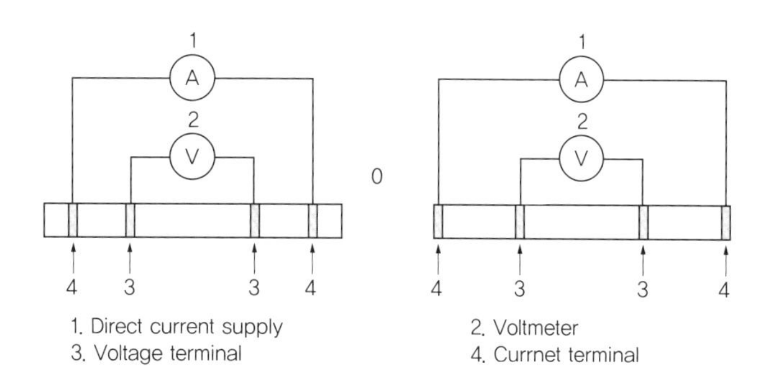


그림 6.91 직류 4-전극법의 구성

22 ISO 23331:2021
전도성 파인세라믹스의 전기 전도도 시험 방법

23 총 전기 전도도는 전자 전도도와 이온 전도도의 합을 의미한다.

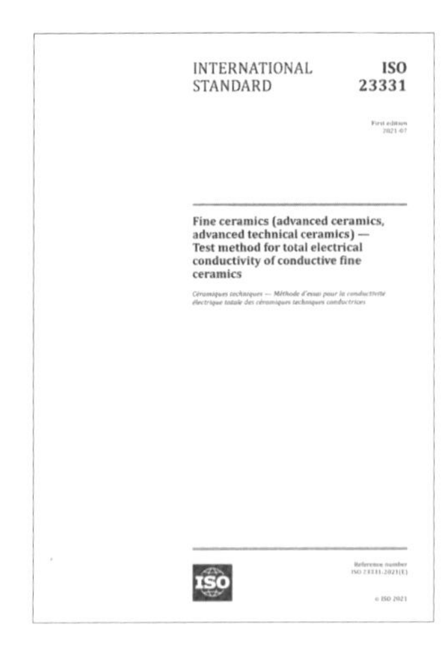

INTERNATIONAL STANDARD

ISO 23331

First edition 2021-07

**Fine ceramics (advanced ceramics, advanced technical ceramics) — Test method for total electrical conductivity of conductive fine ceramics**

*Céramiques techniques — Méthode d'essai pour la conductivité électrique totale des céramiques techniques conductrices*

Reference number ISO 23331:2021(E)

© ISO 2021

INTERNATIONAL STANDARD ISO 23331:2021(E)

**Fine ceramics (advanced ceramics, advanced technical ceramics) — Test method for total electrical conductivity of conductive fine ceramics**

**1 Scope**

This document specifies the test method for the determination of total electrical conductivity of conductive fine ceramics by the DC (direct current) four-terminal method. The test method applies to conductive fine ceramics which have an ionic transference number of 0,01 or less. The applicable conductivity range is from 1 S cm⁻¹ to 1 000 S cm⁻¹ and the temperature range is up to 1 000 °C. The values expressed in the test method are in accordance with the International System of Units (SI).

This document is intended for industrial product quality control and material development of conductive fine ceramics used in electrodes, e.g. fuel cells, batteries and water electrolysis.

**2 Normative references**

The following documents are referred to in the text in such a way that some or all of their content constitutes requirements of this document. For dated references, only the edition cited applies. For undated references, the latest edition of the referenced document (including any amendments) applies.

ISO 3611, *Geometrical product specifications (GPS) — Dimensional measuring equipment: Micrometers for external measurements — Design and metrological characteristics*

ISO 6145-7, *Gas analysis — Preparation of calibration gas mixtures using dynamic methods — Part 7: Thermal mass-flow controllers*

ISO 13385-1, *Geometrical product specifications (GPS) — Dimensional measuring equipment — Part 1: Design and metrological characteristics of callipers*

ISO/IEC 17025, *General requirements for the competence of testing and calibration laboratories*

ISO 18754, *Fine ceramics (advanced ceramics, advanced technical ceramics) — Determination of density and apparent porosity*

ISO 80000-1, *Quantities and units — Part 1: General*

**3 Terms and definitions**

For the purposes of this document, the following terms and definitions apply.

ISO and IEC maintain terminological databases for use in standardization at the following addresses:

— ISO Online browsing platform: available at https://www.iso.org/obp

— IEC Electropedia: available at http://www.electropedia.org/

**3.1**
**total electrical conductivity**
electrical conduction where both electrons and ions carry the electrical charges

**3.2**
**electronic conduction**
electrical conduction where electrons (or holes) carry the electrical charges

© ISO 2021 – All rights reserved 1

그림 6.92 ISO 23331 국제표준

출처 : ISO, Fine ceramics (advanced ceramics, advanced technical ceramics)－Test method for total electrical conductivity of conductive fine ceramics

| Stage | Progress |
|---|---|
| 00 Preliminary stage | TC206 has own agreement for new work item submission<br>**2017년 신규 표준안으로 제안(기고문 발표)** |
| 10 Proposal stage | Ballots for accepting new proposal (NP)<br>**2018년 신규 표준안으로 채택(ISO/NP 23331)** |
| 20 Preparatory stage<br>〈stage of working draft (WD)〉 | Discussion in Working Groups (WG)<br>**2018년~2019년 WD 수정(ISO/WD 23331)** |
| 30 Committee stage<br>〈stage of committee draft (CD)〉 | Ballots and Comments in Technical Committee<br>**2019년~2020년 CD채택 및 수정(ISO/CD 23331)** |
| 40 Enquiry stage<br>〈stage of draft international standard (DIS)〉 | Ballots and Comments by ISO participating countries<br>**2020년~2021년 DIS채택 및 수정(ISO/DIS 23331)** |
| 50 Approval stage<br>〈stage of final international standard (FDIS)〉 | Final Ballot by ISO participating countries<br>**2021년 FDIS채택 및 수정(ISO/FDIS 23331)** |
| 60 Publication stage | Publication |

그림 6.93 ISO 23331 국제표준화 진행 절차

극이 전압을 측정한다. 여기서 측정하는 총 전기 전도도는 인가된 전류, 측정된 전압과 시편의 기하학적 구조로 결정될 수 있다.

2017년에 신규 표준안으로 제안하여 2018년에 신규 표준안으로 채택되었고, 이후 WD, CD, DIS, FDIS 단계[24]를 거쳐 2021년에 발행되었다. 해당 표준은 연료 전지와 수전해셀의 전극, 전고체 배터리의 전해질 등에 사용되는 전도성 세라믹을 대상으로 하였다.

# 6.4 3D 프린팅과 표준

## 6.4.1 3D 프린팅 기술 개요

### 가 4차 산업과 3D 프린팅 기술

3D 프린팅, 즉 3차원 프린팅 기술은 금속, 세라믹, 고분자 등 다양한 소재를 한층씩 쌓아 올려 3차원 형태의 입체물로 제조하는 기술로, 적층 공정을 통해 원하는 모양을 만들기 위하여 연속적으로 재료를 추가하기 때문에 적층제조additive manufacturing 기술로 알려진 제조 방법이다.

3D 프린터 개념은 1892년에 최초로 J. E. 블랜더J. E. Blanther에 의해 한층씩 쌓아서 지도를 제작하는 입체 모형 지도 방식[25]으로 도입되었으며, 최초의 3D 프린터는 광조형장치stereolithography apparatus, SLA로 1987년 3D System사에서 개발되었다.

세계경제포럼은 2013년 세계 10대 유망기술 중의 하나로 3D 프린터를 꼽았으며, 미국의 오바마 전 대통령도 3D 프린팅 기술을 차세대 제조 혁명의 대표 주자로 언급하였다. 세계미래학회는 '2013~2025 미래예측보고서'에서 3D 프린터가 생산혁명을 일으킬 것이라 예측하였고, MIT 테크놀로지 리뷰도 2014년 세상을 바꿀 10가지 기술 중 하나로 3D 프린터를 꼽았다.

4차 산업에서 3D 프린팅 기술은 사물인터넷, 빅데이터 등과 함께 스마트 팩토리의 핵심 요소이며 복잡한 구조를 정확, 정밀하고 빠르게 출력하는 장점을 가져, 일반 제조 산업은 물

24 각 단계는 준비단계 작업 초안WD, 위원회단계 위원회 초안CD, 질의단계 질의안DIS, 승인단계 최종 국제규격안FDIS를 의미한다.

25 US473901A - Manufacture of contour relief-maps

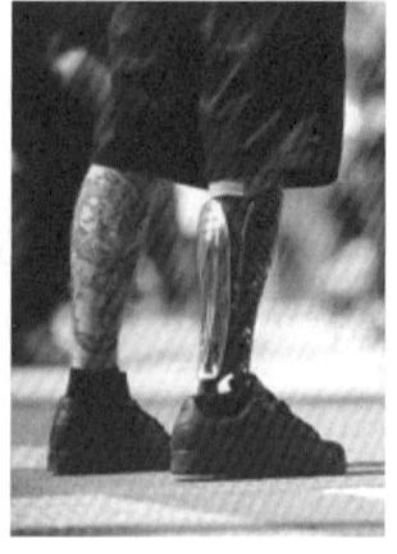
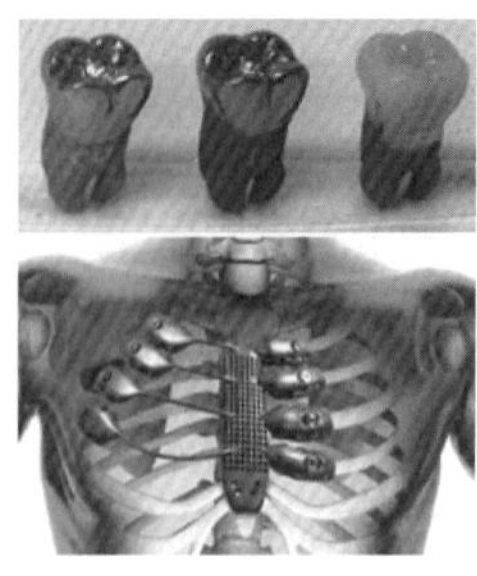

그림 6.94 3D 프린팅으로 제조된 항공 · 우주, 의료 및 자동차 분야 제품

출처 : 국내·외 3D프린팅 활용사례와 시사점

론이고 항공 · 우주, 자동차, 의학, 건축 등 고부가가치 산업 분야로 적용이 확대되고 있다.

항공 · 우주 분야에서는 미니어처 위성 제조업체인 Mini-Cubues가 3D 프린팅을 활용하여 소형 위성을 개발하였고, NASA는 국제우주정거장에 3D 프린터를 설치하였다. 자동차 분야에서는 GMGeneral Motors이 3D 프린팅을 양산차 부품에 적용하기 위해 투자를 하고 있다. 의학 분야에서도 3D 프린팅 기술을 적극 활용하고 있으며, LLNLLawrence Livermore National Laboratory은 인체의 대뇌세포 혈관을 3D 프린팅하여 동맥류를 복제하였고, 미네소타 대학에서는 3D 프린팅으로 쥐용 투명 두개골을 개발하였다.

'Additive Manufacturing Trend Report 2021'에서 글로벌 3D 프린팅 시장 규모는 연평균

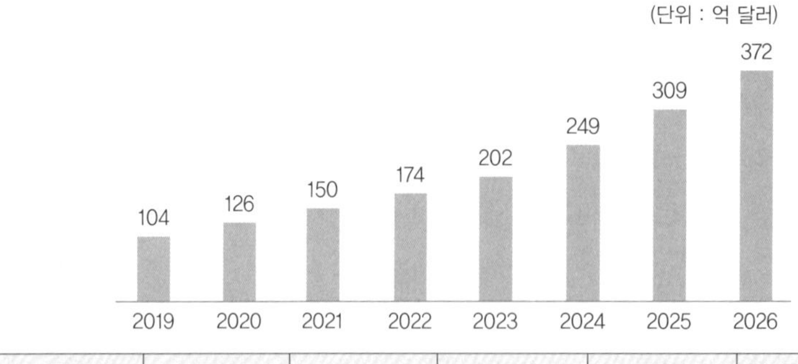


| 분류 | 2019 | 2020 | 2021 | 2026 | 연평균 성장률(19~25) |
|---|---|---|---|---|---|
| 3D프린팅 | 104 | 126 | 150 | 372 | 20.0% |

그림 6.95 글로벌 3D 프린팅 산업 시장 규모(2019~2026)

출처 : Additive Manufacturing Trend Report 2021

그림 6.96 프린팅 시장의 지역별 성장 속도(2020~2025)

출처 : Mordor Intelligence, 2020

20%씩 성장하여 2026년에는 약 372억 달러로 증가할 것으로 예측하고 있다. 시장 조사업체인 Mordor Intelligence에 따르면 글로벌 3D 프린팅 시장의 지역별 성장 속도는 아시아 · 태평양이 가장 빠르고, 북미 · 유럽, 남미 · 아프리카 순으로 조사되었다.

### 나 3D 프린팅 기술의 원리

3D 프린팅 기술은 입체의 재료를 기계 가공 또는 레이저로 자르거나 깎는 방식으로 입체물을 생산하는 절삭 가공subtractive manufacturing과는 반대의 기술로, 컴퓨터로 작성된 물체의 3차원 설계도에 따라 잉크젯 프린터가 잉크를 뿌려서 인쇄하는 것처럼 잉크 대신 다양한 소재를 출력하여 제품을 만드는 새로운 개념이다. 다시 말해, 인쇄할 물건을 미분하듯 아주 얇은 층으로 잘게 나누고, 이렇게 나눠진 얇은 층을 적분하듯 다시 한층씩 쌓아 바닥부터 꼭대기까지 완성하여 입체물을 출력하는 원리이다.

그림 6.97과 같이 3D 모델링 프로그램 또는 3D 스캐너를 통하여 설계된 3차원 디지털 도면을 얇은 층(0.015~0.10mm)으로 변환하고, 각 층은 3D 프린터에 의해 빌드 플레이트로 출력되며, 한층의 출력이 완료되면 빌드 플레이트를 내리고 이전 층 위에 다음 층을 추가하는 과정을 반복하게 된다.

일반적인 고분자 소재는 출력이 완료되면 서포터 제거, 연마, 염색, 표면 재료 증착 등 최종 상품화를 위한 후처리 공정을 거치게 된다. 금속 3D 프린팅의 경우 여러 가지 출력 기술에 따라 부품 출력 후 다양한 후처리 작업이 필요하게 된다. 이러한 작업에는 금속 분말 제거, 응력 완화 열처리, 부품 및 지지 구조 제거, 가공 작업, 결함 제거 등으로 부품의 품질을

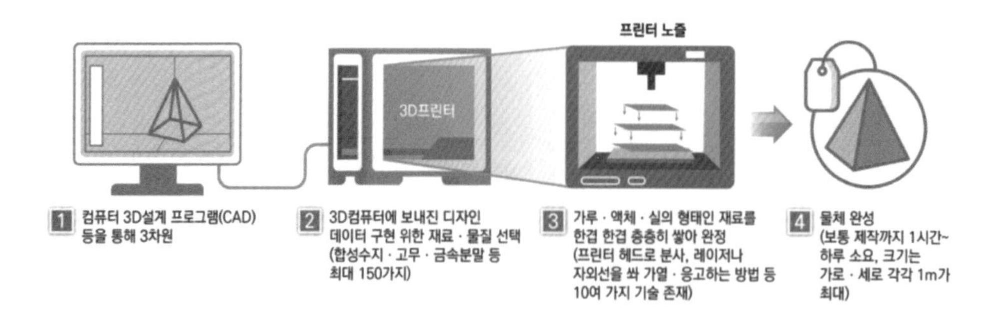


그림 6.97 3D 프린터 제품 제작 과정

출처 : 알기 쉬운 의료기기 3D프린팅 기술의 이해, 식품의약품안전처

향상시키기 위한 과정을 거치게 된다. 고온소결에 의한 입자간 결합으로 구조 안정성과 물성이 확보되는 세라믹의 경우, 3D 프린팅된 출력물은 성형체에 불과하며 탈지debinding와 소결sintering같은 후처리 공정을 통해 강도를 향상시켜야 한다.

### 다 3D 프린팅 기술의 특징

3D 프린팅 기술은 다품종 소량 생산과 개인 맞춤형 제작이 용이하여 제조 환경의 큰 변화를 가져왔고, 아이디어는 있지만 기존의 물리적 공정으로는 제작할 수 없는 복잡한 형상도 제조가 가능해졌다.

기존에는 주조, 단조, 압출, 프레스 등 전통 제조 공정을 고려한 설계가 중요한 반면, 3D 프린팅, 즉 적층 제조 공정은 설계한 대로 제작되기에 전통 제조 공정에서 제조하기 힘든 제품도 제작이 가능한 장점이 있다. 기존의 생산 방식은 몰드mold를 만들어서 성형하거나 원자재를 깎아서 만드는 방식이 주를 이루었다. 이로 인해 몰드 제작에 초기 비용이 많이 들어가고 생산을 시작할 때까지 오랜 시간이 걸리며, 원자재를 깎아서 만드는 방식은 최종 부품 형상보다 큰 원자재를 구매해야 절삭이 가능하기 때문에 생산 단가가 비교적 높으며 많은 폐기물을 발생시킨다.

이에 반해, 3D 프린팅 공정은 필요한 재료만 녹이거나 굳혀서 적층하는 방식이기 때문에 재료의 사용을 절감할 수가 있어 경제적이며 친환경적이다. 또한 다양한 소재로 복잡한 구조의 제품까지 생산이 가능해지면서 의료, 건축, 자동차, 식품 등 다양한 분야에 활용이 가능하며 그 적용 분야는 점차 증가하고 있다.

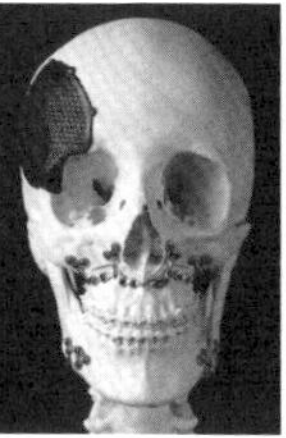

그림 6.98 다양한 3D 프린팅 출력물

출처 : google images

3D 프린팅에 활용되는 소재는 고분자(합성수지), 금속, 세라믹, 종이, 목재, 식재료, 복합, 콘크리트 소재 등 매우 다양하며 액체, 분말, 고체 등 사용하는 재료의 형태에 따라서 조형성, 견고성 등의 특성이 달라지게 된다.

### 라 3D 프린팅 기술의 종류

3D 프린팅 기술은 적층을 위한 광원의 종류, 적층방식, 소재의 종류 및 형태에 따라 다양하게 구분할 수 있다. 3D 프린팅 기술 관련 국제표준화기구인 ISO/TC 261(Additive manufacturing)과 미국 재료 시험 협회 ASTM F 42(Additive manufacturing technologies)는 3D 프린팅 관련 기술을 표 6.38과 같이 7가지로 구분하여 정의하고 있다.

- 접착제 분사binder jetting 방식 : 소재의 국부적인 부분에 접착제를 분사하는 방식으로, 액상 접착제를 다수의 미세 노즐을 통해 분사하여 분말 소재를 선택적으로 결합시켜 3차원 형상을 제조하는 기술이다.
- 재료 분사material jetting 방식 : 소재를 직접 분사한 뒤 경화시키는 방식으로, 액상의 소재를 다수의 미세노즐을 통해 분사한 후 경화 시켜 3차원 형상을 제조하는 기술이다.
- 분말 소결powder bed fusion 방식 : 분말 소재에 높은 에너지의 레이저를 조사하여 선택적으로 용융결합하는 방식으로, 출력할 분말 소재를 챔버 내에서 레이저를 이용하여 선택적으로 용융 및 소결시켜 3차원 형상을 제조하는 기술로서 선택적 레이저 소결selective laser sintering, SLS 방식이 대표적이다.
- 고에너지 직접조사directed energy deposition 방식 : 레이저나 전자빔으로 금속 분말을 용융시켜 부착하는 방식으로, 금속 표면에 레이저를 조사하여 국부적으로 용해된 용융풀melt

**표 6.38** 3D 프린팅 7대 기술 분류

| 구분 | 설명 | 재료 |
|---|---|---|
| 접착제 분사 (Binder jetting) | 분말 형태의 재료에 접착제를 분사하여 결합시키는 방식 | 금속, 세라믹, 고분자 |
| 재료 분사 (Material jetting) | 액상 재료를 프린터 노즐을 통해 분사 후 자외선 등으로 경화시키는 방식 | 고분자, 왁스 |
| 분말 소결 (Powder bed fusion) | 분말 형태의 모재 위에 고에너지빔 주사, 선택적으로 결합시키는 방식 | 금속, 세라믹, 고분자 |
| 고에너지 직접조사 (Direct energy deposition) | 레이저나 전자빔으로 고체 재료를 직접 증착 또는 녹여 붙이는 방식 | 금속 분말, 와이어 |
| 시트 적층 (Sheet lamination) | 얇은 필름 형태의 재료를 열 , 접착제 등으로 붙여가며 적층하는 방식 | 금속, 세라믹 |
| 광중합 (Vat photo-polymerization) | 광경화성 액상 재료에 광 에너지를 조사, 선택적으로 경화시키는 방식 | 세라믹, 고분자 |
| 재료 압출 (Material extrusion) | 고체 재료에 열을 가하면서 노즐을 통해 압출하는 방식 | 고분자, 나무 등 |

출처 : KATS 기술보고서, 3D 프린팅 국내외 표준화 동향, 제86호, 2016

pool을 구성하고, 여기에 분말을 공급하여 3차원 형상을 제조하는 기술이다.

- 시트 적층sheet lamination 방식 : 얇은 필름 형태의 재료를 붙여서 적층하는 방식으로, 판재 형태의 소재를 원하는 단면으로 절단하고 접착하여 3차원 형상을 제조하는 기술이다.
- 광중합Vat photo-polymerization 방식 : 레이저나 자외선 등을 조사하면 경화되는 수지를 사용하여 출력하는 방식으로, 액상의 폴리머를 광에너지를 이용하여 선택적으로 경화시켜 3차원 형상을 제조하는 기술로서, 미국의 3D Systems사에서 개발한 광조형장치가 대표적이다.
- 재료 압출material extrusion 방식 : 치약을 짜듯 소재를 노즐을 통해 압출시켜 적층하는 방식으로, 고분자 필라멘트 소재를 노즐을 통해 용융시킨 후 압출시켜 3차원 형상을 제조하는 기술로서 프린터가 상대적으로 저가여서 교육기관에서 많이 사용하고 있다.

그림 6.99 금속 3D 프린팅 공정을 적용한 GE항공 Catalyst 엔진

출처 : shutterstock.com

## 6.4.2 금속 3D 프린팅 기술

### 가 금속 3D 프린팅이란?

#### 금속 3D 프린팅 공정

금속 3D 프린팅 공정은 부품이나 제품을 제조하기 위한 출력 소재로 다양한 금속을 사용하는 공정이다. 금속 소재는 최근에 개발이 집중되고 있는 분야로 용도에 따라 순금속이나 합금이 이용되고 적층기구에 따라서 분말powder, 와이어wire, 포일foil, 잉크ink의 형태로 사용되며, Ti 합금 및 초내열 합금 등의 고부가가치 소재가 주로 연구되고 있다.

최근 산업용 3D 프린팅 분야에서 주목할 점은 금속 3D 프린팅 기술 수준이 빠르게 발전함에 따라 관련 시장이 급속히 증가하는 추세에 있다는 점으로, MIT는 2018년 '10대 혁신기술' 가운데 하나로 금속 3D 프린팅을 선정하고 금속 3D 프린팅의 대중화가 지금의 대량생산 방식에 큰 변화를 초래할 것이라고 전망하였다.

#### 금속 3D 프린팅 장점

금속 제품을 생산하기 위해 전통적으로 주조, 단조, 절삭가공 등의 방법을 사용하였다면, 금속 3D 프린팅은 3D 도면, 재료, 적층 장비만 있으면 바로 제품화가 가능하다는 점에서 차별화를 갖고 있다.

금속 3D 프린팅의 발전은 3D 프린팅 산업이 단순히 시제품 제작 용도를 넘어 제조 현장에서 부품이나 제품 등의 완성품 생산이 가능한 단계로 진입하고 있음을 의미하며(prototyping to producing), 절삭가공computer numerical control, CNC[26] 등 기존 금속 제조로는 불가능했던 복잡한 모양의 부품을 생산 가능하게 한다. 또한 제조시간 및 비용을 절감할 수 있을 뿐만 아니라, 수요자가 요구하는 맞춤형 부품의 소량 다품종 생산이 가능하므로 기존의 제조 산업 패러다임을 바꿀 혁신적 기술로 급격하게 부상하고 있다.

국내 금속 3D 프린팅 기술에 있어서 금속 분야의 응용범위에 제한이 있었으나 최근에는 장비 보급이 확산되어 각종 금형제작, 의료분야, 로봇 부품, 방산 및 자동차 부품 제조, 조선 등의 기타 부품 제조 및 수리에도 점차 확산되고 있다.

### 금속 3D 프린팅용 분말

금속 3D 프린팅 공정에 사용되고 있는 재료는 대부분 분말 형태로 적용되고 있으며 가스 분무법gas atomizing process으로 제조된 구형의 극미세 분말이 사용되고 있다. 가스 분무법이란 용탕 노즐로부터 흘러내리는 용융 금속에 압축 가스를 분사하여 용탕 흐름을 비산시켜 미세 분말을 제조하는 방법이다.

분말야금에 사용되는 금속 분말은 산업적으로 널리 쓰이고 있는 기존의 합금 소재와 달리, 2~3개의 기본적 합금 성분만을 포함하고 있기 때문에 산업적으로 의미있는 다원계 합금 성분의 분말 개발이 필요하다. 고품질의 재연성이 높은 공정을 위해서는 분말의 크기, 모양, 화학적 특성 등이 매우 중요하며, 금속 3D 프린팅을 위해서는 분말의 형상이 구형이고 크기가 일정한 금속 분말을 사용해야 여러 결함 발생 가능성을 최소화 할 수 있다. 현재 금속 3D 프린팅 공정에 사용되고 있는 금속 분말은 티타늄, 철, 알루미늄, 마그네슘, 니켈 합금 등 다양한 종류가 사용되고 있다.

### 금속 3D 프린팅 적용 분야

금속 3D 프린팅은 자동차 산업 분야에 많이 적용되고 있으며, 금속 3D 프린팅의 발전으로 보다 가볍고, 튼튼하고, 안전하고, 최적화된 자동차 부품의 설계 및 제조가 가능해졌다.

26 컴퓨터 지원 설계로 제품을 가공하는 방법이다.

**표 6.39** 금속 3D 프린팅 소재 분류

| 종류 | 3D 프린팅용 소재 | 특성 |
|---|---|---|
| Ti 합금 | Ti-6Al-4V, TiAl, TiNi | • 고융점으로 인한 분말 제조의 어려움<br>• 금속 간 화합물의 낮은 인성 |
| Refractory Metals | W, Mo, Re | • 고융점으로 인한 분말 제조의 어려움<br>• 금속 간 화합물의 낮은 인성<br>• 조형 시 고출력 열원 필요 |
| Fe 합금 | 공구강, SUS, 17-4PH | • 다원계 합금 조성 필요<br>• 고밀도를 위한 극미세화<br>• 저비용 분말 대량생산 |
| Al 합금 | Al-Si, 6,000계, 7,000계 | • 고반사율로 인한 고출력 열원 필요<br>• 다원계 합금 조성 필요 |
| Ni 및 Co 합금 | Superalloy, Co-C | • 비교적 고융점에 따른 낮은 치밀화도(후가공 필요)<br>• 낮은 점성으로 인한 분말 내부 Void 형성 |
| Mg 합금 | Mg 합금 | • 폭발적인 산소친화력<br>• 높은 증기압에 따른 증발 문제(합금조성 제어 어려움) |

출처 : 중소기업 기술로드맵 2018-2020, 중소벤처기업부 및 TIPA, 2017

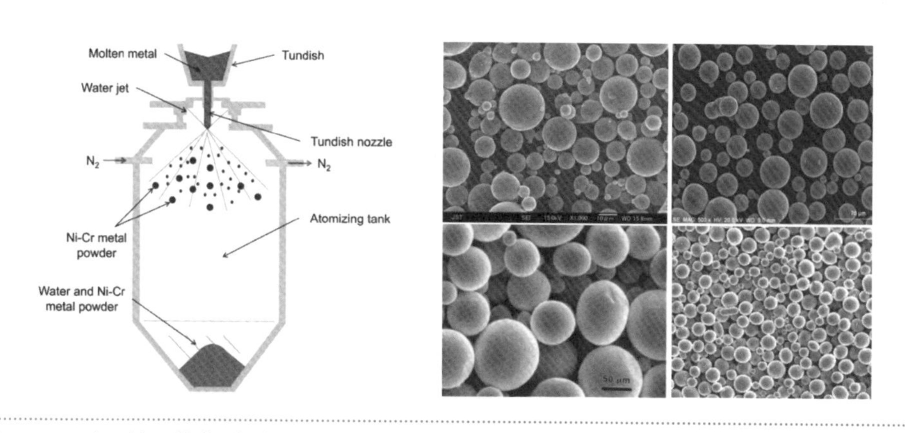


그림 6.100 가스 분무법(좌) 및 제조된 금속분말 전자현미경 사진(우)

출처 : M-H. Hong, 2016, "Characteristics Analysis of Ni-Cr Metal Powder for Selective Laser Melting Process Produced by High-Pressure Water Atomized Technology", Kor J Dent Mater

독일의 BMW는 금속 3D 프린팅 기술을 이용하여 고성능 자동차인 i8 로드스터 차종의 가이드 레일을 출력하였으며, 24시간 동안 100개의 레일 출력이 가능하다. 또한 i8 로드스터의 소프트탑 구조물도 출력을 하는데 이것은 기존 사출 성형방법으로 제작한 부품보다

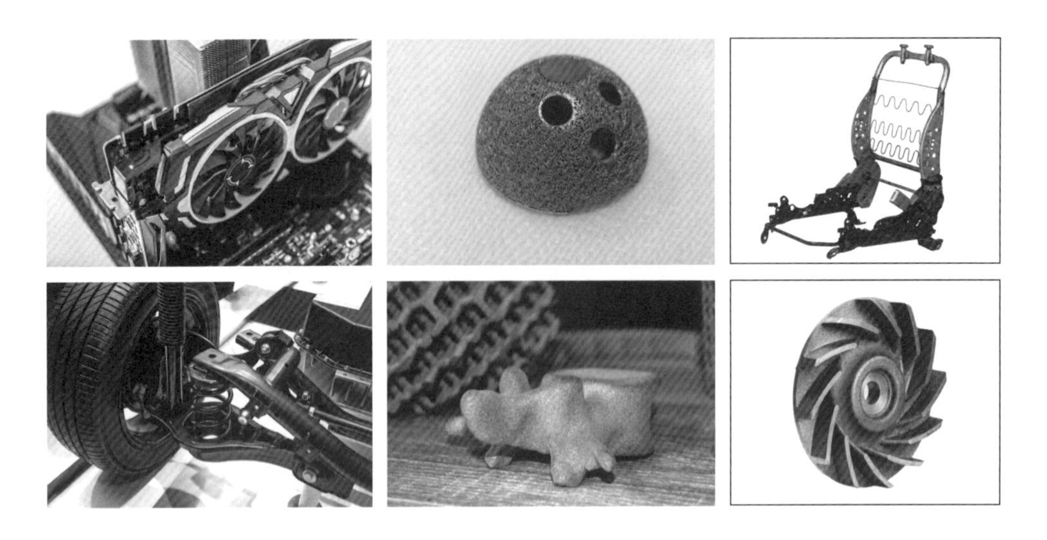

그림 6.101 다양한 금속 3D 프린팅 적용 분야

출처 : shutterstock.com

44% 가볍고, 강성은 10배가 강하다.

프랑스의 부가티에서는 Ti6Al4V 티타늄 합금으로 출력한 2.9kg의 브레이크 캘리퍼를 제조하였고, 이 캘리퍼는 자동차 시장에서 가장 큰 캘리퍼 중 하나이며 인장강도가 1225MPa가 되는 등 기계적 특성도 우수하다. 이렇듯 자동차 시장에서 금속 3D 프린팅 기술을 사용하여 더욱 경량하고 특성이 우수한 부품들을 많이 제조하고 있다.

금속 3D 프린팅 기술을 일찍 적용한 분야는 항공 · 우주 분야이며, 민간 항공기, 군수 분야, 미사일 시스템과 같은 산업의 모든 부문에 금속 3D 프린팅 기술을 적용하고 있다.

금속 3D 프린팅의 신속한 금형제작, 수정 및 수리, 자유형 및 복잡한 기하학적 구조 제작, 부품 통합 기능 등으로 인해 금속 3D 프린팅은 항공 · 우주 분야에 이상적인 장점을 가지고 있다. 또한 항공 · 우주 분야에 적용되는 부품은 일반적으로 고온에서 특성이 우수하지만 가공이 어려운 초합금superalloy 등의 소재를 사용하기 때문에 3D 프린팅 기술이 더욱 적합한 공정으로 생각되고 있다. 이러한 것들을 통해 항공 · 우주 분야의 부품을 금속 3D 프린팅하여 경량화율 및 엔진효율을 높이는 데 주력하고 있다.

의료 및 치과 산업도 최종 사용자를 위한 제품을 만들기 위하여 금속 3D 프린팅 기술을 적용하기에 적합한 분야이다. 이러한 산업은 금속 3D 프린팅 기술을 통해 환자의 요구와 새로운 재료에 대한 접근에 맞춘 맞춤형 모델을 제작할 수 있다. 이 외에도 건물, 건축, 전자부품, 채광, 오일, 철도, 공구 등의 선방위적인 산업분야에 금속 3D 프린팅 기술이 적용되고 있다.

## 나 금속 3D 프린팅 기술 분류

### 분말 소결 방식

분말 소결 방식Powder bed fusion, PBF은 대표적인 금속 소재 출력 방식으로 분말 공급 장치에서 일정한 면적을 가지는 분말 베드에 수십 ㎛의 분말층을 깔고, 레이저 또는 전자빔을 선택적으로 조사한 후 한층 한층씩 용융시켜 쌓아 올라가게 된다. 선택적 레이저 소결SLS이라는 용어로도 불리는 분말 소결 방식은 복잡한 형태나 정교한 금속 제품 성형이 가능하나 사용되는 분말이 고가이다.

출력 과정은 슬라이스 층을 고에너지 빔으로 융합하고, 출력 베드를 하강하여 분말층을 재도포하는 융합 및 하강 과정을 반복하게 된다. 전통적인 제조 공정으로는 제작할 수 없는 복잡하고 독특한 형상의 금속 부품 제작이 가능하다.

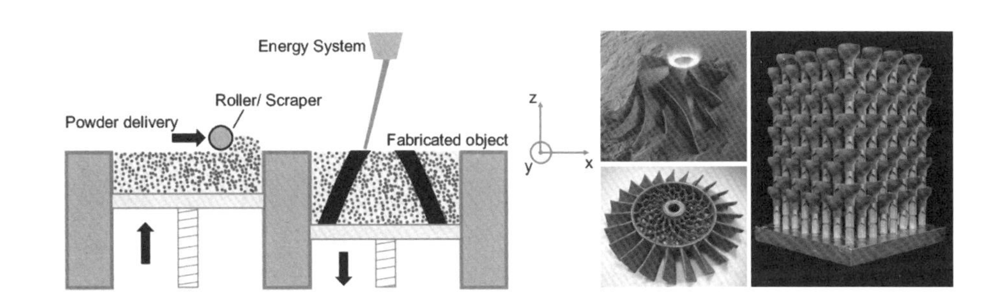


그림 6.102 Powder Bed Fusion 금속 3D 프린팅 방식과 출력물

출처 : https://www.researchgate.net

### 고에너지 직접 조사 방식

또 하나의 대표적인 금속 3D 프린팅 기술에는 고에너지 직접조사 방식directed energy deposition, DED 기술이 있다. 이 방법은 고출력 레이저 빔을 금속 표면에 조사하여 순간적으로 용융되는 부분을 생성시키는 동시에 금속 분말도 공급하여 실시간으로 적층하는 방식으로 우리가 잘 알고 있는 용접 방식과도 유사한 공정이다.

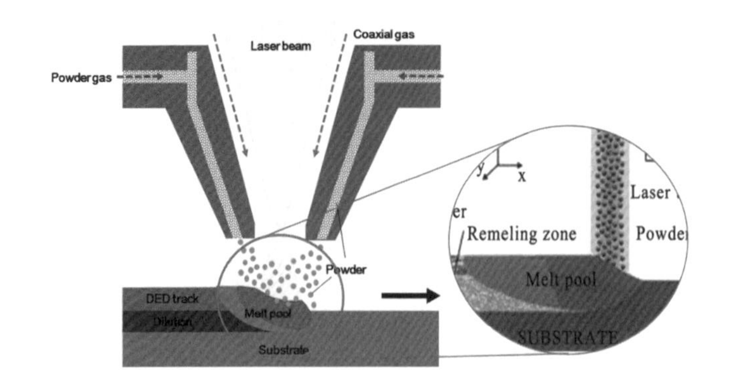


그림 6.103 Directed Energy Deposition 금속 3D 프린팅 방식

출처 : https://www.researchgate.net

이 기술은 기존 금속 제품 위에 동종 또는 이종의 금속 소재를 적층시켜 나갈 수 있어 금형 제작, 표면강화, 보수, 재생 작업 등에 활용할 수 있는 장점이 있다. 표면 경화hardfacing는 금속 제품 표면에 강화층을 적층하여 부품 성능 및 수명을 연장할 수가 있으며, 보수repair는 파손된 부분에 동일 금속 소재의 분말을 적층하여 부품 보수 시 기계적 물성의 큰 저하 없이 기존 제품을 보수할 수가 있다. 재생remodeling은 구형 제품의 형상 변경을 할 수 있고 기존 부품 재사용이 가능한 장점이 있으나, 적층 장비의 가격이 고가이며 현재 기술로는 기존 공정 방식에 비해서 제작 시간이 길다는 단점이 있다.

### 와이어 아크 적층 방식

와이어 아크 적층 방식Wire arc additive manufacturing, WAAM은 금속 와이어를 전기 아크로 녹이는 방식으로, 와이어가 녹으면 로봇이나 CNC 기계가 설정된 경로에 소재를 비드 형태로 압출하여 적층한다. 이 공정은 출력 대상이 완성될 때까지 한층 한층 적층되는 과정이 반복되며, 다양한 재료를 적용할 수 있고 소형의 부품부터 중대형의 구조까지 안정적으로 생산이 가능하다.

이 공정은 기존의 전통적인 금속 부품 제조 방식에 비해 제조 시간이 단축되고 재료 낭비를 줄여 제조 비용을 낮출 수 있다. 다른 금속 3D 프린팅 공정에 비해 WAAM은 적층속도가 빠르지만 설계 자유도가 제한적이다. 따라서 공정 중의 적층 방향, 적층 순서, 설계에 있어 제약 조건을 고려하는 것이 필요하며, 높은 입열량과 거친 표면 마감 때문에 후공정을 적용

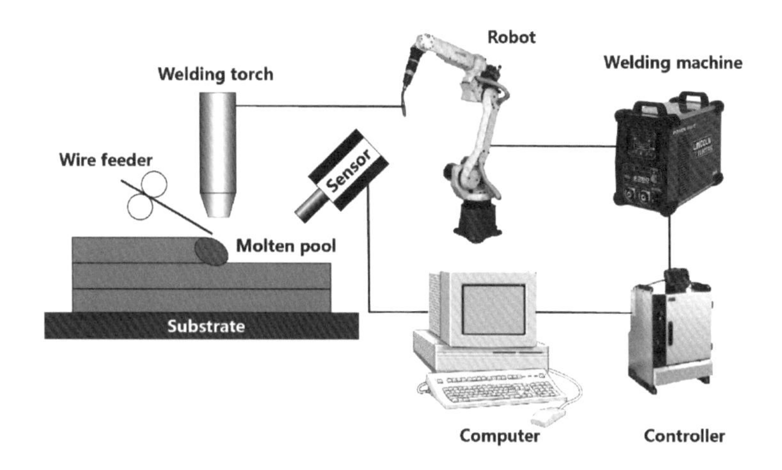


그림 6.104 Wire arc additive manufacturing 금속 3D 프린팅 방식

출처 : Results in Engineering, 13 (2022) 100330

해야 하는 점이 있다.

## 6.4.3 세라믹 3D 프린팅 기술

### 가 세라믹 3D 프린팅이란?

세라믹 3D 프린팅 공정

세라믹 3D 프린팅 공정은 그림 6.105와 같이 제작하려는 3차원 구조체의 설계 도면을 프로그램[27]을 이용하여 슬라이싱 공정을 통해 2차원의 단층면 데이터를 추출한 다음 3D 프린터에 데이터를 입력하여 3차원 성형체green body를 제작한다. 제작된 성형체를 알코올 등으로 세척한 후 탈지[28] 및 소결[29]의 최종 후처리를 통해 복잡형상을 가진 최종 제품을 제작함으로써 3차원 복잡형상의 세라믹 제품을 경제적으로 생산이 가능하다.[30]

27 3차원 디지털 모델은 대체로 도면 프로그램인 CADComputer Aided Design를 통해 생성되나, 문화재 복원 등 특정 경우에는 디지털 스캐너를 통해 획득되기도 한다.

28 탈지Binder burnout, debinding 과정이란, 형상 생성 및 유지를 위해 사용되었던 수지를 태우는 후처리 공정을 말한다.

29 소결sintering이란, 비표면적이 큰 분말 입자들이 좀 더 치밀한 구조를 가지게 하여 기공을 줄이고, 밀도를 높여 원하는 재료의 물성을 구현하기 위해 온도를 높여주는 과정을 말한다.

30 Formlabs 홈페이지(https://www.formlabs.com)

그림 6.105 세라믹 적층제조 공정순서

출처 : 배창준, 2021, 3D 프린팅 산업 활성화 방안 연구, 한국과학기술정보연구원(KISTI)

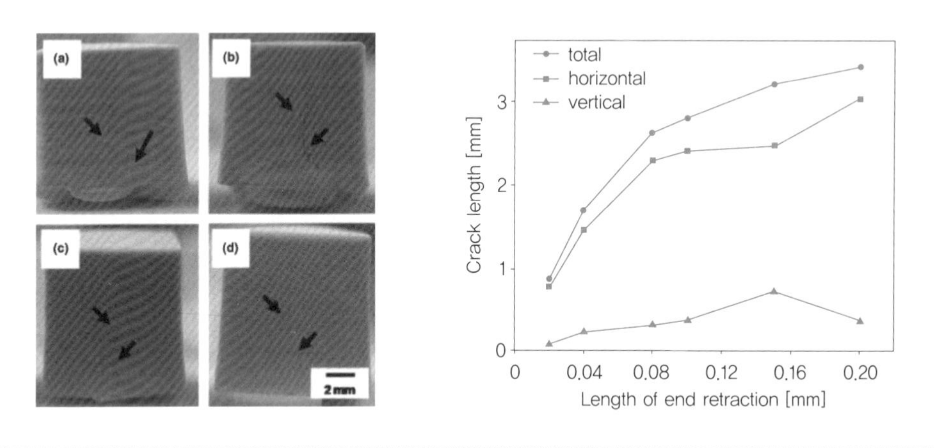


그림 6.106 탈지 및 소결과정에서 발생할 수 있는 크랙 양상 및 분포

출처 : C. J. Bae, 2011, "Influence of Residual Monomer on Cracking in Ceramics Fabricated by Streolithography", Int. J. Appl. Ceram. Technol.

### 세라믹의 3D 프린팅 장점

기존에는 복잡한 형상을 만들기 위해 CNC라 부르는 컴퓨터에 의해서 정확한 수치로 절삭 공구의 움직임을 자동 제어하여 복잡한 형상의 부품을 제작하는 절삭 가공subtractive manufacturing 공정을 사용하였다. 하지만 세라믹 소재는 단단(경도) 하고, 쉽게 깨지는(취성) 단점으로 인해 절삭 가공 시 긴 공정 시간 및 높은 가공비용을 필요로 한다. 세라믹 제품 공정에서 가공비용은 심한 경우 세라믹 제품 제조에 필요한 전체 비용의 70% 이상을 차지하기도 하여 복잡형상 세라믹 제품의 산업적 제조를 현실적으로 불가능 하게 하고, 세라믹 소재의 적용분야를 한정시키는 결정적 요인으로 작용해 왔다.

반면 그림 6.107과 같이 세라믹 3D 프린팅 기술은 적층 방식을 사용하므로 단단하고 깨

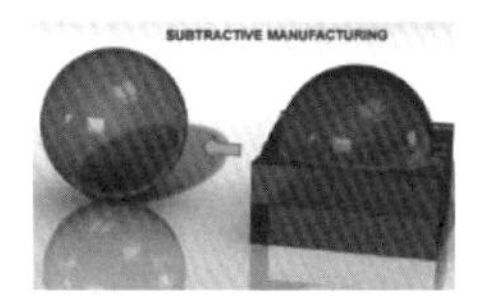

그림 6.107 전통 절삭 방식과 3D 프린팅 방식의 비교

지기 쉬운 세라믹 소재도 비교적 쉽게 복잡한 형상을 만들 수 있기 때문에, 전통산업과 첨단산업을 가리지 않고 다양한 분야에서 활용되고 있으며, 주로 제품 개발 기간 단축과 비용 절감을 위해 사용되고 있다.

전통적 뿌리산업인 자동차, 기계, 조선의 경우 설계 수정 시 금형을 여러 번 제작해야 했기 때문에 개발 시간이 오래 걸렸으나, 세라믹 3D 프린팅 기술은 3D CAD 설계도만 변경해 프린팅하면 제작이 끝나므로 비교적 저렴하고 신속하게 다품종 소량생산이 가능해졌다. 첨단산업에서는 세라믹 제품의 기능 및 성능 향상을 위해 복잡형상 제작이 가능한 세라믹 3D 프린팅 기술 적용이 활발하게 진행되고 있다.

## 나 세라믹 3D 프린팅 기술 분류

세라믹 3D 프린팅 기술 분류는 표 6.40과 같으며 재료의 공급방식, 재료의 결합 방식, 공급하는 에너지의 종류 및 세기 등으로 구분한다.[31] 각 시스템 중 대표적으로 광중합 방식, 재료 압출 방식, 바인더 분사 방식이 주로 연구되고 있다.

세라믹 3D 프린팅에는 빛의 조사로 물체를 형성하는 광경화stereolithography 방식이 가장 널리 상용화 되어 있다. 재료 압출material extrusion 방식은 가열한 고상 소재를 연속적으로 밀어 3차원 물체를 형성하는 방식이며, 바인더 분사binder jetting 방식은 분말 소재 위에 액상의 접착제를 뿌린 후 분말 소재를 결합시켜 물체를 형성하는 방식이다.

31 윤범진, 2016, 세라믹 3D 프린팅 기술 개발 동향, 세라미스트

표 6.40 세라믹 3D 프린팅 공정법

| 분류 | 방식 | 모식도 |
|---|---|---|
| 광중합식 (Photopolymerization, PP) | 빛의 조사로 고분자 소재의 중합반응을 일으켜 선택적 고형화시키는 방식 | |
| 재료분사식 (Material Jetting, MJ) | 용액 형태의 소재를 jetting으로 토출시키고 자외선 등으로 경화시키는 방식 | |
| 재료압출식 (Material Extrusion, ME) | 고온 가열한 재료를 노즐을 통해 압력으로 연속적으로 밀어내며 위치를 이동시켜 물체를 형서시키는 방식 | |
| 분말적층응용식 (Powder Bed Fusion, PBF) | 분말 형태의 모재 위에 고 에너지빔(레이저나 전자빔)을 주사하여 조사해 선택적으로 결합시키는 방식 | |
| 접착제분사식 (Binder Jetting, BJ) | 분말 형태의 모재 위에 액체 형태의 접착제를 토출시켜 모재를 결합시키는 방식 | |

### 광중합식Photopolymerization, PP

세라믹 적층제조 방식 중 가장 폭넓게 사용되는 대표적인 기술은 광경화 조형stereolithography을 들 수 있다. 광경화 기술은 미시간 대학의 John Halloran 교수 및 연구진에 의해 1990년대에 개발된 이후 세라믹 3D 프린팅에서 현재 가장 널리 폭넓게 사용되고 있다.

이 기술은 그림 6.108과 같이 광경화 소재 혹은 광경화 소재가 포함된 복합물에 자외선ultraviolet과 가시광선visible light 또는 전자 빔electron beam을 선택적으로 조사하여 폴리머가 경화되는 원리를 이용하여 3차원 성형체를 제작한다.[32]

광원이 조사되는 형태는 레이저 조사 형태를 취하는 광경화 조형stereolithography apparatus, SLA 방식과 일반 광원에 디지털 포토 마스크가 적용된 디지털 조형 공정digital light processing,

32 Kudo 3D 홈페이지(https://www.kudo3d.com)

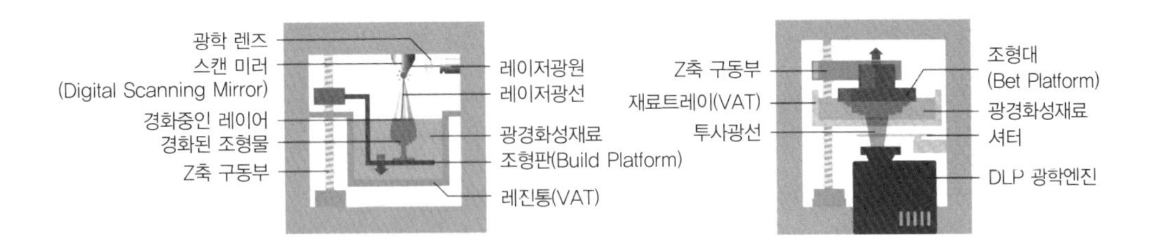


그림 6.108 광중합 방식 프린터. SLA 방식(좌), DLP 방식(우)

출처 : 윤범진, 2016, 세라믹 3D 프린팅 기술 개발 동향, 세라미스트

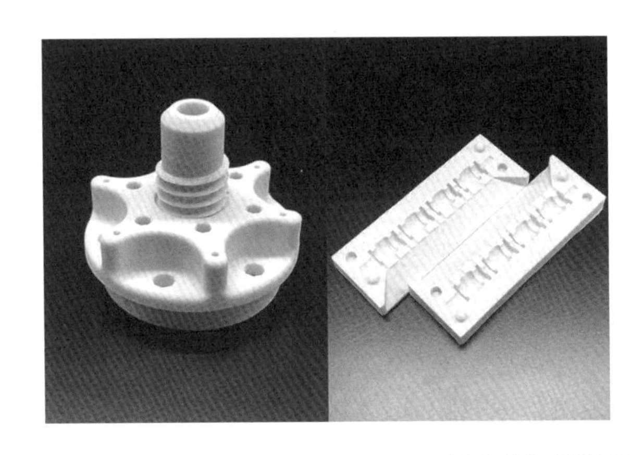

그림 6.109 캐리마에서 개발한 "데스크탑형 세라믹 3D 프린터"로 제작한 세라믹스

DLP 방식으로 구성될 수 있다. 정확한 공식 용어는 아니지만 레이저를 사용하는 경우를 SLA 방식으로, DLP를 사용하는 경우를 DLP 방식으로 세분화 하여 부르기도 한다. 그림 6.109는 국내 기업인 캐리마에서 개발한 SLA 형태의 '데스크탑형 세라믹 3D 프린터'로 제작한 세라믹스를 보여준다.

광경화 기술은 선택적으로 자외선과 가시광선에 노출된 부분만을 고체로 빠르게 변환이 가능하고, 레이저의 선폭만큼 정밀하게 제작이 가능하므로 세밀한 디자인이 필요한 고해상도 출력물을 제작하는 것이 가능하다. 또한 반응이 표면에서만 진행되기 때문에 고체로 변환하지 않은 상태의 재료는 남아 지속적 사용이 가능하며, 외부에서 추가적인 열 공급 없이 상온에서 공정이 이루어져 열응력 최소화, 빠른 경화 속도, 에너지 절약, 쉬운 가공이 가능하다.

하지만 재료의 경화 거동에 따라 확장이 발생하여 수치 안정성의 문제로 대형화가 어렵고, 다음 층을 적층할 때까지의 시간차에 의한 긴 공정 시간 등 여러 문제점이 존재한다. 이러한 문제를 해결하기 위해 카본(Carbon)에서는 '연속 액체 계면 생산continuous liquid interface production, CLIP 공정'을 개발하여 연속적인 적층을 통해 광경화 기술의 효율성을 높이려는 연구 개발을 진행하고 있다.[33]

### 재료 분사식

통상적으로 재료 분사식material jetting, MJ 3D 프린팅이란 그림 6.110과 같이 용액 형태의 소재 자체를 jetting 토출시키고, 자외선 등을 이용하여 고형화 시키는 방식으로 알려져 있으며, 특히 'POLYJET'이라는 상품명으로 더 잘 알려져 있다.

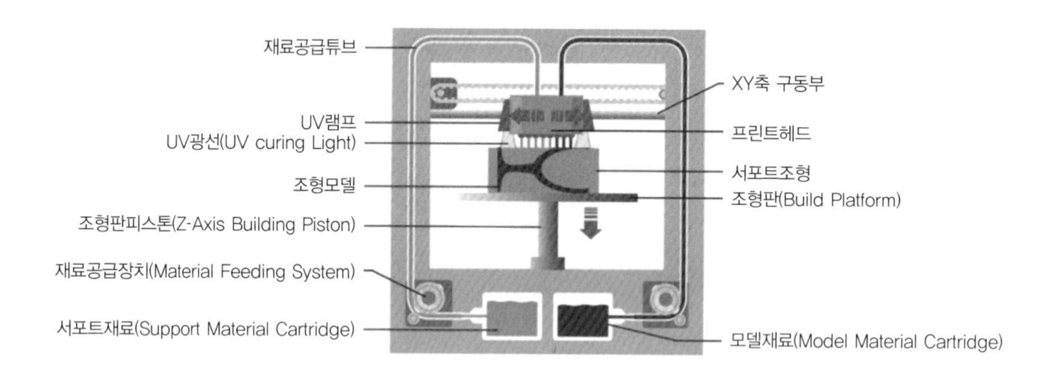


그림 6.110 재료 분사 방식 3D 프린터

출처 : 윤범진, 2016, 세라믹 3D 프린팅 기술 개발 동향, 세라미스트

하지만 이 방식은 세라믹을 포함할 경우, 점도가 높은 편에 속하는 광경화 수지와 세라믹 입자가 혼합된 페이스트를 노즐에 jetting 시키는 형태로 공정이 진행되어야 하는데, 이 경우 입자의 입도 선택 및 공정 제어가 어렵다.

따라서 세라믹 소재에서는 그림 6.111과 같이 잉크의 형태로 만들어 잉크 방울을 표면에 분사한 후 건조시켜 용매를 제거하는 방식으로 성형체를 제작하는 요구 적출형drop-on-demand material jetting, DODMJ 방식이 연구되고 있다.

DODMJ 방식에서는 세라믹 입자가 들어 있는 잉크를 미세한 노즐을 통해 방울의 형태로

33 D.E. Duzgun, 2018 "Continuous liquid interface production (CLIP) method for rapid prototyping", JMEE

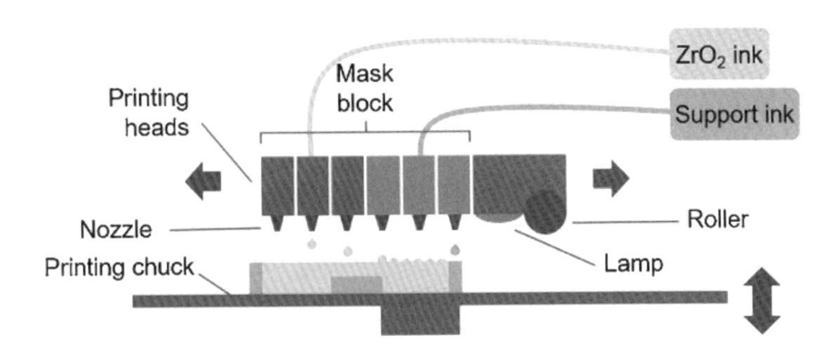


그림 6.111 Drop-on-demand material jetting(DODMJ) 방식

출처 : E. Willems, 2021, "Additive manufacturing of zirconia ceramics by material jetting", J. Eur. Ceram. Soc.

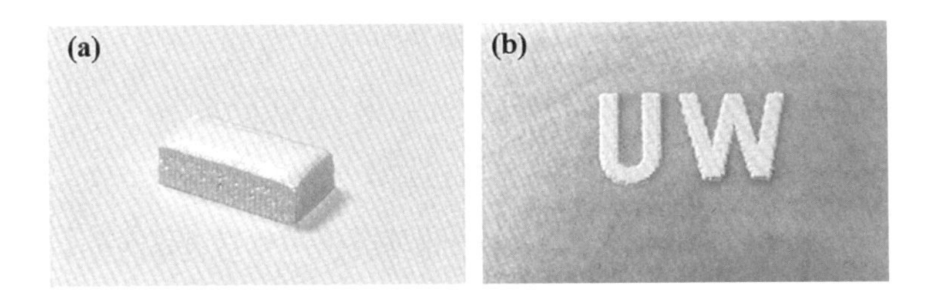


그림 6.112 DODMJ 방식으로 제작한 지르코니아 성형체

출처 : H. Fayazfar, 2020, "Additive manufacturing of high loading concentration zirconia usinghigh-speed drop-on-demand material jetting", Int. J. Adv. Manuf

기판위에 떨어뜨리게 된다. 기판과 충돌하면서 잉크 방울의 용매가 건조되면서 성형체가 제작되며 이 과정에서 필요에 따라 적외선 건조기 등을 사용하여 건조 속도를 조절할 수 있다. 한층의 제작이 완료되었다면 스테이지를 내려서 다음 층을 쌓음으로써 3D 형상의 성형체를 제작할 수 있다. 캐나다 워터루 대학의 연구진이 DODMJ 방식으로 제작한 지르코니아 성형체를 그림 6.112에 나타내었다.

세라믹 3D 프린팅 기술에서 재료 분사식 기술은 아직 연구 단계에 있지만 다음과 같은 장점으로 인해 연구되고 있다. 50vol% 이상 입자가 고충진 된 잉크를 사용하므로 최종 소결체의 밀도가 높고 이로 인해 기계적 강도가 높은 세라믹 부품 및 제품을 제작하는 것이 가능하다. 그리고 잉크 방울의 크기에 따라 고해상도의 출력물을 제작하는 것이 가능하며 무엇보다 서로 다른 물질로 채워진 잉크를 사용하여 서로 다른 재료를 동시에 성형하는 것이 가능하다. 하지만 한층의 두께가 얇기 때문에 성형 속도가 느리고 서포팅 물질을 쓰지 않으면 부유한 형상의 성형체를 만들 수 없기 때문에 복잡한 형상을 만드는 데 제약이 있다.[34]

### 재료 압출식material extrusion, ME

재료 압출 방식은 그림 6.113과 같이 가열한 고상 소재나 잉크를 연속적으로 밀어 3차원 물체를 형성하는 방식을 말한다.

재료 압출 방식의 종류로는 고상 소재에 용융점 이상의 온도를 가해 유동성을 부여하여 형상을 구현하는 용융수지 압출 조형fused deposition modeling, FDM 방식이나 일정 이상의 압력을 가해 연결된 노즐로부터 압출된 잉크(재료)를 입력된 좌표계로 이동하며 적층하는 직접 잉크 쓰기direct ink writing, DIW 방식 등이 있다. 그림 6.114는 다양한 종류의 용융수지 압출 조형 방식을 보여준다.[35]

FDM은 압출 프린터 헤드를 통해 용융된 필라멘트를 토출시켜 적층시키는 방식으로, 헤드는 X, Y축으로 이동하고, 플레이트는 Z축으로 내려가면서 제품이 적층된다. FDM은 미국 Stratasys에 의해 개발된 방식으로, 현재 개인용 3D 프린터에 가장 많이 사용되는 보편적인 기술이다.

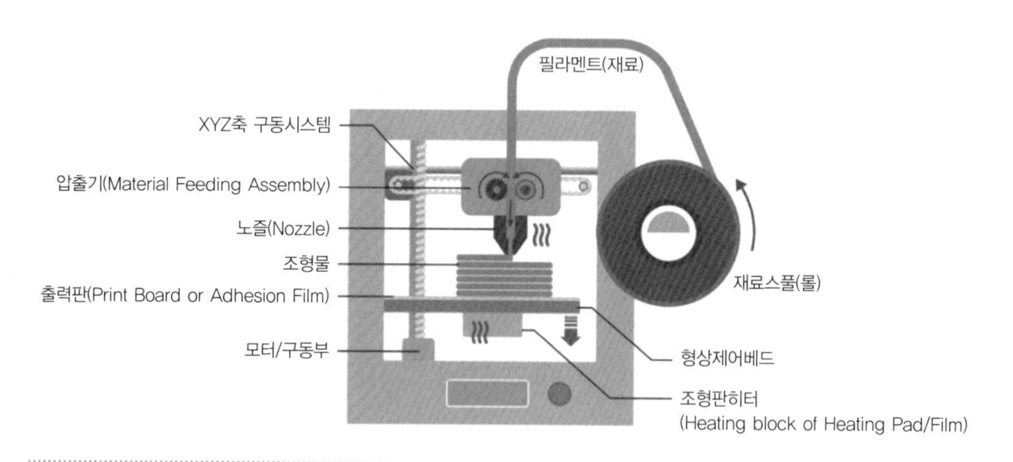


그림 6.113 재료 압출 방식 중 FDM 3D 프린터

출처 : 윤범진, 2016, 세라믹 3D 프린팅 기술 개발 동향, 세라미스트

34 WZR 홈페이지 (https://wzr.cc/en/material-jetting-2/)

35 Gonzalez-Gutierrez, 2018, "Additive Manufacturing of Metallic and Ceramic Components by the Material Extrusion of Highly-Filled Polymers: A Review and Future Perspectives.", Materials

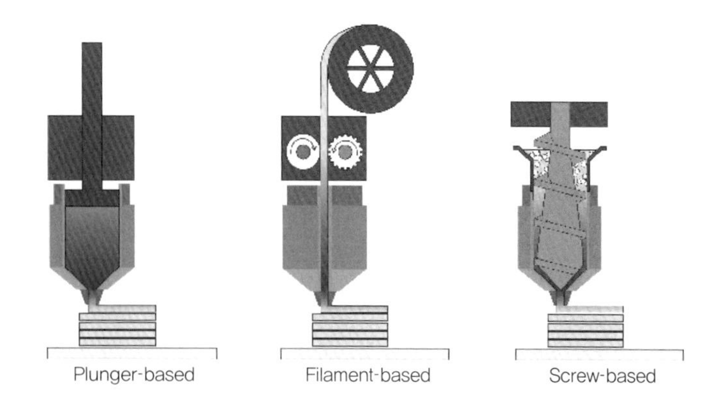


그림 6.114 재료 압출 방식 중 FDM 3D 프린터의 작동 모식도

출처 : Gonzalez-Gutierrez, 2018, "Additive Manufacturing of Metallic and Ceramic Components by the Material Extrusion of Highly-Filled Polymers: A Review and Future Perspectives.", Materials

DIW는 소재에 대한 제약 없이 3차원 구조화를 진행 할 수 있는 프린팅 공정 기술로 나노 입자, 고분자, 탄소 소재를 포함하는 다양한 소재를 기반으로 고점도 잉크를 제작하고 잉크의 유변학적 특성을 제어하여 3차원 구조를 제작하는 방식이다. 작은 크기의 노즐을 통해 잉크 항복 응력 이상의 압력을 공압 또는 기계적 방식을 이용하여 인가해 토출을 유도하고 점탄성 특성의 소재 특성을 이용하여 형성된 구조물의 형상이 유지되도록 하는 원리이다. 그림 6.115는 재료 압출 방식으로 도자기를 성형하는 사진을 보여준다.

FDM 방식의 경우 비교적 보편화된 제작 방법 중 하나로 매커니즘이 단순하고 장비의 유

그림 6.115 재료 압출 방식을 사용한 도자기 성형

출처 : https://all3dp.com

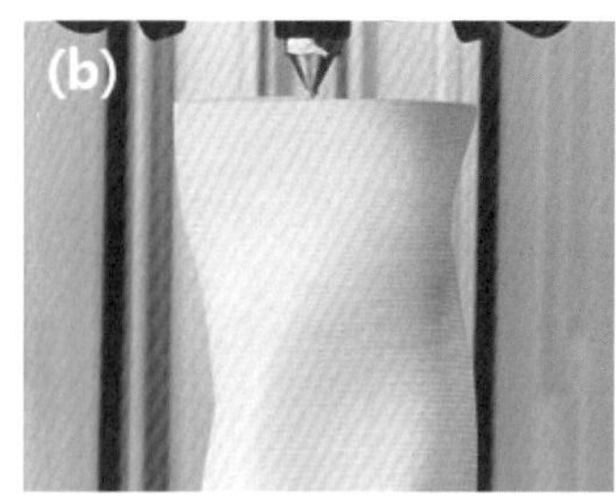


그림 6.116 재료 압출 방식을 사용한 도자기 성형

출처 : 배창준, 2021, 3D 프린팅 산업 활성화 방안 연구, 한국과학기술정보연구원(KISTI)

지보수 및 운영이 용이하다는 장점으로 시제품 제작 시 저렴한 비용으로 목업mock-up[36] 제작이 가능하다는 이점이 있다.

한편 DIW 방식의 경우 소재의 제약이 없으며 간단한 공정을 통해 3차원 구조물을 형성할 수 있으며 노즐을 통해 공급되는 페이스트 재료의 점도, 유동성을 조절함으로써 3D 프린팅 조형물의 물성을 제어할 수 있는 범위가 넓은 이점이 있다. 이러한 이점을 살려 빛의 산란이 크거나 광경화로는 제작이 어려운 소재들에 효율적으로 적용되고 있다.[37]

한편 FDM 방식의 경우 세라믹 재료에 적용하기 위해서는 열가소성 수지에 세라믹 분말을 혼합한 필라멘트를 이용하여야 하며, 세라믹 충진률을 높이는 데에 한계가 존재한다. 또한 재료 압출 방식은 노즐에 의해 형성되는 각각의 1차원 선 사이에 공극이 존재하고, 표면이 매끄럽지 못해 후 가공 처리가 필요한 단점이 존재한다.

이러한 문제는 잉크의 유변학적 특성 제어 및 노즐과 기판간의 간격, 프린팅 압력, 속도 등 다양한 공정 변수의 영향을 통해 해결할 수 있다. 이러한 변수를 조절하여 프랑스 Nanoe는 그림 6.116의 (a)와 같이 FDM 프린터로 인쇄할 수 있는 지르코니아 및 알루미나 필라멘트인 Zetamix를 개발하였다. 해당 필라멘트로 프린팅 시 50% 부피 이상의 세라믹 함량 및 99% 이상의 소결밀도를 보일 수 있었고, 일부 수정만으로 기존 FDM을 사용하여 프린팅 할 수 있는 장점을 보여주었다. 프랑스 Imerys Ceramics 또한 그림 6.116의 (b)와 같이 도자기 등 실생활 제품 생산에 적용 가능한 세라믹 소재를 개발하고 있다.

36 제품 디자인 평가를 위하여 만들어지는 실물 크기의 정적모형을 말한다.
37 Bon-systmes 홈페이지 (https://bon-systems.com/)

### 분말 소결 방식

분말 소결 방식powder bed fusion, PBF은 분말을 담은 분말 베드에 레이저, 전자빔 등 고 에너지 소스를 선택적으로 조사하여 분말 재료의 선택적 용융고화 현상의 반복으로 3차원 형상을 제작한다. 통상석으로 레이저 광원을 사용하는 선택적 레이저 소결SLS 방식이 보편적으로 사용되는데 이는 그림 6.117과 같이 대량의 작은 세라믹 분말을 높은 열의 레이저로 녹이며 적층시켜 3차원의 형상을 만드는 기술이다.

분말은 1~200 μm의 두께로 전체 표면에 닥터 블레이드 또는 롤러를 사용하여 조형판 위에 공급된다. 층들은 구성 요소의 층 윤곽에 따라 레이저 빔을 조사함으로써 분말 베드 내로 연속적으로 소결되거나 용융된다. 한층이 완료 되면 조형판이 약간 낮춰지고 새로운 레이어를 생성을 반복하여 3차원 형상의 물체를 제작한다.

일반적으로 세라믹의 경우 소결을 위하여 1000℃ 이상의 온도가 필요하나 레이저의 출력 문제로 인하여 충분한 용융을 발생시키기 힘들기 때문에 통상적으로는 저온에서 용융되는 바인더를 녹이는 형태로 제작한다. 이렇게 제작한 세라믹스 성형체는 바인더에 의한 내부 기공 문제를 내포하고 있기 때문에 초고온 소결 등 후처리를 통해 출력물의 강도를 향상시키는 연구들이 진행되고 있다. 그림 6.118에서 SLS 방식으로 제작한 지르코니아를 고압용침pressure infiltration, PI과 정수압 성형warm isostatic press, WIP으로 후처리한 결과물을 나타내었다.[38]

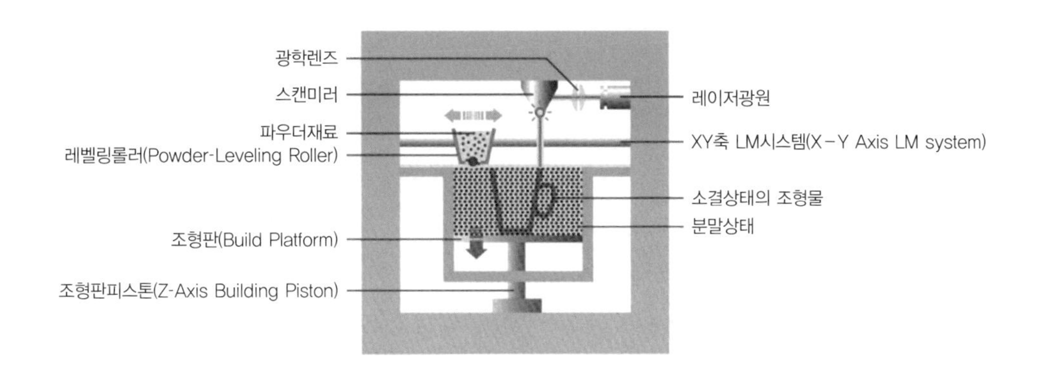


그림 6.117 분말 적층 용융식 3D 프린터

출처 : 윤범진, 2016, 세라믹 3D 프린팅 기술 개발 동향, 세라미스트

38 Z. Chen, 2019, "3D printing of ceramics: A review, J. Eur. Ceram. Soc.

그림 6.118 SLS 방식으로 만든 지르코니아 세라믹

출처 : Z. Chen, 2019, "3D printing of ceramics: A review, J. Eur. Ceram. Soc.

SLS 방식의 가장 큰 장점은 복잡한 구조를 성형할 때 별도의 서포트가 필요하지 않아 설계의 자유도가 높는 것이다. 또한 레이저의 선폭 조절을 통해 기계적 강도가 우수하며 매우 정교한 출력물을 빠르게 제작할 수 있다.[39] 이에 반해, 고출력 레이저가 필요하기 때문에 고가의 장비가 요구되며, 금속에 비해 세라믹 소재는 짧은 시간의 레이저 조사만으로는 고밀도 소결이 어렵다.

반면 고출력의 레이저를 이용하기 때문에 SLS는 상대적으로 고가의 장비이며, 성형이 끝난 후 소결이 되지 않은 분말을 제거해야 하는데 형상이 복잡할 경우 이 제거 과정이 상당히 어려운 경우가 발생한다. 이외 높은 녹는점을 갖는 세라믹 소재를 사용할 경우 높은 기계적 강도를 갖는 최종 소결체를 얻기 위해 번거로운 후처리가 필요하다.

#### 접착제 분사식binder jetting, BJ

접착제 분사 방식은 고르게 분말 층을 형성 후 액상의 접착제를 토출하여 분말 소재를 결합시키는 방식으로, 1993년 MIT 대학 E. Sachs 교수팀에 의해 처음 개발된 후 Exone, Voxeljet, HP 등 다양한 회사들을 중심으로 활발히 적용되고 있다.

그림 6.119는 일반적인 접착제 분사 방식의 시스템을 보여주며, 먼저 롤러 또는 블레이드를 이용하여 분말 층을 균일하게 형성한 후, 프린터 헤드로 특정 모양을 따라 접착제가 분말 층에 분사된다. 분사된 접착제는 경화 공정을 통하여 분말 간의 네킹binder-neck을 형성하여 구조체에 강도를 부여한다. 이러한 일련의 과정을 각 층별로 반복함으로써 원하는 형상의 3

39 HISOUR 홈페이지 (https://www.hisour.com/ko/selective-laser-sintering-40650)

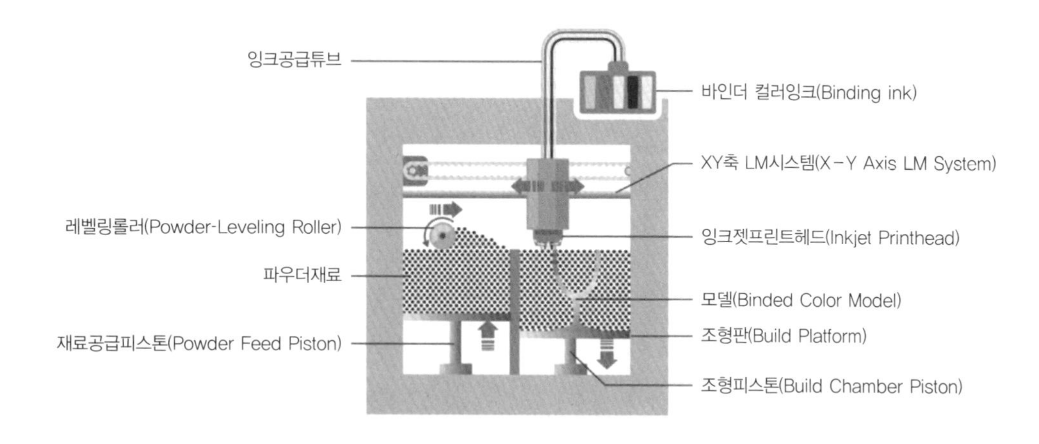


그림 6.119 접착제 분사(Binder-jetting) 3D 프린터

출처 : 윤범진, 2016, 세라믹 3D 프린팅 기술 개발 동향, 세라미스트

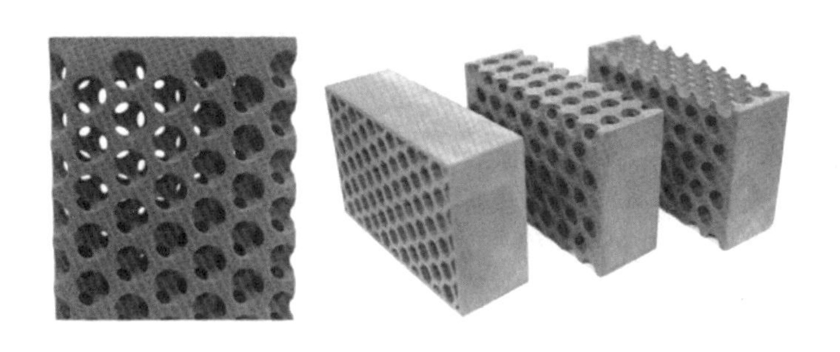

그림 6.120 삼영기계의 "대형 바인더 젯 샌드 BR-S900"으로 제작한 세라믹스

출처 : 삼영기계

차원 구조체를 제조 할 수 있다.[40]

접착제 분사 방식은 분말 소결 방식PBF 방식의 단점을 보완하기 위해 등장한 방식으로 레이저 등의 고온의 열원으로 고형화 시키는 선택적 레이저 소결SLS 방식에 비해 바인더를 선택적으로 도포한 후 고형화 시킴으로써 해당 방식에 대해 50배 가량 빠르면서 프린팅에 드는 비용은 10배 가량 저렴하다.[41] 그림 6.120은 국내 기업인 삼영기계에서 개발한 접착제 분사 방식의 '대형 바인더 젯 샌드 BR-S900'으로 제작한 세라믹스이다.

40 S. Mirzababaei, 2019, "A Review on Binder Jet Additive Manufacturing of 316L Stainless Steel", J. manuf.

41 사이언스 타임즈 기사 (https://www.sciencetimes.co.kr/news/3d-%ED%94%84%EB%A6%B0%ED%8C%85%EB%8F%84-%EB%8C%80%EB%9F%89-%EC%83%9D%EC%82%B0-%EA%B0%80%EB%8A%A5)

접착제 분사 방식은 액상 접착제에 의해 분말 간 결합을 형성하기 때문에 다른 적층 제조 방식보다 다양한 형태의 분말 소재에 적용할 수 있다. 그리고 복잡한 형상을 만들기 위한 서포트가 필요 없고 정교한 인쇄물을 제작하는 것이 가능하다. 바인더 헤더를 늘리는 것으로 다양한 종류의 바인더를 동시에 사용하는 것이 가능하며, 동시에 출력 속도 향상 및 출력 면적을 쉽게 증가시킬 수 있어 빠르게 생산이 가능하고, 대형화하기 쉽다. 또한 현존하는 3D 프린터 방식 중 가장 저렴한 비용으로 색감 구현이 가능한데 이는 접착제의 분사하는 접착제의 색을 조절하는 것으로 가능하다.

한편 접착제의 도포 성능에 따른 입자 크기의 제어가 필요한데, 예를 들어 50 μm 이상의 분말은 균일한 도포층을 형성하기 유리하나 제품 해상도가 제한을 받는 문제가 있다. 반면, 미세한 분말의 경우 높은 해상도 및 고충진이 가능하나, 도포성이 나빠지기 때문에 따라 공정 과정에서 문제가 발생한다. 또한 접착제로 인해 성형체 내부에 기공이 발생하여 고강도 제품 생산에 불리하며 고강도 제품을 원할 경우 고압 용침PI 등 후처리 공정이 추가로 필요한 단점이 있다.

## 6.4.4 3D 프린팅 기술 관련 표준

### 가 3D 프린팅 기술 표준화 동향

3D 프린팅 기술의 발전으로 인해 이의 적용분야가 확대되고 있으며, 특히 고부가가치 산업에서 3D 프린팅의 재료, 공정, 시험평가 등을 규정하는 표준의 중요성이 더욱 커지고 있다.

3D 프린팅은 절삭 가공 등 전통적 제조 공정보다 기술적 고려요소가 비교적 많기 때문에 품질 표준이 특히 중요하다. 세부적으로 말하자면 재료에 대한 산업 표준(화학조성, 유동성, 밀도, 입자 크기 및 분포 등), 제조 방법(공정제어, 기계교정 및 자격인증, 재료취급, 후처리, 사이버보안 등), 품질 및 인증, 비파괴 평가(데이터 요구사항, 방법, 계측), 제품의 유지보수 및 수리에 대한 표준은 3D 프린팅 기술이 제품의 요구사항을 충족하고 공공의 건강과 안전을 총체적으로 보장하기 위해 필요하다.

또한 3D 프린팅 관련 글로벌 기업들의 공정 시스템 및 제품에 대한 기준이 각각 다르기 때문에, 기술의 상호 운용성을 구현하고 제품의 신뢰성을 확보 및 인증을 위해서 표준화가 필수적이다. 즉, 수요자는 3D 프린팅으로 생산된 부품이 표준에 따라 자격을 갖추고 인증된 제품을 사용하기를 희망하며, 공급자(제조자)는 3D 프린팅으로 제조하는 자사 부품의 재

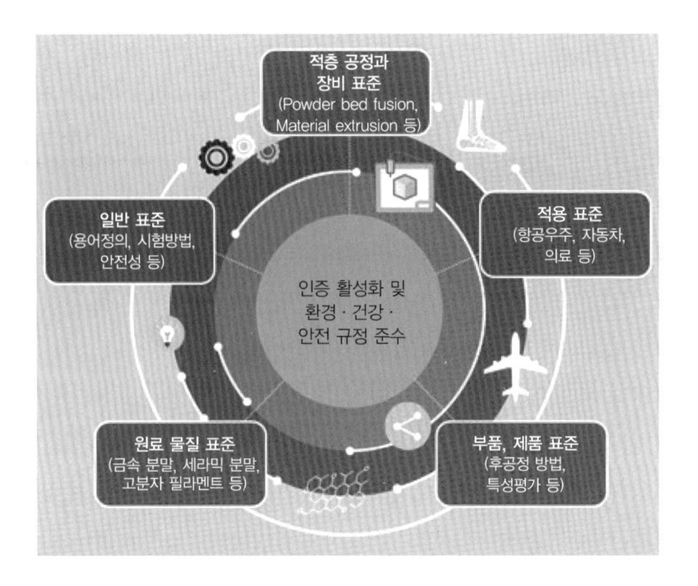


그림 6.121 ISO/TC 261과 ASTM F42의 적층 제조 관련 표준

료, 공정, 장비, 시험검사 등이 표준에서 규정하는 자격을 갖추고 부품의 성능과 내구성이 인증되기를 원하고 있다.

3D 프린팅 관련 표준화 활동은 대표적으로 미국 ASTM, 독일 DIN과 함께, 적층제조 분야의 국제표준화기구 기술위원회인 ISO/TC 261에서 그림 6.121과 같이 활발히 진행되고 있다.

3D 프린팅 기술의 표준화를 위하여 미국, 유럽 등 선진국은 표준화 로드맵을 수립하여 표준 개발을 지원하고 있다. 미국은 국립 적층 가공 연구소인 America Makes와 표준 협회인 ANSI가 America Makes&ANSI 적층제조표준화조직AMSC[42]을 2016년 발족하여 3D 프린팅 기술의 표준화를 지원하고 있다. 유럽연합은 유럽 내 여러 국가들이 참여한 SASAM[43] 프로젝트를 통해 적층 제조 표준화를 지원하였다. 미국과 유럽의 표준화 활동은 3D 프린팅 기술의 국제 및 단체 표준화 기구인 ISO/TC 261과 ASTM F42의 표준 공동 개발을 위한 기반이 되었다.

우리나라는 2014년 '3D 프린팅 산업 발전전략', '3D 프린팅 산업 진흥 기본계획' 등을 통

42 Additive Manufacturing Standardization Collaborative

43 the Support Action for Standardization in Additive Manufacturing

그림 6.122 America Makes, ANSI 및 SASAM

해 3D 프린팅 기술의 표준화 기반조성을 위한 지원을 지속해오고 있다. 과학기술 정보통신부와 산업통상 자원부 등관계 부처 합동으로 2017년 '제1차 3D 프린팅 산업 진흥 기본 계획'에 이어, 2020년에 '제2차 3D 프린팅 산업 진흥 기본 계획'을 수립하였다.

제2차 기본 계획의 주요 추진 과제로는 그림 6.123과 같이 3D 프린팅 산업 현장 활용 가속화, 차별적 기술력 확보, 혁신 · 성장 중심 산업 기반 고도화가 있다. 이에 따라 기술 표준 및 평가 체계 고도화와 함께, 3D 프린팅 기술의 활용 · 확산을 위한 표준화, 품질 평가 및 신뢰성 인증에 대한 지원 체계를 강화하고 있다.

한국 산업표준심의회 산하의 적층가공전문위원회에서 ISO/TC 261 단독 및 ISO/ASTM 공동 발행 국제표준에 대해 KS(한국산업표준) 부합화 개발을 진행 중이며 6건의 부합화를 완료하였다. 적층제조 관련 품질평가를 위한 신규 KS 개발은 2019년부터 한국건설생활환경

그림 6.123 제2차 3D프린팅 산업진흥 기본계획 추진과제

출처 : 과학기술정보통신부

표 6.41 3D 프린팅 KS 표준 개발 현황

| 번호 | 표준 번호 | 표준명 | 비고 |
|---|---|---|---|
| 1 | KS D ISO/ASTM 52900:2015 | 적층제조-일반원칙-용어(Additive manufaturing-General principles-Terminology) | ISO/ASTM 52900:2015 부합화 완료 |
| 2 | KS D ISO 17296-3 | 적층제조-일반원칙-제3부: 주요특성 및 시험방법(Additive manufaturing-General principles-Part 3: Main characteristics and corresponding test methods) | ISO 17296-3:2014 부합화 완료 |
| 3 | KS D ISO/ASTM 52915 | 적층제조 파일형식(AMF) 버전 1.2(Specification for additive manufacturing file format(AMF) version 1.2) | ISO/ASTM 52915:2016 부합화 완료 |
| 4 | KS D ISO 17296-4 | 적층제조-일반원리-데이터 처리개요(Additive manufaturing-General principles-Part 4: Overview of data processing) | ISO 17296-4:2014 부합화 완료 |
| 5 | KS D ISO/ASTM 52921 | 적층제조-일반원칙-좌표계 및 시험방법(Standard terminology for additive manufactring-Coordinates systems and test methodologies) | ISO/ASTM 52921:2013 부합화 완료 |
| 6 | KS D ISO/ASTM 52910 | 적층제조-설계-요구사항, 지침 및 권고사항(Additive manufacturing-Design-Requirments, guidelines and recommendations) | ISO/ASTM 52910:2018 부합화 완료 |
| 7 | TBD | 적층가공-데스크탑 삼차원 프린터 장비 구동 성능 평가-제1부: 소재 압출 방식 | 신규, 개발중 |
| 8 | TBD | 적층가공-데스크탑 삼차원 프린터 장비 구동 성능 평가-제2부: 수지 광중합 방식 | 신규, 개발중 |
| 9 | TBD | 적층가공 플라스틱 출력물에 대한 기계적 성능평가 수지 광중합 방식 | 신규, 개발중 |

출처 : 전기저널(http://www.keaj.kr)

시험연구원KCL을 중심으로 진행하고 있으며 2020년 12월 기준 품질평가 관련 3종에 대한 초안을 개발 진행 중이다.

### 나 3D 프린팅 기술 관련 표준화기구

#### 3D 프린팅 기술 관련 국제표준화기구 기술위원회_ISO/TC 261

3D 프린팅 기술 관련 국제표준화기구 기술 위원회는 ISO/TC 261(Additive manufacturing)로 적층제조의 공정, 프로세스 체인, 시험 절차 등 적층제조 분야의 모든 기본 사항과 관련된 표준화를 다루고 있다.

ISO는 2011년에 적층제조 표준 개발을 위해 TC 261 위원회를 설립하였으며, 2022년 4

월 기준 우리나라를 포함한[44] 26개국의 P-멤버와 9개국의 O-멤버가 참여하고 있고, 독일이 의장국과 간사국을 수임하고 있다.

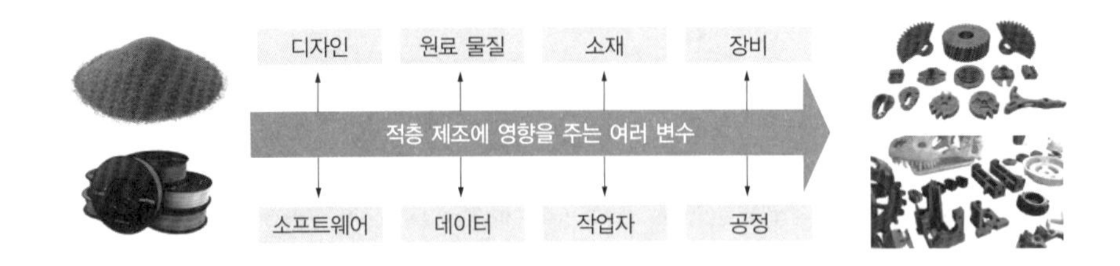


그림 6.124 적층 제조에 영향을 주는 다양한 변수

이 기술위원회는 그림 6.125와 같이 총 8개의 작업반(WG)이 활동 중에 있으며, 용어(WG1), 공정 · 시스템 · 소재(WG2), 시험평가 방법(WG3), 데이터 및 디자인(WG4), EH&S(WG6)와 같은 고유 분야를 중심으로 하고 있다. 최근 3D 프린팅 응용 분야 표준화가 중요시 되면서 항공 · 우주(JWG10), 플라스틱(JWG11) 및 의료(JWG12) 분야 표준 개발을 위해 해당 분야 기술표준 개발을 담당 중인 다른 TC와 공동워킹그룹(JWG)을 구성하여 운영하고 있다.

TC 261은 2022년 4월 기준 3D 프린팅 용어, 공정 및 소재 특성 평가 등에 대한 19건의 표준이 제정되었으며, 37건의 표준이 개발 중에 있다. 우리나라는 4개의 WG 컨비너를 맡

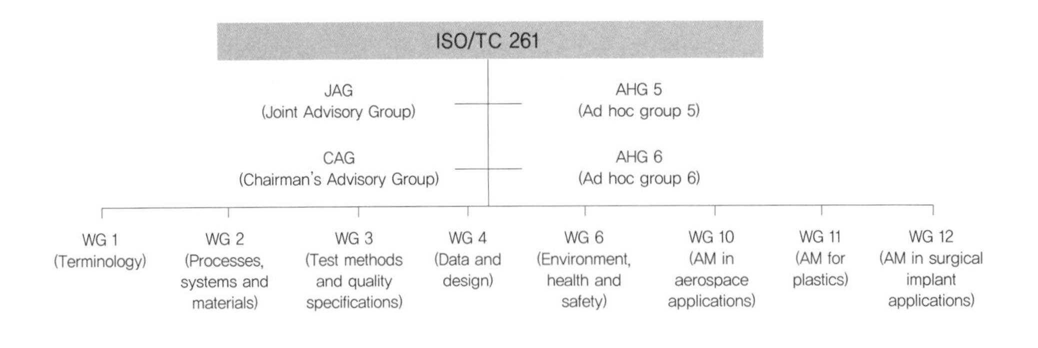


그림 6.125 ISO/TC 261 구성도

출처 : ISO/TC 261 Strategic Business Plan

44 한국 국가기술표준원은 2014년에 가입하였다.

**표 6.42** 3D 프린팅 기술 관련 ISO/TC 261 국제표준 현황

| 구분 | 표준 번호 | 표준명 |
|---|---|---|
| 1 | ISO 17296-2 | Additive manufacturing–General principles–Part 2: Overview of process categories and feedstock |
| 2 | ISO 17296-3 | Additive manufacturing–General principles–Part 3: Main characteristics and corresponding test methods |
| 3 | ISO 27547-1 | Plastics–Preparation of test specimens of thermoplastic materials using mouldlesstechnologies–Part 1: General principles, and laser sintering of test specimens |
| 4 | ISO/ASTM 52900 | Additive manufacturing–General principles–Terminology |
| 5 | ISO/ASTM 52901 | Additive manufacturing–General principles–Requirements for purchased AM parts |
| 6 | ISO/ASTM 52902 | Additive manufacturing–Test artifacts–Geometric capability assessment of additive manufacturing systems |
| 7 | ISO/ASTM 52903-1 | Additive manufacturing–Material extrusion-based additive manufacturing of plastic materials–Part 1: Feedstock materials |
| 8 | ISO/ASTM 52903-2 | Additive manufacturing–Materials extrusion-based additive manufacturing of plastic materials–Part 2: Process equipment |
| 9 | ISO/ASTM 52904 | Additive manufacturing–Process characteristics and performance–Practice for metal powder bed fusion process to meet critical applications |
| 10 | ISO/ASTM 52907 | Additive manufacturing–Feedstock materials–Methods to characterize metal powders |
| ... | ... | ... |
| 18 | ISO/ASTM 52942 | Additive manufacturing–Qualification principles–Qualifying machine operators of laser metal powder-bed fusion machines and equipment used in aerospace application |
| 19 | ISO/ASTM 52950 | Additive manufacturing–General principles–Overview of data processing |

출처 : ISO/TC 261

고 있으며, 3개의 국제표준을 제안하여 개발 중에 있다.

### 3D 프린팅 기술 관련 단체표준화기구 기술위원회_ASTM F42

미국 재료 시험 협회인 ASTM의 3D 프린팅 기술 관련 표준화 위원회는 ASTM F42Additive manufacturing technologies로 2009년에 설립되었으며 현재 8개의 기술 소위원회Subcommittee를 운영 중이다. 2021년 8월 기준 ASTM F42에는 우리나라를 포함한[45] 28개국이 참여하고 있

45 한국 국가기술표준원은 2018년 5월에 가입하였다.

으며, 회원 수는 725명 이상이다.

이 위원회에서는 2021년 8월 기준, 3D 프린팅 소재 및 공정, 용어 정의 등에 대한 27건의 표준이 제정되었으며, 시험 방법, 소재, 공정 분야 등 68건의 표준 개발이 활발히 진행되고 있다.

효율적인 표준 개발과 함께 개발된 표준의 폭넓은 활용을 위하여, ISO/TC 261과 ASTM F42는 공동위원회를 구성하였으며 그림 6.127과 같이 같이 적층 제조 표준 구조를 체계화하였다. ASTM과 ISO의 전문가로 구성된 Joint Advisory Group(공동 자문 그룹)은 적층 제조 표준 구조를 일반 표준, 범주 표준, 특수 표준으로 구분하였으며, 각 표준 별 내용과 예시는 다음과 같다.

- 일반 표준 : 일반 개념, 공통 요구사항, 적층 제조 재료,공정 및 프로그램 유형에 일반적으로 적용할 수 있는 표준
  예) 용어, 데이터 포멧, 시험 방법, 안전성, 시스템 성능 및 신뢰성 등
- 범주 표준 : 재료 범주 또는 공정 범주에 특정한 요구 사항을 지정하는 표준
  예) 원료 물질(금속 · 세라믹 · 고분자 분말 / 금속 봉, 광경화성 레진, 고분자 필라멘트)
  공정(재료 압출, 접착제 분사, 분말 소결, 고에너지 직접조사 등)
  완제품 시험방법(기계적 강도 시험방법, 생체 적합성 시험 방법, 후처리 방법 등)
- 특수 표준 : 재료, 공정 또는 프로그램에 대한 특정한 요구사항을 지정하는 표준
  예) 금속 분말(Ti계 합금, 강철 봉, 나일론 분말등)
  원료와 공정(Ti계 합금을 이용한 고에너지 직접조사 등)
  적용 분야(항공 · 우주, 의료, 자동차 등)

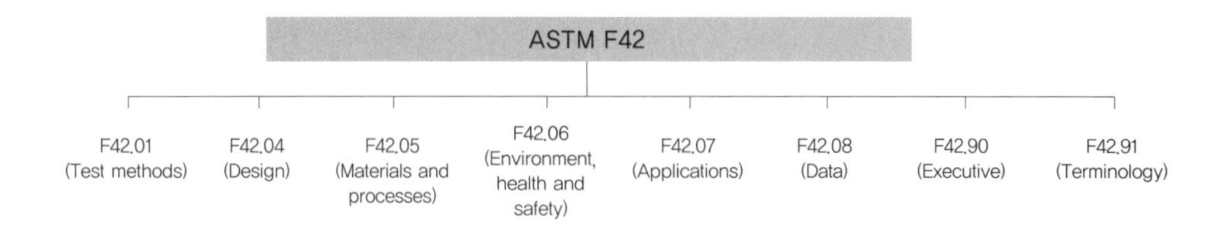


그림 6.126 ASTM F42 구성도

출처 : ASTM F42

표 6.43 3D 프린팅 관련 ASTM F42 단체표준 현황

| 구분 | 표준 번호 | 표준명 |
|---|---|---|
| 1 | F2971-13 | Standard Practice for Reporting Data for Test Specimens Prepared by Additive Manufacturing |
| 2 | F3122-14 | Standard Guide for Evaluating Mechanical Properties of Metal Materials Made via Additive Manufacturing Processes |
| 3 | ISO/ASTM 52902-19 | Additive manufacturing-Test artifacts-Geometric capability assessment of additive manufacturing systems |
| 4 | ISO/ASTM 52921-13 | Standard Terminology for Additive Manufacturing-Coordinate Systems and Test Methodologies |
| 5 | ISO/ASTM 52907-19 | Additive manufacturing-Feedstock materials-Methods to characterize metallic powders |
| 6 | F3413-19 | Guide for Additive Manufacturing-Design-Directed Energy Deposition |
| 7 | ISO/ASTM 52910-18 | Additive manufacturing-Design-Requirements, guidelines and recommendations |
| 8 | F2924-14 | Standard Specification for Additive Manufacturing Titanium-6 Aluminum-4 Vanadium with Powder Bed Fusion |
| 9 | F3049-14 | Standard Guide for Characterizing Properties of Metal Powders Used for Additive Manufacturing Processes |
| 10 | F3318-18 | Standard for Additive Manufacturing-Finished Part Properties-Specification for AlSi10Mg with Powder Bed Fusion-Laser Beam |
| … | … | … |
| 26 | ISO/ASTM 52941-20 | Additive manufacturing-System performance and reliability-Acceptance tests for laser metal powder-bed fusion machines for metallic materials for aerospace application |
| 27 | ISO/ASTM 52942-20 | Additive manufacturing-Qualification principles-Qualifying machine operators of laser metal powder bed fusion machines and equipment used in aerospace applications |

출처 : ISO/TC 261

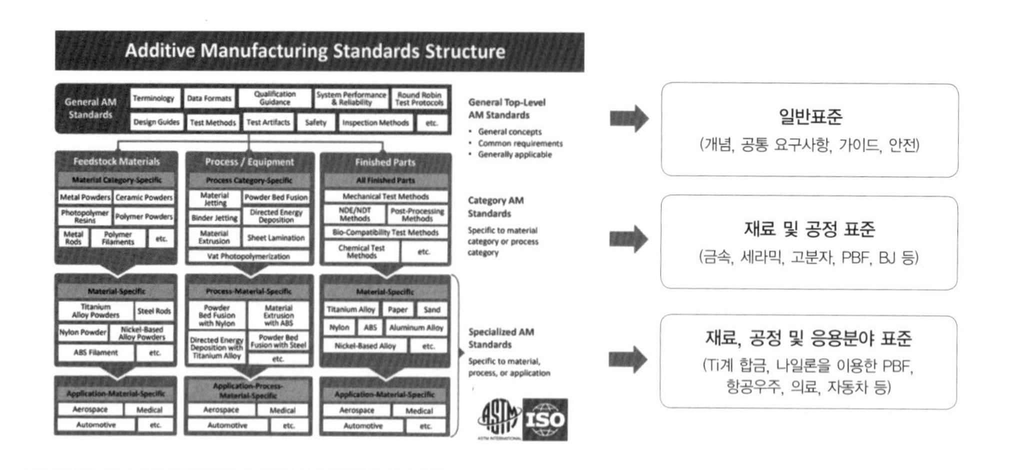


그림 6.127 적층 제조 표준 구조

출처 : ISO/TC 261 Strategic Business Plan

## 다 3D 프린팅 소재, 부품, 제품 관련 국제표준화 사례

ISO/ASTM 52907:2019

Additive manufacturing–Feedstock materials–Methods to characterize metal powders[46]

ISO/ASTM 52907은 ISO/TC 261과 ASTM F 42가 공동으로 개발하여 제정한 표준으로, 적층제조에 사용되는 다양한 유형의 공급 재료 중 분말 형태의 금속 재료(금속 분말)에 대한 기술적 사양을 제공하기 위하여 제정되었다.

적층제조 기술을 활용하여 금속 재료로 된 제품을 제작할 때는 주로 분말 소결 방식PBF이나 고에너지 직접 조사 방식DED이 사용되는데, 이 표준은 분말 소결 방식에서 사용되는 금속 분말에 대해 다루고 있다.

이 표준은 금속 분말에 관한 새로운 기술 기준을 제시하기 보다는 현존하는 금속 분말 관련 표준 중 적층제조 분야에 적용할 수 있는 표준의 내용을 정리하여 제시하는데 그 의의가 있다. 따라서 금속 재료로 된 제품을 분말 소결 방식으로 제작할 때 사용되는 금속 분말에 대한 사항은 본 표준에 명시된 내용을 적용하면 된다.

46 ISO/ASTM 52907:2019
적층제조-공급재료-금속 분말의 특성 규명법

ISO/ASTM 52907은 관련된 공정이 무엇이든 적층제조 목적으로 금속 분말을 공급하기 위해 공급자와 주문자간의 관계를 단순화하는 것을 목표로 하며, 기존의 금속 분말 관련 표준 중 적층 제조에 적합한 표준 목록을 제공한다.

이 표준은 알루미늄, 철 등 적층제조 용도로 사용되는 금속 분말의 기술적 사양을 제공하며 문서화 및 추적성, 시료 채취, 입자 크기 분포, 화학적 조성, 특성 밀도, 형태 특성, 유동성, 오염도, 포장 및 보관, 재사용 금속 분말의 구체적 요건의 측면들을 다루나 안전성 측면은 다루지 않는다.

ISO 17296-3:2014

Additive manufacturing-General principles-Part 3: Main characteristics and corresponding test methods[47]

ISO 17296-3은 장비 제조자, 공급 재료 제공자, 장비 사용자, 제품 제공자 및 고객 등 이해당사자에게 적층제조 공정으로 제작된 제품의 시험방법에 대한 요구사항을 제공하여 의사소통을 원활하게 하기 위하여 제정되었다.

적층제조 공정을 이용한 제품 제작은 많은 변수의 영향을 받기 때문에 ISO 17296-2:2015[48]에 명시되어 있는 공정들을 사용하여 기술적 요구사항에 충족하는 제품을 제작하기 위해서는 이러한 변수들을 각 주문에 맞게 제어하고 최적화하며, 필요 시 적절하게 조절해야 한다.

ISO 17296-3은 공급 재료와 제품의 주요 품질 특성을 규정하며, 공급 재료의 요구사항으로 분말 입자 크기, 형태, 표면 및 분포, 밀도(가공 밀도 및 겉보기 밀도), 유동성/주입성, 회분 함량, 탄소 함량이 있으며, 제품의 요구사항으로 표면(외관, 표면 질감 등), 기하구조(크기, 길이 등), 기계적(경도, 인장 강도 등), 제품 구성재료(밀도, 물리화학적 특성) 요구사항이 있다.

또한 이 표준은 표 6.44와 같이 제품의 안전성 수준level of criticality을 규정하여 금속, 플라스틱 및 세라믹 제품에 적용 가능한 시험범주를 제공한다. 안정성 수준은 H, M, L 세가지 레벨로 구분하며, H는 높은 수준의 안정성이 요구되는 고도화된 공학기술 적용 제품에 대

47 ISO 17296-3:2014
적층제조-일반원칙-제3부: 주요 특성 및 시험방법

48 ISO 17296-2:2015
적층제조-일반원칙-제2부: 공정분류 및 공급재료 개요

한 시험, M은 높은 수준의 안전이 요구되지 않는 기성성 제품에 대한 시험, L은 개념설계 또는 시제품에 대한 시험을 나타낸다.

표 6.44 제품의 안정성 수준을 규정한 금속, 플라스틱 및 세라믹 제품에 적용 가능한 시험범주

금속 제품

| | 표면 요구사항 | | | 기하학적 요구사항 | | 기계적 요구사항 | | | | | | | | | | | 제품 구성재료 요구사항 | |
|---|---|---|---|---|---|---|---|---|---|---|---|---|---|---|---|---|---|---|
| | 외관 | 표면 질감 | 색상 | 크기, 길이 및 각도 치수, 치수 허용오차 | 기하 공차 (형상 및 위치의 편차) | 경도 | 인장 강도 | 충격 강도 | 압축 강도 | 휨 강도 | 피로 강도 | 크리프 | 시효 | 마찰 계수 | 전단 저항 | 균열 신장 | 밀도 | 물리적 및 물리화학적 특성 |
| H | ○ | + | − | + | + | + | + | + | + | + | + | + | − | + | + | + | + | + |
| M | ○ | ○ | − | + | + | + | + | + | + | ○ | ○ | ○ | − | ○ | ○ | ○ | + | ○ |
| L | ○ | ○ | − | + | + | + | + | ○ | ○ | ○ | − | − | − | − | ○ | − | + | − |

플라스틱 제품

| | 표면 요구사항 | | | 기하학적 요구사항 | | 기계적 요구사항 | | | | | | | | | | | 제품 구성재료 요구사항 | |
|---|---|---|---|---|---|---|---|---|---|---|---|---|---|---|---|---|---|---|
| | 외관 | 표면 질감 | 색상 | 크기, 길이 및 각도 치수, 치수 허용오차 | 기하 공차 (형상 및 위치의 편차) | 경도 | 인장 강도 | 충격 강도 | 압축 강도 | 휨 강도 | 피로 강도 | 크리프 | 시효 | 마찰 계수 | 전단 저항 | 균열 신장 | 밀도 | 물리적 및 물리화학적 특성 |
| H | ○ | + | ○ | + | + | + | + | + | + | + | + | + | + | + | + | + | + | + |
| M | ○ | ○ | ○ | + | + | + | + | + | + | ○ | ○ | ○ | ○ | ○ | ○ | ○ | + | ○ |
| L | ○ | ○ | ○ | + | + | + | + | ○ | ○ | ○ | − | − | − | − | ○ | − | + | − |

세라믹 제품

| | 표면 요구사항 | | | 기하학적 요구사항 | | 기계적 요구사항 | | | | | | | | | | | 제품 구성재료 요구사항 | |
|---|---|---|---|---|---|---|---|---|---|---|---|---|---|---|---|---|---|---|
| | 외관 | 표면 질감 | 색상 | 크기, 길이 및 각도 치수, 치수 허용오차 | 기하 공차 (형상 및 위치의 편차) | 경도 | 인장 강도 | 충격 강도 | 압축 강도 | 휨 강도 | 피로 강도 | 크리프 | 시효 | 마찰 계수 | 전단 저항 | 균열 신장 | 밀도 | 물리적 및 물리화학적 특성 |
| H | ○ | + | ○ | + | + | + | + | + | + | + | − | − | − | ○ | ○ | ○ | + | + |
| M | ○ | ○ | ○ | + | + | ○ | ○ | ○ | ○ | ○ | − | − | − | ○ | ○ | ○ | + | ○ |
| L | ○ | ○ | ○ | + | + | ○ | ○ | ○ | ○ | ○ | − | − | − | − | ○ | − | + | − |

chapter 7

# 첨단소재 글로벌 표준화 전략

# 7.1 4차 산업혁명 시대에서 디지털 전환 및 탄소중립

앞선 내용들을 간략히 요약해 보면, 최초의 인류는 약 390만 년 전에 시작되었으며, 구석기, 신석기, 청동기, 철기 시대를 지나 14세기 문학, 미술, 건축 등 다양한 분야의 대변혁을 이끈 르네상스 시대가 도래하였다. 르네상스 시대 이후 17세기에 갈릴레이, 케플러, 뉴턴 등이 주도한 과학혁명scientific revolution은 근대 과학의 기틀을 마련하였다.

18세기 영국을 비롯한 유럽 국가들은 지속적인 기술혁신을 통해 기존 농경사회에서 산업사회로 변화하는 '산업혁명industrial revolution' 시대를 맞이하였다. 산업혁명은 19세기 영국의 역사학자 아놀드 토인비에 의해 구체화되고 개념화되었다. 초기에는 '생산성 증대와 자본체제를 성립시킨 산업에서의 변혁'을 의미하였지만, 현재는 '새로운 기술적 혁신과 이로 인해 사회 · 경제적으로 큰 변화가 나타난 시기'로 정의되고 있다.

지금은 1차, 2차, 3차산업을 지나 4차 산업혁명 시대가 도래하였으며, 4차 산업혁명은 인공지능AI, 빅데이터Big Data 등 디지털 기술로 촉발되는 초연결hyper-connected 기반의 지능화 혁명으로도 설명된다. 사물인터넷IoT, 사이버 물리 시스템CPS 등을 통해 사람, 사물, 공간을 초연결, 초지능화하여 산업구조 및 사회시스템에 혁신을 가져오게 되었다.

## 7.1.1 디지털 전환

4차 산업혁명의 초연결, 초지능화, 글로벌화 등의 메가 트렌드는 2019년 2월부터 시작된 코로나 팬데믹을 겪으면서 더욱 가속화되었다. 2021년 10월 과학기술정보통신부에서 발표한 '2021 4차 산업혁명 지표'에 따르면, 인공지능 매출액, IoT 기기 서비스 가입자 수, 스마트 공장 수 등 4차 산업 관련 지표가 크게 증가하였다고 발표하였다. 이는 포스트 코로나 시대 디지털 전환의 중요성이 높아짐에 따라 4차 산업혁명 가속화에 의한 것이라고 분석된다.

디지털 전환의 가속화 및 비대면 기술이 확산됨에 따라 AI, 빅데이터, IoT 등을 구현하기 위한 반도체, 센서 소재 등의 수요가 증가하였다. 이에 따라 미국, 중국, 유럽 등은 글로벌 우위를 확보하기 위해 아래 표 7.1과 같은 정책들을 추진하고 있다. 우리나라는 2020년 8월 '디지털 기반 산업 혁신성장 전략'을 발표하였으며, 지능형 반도체, 스마트 센서, AI 로봇 등 디지털 혁신의 기반이 되는 핵심 기술개발 지원을 강화할 것이라고 발표하였다.

## 7.1.2 탄소중립

4차 산업혁명은 초연결을 기반으로 하는 디지털 전환뿐 아니라 지속 가능한 발전을 위한 에너지 분야의 혁신도 함께 진행되고 있다. 탄소중립은 인간의 활동에 의한 온실가스 배출을 최대한 줄이고, 남은 온실가스는 흡수, 제거하여 실질적인 탄소 배출량이 0(Zero)이 되는 개념으로, 지속 가능한 발전을 위해 많은 나라들이 탄소중립을 선언하고 있다.

2020년 12월 기준 한국을 포함한 128개국이 탄소중립을 선언하였으며, 한국의 경우, 2030년까지 '온실가스 배출량 40% 감축'을 목표로 설정하였다. 이러한 탄소중립을 실현하기 위해 미국, 유럽, 일본 중국 등 탄소중립을 선언한 국가들은 신재생 에너지 및 친환경 기술 등 탄소중립 관련 주요 기술 선점을 위해 집중적으로 투자하고 있다.

우리나라 정부는 2020년 12월 '2050 탄소중립 추진전략'을 수립하였으며, 수소에너지 등을 통한 에너지 전환, 고탄소 산업구조 혁신, 저탄소 관련 신산업 육성 등을 통해 탄소중립을 선도할 것이라고 발표하였다.

**표 7.1** 산업혁명에 따른 주요 표준화 동향

| 구분 | 한국 | 미국 | 유럽 | 일본 | 일본 |
|---|---|---|---|---|---|
| 탄소중립 | 2050 | 2050 | 2050 | 2050 | 2060 |
| 대표정책 | Clean Energy Revolution | Green Deal | 2050 탄소중립 추진계획 | 탈탄소 실현계획 | Zero Carbon China |
| 주요목표 | • 친환경 에너지 인프라 확대<br>• 경기부양 및 일자리 창출 | • 경제의 구조적 변화를 통한 탄소중립 및 지구온난화 대응 | • 탄소중립-경제 성장-삶의 질 향상 동시 달성 | • 탈탄소 사회 실현<br>• 경제-환경의 선순환 기반 장기 성장 실현 | • 준탄소중립 시스템 구축<br>• 탄소중립을 위한 저탄소 경제 전환 |
| 주요 육성 분야 | • 신재생에너지<br>• 전기차<br>• 제로탄소발전<br>• 그린산업 | • 신재생에너지<br>• 그린산업/수송<br>• 재활용/순환경제<br>• 에너지 효율성 | • 신재생 에너지<br>• 에너지 효율 개선<br>• 그린산업<br>• 생태계 회복 | • 신재생에너지<br>• 그린산업<br>• 에너지절약<br>• 블루카본 | • 신재생에너지<br>• 에너지 효율<br>• 제로탄소 발전<br>• 디지털화 |

출처 : 김철후, 탄소중립 글로벌 동향과 시사점, 기계기술정책: 한국기계연구원, 2021

# 7.2 빅데이터를 이용한 재료개발혁신 동향

## 7.2.1 재료 빅데이터 관련 해외 동향

재료 빅데이터와 관련한 해외의 재료 데이터 플랫폼 사례에 대하여 소개하자면, Citrination는 미국 Citrine Informatics에서 무료로 공개하는 세계 최대의 재료 데이터 플랫폼이다. 주로 무기결정구조 데이터베이스, ICSD에서 제공하는 구조 정보를 기반으로 제일원리의 계산 데이터를 저장하고 있으며, 계산 데이터뿐 아니라 사용 가능한 실험데이터까지 포함하고 있다. 데이터를 이용하여 머신러닝을 수행하는 기능을 내장하고 있어 연구자들이 원하는 소재를 찾아줄 수 있는 '역방향 소재 설계'가 가능하다.

NOMAD Repository and Archive는 유럽의 소재 혁신 프로젝트인 NOMAD 프로젝트와 관련하여 재료 데이터 베이스 구축 및 데이터 공유를 위해 개발된 재료 데이터 플랫폼이다. 약 440만 건의 계산과학 기반 재료 물성 데이터가 저장되어 있으며, 연구자의 접근성 향상을 위해 사용자가 데이터를 이용할 수 있을 뿐 아니라 직접 업로드 또한 가능하다.

유럽, 독일, 일본 등은 소재데이터 활용을 촉진하기 위한 정책을 추진하고 있으며, 유럽연합은 'Battery 2030+'를 2019년부터 추진하고 있고, 지속 가능한 친환경 배터리 개발을

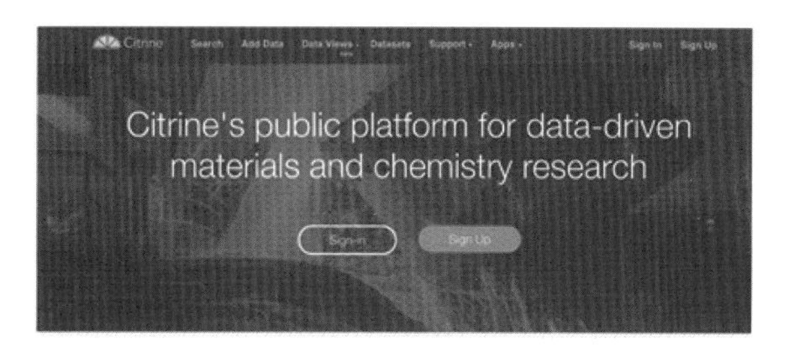

그림 7.1 Citrination 홈페이지

출처 : Citrine Informatics

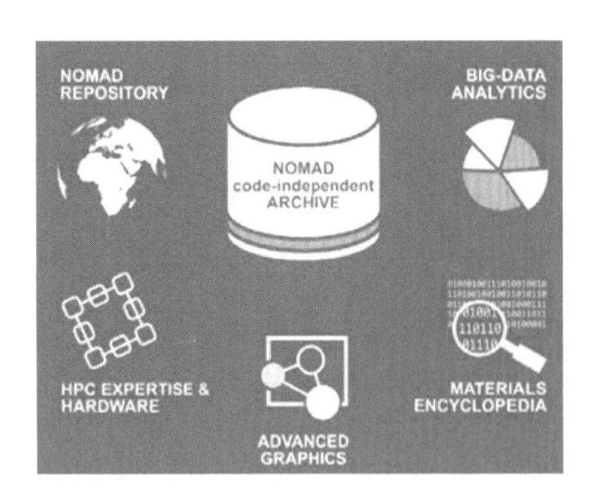


그림 7.2 NOMAD Repository and Archive 개요

출처 : NOMAD MATERIALS DISCOVERY

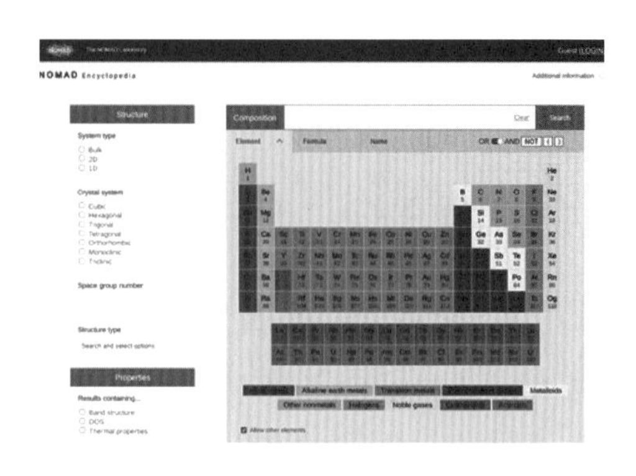

그림 7.3 NOMAD encylopedia 홈페이지

출처 : NOMAD Laboratory

위하여 3가지 핵심 테마와 6개의 연구영역으로 분류하였다. 배터리의 재료 개발을 위해 데이터 인프라 및 사용자 인터페이스를 구축하고, 전 개발 주기의 데이터를 자율적으로 수집, 처리, 분석, 공유가 가능한 인프라를 개발하고 있다.

독일은 소재 연구 디지털화 이니셔티브를 2019년부터 추진하고 있으며, 체계적이고 표준화된 디지털 소재 및 공정 연구를 목표로 추진하고 있다. 관련 용어, 데이터, 규칙의 공식화를 위해 'Material Ontology' 통합 시스템을 구축하고, 표준화, 데이터베이스, 디지털 제조 공정 등을 위한 'Material Digital' 플랫폼 설립을 추진하고 있다.

일본은 '소재혁신력강화전략'을 2021년부터 추진 중이며, 주요 내용으로 혁신소재의 상용화 추진, 소재데이터 활용 촉진 등 액션플랜action plans을 통한 경쟁력 강화 등이 있다. 국내 데이터의 수집 및 활용을 추진하고, 소재플랫폼을 통해 데이터 구조화를 실시하는 것을 목표로 하고 있다.

## 7.2.2 재료 빅데이터 관련 국내 동향

한국산업기술진흥원은 2007년 수립된 '소재산업 발전비전'을 통해 한국재료연구원, 한국세라믹기술원, 한국화학연구원, 다이텍 연구원 등과 함께 금속, 세라믹, 화학, 섬유 소재에 대한 정보를 수집, 가공하여 '소재정보은행'을 구축하고 있다.

소재정보은행에는 소재 개발 및 제품화에 필요한 물성 정보, 특허, 기술 · 시장 동향 등 약 120만 건 이상의 데이터가 축적되어 있다. 재료 데이터베이스를 활용하여 재료 개발 혁

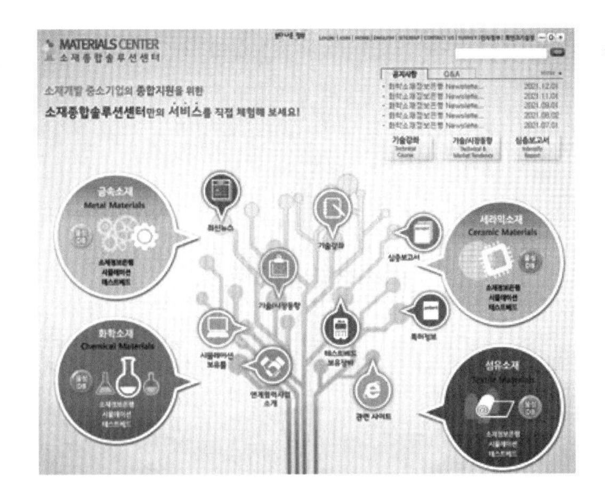


그림 7.4 소재 정보 은행 홈페이지

출처 : 소재종합솔루션센터

신 및 효율성 제고를 위해 과학기술정보통신부는 빅데이터와 인공지능 기술을 연계한 '소재 연구데이터 플랫폼'을 구축하고 있다.

과학기술정보통신부는 2020년 10월 '제5차 소재부품장비 경쟁력강화위원회'를 통해 '데이터 기반 소재연구 혁신허브 구축 · 활용 방안'을 확정하고 추진하고 있다. 소재연구데이터 수집 · 관리 · 활용 체계를 구축하고, '국가 소재 연구데이터 센터'를 지정 · 운영하고 있으며, 에너지 · 환경, 스마트 · 정보통신, 구조(안전) 등 응용분야별 특화센터를 배치하고, 대용량 데이터의 체계적 관리를 위해 소재정보은행과 연계하여 운영하고 있다.

## 7.3 재료 기술 개발 동향

### 7.3.1 4차 산업에서 요구되는 재료 제조 공정

#### 가 3D 프린팅 공정 _ 세상의 거의 모든 제조방식에 혁명을 가져올 기술

3D 프린팅 기술은 디지털 디자인 데이터를 이용해 다양한 소재를 쌓아 올려 3차원 물체를 만드는 기술로서 획일화된 방식에 의해 대량 생산하던 기존 공정 방식과 달리, 각 상황에 맞게 자유롭게 제품을 디자인 할 수 있어 에너지 및 비용 측면에서 매우 효율적이다.

표 7.2 람보르기니사의 기존 공정과 3D 프린팅 공정에서 발생하는 비용 절감 효과

| 방법 | 비용 | 시간 |
|---|---|---|
| 기존 방식 | $40,000 | 120일 |
| 3D 프린팅 방식 | $3,000 | 20일 |
| 효과 | $37,000 (93%) 절감 | 100일 (83%) 단축 |

출처 : 3D 프린팅 기술 및 국내외 기술개발 현황, 미래창조과학부

3D 프린팅을 통해 제조 공정을 디지털화하여 물류체인과 연계한 자동화가 가능하며, 스마트 제조관리가 가능해 기업 효율을 극대화 할 수 있다. 고급 스포츠카를 제조하는 글로벌 기업인 람보르기니사는 스포츠카 시제품 제작에 3D 프린팅 공정을 도입하여, 비용과 시간 모두 기존 대비 80% 이상의 절감효과를 가져왔다.

### 나 빅데이터를 활용한 재료개발 혁신

4차 산업 시대에서 데이터 마이닝, 머신 러닝 등의 기술과 재료 개발의 접목으로 재료 개발 혁신이 일어나고 있다. 실제로 다양한 계산 프로그램의 등장과 함께 재료 데이터 베이스가 구축되어 연구자들에게 보급되고 있으며, 국내의 경우, 재료개발 혁신 및 효율성 제고를 위해 과학기술정보통신부가 2020년에 '재료 연구 데이터 플랫폼'을 구축하였다.

### 다 재료의 고기능화_MLCC 결정성 제어와 페로브스카이트 산화물의 Co-doping

재료의 고기능화 측면에서는 MLCC의 정전용량 등 칩 부품의 성능 향상을 위하여 후막재료의 두께를 낮추기 위해 분말의 미세화, 나노화가 진행되고 있다. 아울러 분말 미세화로 인한 결정성 감소에 따른 문제 등을 해결하기 위한 공정개발이 진행되고 있다.

또한 수소 생산용 페로브스카이트 재료의 경우, 특성 및 내구성 향상을 위해 다양한 전이금속 등의 첨가에 따라 원자단위의 화학 조성 설계와 높은 균질성을 갖는 정밀 공정 제어 기술이 요구되고 있다.

### 라 친환경 재료 제조 공정_실형상 제조와 저온 동시소성 세라믹

재료 공정 측면에서, 특히 구조재료의 경우 재료 가공에서 요구되는 높은 에너지와 비용을 줄이기 위한 실형상 제조 기술이 연구, 개발되고 있다. 특히 기능성 세라믹 재료와 금속전극

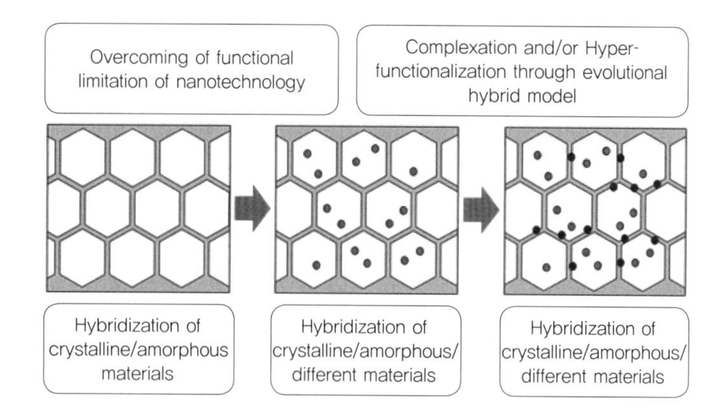


그림 7.5 수소생산용 촉매의 Co-doping

그림 7.6 일반 공정을 통해 제조된 제품(좌)과 실형상 공정을 통해 제조된 부품 (우)

출처 : DigitalAlloys, Dec. 11th, 2019, Near-Net-Shape Manufacturing

이 다층으로 사용되는 다양한 칩부품 제조 시, 세라믹과 금속 재료의 소결 온도 차이로 인한 에너지 소모를 줄이기 위해 저온 동시 소성 기술이 개발되어 적용되고 있다.

## 7.3.2 4차 산업에서 재료가 나아가야 할 방향

### 가 4차 산업과 제조업

클라우스 슈밥은 4차 산업 관련 신기술을 다음과 같이 4가지 범주 12개 기술로 분류하였다.

– 확장되는 디지털 기술Extending Digital Technologies

- 새로운 컴퓨팅 기술New Computing Technologies
- 사물 인터넷Internet of Things
- 블록체인과 분산원장 기술Blockchain and Distributed Ledger Technologies

– 물리적 세계를 변화시키는 기술Reforming the Physical World
- AI와 로봇 기술Artificial Intelligence and Robotics
- 첨단 소재Advanced Materials
- 적층 제조 및 다차원 프린팅Addictive Manufacturing and Multidimensional Printing

– 인간 변형Altering the Human Being
- 생명기술Biotechnologies
- 뇌신경기술Nuerotechnologies
- 가상현실/증강현실Virtual Reality/Augmented Reality

– 환경 통합 기술Integrating the Environment
- 에너지 포집, 저장, 전송 기술Energy Capture, Storage and Transmission
- 지구공학Geoengineering
- 우주기술Space Technologies

4차 산업의 신기술인 가상공학, 빅데이터 등이 신속성, 유연생산체계 실현, 품질 향상, 에너지 효율 향상을 목적으로 재료 개발에 적용되고 있다. 또한, 4차 산업을 포함한 미래 메가트렌드를 살펴보면, 생산과 소비의 스마트화와 친환경성이 강조되고 있다. 2018년 12월, 정부는 혁신 선도형 제조와 제조 강국을 실현하기 위해 제조업 2030을 발표하여 4대 추진전략을 마련하였다.

– 스마트화, 친환경화, 융복합화로 산업 혁신 가속
– 신산업 새 주력산업으로 육성, 기존 주력산업 탈바꿈
– 산업생태계, 도전 · 축적 중심으로 전면 개편
– 투자 · 혁신 뒷받침하는 정부 역할 강화

### 나 4차 산업에서 요구되는 재료 개발

글로벌 및 국내 동향을 통해 4차 산업에서 재료 개발의 신속성, 스마트화, 친환경성의 큰 세

가지 흐름을 관찰할 수 있다. 첫 번째, 인공지능과 빅데이터를 활용한 재료 개발 기간 단축, 두 번째, 초지능화된 스마트 디바이스의 구현을 위한 재료 고성능화, 세 번째, 에너지 · 환경 문제 해결을 위한 친환경 재료 제조 공정 개발이 요구되며, 이에 따른 재료 개발이 진행되고 있다.

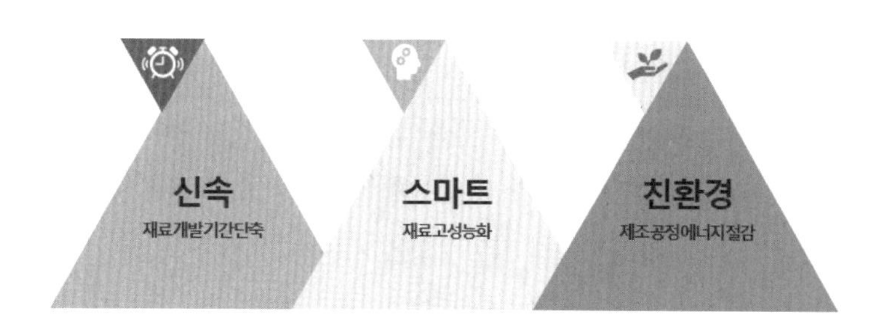


그림 7.7 4차 산업시대 재료가 나아가야 할 방향

### 다 4차 산업에서 재료 기술개발 동향

탄소중립과 에너지 효율 혁신 : 2050 탄소중립 시나리오

에너지 효율 혁신을 통한 탄소중립을 위해, 2021년 정부는 '2050 탄소중립 추진 전략'을 발표하여 주요 부문별 정책 방향을 제시하였다. 대표적으로 철강 산업 부문에서는 수소환원 제철 기술 등 온실가스를 배출하지 않는 공정 기술을 도입하고 있으며, 반도체, 디스플레이, 전기 · 전자 등 전력 다소비 업종에서는 에너지 효율과 친환경 연료, 원료 전환 공정을 제시하고 있다.

## 7.4 4차 산업에서 글로벌 표준

### 7.4.1 4차 산업혁명 시대 국제표준 전략

ISO와 IEC는 모두 탄소중립과 스마트기술 등 다양한 분야에 대하여 표준화 활동을 추진하고 있으며, 특히 ISO의 경우 탄소중립을 중심으로, IEC의 경우 스마트기술을 중심으로 표준추진 전략을 수립하여 실행하고 있다.

ISO는 UN의 지속 가능한 발전 목표 중 13번째, 기후 대응에 대한 목표를 설정하고 온실가스 등을 줄이고자 노력하고 있다. 또한, 국제에너지기구International Energy Agency, IEA에서 발표한 'Net Zero 2050'이라는 탄소중립 로드맵 보고서에 발맞추어 다양한 이해관계자의 의견을 수집하고 신재생에너지 및 수소에너지 관련 소재, 시스템 관련 표준을 확립하는 역할을 수행하고 있다.

IEC의 경우 스마트기술을 중심으로 표준화를 추진함에 있어 2016년에는 스마트 시티, 2021년에는 스마트 제조에 대한 시스템 위원회를 설립하여 기술위원회를 포함한 표준개발기관들과의 협력을 촉진하고 있다. 또한 더욱 효율적인 스마트 공장 구축을 위하여 공장간 통신 및 협력할 수 있도록 새로운 국제표준 제정을 지원하고, 현실의 전기, 수도, 치안 등을 가상환경에 연결하여 관리하는 표준 또한 개발하여 더욱 통합된 스마트 시티 구현을 추진하고 있다.

앞선 국제표준화 추진전략에 따라 신규표준화 아이템을 살펴보면, 2021년 11월 기준 ISO에서는 23개의 4차 산업 관련 신규 표준이 제안되었으며 이 중 10개 표준이 신재생에너지에 관련한 것으로, 표 7.3에 나타내었다. IEC에서는 4차 산업 관련 신규 표준이 6건 제안되었으며 이 중 4개의 표준이 스마트 공장 및 스마트 시티에 관한 것이며, 표 7.4에 요약 · 정리하였다.

**표 7.3** ISO 신규표준화 아이템 (2021년 11월 기준)

| 관리 번호 | 표준명 | 관련 기술위원회 |
|---|---|---|
| ISO/AWI 9846 | Solar energy−Calibration of a pyranometer using a pyrheliometer | ISO/TC 180 |
| ISO/AWI 9059 | Solar energy−Calibration of pyrheliometers by comparison to a reference pyrheliometer | ISO/TC 180 |
| ISO/NP 12906 | Test procedures for Electrical Vehicles to determine the charging performance | ISO/TC 22 |
| ISO/NP 15118-21 | Road vehicles−Vehicle to grid communication interface−Part 21: Common 2nd generation network layer and application layer requirements conformance test plan | ISO/TC 22 |

표 7.4 IEC 신규 표준화 아이템 (2021년 11월 기준)

| 관리 번호 | 표준명 | 관련 기술위원회 |
|---|---|---|
| PNW TS 113-633 ED1 | Nanomanufacturing–Key Control Characteristics–Part 8-4: Nano-enabled metal-oxide interfacial devices–Test method for electronic trap states by low-frequency-noise spectroscopy | IEC/TC 113 |
| PNW 125-53 ED1 | Performance test methods of cargo e-Transporters–Part 1:Mobility | IEC/TC 125 |
| PNW 65E-839 ED1 | Generic structures of List of Properties (LOP) of Process Analyzer Technology (PAT) measuring devices for electronic data exchange | IEC/SC 65E |
| PNW TS 8-1607 ED1 | Power quality management Part 4: Harmonic analysis over public supply network | IEC/TC 8 |

## 7.4.2 4차 산업혁명 시대 국가표준 전략

### 가 4차 산업혁명 시대 국제표준 선점 전략

4차 산업혁명 시대 주요 국가들의 표준화 전략에 대해 알아보면, 미국은 시장 중심의 글로벌 민간 표준화를 선도하고자 9대 전략 분야를 선정하여 R&D와 표준의 연계를 추진하고 있다. 유럽은 유럽표준화위원회CEN를 통해 공적 국제표준화를 선도하고 표준과 R&D를 연계하여 표준 교육에 힘을 쏟고 있다.

일본 또한 산업정책 수립시 R&D와 표준을 연계하고 정부와 민간의 협력을 토대로 신산업 분야의 새로운 시장을 창조하는 국제표준화 추진을 계획하고 있다. 중국은 국가, 국제표준화에 대한 정량적 목표를 설정하여 정부 주도 아래 국제표준화를 적극적으로 추진하고 있다.

### 나 4차 산업혁명 시대 우리나라의 국제표준화활동 및 성과

우리나라는 2019년 4월에 2030년까지 수소기술 관련 국제표준 15건 제안을 목표로 하는 '수소경제 표준화 로드맵'을 발표하였다. 우리나라는 2021년에 전체 수소기술 표준 제안의 30%에 해당하는 6건의 국제표준을 제안하였으며, 체계적인 지원을 통해 수소차 글로벌 판매 1위를 달성하게 되었다.

또한 매년 70여 건의 국제표준 제안, 200여 명의 의장단 수임 및 개도국의 표준화 활동 지원 등 다양한 국제표준화 활동을 수행하고 있으며, 이러한 결과를 토대로 2019년 6월 캐나다와 함께 ISO 비상임이사국에 진출하게 되었다.

# 7.5 4차 산업의 기반이 되는 첨단소재 표준화 전략

## 7.5.1 우리나라의 발전과 소재산업

### 가 대한민국의 현재

우리나라는 1960년대 이후 유례없는 고속 성장을 이룩하며 지금의 모습으로 발전하였으며, 2021년 7월 2일, 제68차 유엔무역개발회의에서 우리나라의 지위가 선진국으로 변경되었다. UNCTAD[1]가 설립된 이래, 개도국에서 선진국으로 지위가 변경된 것은 처음으로, 이는 '무역은 경제 발전의 중요한 수단'이라 명시한 UNCTAD 설립의 비전을 보여주는 성공적인 사례이다. 1960년대 초 최빈국 중 하나였던 우리나라가 경공업-중화학공업-첨단지식산업을 단계적으로 육성 · 발전시켜 산업구조의 선진화를 실현하였다.

### 나 우리나라 산업발전

1965년 한국의 국내총생산GDP은 약 30억 달러로 당시 가나, 필리핀, 말레이시아 등의 나라보다도 낮은 수준이었으나, 2020년 한국의 GDP는 약 1.58조 달러로 세계 10위로 성장하였다.

우리나라의 세계 수출시장 1위 품목 수를 살펴보면, 19위(2007년 기준)에서 11위(2019년 기

그림 7.8 UNCTAD 주요 회원국의 구분 (2021년 7월 3일 기준)

1 UNCTADUnited Nations Conference on Trade and Development: 개도국의 산업화와 국제 무역 참여 증진을 지원하기 위해 설립된 유엔 산하 정부간 기구로, 무역 및 개발에 관한 정책 연구와 개도국 대상 기술협력을 지원

준)로 상승하였다. 세계 수출시장 점유율 1위 품목 조사에서 한국 기업의 글로벌 1등 상품은 69개로, 메모리반도체 등의 36개 품목은 5년 연속 1위를 차지하고 있다. 이러한 우리나라의 급격한 성장은 시스템 · 완제품 위주의 산업군이 이끌어왔으며, 수출 구조는 1990년을 전후로 저가 완제품 위주에서 점차적으로 고가격 차별화된 완제품과 중간재(부품 · 소재), 기계 · 설비류를 중심으로 한 구조로 전환되었다.

## 다 국가 소재산업

소재는 경제의 근간을 이루는 기초 산업으로, 최종 완제품의 성능과 품질, 가격 경쟁력을 결정하는 핵심이다. 미국, 독일, 일본 등은 완제품full-set 중심형 산업구조에서 80년대에 핵심 부품 · 소재 중심의 산업구조로 전환하였으며, 특히 일본의 경우, 전체 제조업 생산의 1/3을 소재산업이 차지하고 있다. 또한 소재산업은 기술 파급 효과가 크며 전후방 산업과 연관성

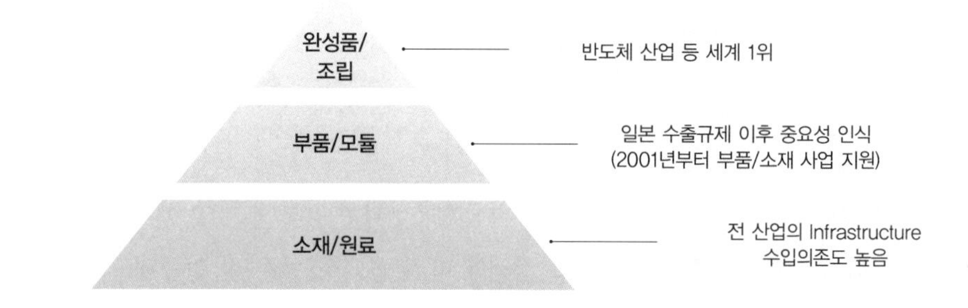


그림 7.9 소재, 부품, 완성품의 관계

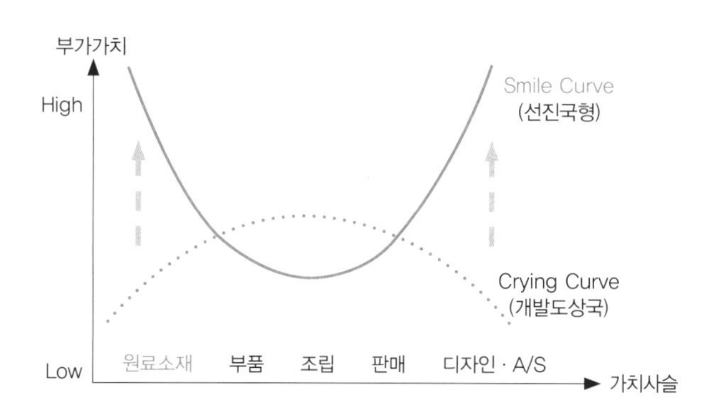


그림 7.10 가치사슬 단계별 부가가치

이 높기 때문에 선진국은 원료 · 소재에 대한 기술을 전략화 및 무기화하는 추세이고, 우리나라도 소재 중심의 선진국형 산업구조로 전환 중에 있다.

### 7.5.2 핵심소재와 신뢰성·표준·인증

#### 가 소재부품과 신뢰성

중소기업중앙회의 소재 · 부품 · 장비 중소기업 기술 구현수준 및 애로조사에서 납품처 발굴 시 애로사항 중 '제품성능 검증을 위한 신뢰성 확보'가 전체 응답 중 23.4%로 가장 높은 비중을 차지하고 있다. 우리나라는 선진국에 비해 소재부품 신뢰성 평가기술이 미흡한 실정으로, 신소재 개발에 성공하더라도 수요자의 신뢰를 얻지 못하여 시장진입에 어려움을 겪고 있다.

완제품의 특성을 좌우하는 소재 · 부품에서, 신뢰성은 고부가가치화와 시장점유율 확대를 위한 핵심 요소로, 신뢰성을 확보하기 위해서는 표준 제정이 선행되어야 한다. 신뢰성은 선진국과 후진국 간의 기술 수준을 차별화하는 질적 척도로 활용되며, 제품 사용 중 고장 발생이나 사용 수명 등에 대한 평가를 실시하고, 이를 입증하는 대표적인 선진국형 기술로 꼽힌다.

우리나라의 2000년대 이전의 부품 · 소재산업의 경우, 신뢰성 확보에 대한 정책적 지원이 이루어지지 않았다. 2000년 이후 수출산업화 정책에 따라 신뢰성 평가 및 인증제도가 강화되었으나, 신뢰성 지원에서도 소재 분야의 신뢰성을 향상시키는 것보다 하우징[2] 차원의 부품신뢰성 향상에 치중하였다.

미국, 유럽, 일본 등 주요 선진국은 50년 이상의 신뢰성 역사를 통해 높은 신뢰성 수준을 보유한 반면, 우리나라의 경우, 부품 · 소재 기술개발에 치중하여 신뢰성 기술을 해외에 의존해왔다. 국내 제조 기술은 선진국 수준에 다다르고 있으나, 개발단계에서의 원천설계기술과 함께 신뢰성 기술 미흡한 실정이다. 우리나라 국회예산정책처의 '소재 · 부품기업 실태조사 결과보고서' 중 '품질 및 신뢰성 수준 조사'에서 우리나라 첨단기술의 품질 · 신뢰성 수준은 미국을 100으로 기준하였을 때 약 90으로, 독일, 일본에 비해 낮고, 중국에 비해 높은 양상을 보인다. 부품 · 소재의 신뢰성 문제는 수요기업의 주요 구매 기피 요인으로 글로벌

2 하우징: 기계의 부품이나 기구를 싸서 보호하는 틀

소싱이 가능한 부품 · 소재는 선진국 수준 신뢰성 설계 및 평가기술 확보 필요하다.

2001년 소재부품특별법 시행 이후, 1~4차에 걸친 소재부품 발전기본계획 수립 및 시행으로 국내 소재산업 경쟁력 강화를 추진하고 있다. 부품 · 소재전문기업 등 육성에 관한 특별조치 내용에는 신뢰성향상기반구축 및 신뢰성보장사업이 도입되었고, 주요 내용으로 개발된 부품 · 소재의 시장진입 애로요인을 해소하기 위하여 신뢰성 향상기반구축사업 실시와 신뢰성평가기반확충, 평가 기준 개발, 전문인력 양성 등의 주요 내용을 규정하였다.

### 나 일본의 수출규제와 소재·부품·장비 산업

2019년 7월 1일, 일본 경제산업성은 한국으로 향하는 수출에 '외국환 및 외국무역법'상 수출관리를 엄격하게 적용하겠다는 계획을 발표하였다. 이는 2019년 7월 4일부터 반도체 생산에 반드시 필요한 3개 품목의 수출 절차 강화로, 포괄수출 허가에서 개별 허가 조치를 실시하였다. 3대 수출규제 품목인 포토레지스트, 고순도 불화수소, 플루오린 폴리이미드는 일본이 세계적으로 시장점유율이 높으며, 한국 주요 제조기업인 삼성전자, SK하이닉스, LG디스플레이 등의 반도체 · 디스플레이 생산을 위한 핵심 품목으로, 일본으로부터의 수입의존도가 높은 물질이다.

수출규제 조치가 시행된 이후, 우리나라 정부는 소재 · 부품 · 장비 경쟁력 강화 대책을 발표하여 대일 의존도가 높은 100대 품목 중심의 공급 안정화 방안과 소재 · 부품 · 장비 전반에 걸친 경쟁력 강화 종합대책을 마련하였다. 그에 대한 성과로 2021년 7월 기준, 100대 핵심 품목에 대한 대일의존도가 31.4%에서 24.9%로 감소하였다.

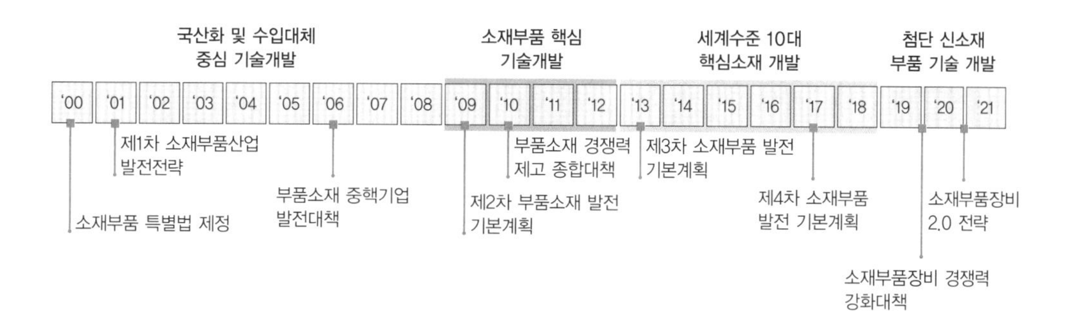


그림 7.11 정부의 소재 · 부품 지원 전략 및 정책

### 다 핵심 소재 개발과 신뢰성·표준·인증

소재 부품은 완제품의 성능과 품질, 가격 경쟁력을 결정하는 핵심 기초 산업으로, 시장경쟁력을 향상시키기 위해서는 신뢰성 확보가 중요하다. User, 즉 소비자는 신뢰성 있는 소재, 부품, 제품을 원하고, 생산자 및 판매자는 이에 대한 신뢰성을 입증하기 위해 인증이 요구되며, 인증을 위해서는 기준이 요구되는데, 이 기준이 곧 표준이다.

필수 불가결한 핵심 소재를 국산화하거나, 미국, 유럽 등 다양한 나라로부터의 글로벌 소싱으로 특정 소재의 수입선 다변화를 위해서는 관련 핵심 재료의 표준을 개발 · 제정하고, 이를 활용하여 인증받아 안전하게 사용할 수 있도록 신뢰성을 확보하는 것이 필수적이다.

따라서, 핵심 소재의 국산화 및 수입선 다변화를 위하여 신뢰성 · 표준 · 인증 시스템을 구축하는 것이 바람직하며, 핵심 소재 개발과 함께 재료 신뢰성에 대한 이해가 매우 중요하다.

## 7.5.3 4차 산업 첨단소재 글로벌 표준화 전략

### 가 단기 전략

우리나라는 반도체 생산에 필요한 핵심 소재의 수출 규제를 계기로, 핵심 소재의 국산화 및 수입선 다변화의 필요성을 인식하게 되었다. 이를 위해서는 핵심 소재의 개발과 함께 신뢰성 확보가 필수적이며, 신뢰성 확보를 위해서는 표준 제정이 선행되어야 한다.

핵심 소재 표준화의 단기 전략으로, 첫 번째, 개발 완료 단계에 있는 핵심 소재의 신뢰성 · 표준 · 인증 시스템을 구축하여 소재 국산화를 촉진해야 한다. 두 번째, 국산화가 어려워 특정 국가로부터 수입에 의존하고 있는 핵심 소재에 대해서 신뢰성 · 표준 · 인증 시스템 구축으로 글로벌 소싱을 통한 수입선 다변화를 추진해야 한다.

### 나 중·장기 전략

미국의 대표적인 글로벌 소재 기업인 듀퐁사의 경우, 개발 초기 단계에서부터 소재의 합성 기술과 함께 가속 시험, 해석 및 모델링, 재료 특성 평가 및 분석 등 재료의 신뢰성 평가 기술 개발을 동시에 진행하고 있다. 독일이나 일본 역시 소재 개발과 함께 시험 평가 기술 개발 및 선제 표준화early standardization를 동시에 추진함으로써 첨단 소재의 신뢰성 · 표준 · 인증을 확보해 나아가고 있다.

미국은 기업의 기술 개발 초기 단계에서부터 신뢰성 향상 · 보증을 위해, 표준에 기반한 소재 · 부품 개발을 통한 효율적인 상용화로 첨단 소재 관련 국가 경쟁력을 강화하고 있다. 미국의 신뢰성, 표준의 대표적인 연구기관인 NIST, Wyle, CALCE 센터는 소재 기업과 함께 기술을 개발하는 동시에 신뢰성 향상 및 보증을 전략적으로 지원하고 있다. 우리나라도 첨단 소재 개발에 있어, 신뢰성 · 표준 · 인증이 연계된 전주기적 기술 개발이 이루어져야 한다.

산업통상자원부 국가기술표준원은 4차 산업혁명 시대 국제표준을 선도하기 위한 방안으로 2019년, '4차 산업혁명 시대 국제표준화 선점 전략'을 수립하였다. 4차 산업 분야별 산업 정책에 기반한 표준화 전략 로드맵을 수립하여 시험 인증 기반을 마련하여 시장 확대를 지원하는 등 산업 정책과 표준 연계를 강화하고, R&D 과제와 표준의 연계가 주요 전략으로 추진되고 있다.

미국, 유럽, 일본 등과 같이 우리나라 또한 첨단 소재의 개발 단계에서 표준을 개발하고 국가 및 국제 표준화를 추진하는 추세로 변화하고 있다. 따라서 반도체, 센서, 수소 기술 관련 등 첨단 소재 개발과 함께, 표준 기술 개발 및 선제적 국제표준화를 통해, 신뢰성 · 표준 · 인증 체계를 구축하고, 이를 토대로 4차 산업 관련 미래 글로벌 시장 선점을 위한 산 · 학 · 연 · 관 협력 추진이 필수적으로 요구된다.

미국의 경우, 기업의 사내표준과 함께 단체 표준화 활동이 매우 활발하여 소재를 중심으로 한 다양한 단체 표준이 제정되고 있으며, 이렇게 개발된 표준을 토대로 국제표준화를 적극적으로 추진하고 있다. 우리나라의 경우, 국제 반도체 표준 협의 기구 JEDEC의 의장국으로서 관련 기업, 즉 삼성전자와 SK 하이닉스가 주도적으로 표준화 활동에 참여하고 있다. 첨단 반도체 기술과 함께 적극적인 표준화 활동을 토대로, D램 시장 점유율에서 우리나라의 삼성전자, SK 하이닉스가 각각 세계 1위와 2위를 차지하고 있다.

우리나라 제조업의 52%를 소재 · 부품 · 장비 산업이 차지하고 있고, 제조기업의 약 70%가 사내표준화 활동을 진행하고 있지만 표준 관련 연구 · 개발 투자 규모는 매우 낮은 수준이며, 사외 표준화 활동, 즉 단체 · 국가 · 국제 표준화 참여율 또한 매우 낮은 실정이다. 따라서 우리나라의 소재 기업도 반도체 기업 등과 마찬가지로 기업 주도의 사내, 단체, 국가, 국제 표준, 즉 선진국형 표준화 추진 프로세스로 전환해야 할 시점이다.

ISO는 소재를 비롯한 기초 산업의 표준을 개발하는 국제표준화 기구로, ISO에서 발간된 표준 중 재료 공학이 22%를 차지하고 있다. 4차 산업을 선도하기 위하여 선진국을 중심으로 국제표준화 활동이 활발히 추진되고 있으며, 의장단 수임에 대한 경쟁 또한 치열하게 이루어지고 있다. 우리나라는 IEC, ITU에서는 비교적 높은 수준의 의장단을 보유하고 있으나, ISO의 의장단 수임은 매우 낮은 실정이다.

우리나라는 4차 산업혁명 시대에서 국제표준을 선도하기 위한 방안으로 산업통상자원부 국가기술표준원에서는 '4차 산업혁명 시대 국제표준화 선점전략'을 수립하여 추진하고 있다. 세부내용으로 국제표준화 기구 의장단 수임을 확대하여 국제표준을 선도하고, 표준 선진국으로의 도약과 함께 4차 산업혁명 표준전문인력 양성으로, 인재를 미래 표준 최고 임원으로 교육하고 양성하는 프로그램 등을 포함하고 있다. 이를 통하여 첨단 소재 관련 국제표준화 기구의 의장단 수임을 확대하고 이를 위해 미래 표준 최고 임원을 양성하여 선순환 시스템을 구축해야 한다.

여기에서 미래 표준 최고 임원chief standard officer, CSO이 된다는 것은 단순히 표준만을 전문으로 하는 것이 아닌 재료, 반도체, 자동차 등 자신의 전문 분야에 표준을 깊이 이해하고, 표준을 개발, 적용, 활용할 수 있는 공학자를 의미한다. 우리나라 공학자들이 4차 산업 시대를 맞이하여 관련된 다양한 분야를 접하고 이에 대한 표준을 잘 이해하여, 자신의 연구에 표준을 적용하고, 향후에 표준 최고 임원이 되기를 기원한다.

# 찾아보기

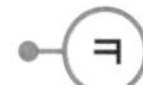

# 저자소개


## 주저자

이희수 heesoo@pusan.ac.kr
부산대학교 재료공학부

이정우 jungwoolee@pusan.ac.kr
부산대학교 재료공학부

박민혁 minhyuk.park@snu.ac.kr
서울대학교 재료공학부

Li Oi Lun Helena helenali@pusan.ac.kr
부산대학교 재료공학부

## 공동저자

최용석 yschoi@pusan.ac.kr
부산대학교 통계학과

이제인 jilee@pusan.ac.kr
부산대학교 재료공학부

조일국 ijo@deu.ac.kr
동의대학교 신소재공학부

이욱진 wookjin.lee@pusan.ac.kr
부산대학교 재료공학부

이승기 ifriend@pusan.ac.kr
부산대학교 재료공학부

배창준 baecj01@kims.re.kr
한국재료연구원 분말재료연구본부

## 하이브리드소재신뢰성연구실

임태흔 taeheunlim@pusan.ac.kr
김수연 suyeonkim@pusan.ac.kr
조강희 jokanghee@pusan.ac.kr
이환석 hwanseok@pusan.ac.kr
김태우 taewookim@ktl.re.kr
노태민 styner138@naver.com
이재광 jaekwanglee@pusan.ac.kr
김명주 myungjukim@pusan.ac.kr
김성훈 seonghoonkim@pusan.ac.kr
박관희 gwanheepark@pusan.ac.kr
홍은표 ephong@ktl.re.kr
전 설 sjeon@katech.re.kr